DARSTELLUNGEN AUS DER GESCHICHTE
DER TECHNIK DER INDUSTRIE
UND LANDWIRTSCHAFT IN BAYERN.

DARSTELLUNGEN AUS DER GESCHICHTE DER TECHNIK DER INDUSTRIE UND LANDWIRTSCHAFT IN BAYERN.

FESTGABE

DER

KÖNIGLICHEN TECHNISCHEN HOCHSCHULE IN MÜNCHEN
ZUR JAHRHUNDERTFEIER DER ANNAHME DER KÖNIGSWÜRDE
DURCH KURFÜRST MAXIMILIAN IV. JOSEPH VON BAYERN.

1906.
DRUCK UND VERLAG VON R. OLDENBOURG, MÜNCHEN UND BERLIN.

Einleitung.

Die Technik in Bayern zur Zeit der Regierung Maximilian Josephs I.

Festrede, gehalten bei der akademischen Jahresfeier der Technischen Hochschule am 8. Januar 1906 von dem derzeitigen Rektor

Walther v. Dyck.

Die heutige Jahresfeier unserer Hochschule steht unter dem Zeichen des Gedächtnisses an die vor hundert Jahren erfolgte Annahme der Königswürde durch Kurfürst Maximilian IV. Joseph von Bayern.

Stimmt uns die Erinnerung an jene Zeit zu ernster Betrachtung, wenn wir der Tage tiefster Erniedrigung Deutschlands gedenken, die Folge der Sonderpolitik der Einzelstaaten, des Schwankens und der Unentschlossenheit der Führenden, der Ohnmacht des Reiches, so erhebt uns das Bewußtsein, daß eben jene Tage den Beginn bedeuten für die Zusammenfassung der zersplitterten Kräfte der Nation, den Vorfrühling einer neuen Zeit, die uns Befreiung und Einigung gebracht.

Im Gespräch mit Goethe hat Napoleon über die Schicksalstragödie mit den Worten geurteilt:

„Was will man mit dem Schicksal,
Die Politik ist das Schicksal."

Damals waren schon die Widerstände im Entstehen, die zum Zusammenbruch der Macht Napoleons, zur Tragödie seines Schicksals führen sollten.

Die Notwendigkeit der Selbsterhaltung gebot und rechtfertigte in jener wechselvollen Zeit gegenüber dem Druck napoleonischer Gewalt eine mit deutschnationalem Empfinden nicht im Einklang stehende äußere Politik, die mit der Macht Napoleons stand und fiel. Die in Rußland gefallenen tapferen Bayern waren die letzten Opfer jener Winterzeit, denen König Ludwig I. mit Recht die Worte widmen konnte: „Auch sie starben für des Vaterlandes Befreiung."

Die dauernde Einigung der Kräfte aber, die schon damals die Hoffnung der Befreiung war, konnte erst in steter innerer Arbeit, nach Sturm und Drang, durch schmerzlichen Verzicht, nach neuem heißen glorreichen Kampf errungen werden.

Die letzten Jahrzehnte des XVIII. Jahrhunderts hatten dem deutschen Volk eine neue Blüte der Poesie und Wissenschaft gebracht.

„Zum zweiten Male in unserer Geschichte" — schreibt Sybel in seiner „Begründung des Deutschen Reiches" — „entstand eine große Literatur, welche in Poesie und Wissenschaft für die Bildung unseres Volkes und dessen Stellung in Europa ein neues Zeitalter eröffnete. Nach langer Nichtigkeit und Erbärmlichkeit fand sich Deutschland wieder in der Lage, mit berechtigtem Selbstgefühl den übrigen Kulturvölkern an die Seite zu treten. Welche andere Nation hatte einen Friedrich aufzuweisen? welche andere übertraf in dichterischen und philosophischen Leistungen unsere Koryphäen? Im Anblick von Klopstocks, Lessings und Goethes Schöpfungen erinnerte sich das politisch zerrissene Volk an den unverwüstlichen Kern seiner geistigen Einheit und Zusammengehörigkeit. Holsteiner und Schwaben, Franken und Sachsen fühlten sich geeinigt in den gleichen Geisteskämpfen, in dem gleichen Sturm und Drang, in der Verwerfung alles Gemachten und Konventionellen, in dem leidenschaftlichen Emporstreben zur echten Natur, der Quelle aller Wahrheit und Schönheit. Mochte König Friedrich nach seinem klassisch gebildeten Geschmacke noch so unwillig die Werke der neuen deutschen Zeit als Plattheiten und Albernheiten bezeichnen: hier ließ ihn sein Volk im Stich. In dessen Kreisen entfaltete Lessing seine Kraft; die preußische Jugend erfüllte die Hörsäle Kants und Fr. August Wolfs, und das Berliner Publikum drängte sich zu den Aufführungen, damals des Götz, wie etwas später der Schillerschen Dramen, mit dankbarem Entzücken. Auf diesem Gebiete gab es zwischen Preußen und dem übrigen Deutschland keine Schranke mehr."

„Aber aus diesem schönen Gefühle geistiger Gemeinschaft wuchs kein Gedanke an ihre politische Verkörperung hervor." —

Für diese wurde, freilich nicht in dieser Absicht, der Boden vorbereitet durch die politische Zusammenfassung einzelner Staatengruppen und Gebiete und ihre innere Verschmelzung. Bayern von 1803 umfaßte in Altbayern, Franken, Schwaben und der Pfalz vier Elemente von wesentlich verschiedener Stammesart. Sie zu einem kraftvollen Gemeinwesen zusammenzuschließen, war die Lebensarbeit Maximilian Josephs. Die Bedeutung dieses Zusammenschlusses aber für Bayerns innere Entwicklung wie für seine Stellung nach außen ist in der Geschichte durch das Jahr 1806, durch die Annahme der Königswürde bezeichnet.

Den Regierungsantritt des Kurfürsten feiert der Geologe Flurl 1799 in einer akademischen Rede mit den Worten:

„Wir feiern den Tag (der Stiftung der Akademie) in einem Zeitpunkt, in welchem die ganze bayerische Nation wie vom Schlummer aufgeweckt, im Vertrauen auf ihren geliebten Maximilian IV. alle jene Dinge erwartet, die da erfolgen werden und erfolgen müssen. Unvergeßlich soll dieser Zeitpunkt bleiben, in welchem man anfing, mit neuen Geisteskräften die Wissenschaften zu bearbeiten; ein Zeitpunkt, welcher den Künsten ein neues Leben, den Manufakturen und Fabriken eine neue Betriebsamkeit, der Agrikultur eine neue Aufmunterung und dem damit verbundenen Handel einen ganz neuen Sporn geben wird."

Es war eine gärende, an Widersprüchen reiche Zeit. Wie im Vorfrühling Frost und Eis die morschen Bäume niederbricht, dabei auch manchen gesunden Stamm und frischen Trieb vernichtend, und wie doch zugleich das erste Regen der neuen Lebenskraft sich zeigt, so tritt in jener Zeit der Neigung, zu zerstören, eine ebenso große Energie, Neues von Grund aus aufzubauen, an die Seite.

Was inmitten jener Krisis, inmitten von Krieg und Kriegsgefahr, im steten Kampf mit äußeren und inneren Schwierigkeiten allerart errungen und behauptet worden ist, zeigt ein Blick auf die wichtigsten Unternehmungen und Schöpfungen aus der Regierungszeit Maximilian Josephs.

In der (hier vorliegenden) Festgabe, welche die Technische Hochschule dem hundertjährigen Gedenktag widmet, sind

Darstellungen aus der Geschichte der Technik, der Industrie und Landwirtschaft in Bayern gegeben.

Sie wollen, in losem Zusammenhange stehend, den Zustand von damals und von heute in vergleichende Betrachtung ziehen. Alle Zweige der modernen Technik gleichmäßig zu berücksichtigen, war nicht die Absicht. Ebensowenig wollen die Darlegungen ein Bild der gesamten Entwicklung durch den Lauf des XIX. Jahrhunderts hindurch geben, das, so interessant an sich es ist, doch den Umfang einer Festschrift bei weitem überschritten hätte, und für dessen Ausführung auch die zur Verfügung stehende Zeit nicht ausreichend gewesen wäre. So sind nur einzelne Gebiete und einzelnes aus ihnen in anspruchsloser Form herausgehoben, und wird vielleicht die Auswahl zu späterer vollständiger und ausführlicher Bearbeitung des einen oder anderen Gebietes Anlaß geben.

* * *

Bei der heutigen festlichen Gelegenheit mag es ziemen, in kurzen Zügen die wesentlichen Momente herauszuheben, welche die Entwicklung der Technik in Bayern zur Zeit Maximilian Josephs eingeleitet und Bayerns Leistungen auf technischem Gebiete weit über seine Grenzen hinaus zur Anerkennung gebracht haben.

Die stehen, soweit Maßnahmen des Staates, mit Montgelas' organisatorischer Tätigkeit und Zentners, des Unterrichtsministers, Wirken in engster Verbindung und knüpfen sich anderseits an den Ruhm der Namen Utzschneider, Reichenbach, Fraunhofer.

In die erste Regierungszeit Max Josephs fällt, veranlaßt durch die französische Heeresleitung, die geodätische Landesaufnahme, mit deren Durchführung das im Jahre 1801 errichtete topographische Bureau betraut wurde. Den unter dem französischen Ingenieur-Oberst Bonne und dem bayerischen Kartographen Oberst v. Riedel rasch fortschreitenden Arbeiten schloß sich die auf Utzschneiders Vorschlag durch die Geodäten Soldner und Schiegg ausgeführte Detailvermessung des Landes an, welche die Unterlage einer systematischen, gerechten Grundsteuerverteilung liefern sollte. Hierbei fand Alois Senefelders Erfindung der Lithographie ihre erste Verwendung in großem Maßstab durch die Übertragung aller Originalaufnahmen auf Stein. Die Durchführung der noch heute vollgültig anerkannten Messungen gab weiter Reichenbach Gelegenheit, seine in England gewonnenen Erfahrungen für die Verbesserung der Meßinstrumente zu verwerten.

Jene auf Anregung Graf Rumfords im Auftrag Kurfürst Karl Theodors 1791 unternommene Studienreise des jugendlichen Reichenbach nach England, bei welcher er im Verein mit dem Bergrat Baader sowohl den industriellen Großbetrieb in der Maschinenfabrik von Boulton & Watt in Soho, auf den Bergwerken und Eisenhütten Edinburghs kennen lernte, als auch die berühmten englischen Werkstätten für astronomische und geodätische Instrumente besuchte, trug für die gesamte Entwicklung der Technik in Bayern die allerwichtigsten Früchte. Zunächst führte sie zur Errichtung eines mechanischen Instituts, für dessen Betrieb sich Reichenbach mit dem Mechaniker Liebherr verband. Die auf Utzschneiders Initiative und Unterstützung hin im Jahre 1804 erweiterte „mathematische Werkstätte“ fand in Fraunhofer, dem besonderen Schützling Kurfürst Max Josephs von der bekannten Katastrophe her, die ergänzende Kraft. Das „mechanische Institut“ in München, das „optische“ in Benediktbeuern brachten die Feinmechanik in Bayern, schon durch Branders Tätigkeit in Augsburg weltberühmt, zu einer neuen Blüte. Fraunhofers wissenschaftliche Forschungen sind zudem, in glücklichster Weise durch diese technischen Leistungen unterstützt, von grundlegender Bedeutung für die Lehre vom Licht geworden. Anderseits gewinnen Reichenbachs technische Leistungen ihren Höhepunkt in der genialen Konstruktion seiner Wasserhebemaschinen, die wieder Utzschneiders weitschauender Tätigkeit als Generaladministrator der Salinen ihre Entstehung verdanken. Auch mit dem Brückenbau von damals steht Reichenbachs Name durch seine Konstruktion gußeiserner Röhrenbrücken in Verbindung. Kam der ihnen zugrunde liegende Gedanke auch erst später zur Ausführung, so gaben doch die Arbeiten den Anstoß zur Ausgestaltung des Eisenhüttenwesens, das Reichenbach auf Grund der Studien in England in die Wege leitete und womit er der späteren Entwicklung der Eisenindustrie voranging.

Von den Maßnahmen Montgelas' zur Verbesserung der Verkehrsverhältnisse gibt Wiebeking, dem 1805 das Straßen- und Wasserbauwesen übertragen wurde, im Anhang zu einer akademischen Rede „Von dem Einfluß der Baukunst auf das allgemeine Wohl und die Zivilisation“ (1816) das folgende anschauliche Bild:

„Die bayerischen Kunststraßen sowohl als die Brücken waren des Krieges und anderer Ursachen wegen im Jahre 1805 gänzlich in Verfall geraten. Vorzüglich mußten die Chausseen und Brücken in dem ehemaligen Bambergischen, in Schwaben, in Tyrol, im Bayreuthischen und Ansbachischen, im Salzburgischen, im Hundsrück- und Innviertel, sowie in der Obern Pfalz und in der ehemaligen Provinz Bayern, von Grund aus wiederhergestellt werden. Ohngeachtet drei Kriege die Arbeiten unterbrachen und die Heereszüge das Angefangene wieder beschädigten, das schlechte, unter den schmalfelgigen Rädern der bis zweyhundert Zentner ladenden Lastwagen leicht zu zermalmende Material, welches man nur in Bayern (außer in den gebirgigen Gegenden) antrifft; wiewohl dies alles große Hindernisse darbot: so wurden dennoch, von 1805 bis jetzt, zwey Tausend Stunden Chausseen, manche des Krieges wegen zweymal, vollkommen hergestellt; in Tyrol die Straßen erweitert und zu dem Ende Felsen gesprengt, Stützmauern aufgeführt und Höhen abgetragen."

„Ferner sind dreyundvierzig Stunden neue Kunststraßen und neununddreißig große Brücken über die Hauptflüsse erbaut worden; unter den ersteren werde nur die zwischen Kempten und Lindau angelegte, unter den letzteren die Bogenbrücken von Mühldorf, Oettingen, Altenmark, Rosenheim, Augsburg, Bamberg, Neuburg, Rhain, München und Vilshofen genannt, weil diese täglich von vielen Reisenden angesehen und untersucht werden können. Dann sind noch hundert und eine von den großen Brücken restauriert und eine zahllose Menge von kleinen Brücken erneuert worden; vierzehn Hauptflußkorrektionen mit der Donau, dem Inn, der Wertach und der Isar sind ausgeführt, drey große massive Durchlaßwehre erbauet, bei Lindau am Bodensee ein geräumiger Hafen angelegt und der Bau von der großen steinernen Brücke bei München angefangen worden."

Auch an Plänen für die Herstellung künstlicher Wasserstraßen fehlte es nicht; gehen doch die Entwürfe für einen Donau-Main-Kanal (von Karls des Großen Projekten abgesehen) bis in den Anfang des Jahrhunderts zurück. Freilich gelang die wirkliche Durchführung erst dem energischen Eintreten Ludwigs I., der in dem Unternehmen ein vaterländisches Werk von allgemeinster Tragweite erblickte — das heute in erweiterter Gestalt und gefördert durch König Ludwigs Enkel aufs neue die Tatkraft der Techniker zu einem den modernen Forderungen entsprechenden Ausbau aufruft.

Langsamer schritt die Förderung von Gewerbe und Industrie sowie die Hebung der Landwirtschaft zur Zeit Max Josephs voran. Zwar entfaltete auch hier die Generallandesdirektion mit ihren besonderen Deputationen für Salinen-, Münz- und Bergwerke, für Kultur, Forstwesen und Bauten, für das Kommerz-, Zoll- und Mautwesen, wie in der späteren Umgestaltung die Sektionen der Ministerien eine mannigfaltige Tätigkeit; zwar boten die Aufhebung des Zunftzwanges, die Gewährung staatlicher Konzessionen im Gewerbebetrieb, die Beschränkung der Rechte der Grundherren in der Ausübung der Gewerbe, die Besserung der Verkehrswege und -mittel größere Bewegungsfreiheit, erfuhr die Landwirtschaft durch Aufhebung der Leibeigenschaft, Erleichterung der Ansiedelung und Kultivierung, Teilung und Zusammenlegung der bäuerlichen Güter, Entlastung von Abgaben mannigfachste Förderung; aber es fehlte, besonders in der Industrie, bei der Unsicherheit der politischen Lage, bei dem furchtbaren Tiefstand der wirtschaftlichen Verhältnisse, der nur in mühsamer, stetiger Arbeit wieder auszugleichen war, an privater Initiative, an Mut und nachhaltigen Mitteln zur Durchführung weittragender Projekte. Der Einführung fabrikmäßigen Betriebes, maschineller Einrichtungen stellte sich zudem die Abhängigkeit von dem überlegenen England und der aus der Sorge um die eigene Existenz entsprungene äußerste Widerstand der Gewerbetreibenden hemmend entgegen.

Auch hier griff Utzschneider in dem Wunsche, „dem Wohlstand aller, nicht dem Reichtum einzelner" zu dienen, tätig, freilich mit wechselndem Erfolge ein; zuerst durch Gründung einer Lederfabrik, nachmals einer Tuchmanufaktur, eines Brauhauses, einer Essigfabrik, durch Fabrikation von Stärke- und Runkelrübenzucker, wie durch Ausführung von Moorkulturen und Meliorationen auf seinen musterhaft betriebenen Gütern.

In der Folge hat auch die Tätigkeit gemeinnütziger Vereine, wie der in Nürnberg schon 1789 gebildeten „Gesellschaft zur Beförderung der vaterländischen Industrie", des 1815 errichteten Polytechnischen Vereins für das Königreich Bayern, des 1810 ins Leben getretenen Landwirtschaftlichen Vereins in Bayern, je länger, um so nachhaltiger gewirkt.

Die allseitige Entwicklung aber aller dieser Ansätze konnte erst eintreten, als mit der Sicherung der politischen Lage die industrielle Tätigkeit und frischer Unternehmungsgeist erwacht, als, etwa von der Mitte der dreißiger Jahre ab, die allseitige Einführung des Dampfbetriebes die Technik zu größeren Aufgaben befähigte, als der Bau der Eisenbahnen — auf deren Bedeutung Reichenbach und Baader unermüdlich in Wort und Schrift hingewiesen und die dann im Jahre 1835 von der kleinen Strecke Nürnberg—Fürth in Deutschland ihren Ausgang nahmen — den Verkehr in neue Bahnen lenkte, als die Aufhebung der Zollschranken dem Austausch der Produkte nicht länger hindernd im Wege stand und als mit der systematischen Ausbildung des höheren und besonders des technischen Unterrichtes die nötigen leitenden Kräfte gewonnen werden konnten.

Für die Hebung des gesamten Unterrichtes und Bildungswesens ward gleichfalls zu Anfang des vergangenen Jahrhunderts ein neuer Grund gelegt: Zunächst kam eine umfassende Fürsorge für den elementaren und mittleren Unterricht, bessere Dotierung und Einrichtung der Schulen der Verbreitung gemeinnütziger Kenntnisse und allgemeiner Bildung im Volke zugute. So enthalten die ersten Stücke des neuen Kgl. Bayerischen Regierungsblattes (Januar 1806) einen Lehrplan und Instruktionen für die Kgl. Elementarschulen. Die Einführung des ersten großen Studienplanes der Gymnasien war 1804 vorangegangen. — Schon 1800 hatte die seit Ickstatts Rektorat vorbereitete Verlegung der Universität von Ingolstadt nach Landshut stattgefunden, zu der die herannahende Kriegsgefahr den äußeren Anlaß bot. Damit war auch hier eine freiere und reichere Entwicklung eingeleitet, die mit der späteren Verlegung der Universität nach München (1826) die moderne Gestaltung herbeigeführt hat. — Im Jahre 1808 folgte die Errichtung der Akademie der bildenden Künste. Durch das Wirken eines Cornelius und Klenze erwachte hier aufs neue das Verständnis für die Schönheiten des klassischen Altertums und bereitete ebenso wie die sorgsame Pflege und Bereicherung der Kunstsammlungen (mit denen die Düsseldorfer Schätze vereinigt worden waren) die kommende Blütezeit der Kunst vor. — Mit der 1807 erlassenen Konstitutionsurkunde erhielt die Akademie der Wissenschaften, „um das offenbare Mißverhältnis zwischen dem Zwecke und den Mitteln des Institutes zu heben", eine neue Organisation, welche ihren Etat erheblich vermehrte und sie mit den erweiterten wissenschaftlichen Sammlungen des Staates in unmittelbare Verbindung brachte. Die Pflege der Naturlehre mit Rücksicht auf solche Beobachtungen, „die dem gemeinen Wesen Nutzen bringen können", auf welche, der Richtung der Zeit entsprechend, schon in der Stiftungsurkunde von 1759 ausdrücklich hingewiesen war, wurde damals „zur Verbesserung der Agrikultur, Belebung und Vervollkommnung der Industrie" mit besonderem Eifer aufgenommen. Den Männern, welche wie Fraunhofer und Reichenbach dort in unvergleichlicher Weise theoretische und praktische Arbeiten zu verbinden wußten, sei hier neben anderen schon genannten, Sömmerring beigezählt. Von ihm stammt der Gedanke, die elektrolytische Zersetzung des Wassers zur elektrischen Zeichengebung zu verwenden; in seinem 1809 der Akademie vorgelegten Apparat hat er zuerst eine elektrische Telegraphie verwirklicht und zu weiteren Experimenten für die praktische Durchführung der Telegraphie angeregt. Später (1838) war es wieder ein Mitglied der Münchener Akademie, Steinheil, welcher die Gauß-Webersche Erfindung des elektromagnetischen Telegraphen erfolgreich ausbildete und welcher zuerst den Erdboden als Rückleiter des Stromes benutzte.

In der Frage des technischen Unterrichtes ist es wiederum die Tätigkeit Utzschneiders, welche mit der Errichtung technischer Fachschulen von Anfang an in nächster Verbindung steht. Als erste Schule dieser Art ist hier die noch unter Karl Theodor (1790) auf Grund der Vorschläge des jugendlichen Utzschneider — der damals als Hofkammerrat die Moorkultur in Oberbayern mit glücklichstem Erfolge organisierte — in München errichtete Forstschule zu nennen, die, 1803 nach Weihenstephan verlegt, unter Schönleutners Wirksamkeit sich zu der Landwirtschaftsschule erweiterte, deren hundertjähriges Jubiläum im vergangenen Jahr gefeiert wurde.

Die Einleitung einer weitergehenden Fürsorge für den technischen Unterricht geht auf die allgemeinen Pläne Montgelas' und Zentners zur Neuorganisation des Schulwesens zurück. Diese, zunächst noch allzusehr von den utilitarischen Maximen des zu Ende gegangenen XVIII. Jahrhunderts beeinflußt, hatten 1808 in Niethammers „allgemeinem Normativ für die Errichtung öffentlicher Studienanstalten im Königreiche Bayern" eine festere, des Ausbaues fähige Gestalt gewonnen. Die dort ausgesprochene Trennung des humanistischen und realistischen Unterrichtes führte später nach der einen Richtung unter Friedrich Thiersch zum Ausbau unserer Gymnasien im Sinne des Neuhumanismus, nach der anderen zur Entwicklung der polytechnischen Anstalten. Freilich konnten die damals über die „Realschulen" hinaus für den höheren technischen Unterricht bestimmten „Realinstitute" auf die Dauer keine Wurzel fassen. Auch die trefflichen Vorschläge Reichenbachs und Fraunhofers aus dem Jahre 1823 für die Errichtung einer Hochschule der Ingenieurwissenschaften — bei denen das Pariser Muster vorschwebte — führten erst nach weiteren Jahren schwankender Verhandlungen und nach wesentlicher Reduktion der Ziele im Jahre 1827 zur Errichtung der ersten polytechnischen Zentralschule in München. Der greise, aber noch jugendfrische Utzschneider — Reichenbach und Fraunh fer waren ein Jahr vorher dahingegangen — war ihr erster Leiter. Als dann sechs Jahre später an Stelle der einen Zentralschule die drei polytechnischen Schulen in München, Nürnberg und Augsburg errichtet wurden, da war es der Physiker Georg Simon Ohm, den man nach Nürnberg berief, dem man bald auch die Leitung der Schule anvertraute. —

Von hier ab beginnt in stetiger und steigender Entwicklung der Ausbau des technischen Unterrichtes in Bayern, getragen von der mächtigen Entfaltung der deutschen Technik ebenso wie von der unermüdlichen und bis auf diesen Tag in reichstem Maße bewiesenen Fürsorge des Staates.

* * *

Hier will ich schließen.

Aus den in sturmbewegter Zeit gelegten Saaten sind in treuer Arbeit, in sorgsamer Pflege, in weiser Führung die Segnungen erstanden, die Bayern in Wissenschaft und Kunst, in Industrie und Technik, in Handel und Gewerbe, in Volks- und Landwirtschaft in dem zu Ende gegangenen Jahrhundert dem Hause Wittelsbach verdankt.

Bismarck hat die Anhänglichkeit zur Dynastie als eine den Deutschen vor anderen innewohnende Eigenschaft bezeichnet. Er hebt dabei zu Recht hervor, „wie der Zusammenhang des Königreiches Bayern nicht nur auf dem bajuwarischen Stamme beruht, wie er im Süden Bayerns und in Österreich vorhanden ist, sondern wie der Augsburger Schwabe, der Pfälzer Alemanne und der Mainfranke, sehr verschiedenen Geblüts, sich mit derselben Genugtuung Bayern nennen wie der Altbayer in München und Landshut, weil sie mit den letzteren durch die gemeinschaftliche Dynastie seit drei Menschenaltern verbunden sind".

Hat diese Treue zu ihren Dynastien dem deutschen Volk die Einigung zum Reich erschwert, so war sie anderseits das feste Band, das, als die Zeit gekommen und die Form gefunden war, alle Glieder zum Reich zusammenschloß.

Blicken wir zurück, so findet unsere Festesstimmung ihren schönsten Ausdruck in der jüngsten Botschaft unseres Regenten.

Diese sieht in der patriotischen Gesinnung, die in den Festesvorbereitungen zutage tritt, einen neuen Beweis, daß alle Teile des Königreiches sich in der Vereinigung unter dem Szepter des Wittelsbacher Hauses beglückt fühlen, und sie fährt fort:

„Wenn das Gefühl der Zusammengehörigkeit sich so innig gestaltet hat, so ist dies nicht zuletzt in der Erkenntnis begründet, zu welcher hohen Stufe der kulturellen Entwicklung wie der materiellen Wohlfahrt das Land in vereintem Wirken von Fürst und Volk unter Gottes gnädigem Beistand sich emporgehoben hat."

„Den Errungenschaften früherer Zeit reiht sich als die wertvollste an der Zusammenschluß der deutschen Staaten zu einem mächtigen Reiche, in dem Bayern sich geachtet und angesehen weiß.

Den Rückblick auf die Vergangenheit darf hiernach wohl das frohe Gefühl dankerfüllter Befriedigung begleiten."

So die Botschaft.

Der Geist der Zusammengehörigkeit aber von Fürst und Volk, der Bayern durch die vergangenen Jahrhunderte geführt, durch alle kommenden geleitet, ist lebendig in dem Wahlspruch unseres Regenten:

„In Treue fest".

Gott segne und behüte unseren Regenten!
Gott segne sein Königliches Haus!

INHALT.

Ein Rückblick auf die Anfänge des technischen Schulwesens in Bayern.

Von Siegmund Günther.

Olim meminisse juvabit! Gerne lenkt man, wenn ein wichtiger Abschnitt geschichtlichen Lebens vollendet ist, den Blick rückwärts auf die Zustände, welche zu Beginn des fraglichen Zeitraumes obwalteten, und ein erfreuliches Gefühl ist es immer, von den Fortschritten, die im Laufe dieser Zeit erreicht wurden, Akt nehmen zu können. Für das technische Schulwesen unseres Staates hat das abgelaufene Jahrhundert nicht nur tief greifende Veränderungen gebracht, sondern es ist so ziemlich alles Bestehende neu geschaffen worden, und der Gegensatz zwischen sonst und jetzt tritt hier viel schärfer hervor, als wenn man etwa die Universitäten, die Gymnasien, ja sogar die — doch gewiß einer hohen Vervollkommnung teilhaftig gewordenen — Elementarschulen ins Auge fassen wollte. Gerade die ersten Jahrzehnte des jungen Königreiches sind nach dieser Seite hin von fundamentaler Bedeutung gewesen, was ihm um so höher anzurechnen ist, als damals ungezählte neue und dringende Aufgaben an das noch nicht innerlich geeinte, aus heterogenen Bestandteilen zusammengeschweißte Staatswesen herantraten. In dankenswerter Weise hat schon früher Kluckhohn[1]) jene Periode des Sturmes und Dranges auf dem Unterrichtsgebiete zum Gegenstande monographischer Darstellung gewählt, und die vorliegende Skizze kann nicht umhin, sich an die Arbeit des trefflichen Historikers anzulehnen. Indessen konnte doch mancher dort nur gestreifte Punkt hier weiter ausgeführt werden, wozu eine erneute Durchsicht des von seiten des Kgl. Staatsministeriums des Innern für Kirchen- und Schulangelegenheiten bereitwillig zur Verfügung gestellten Aktenmateriales wesentlich beigetragen hat.

Wir verstehen in Bayern, etwas abweichend von dem Sprachgebrauche anderer deutscher Länder, unter technischen Schulen alle diejenigen Lehranstalten, welche ihre Ziele entweder ganz ohne das Hilfsmittel der alten Sprachen, oder doch nur mit beschränkter Heranziehung derselben zu erreichen bestrebt sind. In diesem Sinne wird die Bezeichnung auch hier angewendet. Dies vorausgesetzt, können wir ohne Gefahr, der Übertreibung bezichtigt zu werden, die Behauptung aufstellen: Im Jahre 1806 war für die Gesamtheit der im Königreiche Bayern zusammengefaßten staatlichen Gebilde ein technisch-realistisches Schulwesen gar nicht oder doch nur in den allerschwächsten Anfängen vorhanden.

Das ist freilich nicht zu verwundern. War doch der Name Realschule erst im Jahre 1706 zuerst aufgetaucht, und hatte diese neue Schulgattung doch sogar erst 1747 eine einigermaßen festere Form angenommen.[2]) In Bayern hatte die Notwendigkeit, dem altklassischen Unterrichtsgange auch einen solchen von mehr praktischer Tendenz zur Seite zu stellen, zuerst der geniale, wiewohl etwas gewalttätige Schulreformator J. A. v. Ickstatt gefühlt, dessen Gedanken zwar zunächst nur in sehr beschränktem Umfange verwirklicht wurden, tatsächlich aber doch für den Wismayrschen Mittelschulplan, der von 1804—1808 im damaligen „Kurpfalzbayern“ normativ war, die eigentliche Grundlage abgaben.[3]) Die etwas platte Nützlichkeitstendenz, welcher man, um den scharfen Gegensatz gegen den klerikalen Charakter der bisherigen Schuldoktrin recht deutlich hervortreten zu lassen, in den maßgebenden Kreisen nur allzusehr huldigte, schädigte jedoch sowohl die eine wie auch die andere Schulgattung, zumal da es auch gänzlich an Lehrern fehlte und fehlen mußte, welche selbst die Vielzahl der ihren Schülern zu übermittelnden Kenntnisse besaßen. Mit mehr Erfolg suchten in den ersten Jahren des XIX. Jahrhunderts Privatanstalten unter der im praktischen Leben stehenden Jugend jenes Wissen und jene Fertigkeiten zu verbreiten, deren sie für den Kampf ums Dasein so dringend bedurften. Halb und halb darf man hierher auch die noch in einzelnen Reichsstädten teils durch öffentliche Mittel, teils durch private Unterstützung helldenkender Mitglieder der Bürgerschaft unterhaltenen Kunstschulen[4]) rechnen. Mit ihnen weist unverkennbare Ähnlichkeit jene Münchener „Feiertagsschule" auf, die im alten Kurfürstentum Bayern den ersten ernstgemeinten und auch größtenteils gelungenen Versuch der Darbietung propädeutisch-technischen Volksunterrichtes gebildet hat. Seit 1793 bestand die von Kefer eingerichtete „Zentralfeiertagsschule"[5]), die wenig nach seinem Tode es bereits auf mehr denn tausend Frequentanten (Gesellen und Lehrlinge) gebracht haben soll. In sie ging sehr bald auch die von dem Zeichenlehrer des Gymnasiums, von J. Mitterer[6]), ins Leben gerufene Zeichnungsschule über. Wir erkennen in diesem Institute den Keim der späteren Baugewerkschulen und stellen gerne fest, daß München auf einem noch so wenig bearbeiteten Gebiete der Didaktik mit seinem guten Beispiele bahnbrechend vorgegangen ist. Auch die Ausdehnung des Prinzipes der Sonn- und Feiertagsschulen auf Gesamtbayern wurde damals schon von der Regierung, der die guten Früchte der von Kefer und Mitterer ausgegangenen Anregung nicht verborgen bleiben konnten, als eine wünschenswerte Sache anerkannt. Mit Recht hat neuerdings die Stadtgemeinde München je eine Straße nach den beiden wohlverdienten Pädagogen benannt.

Die in Nürnberg um dieselbe Epoche, nämlich 1792, von einer „Gesellschaft zur Beförderung vaterländischer Industrie" geschaffene Zeichnungsschule, die von den Aspiranten des Gewerbestandes an den Sonntagen besucht werden sollte, scheint über kleine Anfänge nicht hinausgediehen zu sein.[7])

Die Stadt wurde von den unaufhörlichen Kriegen und politischen Umwälzungen — ihr ganzes Gebiet hatte Preußen längere Zeit mit Beschlag belegt — allzu hart betroffen. Es wäre der Mühe wert, die Ratsakten anderer Städte daraufhin zu prüfen, ob dortselbst Veranstaltungen verwandten Charakters gelegentlich bestanden haben.

Aus der Münchener Feiertagsschule hat sich, wie wir sehen werden, die erste polytechnische Schule Bayerns entwickelt. Ehe wir indessen den ziemlich umständlichen Werdegang dieser eigentümlichen, weder den Hoch- noch den Mittelschulen zuzurechnenden Schulgattung näher betrachten, wird es sich empfehlen, die ersten ernsthaften, wenngleich nicht von dauerndem Erfolge gekrönten Bemühungen um die Begründung staatlicher Realanstalten kennen zu lernen.

Der kurz berührte Wismayrsche Schulplan hatte schon nach wenigen Jahren seine Unzulänglichkeit in ganz überzeugender Weise dargetan. Er war noch ganz unter der Herrschaft der nachgerade zu sehr in Utilitarismus verwandelten „Aufklärung“ entstanden, und dem von den Neuhumanisten mit Entschiedenheit, ja Schroffheit durchgeführten Grundsatze: „multum, non multa“ paßte er sich schlecht genug an. Zwar war es noch nicht sofort diese durch Friedrich August Wolfs Namen und Autorität getragene Richtung, welche den „trockenen Ton“ der Aufklärer verdrängte; davon konnte erst die Rede sein, als unter Ludwig I. der „Praeceptor Bavariae“, Friedrich Thiersch, mit einer fast an Omnipotenz grenzenden Machtvollkommenheit das Schulregiment in die Hand nahm. Durch die Berufung des Württembergers Niethammer (1766—1848), der 1806 in bayerische Dienste getreten und 1808 „Zentralschulrat“ in München geworden war, wurde ein Übergangszustand angebahnt. Denn wenn auch dieser einflußreiche Mann, der sein Amt durch Herausgabe einer umfangreichen Kampfschrift[8]) inaugurierte, entschieden ein Parteigänger des wieder modern gewordenen humanistischen Leitmotives war, so kann doch bei objektiver Beurteilung seiner Ideen niemand in Abrede stellen, daß ihm jene schrankenlose Überschätzung des Bildungswertes von Latein und Griechisch, welche unter Thiersch in unserem engeren Vaterlande heimisch ward, völlig fremd war, und daß er gegen die unrichtige Vorstellung, es gäbe nur einen einzigen Weg zur höheren Bildung, nachhaltig Verwahrung einlegte.

Da die Bedeutung des Mannes in der Fachliteratur, die Kluckhohnsche Schrift nicht ausgenommen, nicht so zur Geltung gelangt, wie dies zumal ein Anhänger der in unseren Tagen so viel besprochenen Unterrichtsreform wünschen muß, so halten wir es für angezeigt, seinem Auftreten eine etwas eingehendere Erörterung zu widmen. Vor allem verdient eine Seite in demselben besondere Würdigung.

Niethammer tritt als der erste Didaktiker zielbewußt ein für die Zweiteilung oder Gabelung des höheren Unterrichtes bei gemeinsamer Unterstufe. Er muß als der wahre und — sofern man eben diesen Standpunkt für berechtigt erachtet — wohlverdiente Vorkämpfer des Reformgymnasiums der Neuzeit hingestellt und geschätzt werden.

Neben dem immerhin merkwürdigen Werke stellt sich als ein zweiter Umstand, der das „Allgemeine Normativ für die Errichtung der öffentlichen Studienanstalten im Königreiche Bayern“ mit bestimmen half, das Ergebnis jener umfassenden Visitationsreise dar, welche der mit bedeutenden Machtbefugnissen ausgerüstete Schulmann in der zweiten Hälfte des Jahres 1808 durch Alt- und Neubayern gemacht hat.[9]) Der ausführliche, mit musterhafter Handschrift konzipierte Bericht darf als ein wahres Muster für derartige Fälle angesprochen werden. Leider gestattet der Raum nicht die Wiedergabe des ganzen Schriftstückes, welches einer vollständigen Veröffentlichung wohl würdig erscheint; nur auf ein paar Punkte soll in einer Note[10]) hingewiesen werden. Man begreift aber sehr wohl, daß v. Zentner es beifällig aufnahm und am 21. September genannten Jahres darauf die Worte schrieb: „Von diesem Berichte wird bei der künftigen Organisation der verschiedenen Lehranstalten Gebrauch zu machen sein.“

An dieses Reorganisationswerk wurde denn auch bald mit voller Kraft herangetreten, und man kann, wenn man auch keineswegs mit den gewaltsamen Regierungsmaximen des Ministeriums v. Montgelas in allem einverstanden ist, den bei der gewaltigen Arbeit beteiligt gewesenen Männern die Anerkennung nicht versagen, daß in kurzer Zeit ein Schulsystem aus dem Nichts geschaffen wurde, dem ein längeres Leben und eine kräftigere Einwirkung auf die bayerische Bevölkerung zu wünschen gewesen wäre. Niethammers entscheidendes Gutachten ist datiert vom 16. Juni 1808 und führt die Aufschrift: „Bemerkungen zu einer Revision des Lehrplanes für die kön. bairischen Mittelschulen“.[11]) Darin nun sind einzelne Abschnitte von hoher Bedeutung; sie könnten ganz in der nämlichen Weise auch neunzig Jahre später niedergeschrieben sein und in dem Kampfe gegen das Gymnasialmonopol figurieren. „Müssen denn,“ so wird gefragt, „die beiden heterogenen Unterrichtszwecke in einer und derselben Lehranstalt vereinigt werden?“ Die Natur habe doch auch selbst dafür gesorgt, daß nicht alle Menschen über denselben Leisten geschlagen seien.[12]) Obige „Praeliminarfrage“ sei mithin dahin zu beantworten, „daß zu vollständiger Befriedigung der höheren Unterrichts-Bedürfnisse der Staatsbürger zwey verschiedene öffentliche Lehranstalten zu errichten seyen: die eine für die Gelehrten, die andere für die Nichtgelehrten“. Dem „Gymnasium“ werde gewöhnlich die „Bürgerschule“ entgegengestellt; beide Schulkategorien stimmten in ihrer letzten Absicht überein, aber die erstgenannte suche diese auf andere Weise zu erreichen, wie es eben dem Unterschiede der „Natur- und Geistesgegenstände“ entspreche.

Die Wissenschaftsgeschichte darf wohl davon Notiz nehmen, daß Niethammer lange vor H. v. Helmholtz[13]) die uns seitdem so geläufig gewordene Gegenüberstellung von „Naturwissenschaften“ und „Geisteswissenschaften“ mit richtigem Einblick in deren Eigentümlichkeiten durchgeführt hat. An die Volksschule schließt sich im neuen Schulplan die Realschule, die selbst wieder ihre Krönung durch das Realinstitut — das sei ein sinngerechterer Ausdruck als „Höhere

Bürgerschule" — zu erfahren hätte. „Die Primärschule steht sonach auch sowohl zu dem Realinstitut als zu dem Gymnasium in völlig gleichem Verhältnis und hat weder auf das eine noch auf das andere jener beiden Institute eine besondere Rücksicht zu nehmen." Niethammers Fürsorge erstreckt sich sogar auf die Titulaturen der an den Mittelschulen amtierenden Lehrer, indem darauf geachtet wird, daß die Amtsnamen der im gleichen Range an den beiden verschiedenen Schulgattungen tätigen Männer ähnlich klingen und doch dem bestehenden Gegensatze gerecht werden.

So bildet sich denn das nachstehend beschriebene System der Schulen selbst und der an ihnen Angestellten heraus; unser Schema ist dem Schulplane unmittelbar entnommen und sieht so aus:

Namen der Schulen:	Namen der Lehrer:
a) Primär- oder Prinzipienschulen.	Primärlehrer, Prinzipienlehrer.
b) Secondärschulen:	
α) Realschule.	Reallehrer, Realpraezeptoren.
β) Gymnasialschule.	Gymnasiallehrer, Gymnasialpraezeptoren.
A) Realinstitut.	Oberreallehrer, } Professoren.
B) Gymnasium.	Obergymnasiallehrer, } Professoren.

Der Unterrichtsminister nahm den Plan mit lebhaftem Interesse entgegen[14]), unterließ es jedoch selbstverständlich nicht, von seinen sachkundigen Beratern — Jacobs, v. Weiller, Hobmann, Wismayr — gutachtliche Äußerungen einzuholen.[15]) In der Hauptsache erklärte man sich mit Niethammer einverstanden, der am 18. September 1808 einzelne Einwürfe mit ziemlich starkem Aufgebote von Selbstbewußtsein zurückwies. Es gelang ihm, seinen Standpunkt zum herrschenden zu machen und eine scharf ausgeprägte Zweiteilung der bayerischen Mittelschulen in die Wege zu leiten.

Niethammers Entwurf wurde Gesetz, allein der von ihm angebotenen Reform war nur ein flüchtiger Erfolg beschieden. Die neue Schulordnung wurde, soweit sie die Realanstalten betraf, mit Paulsen[16]) zu reden, „von der Bevölkerung verschmäht". Es ist hier nicht der geeignete Ort, den Gründen dieser doch eigentlich auffälligen Erscheinung nachzuspüren, und die Literatur gibt darüber so gut wie gar keinen Aufschluß. Mutmaßlich hat eben doch auch damals bereits die leidige Berechtigungsfrage ihre Rolle gespielt. Die „Realschulen", also die Mittelstufe, sind anscheinend nicht einmal zu vorübergehender Entfaltung der ihnen vom Gesetzgeber beigelegten „Fähigkeiten" gelangt[17]); „Realinstitute" wurden nicht ohne starke

Inanspruchnahme der bescheidenen Mittel des Staates hergestellt, hielten sich aber nur wenige Jahre. Die größte Lebenszähigkeit legte, wie das sich von selber versteht, die Nürnberger Anstalt an den Tag, deren Lehrpersonal ein sehr gut ausgewähltes war, und so hielt sie sich von 1809 bis 1817. Ihr Direktor war der seinerzeit weit verehrte, nach heutigen Begriffen freilich zu sehr in die nicht eben fruchtbaren Anschauungen der damaligen Naturphilosophie verflochtene Naturhistoriker G. H. v. Schubert[18]); neben ihm wirkte der vielfach originelle Mathematiker J. W. A. Pfaff. Beide Männer wurden, als ihres Bleibens in der unhaltbar gewordenen Stellung nicht mehr war, von bayerischen Universitäten als ordentliche Professoren ihrer Fächer übernommen.

Daß die Niethammersche Realschule etwas später, in einer jenseits der Grenzen dieser Studie gelegenen Zeit, ihre Wiederauferstehung als „Gewerbe- und Landwirtschaftsschule" feierte, sei nur nebenher erwähnt, und diese hat gezeigt, daß der Grundplan der bayerischen Schulreform von 1808 ein richtiger gewesen ist.[19]) Denn über ein Halbjahrhundert haben diese Lehranstalten, an welche die Metamorphose der siebziger Jahre anknüpfen mußte, wertvolle Dienste getan, und die Bürger der zahlreichen Städte, in denen es solche gab, brachten ihren Leistungen volles Vertrauen entgegen. Mancher hat sie nicht ohne ein gewisses Bedauern vor ihren, allerdings den Anforderungen des Zeitalters noch besser Rechnung tragenden Nachfolgerinnen das Feld räumen sehen.

Darüber, daß das Vakuum, welches mit dem Verschwinden der Realinstitute im zweiten Jahrzehnt des vorigen Jahrhunderts entstanden war, irgendwie werde ausgefüllt werden müssen, waren mit sich alle einsichtigen Schul- und Staatsmänner im reinen. Teilweise an die uns bekannte Mitterersche „Feiertagsschule", teilweise auch an die großen Muster von Paris[20]) und Wien[21]) knüpften diejenigen an, welche gerne eine höhere technische Lehranstalt in Bayern gegründet gesehen hätten. Man hielt allgemein dafür, daß eine solche nicht sowohl dem allgemeinen Bildungszwecke, wie das in Mißkredit geratene Realinstitut, sondern direkt der praktischen Fachausbildung zu dienen hätte, und der seit 1816 in München erfolgreich wirkende „Polytechnische Verein für Bayern" konnte als eine Vorbereitung für das, was man anstrebte, mit gutem Grunde angesehen werden. Sonst freilich gingen die Ansichten darüber, was zu geschehen habe, ziemlich wirr durcheinander.[22]) Ein Graf Spaur beklagte sich mit einigem Recht, daß die Einrichtungen der kameralistischen Fakultäten der Landeshochschulen für die Bedürfnisse der zur Entscheidung über technische Fragen berufenen Verwaltungsbeamten nicht recht aufkommen könnten[23]);

man solle, meint der radikale Reformer, die Universitäten lieber ganz aufheben, um ihre Mittel der neuen „Polytechnischen Anstalt“ zuzuwenden, oder man solle ihnen wenigstens zu diesem Behufe die Professuren für Mathematik, Physik und Naturgeschichte nehmen! Andere Gutachter gedachten die neue Schule in einen weit engeren Rahmen zu fassen, und ein Professor Marcheaud erklärt 1816 das neue Wiener Institut für einen Luxus; für Bayern dürfte eine Ausgestaltung der bestehenden Sonntagsschule — man bemerkt den Einfluß des wackeren Mitterer — den Bedürfnissen genügen. Dieser selbst ließ sich selbstredend in der nämlichen Tonart vernehmen.[21]) Doch überwogen mehr und mehr die Stimmen der einen höheren Zweck Verfolgenden, zumal als die erste Ständeversammlung, die des Jahres 1819, für die Förderung der „Polytechnik“, durch welche zumal der Hungersnot Abhilfe gebracht werden könnte, ihr gewichtiges Votum in die Wagschale warf. München und Nürnberg sollten derartige Lehranstalten bekommen, was ja auch geschehen ist. Allerdings hat es sich bei Nürnberg, worauf später zurückzukommen sein wird, etwas anders gestaltet. Einstweilen soll lediglich von den Münchener Verhältnissen die Rede sein.

Manche Ideen, wie daß man die Akademie der Künste oder auch die der Wissenschaften mit einem der neu zu schaffenden Institute vereinigen solle, verschwanden ebenso rasch wieder von der Tagesordnung, wie sie auf diese gesetzt worden waren. Auch die „Polytechnische Sektion“, mittels deren man die Akademie zu vervollständigen im Sinne hatte, war nur eine ephemere Gründung. Als der Mann, auf dessen Anregung jene einleitenden Arbeiten begonnen wurden, ist der damalige Baurat Leo v. Klenze (1784—1864) zu bezeichnen. Das ist wenig bekannt, so daß selbst Kluckhohn dieses Namens keine Erwähnung tut, und um so nachdrücklicher soll es hier ausgesprochen werden. Seit 1815 in der bayerischen Landeshauptstadt tätig, hatte Klenze sich schon vor dem Regierungsantritte Ludwigs I., der ihm bekanntlich besonders gewogen war, eine angesehene Stellung erworben, und so versteht man, daß sein Wort bei der mit dem polytechnischen Probleme schon lebhaft beschäftigten Regierung Anklang fand. Verständigerweise fiel er nicht gleich mit einem fertigen Plan ins Haus, sondern gab die Einsetzung eines Ausschusses aus den am besten dafür geeigneten Fachmännern anheim.[25]) Nunmehr war das Eis gebrochen; die Kommission wurde gebildet, und nachdem unterm 27. Juni 1822 ein Erlaß ergangen war, daß für den Kostenpunkt die Überschüsse des Lokalmalzaufschlages in Aussicht zu nehmen seien, erklärte am 12. Februar 1824 auch das Finanzministerium seine Zustimmung. Mitglieder des vorberatenden Ausschusses waren außer Klenze noch der bekannte (s. o.) Schulmann v. Weiller, der Mathematiker Spaeth[26]), der Physiker Siber[27]) und der Mineralog Fuchs[28]); G. v. Reichenbach[29]) und J. v. Fraunhofer[30]) scheinen erst etwas später beigezogen worden zu sein, worauf sie ein Separatvotum erstatteten.[31]) Das Ansinnen des „Oberstbergrates" J. v. Baader, ihm einen stärkeren Einfluß zuzugestehen, wurde vom Ministerium mit nichts weniger denn freundlichen Worten zurückgewiesen, und so hatte auch sein am 27. Januar 1826 eingereichtes Gegenprojekt — „es soll die Akademie der Wissenschaften für das praktische Leben wirksamer gemacht werden" — von vornherein keine Aussicht auf Berücksichtigung. Der 19. Februar 1825 war der Tag, an welchem die Kommission in ihrer ursprünglichen Zusammensetzung ihr Referat vorlegte, das sich größtenteils dem Klenzeschen Entwurfe anpaßte und somit das „ähnliche Institut" in Paris zur Norm ausersah. Als beachtenswert mag der Umstand angeführt werden, daß vorab Siber auch die Angliederung der Forstlehranstalt in Aschaffenburg als eine dringend wünschenswerte Sache hinstellte.

Beschränkte man sich auf das Notwendigste, so wie es die Klenzeschen Vorschläge formulierten, so glaubte man mit zwölf Professoren ausreichen zu können. Fünf von diesen — für höhere Mathematik, allgemeine und technische Chemie, Naturgeschichte und Zivilbaukunst — sollten aus den Reihen der Akademiker genommen werden, so daß nur sieben neue Bestellungen sich als unumgänglich erwiesen. Je einer dieser neuen Lehrer hatte niedere Mathematik, Straßen-, Wasser- und Landbau (als ein Fach gedacht), Maschinenbau, Technologie nebst Warenkunde zu vertreten; für das Zeichnen gedachte man zwei Lehrkräfte heranzuziehen. Endlich war noch ein Vorstand der mechanischen Werkstätte erforderlich. Am 25. Februar 1826 gab der Minister Graf Armansperg das gesamte Beratungsmaterial zur Einsichtnahme und Überprüfung an „den obersten Kirchen- und Schulrat"[32]) hinüber. Besonders eingehend war Spaeths Sonderentwurf gehalten, der namentlich auch die künstlerische Seite des architektonischen Lehrauftrages beleuchtete.

Die Personalfragen gaben zu sehr eingehender Diskussion Anlaß; abgesehen von den in dem zitierten Aktenhefte enthaltenen Erörterungen ist noch ein weiteres[33]) zum größten Teile damit angefüllt. Ein paar Mitteilungen darüber verweisen wir in eine Note.[34]) Am 11. August 1827 bestimmte der König, daß v. Utzschneider[35]) die vorläufige Direktion der neuen Anstalt führen und von A. v. Schlichtegroll in den Korrespondenzgeschäften unterstützt werden solle. Den Schlußstein aber setzte ein das allerhöchste Signat, welches im Sommer 1827 — genaueres Datum fehlt — in Bad Brückenau herauskam. Es lautet wörtlich wie folgt:

„In München soll eine polytechnische Central-Schule errichtet werden, und der Zweck dieser Schule in der höheren technischen Ausbildung derjenigen Individuen bestehen, welche sich den auf Mathematik, Physik, Mechanik und Naturkunde gegründeten Gewerben entweder als Selbstarbeiter oder als Aufseher und Werkführer in Fabriken und Manufakturen zu widmen gedenken."

Über die Geschicke des Institutes, dem die Geringfügigkeit der verfügbaren Mittel nur sehr langsam emporzukommen gestattete, das aber in seinem engeren Rahmen doch sehr Anerkennenswertes leistete, hat sich unsere Skizze ihrer Tendenz nach nicht weiter zu verbreiten. Jene höhere akademische Rangstellung, welche v. Utzschneider niemals aus dem Auge verlor, war es einstweilen noch nicht zu erringen imstande; vierzig Jahre sollten noch hingehen, ehe dieses große Ziel des ersten Direktors erreicht war. Wohl aber muß daran erinnert werden, daß die größte Handels- und Industriestadt des Königreiches — denn das war Nürnberg schon damals — hinter der Metropole nicht zurückblieb und sich eine städtische „Polytechnische Schule" schuf, die am 2. Januar 1822, also noch vor der Zentralanstalt, feierlich eingeweiht wurde.[36]) Sie hielt sich in etwas engeren Grenzen und glich erst 1829, auf wiederholtes Drängen des Ministeriums hin, ihren Lehrplan demjenigen der Münchener Schule an.

Das Jahr 1833, welches die drei polytechnischen Schulen Münchens, Nürnbergs und Augsburgs auf eine ganz identische Grundlage stellte und zugleich zwanzig Gewerbeschulen als Vorbereitungsanstalten brachte, schließt dann endgültig die von uns allein geschilderte erste Periode des bayerischen technischen Schulwesens ab.

Es war gewiß ein Zeitraum des Tastens und Experimentierens, und Mißgriffe haben nicht gefehlt. Aber wie hätte es anders sein können, da es ja noch fast ganz an geeigneten Vorbildern, ganz und gar an selbsterworbenen Erfahrungen gebrach, und da alle Ratgeber mit Naturnotwendigkeit auf den Weg des Probierens gedrängt waren? Zieht man die wahrlich nicht entgegenkommenden Zeitumstände in Erwägung, so wird man sogar eine gewisse Verwunderung darüber nicht unterdrücken können, daß Bayern in verhältnismäßig kurzer Frist, nachdem seine neue staatliche Konsolidierung erfolgt war, sich des Besitzes eines in seiner Art konsequent durchgeführten und vervollkommnungsfähigen technischen Unterrichtswesens erfreuen durfte.

Literatur.

[1]) A. Kluckhohn, Über das technische Unterrichtswesen in Bayern bis zur Gründung der polytechnischen Zentralschule in München (1827), Bericht über die Kgl. Technische Hochschule zu München für das Studienjahr 1877—1878, München 1878, S. 45 ff.

[2]) Über die langsame Entwicklung des Realschulprinzipes bei Semler, Hecker und den sachlich ungefähr auf dem gleichen Boden stehenden Philanthropinisten orientiert sehr gut F. Paulsen (Geschichte des gelehrten Unterrichts auf den deutschen Schulen und Universitäten vom Ausgang des Mittelalters bis zur Gegenwart, Leipzig 1885, S. 482 ff.).

[3]) Paulsen, a. a. O., S. 505 ff. Kluckhohn betont (a. a. O., S. 53), daß die an die künftige Realschule gestellten Anforderungen, wie dies bei grundstürzenden Neuerungen im Bereiche des Erziehungswesens nur allzu leicht geschieht, viel zu hohe waren.

[4]) Solche gab es in den altberühmten Kunststädten Augsburg und Nürnberg. Die Augsburger Anstalt scheint in der uns hier angehenden Zeit ein Appendix des humanistischen Gymnasiums gewesen zu sein; denn die „Geh. Raths-Acta" (1810—1820) enthalten einen Erlaß vom 24. März 1812, kraft dessen der König „die Verbindung der Spezial-Kunstschulen mit den allgemeinen Studien-Anstalten" endgültig aufhebt. In Nürnberg war die einst unter J. v. Sandrart dem Ältern hochberühmt gewesene „Malerakademie" (G. Doppelmayr, Historische Nachricht von den Nürnbergischen Mathematicis und Künstlern, Nürnberg 1730, S. 248) ganz ebenso um 1800 zum bloßen Schatten ihres einstigen Ruhmes herabgesunken, wie dies so ziemlich von all den überlebten reichsstädtischen Institutionen galt.

[5]) Über diese sympathische Persönlichkeit gibt näheren Aufschluß K. A. Baader (Das gelehrte Baiern oder Lexikon aller Schriftsteller, welche Baiern im achtzehnten Jahrhundert erzeugte oder ernährte, 1. Band, Nürnberg-Sulzbach 1804, Sp. 582 ff.). Seit 1790 war F. X. Kefer (1762—1802) Aufseher und Repetitor an der kurfürstlichen Militärakademie, und zwei Jahre vor seinem Tode

wurde er kurfürstlicher Inspektor der deutschen Schulen. Was er mit seiner Schöpfung bezweckte, hat er in einem später gedruckten Vortrage dargelegt (Rede über die Absicht, den Nutzen und die wesentliche Einrichtung der in München errichteten Feiertagsschule für Handwerksgesellen und Jungen, München 1795). Regelmäßig wiederkehrende Berichte über den Stand der Schule veröffentlichte er während der kurzen Zeitspanne seines Lebens (Rechenschaft über den Zustand dieser Schule bey der im Jahre 1797 vorgenommenen Prüfung, München 1797; ebenso 1799 und 1801).

[6]) Vgl. Biographische Notizen über Hermann Joseph Mitterer, Jahresbericht über den Bestand und das Wirken des Kunst-Vereines während des Jahres 1829, München 1829. Mitterer hatte 1784 das Münchener Lyzeum absolviert, und da ihm zum Studium der Medizin das Vermögen, zu dem der Theologie die Neigung fehlte, so wandte er sich der Kunst zu. Für sein gemeinnütziges Wirken erhielt er 1797 die Ehrenmedaille des Magistrates. Ihm ist die Einführung der wichtigen Erfindung Senefelders in weitere Kreise vornehmlich zu danken; auf seinen Antrieb hin kaufte der Staat 1808 „das Arcanum der Lithographie" an, und 1810 wurde er Eigentümer der dafür errichteten Kunstanstalt. Dem Rufe an die neue polytechnische Schule, von dem nachher die Rede sein wird, vermochte er, schon schwer an den Folgen eines Schlaganfalles leidend, nicht mehr Folge zu leisten.

[7]) Davon handelt eine anonym erschienene Broschüre (Die Industrie Nürnbergs mit Rücksicht auf die polytechnische Schule, Nürnberg 1861).

[8]) Fr. Niethammer, Der Streit des Philanthropinismus und Humanismus in der Theorie des Erziehungsunterrichtes unserer Zeit, Leipzig 1808. Eine für diesen sonst so ungewöhnlich objektiven Schriftsteller unerwartet scharf zu nennende Kritik des gleich bei seinem ersten Erscheinen viel befehdeten, von dem großen Philosophen Herbart als „elend" bezeichneten Buches sehe man nach bei Paulsen (S. 552 ff.). Einseitig war es ja gewiß in hohem Grade.

[9]) Diese Reise macht einen selbständigen Faszikel der Ministerialakten aus. Vorgebunden ist demselben ein von dem hervorragend tüchtigen Minister v. Zentner signiertes „Offenes Circular an alle Schulen-Vorstände von Bamberg, Ansbach, Nürnberg, Amberg, Straubing und Landshut". Als Aufgaben waren dem Inspizienten gestellt Untersuchungen über die Tauglichkeit und Verwendbarkeit der Lehrer, über den augenblicklichen Zustand der Anstalten, über die Schulräumlichkeiten mit besonderer Rücksicht auf deren Aptierung für andere Bestimmungen, endlich über schon vorhandene oder neu zu gründende Internate.

[10]) Die Verhältnisse im bayerischen Schulwesen müssen damals, als Niethammer mit seiner Fackel in manch dunklen Lehrsaal hineinleuchtete, vielfach recht unerquickliche gewesen sein. In Bamberg, wo die Professoren von hohen, schwer zugänglichen Kathedern aus ihre Hefte den Gymnasiasten und Lyzeisten vorlasen, waren so ziemlich alle Regeln der Erziehungslehre verletzt; der Religionslehrer war „weniger als mittelmäßig". In dem altberühmten Gymnasium Aegidianum zu Nürnberg, wo der 85jährige, schwer augenleidende Rektor Schlenk schon lange vergeblich auf seine Quieszierung wartete, fanden sich Geschichte, Geographie, Naturkunde, „Seelenlehre", ja selbst Mathematik außerordentlich vernachlässigt. Sulzbach hatte zwei konfessionell geschiedene Lehranstalten, und dabei erschien die Stadt dem Regierungskommissar sogar „für ein simultanisches Gymnasium" zu klein. Am unvorteilhaftesten präsentierte sich Straubing, wo ein Oberklässer nicht einmal „ordentlich lesen" konnte; den besten Eindruck machte Ansbach mit seinen beiden anerkannt vorzüglichen Philologen Faber und Schaefer.

[11]) Geheime Raths-Akten, 1807—1823.

[12]) In seiner Hervorhebung der abweichenden „Anlagen der Individuen“ erwies sich Niethammer als psychologischer Pädagog zweifellos dem ihn sonst weit überragenden Thiersch überlegen, der in der Lateinschule das Ideal einer für alle Stände gleichmäßig vorbildenden Bürgerschule zu erblicken geneigt war (Über gelehrte Schulen mit besonderer Rücksicht auf Bayern, 3. Band, Stuttgart-Tübingen 1837, S. 9 ff.).

[13]) Vgl. Helmholtz, Populär-wissenschaftliche Vorträge, 1. Heft, Braunschweig 1865, S. 6 ff. Es handelt sich um die in Heidelberg am 22. November 1862 gehaltene „Akademische Festrede“.

[14]) Am 22. Juli 1808 schreibt v. Zentner: „Ich habe diese Bemerkungen mit der sorgfältigsten Aufmerksamkeit geprüfet.“

[15]) Das, was Jacobs in seinem Gutachten als seine Meinung ausspricht, hat zumeist Hand und Fuß; so z. B. verurteilt er auf das entschiedenste den „Kollegienzwang“ der hohen Schulen. Sowohl die realistische wie die humanistische Schulbildung, fordert er, soll der Mathematik Gewicht beilegen, aber die Lehrart muß der bestehenden Verschiedenheit eingedenk bleiben. „Daher ist angewandte Mathematik, Experimentalphysik, Technologie, praktische Chemie und praktische Astronomie ein Hauptgegenstand der Realschule.“ Die Geographie sollte hauptsächlich „in Beziehung auf die Gegenstände der Naturwissenschaft gelehrt werden“.

[16]) Paulsen, a. a. O., S. 654 ff.

[17]) Schon auf Grund der Wismayrschen Schulordnung hatte man z. B. in Erlangen 1805 eine Realschule begründet, die mit einem „pädagogischen Seminarium“ verbunden werden und zugleich den katechetischen Übungen der theologischen Fakultät das nötige Schülermaterial liefern sollte (Engelhard, Die Universität Erlangen von 1743—1843, Erlangen s. a., S. 114 ff.). Der Wunsch, „gebildete Manufakturisten, Kaufleute und bürgerliche Gewerbsleute“ heranzuziehen, ging nicht in Erfüllung; nur ein Jahr war der jungen Anstalt vergönnt, die sich ganz von selbst wieder auflöste.

[18]) Vgl. A. Wagner, Akademische Denkrede auf Gotthilf Heinrich v. Schubert, 26. März 1861.

[19]) Es geht nicht an, „die kümmerlichen Gewerbeschulen“ (Kluckhohn, a. a. O., S. 61) als verfehlte Einrichtungen zu verurteilen. Innerhalb ihrer Sphäre haben sie Tüchtiges geleistet, und die von ihnen für die polytechnischen Schulen älterer Ordnung gebotene Vorbildung war durchaus keine verächtliche. Noch vor dreißig Jahren erklärte ein geachteter bayerischer Schulmann (Der Realunterricht in Preußen und Bayern; ein Beitrag zur Lösung der bayerischen Gewerbeschulfrage, München 1875, S. 34 ff.) die Agitation für nicht gerechtfertigt, welche die damals in Norddeutschland bestehenden sechskursigen Realschulen zum absoluten Vorbilde für die bayerischen Realmittelschulen genommen wissen wollte.

[20]) „Die École Polytechnique“ war 1794, zunächst unter dem militärischen Gesichtspunkte, ins Leben getreten; ihr geistiger Vater war der geniale Geometer G. Monge (1746—1818).

[21]) Wien war der Sitz des ersten, diesen Namen wirklich verdienenden Polytechnikums auf deutscher Erde. Im Jahre 1814 ging das polytechnische Institut aus der tatkräftigen Initiative J. J. Prechtls (1778—1854), eines geborenen Unterfranken, hervor, der es dann auch 35 Jahre lang, bis zu seiner Emeritierung, mustergültig geleitet hat.

[22]) Sehr anschaulich schildert die Anfangsstadien der auf polytechnische Schulen abzielenden Bewegung Kluckhohn (a. a. O., S. 58ff.).

[23]) Man vergleiche, was in dieser Festschrift an anderem Orte (in dem Aufsatz über bayerisches Karten- und Straßenwesen) über die krause Vielgestaltigkeit staatswissenschaftlichen Lehrbetriebes beigebracht worden ist.

[24]) Geh. Raths-Acta, 1822—1826. Das Aktenheft wurde am 28. Januar 1822 angelegt und trägt die Spezialaufschrift: „Politechnische (sic!) Schule in München". Vom 20. Dezember 1821 stammt Mitterers Memorial, nicht schlecht abgefaßt, aber ein wenig banausisch und die Gymnasialbildung des Autors nicht gerade verratend; das Wort Mathematik z. B. wird zweimal falsch geschrieben. Für polytechnische Schulen seien höhere Mathematik, Technologie und kommerzielle Fächer überflüssig! Ihm genügt begreiflicherweise die Ausgestaltung seiner „Feiertagsschule".

[25]) Da diese Eingabe noch nicht publiziert worden zu sein scheint, so darf sie hier wohl eine Stelle finden: „Der Unterzeichnete hält es für seine Pflicht, dem hohen Staatsministerium des Inneren folgenden unmaßgeblichen Vorschlag zu machen. Es ist schon längst als anerkanntes Bedürfniß ausgesprochen worden, durch eine polytechnische Schule für Baiern ein Institut zu gründen, von dessen großem und wohltätigem Einflusse auf technische Wissenschaften, Künste und Handwerk das Beispiel mehrerer Nachbarstaaten schon mehrere triftige Beweise geliefert hat. Der erste Keim einer solchen Anstalt ist nun schon in der von dem Ministerium des Inneren und der Finanzen auf meinen privativen Vorschlag gegründeten polytechnischen Sammlung gelegt worden. Um aber die Grundsätze, wonach diese Sammlung angelegt, geordnet und verwaltet werden sollte, näher zu bestimmen, war von beiden hohen Ministerien eine Commission gebildet worden, deren Geschäfte jetzt, wo die Sammlung würklich begründet und ihr ein Direktor ernannt worden ist, aufhören müssen. Ich glaube aber dem hohen Ministerio des Inneren den alleruntertänigsten Vorschlag machen zu müssen, diese gemeinschaftliche Kommission noch fortbestehen, und von ihr einen Vorschlag zur Errichtung von polytechnischen Schulen bearbeiten zu lassen. Sollten sich dann, wie ich Ursache habe zu glauben, alle und besonders die finanziellen Umstände mit dem allgemeinen Wunsche eine solche Anstalt zu gründen vereinigen, und das hohe Ministerium meinen alleruntertänigsten Antrag zu genehmigen geneigt sein, so wäre ich bereit, meine unmaßgeblichen Ansichten über die Art abzugeben, in welcher ein solcher Vorschlag auf commissionellem Wege zu bearbeiten wäre, damit ein Ganzes, und aus dem Resultate desselben eine Anstalt hervorginge, welche ohne zu weitgreifende aktive und passive Mittel den Keim eines eigenen und inneren Lebens in sich trüge. In tiefer Ehrfurcht verharrt L. K." — Die Tatsache, daß etwas Ernsthaftes im Werke sei, muß sich rasch herumgesprochen haben, denn gleich das nächste Blatt des Aktenbandes enthält ein Ansuchen des „Klaviermachersgesellen" Johann Kluek, ihn bei dem neuen Institute als „Modellarbeiter" anstellen zu wollen.

[26]) J. L. Spaeth (1759—1842) war 1809, nachdem seine Universität Altdorf aufgehoben worden, an das Lyzeum in München gekommen, um 1826 das Ordinariat der Mathematik an der Universität zu übernehmen.

[27]) Th. Siber (1774—1854) dozierte seit 1810 am Lyzeum, seit 1826 an der Universität Physik und höhere Mathematik.

[28]) Der Montanist und Mineralchemiker J. N. Fuchs (1774—1856) war schon seit 1807 als Professor an der Universität Landshut wirksam und siedelte mit dieser 1826 nach München über.

[29]) Man darf wohl vermuten, daß die Regierung zuerst bloß von Männern des Lehrfaches sich beraten lassen wollte und sich, erst als diese gesprochen hatten, an die beiden weltberühmten Akademiker wandte, die aus der Praxis hervorgegangen waren. G. v. Reichenbach (1772—1826) war damals zugleich Direktor des Ministerial-Baubureaus.

[30]) Der große Optiker J. v. Fraunhofer (1787—1826) wohnte, seitdem das in Benediktbeuern begründete Institut in die Residenz verlegt worden war, also seit 1823, in München als Konservator des physikalischen Kabinetts der Kgl. Akademie.

[31]) Diese zweite Denkschrift, deren Verfasser in erster Linie v. Reichenbach war, brach ihrerseits rückhaltlos mit dem philiströsen Gedanken einer erweiterten Handwerkerschule. Allerdings mußte die höhere Stelle den etwas hochfliegenden Plan aus Mangel an Geld unverwirklicht lassen. Fünfzehn Professoren zu bestellen, sah man sich in jener Zeit allgemeinster Kassenebbe außerstande.

[32]) Von dieser Instanz hört man sonst in der früheren bayerischen Geschichte nicht viel, und es wäre deshalb interessant, Genaueres über sie in Erfahrung zu bringen.

[33]) Geh. Rats-Acta, 1827—1828, Gutachten über die Einrichtung der im Prinzipe jetzt gesicherten Polytechnischen „Zentralschule" enthaltend.

[34]) Zuerst dachte man daran, als Mathematiker entweder v. Staudt, den späteren geistesgewaltigen Schöpfer der „Geometrie der Lage", oder den Assistenten Schnürlein von der Sternwarte, den nachherigen Lehrer Ludwig Seidels, zu gewinnen. Angewandte Mathematik und Mechanik war Spaeth, Physik der geschickte Experimentator Kastner in Erlangen vorzutragen ausersehen; die Chemie hätte Fuchs oder H. A. Vogel übernehmen sollen. Die bürgerliche Baukunst wollte man L. v. Klenze, die Ingenieurfächer dem durch seine Kanalprojekte bekannt gewordenen Oberbaurat v. Pechmann — vielleicht auch dem Landshuter Inspektor Cammerloher — anvertrauen. Zeichnen sollte Inspektor Barraga, Maschinenlehre Schmitz, der dereinstige Direktor der Amberger Gewehrfabrik, auf sich nehmen. Betreffs der Technologie schwankte man zwischen Geyer (Würzburg) und Hermann (Nürnberg). Letzterer (1795—1868) wurde berufen; er hatte zwar am Gymnasium in Erlangen und Nürnberg Mathematik gelehrt, verstand sich jedoch dazu, an der neuen Zentralschule Technologie, Waren- und Handlungskunde zu dozieren; seine Programmschrift (Über polytechnische Institute, Nürnberg 1826, 1828) mußte ihn für die übernommene Aufgabe sehr geeignet erscheinen lassen. Als man mit ihm in Beziehung trat, legte er einen gründlich ausgearbeiteten „Plan einer technischen Bildungsanstalt in München" vor. Man weiß, daß er 1832 die ordentliche Professur für Staatswissenschaft und politische Rechenkunst an der Universität erhielt, 1836 mit der Inspektion über die technischen Lehranstalten Bayerns betraut wurde und sich als Nationalökonom einen wohl gerechtfertigten Ruf sicherte. Ein Immediatbericht des Ministers Grafen Armansperg an den Monarchen vom 3. Juli 1827 läßt es unentschieden, ob zum Direktor der Zentralschule v. Utzschneider, v. Baader (s. o.) oder der in Wien unter Prechtl (s. o.) herangebildete Schleißheimer Inspektor Wimmer gewählt werden solle. Ludwig I. traf die Entscheidung zugunsten des Erstgenannten. Technische Chemie erscheint in jenem Bericht geteilt zwischen Vogel und Franz Leo (von der Mittererschen Schule), Allgemeine Naturgeschichte zwischen v. Schubert und v. Kobell, und die Physik war dem — recht wenig bekannten — Bürger-

schullehrer K. Egger überwiesen. Einen guten Griff tat man, als man den ehemaligen Uhrmacher J. Liebherr (1767—1840), den Gefährten eines Reichenbach und Fraunhofer, zum Lehrer der praktischen Mechanik machte, und auch der Vertreter des Modellierens, Haindl, war eine tüchtige Kraft. Daß der neben Schoepf zum Professor der Zeichnungskunst berufene Mitterer seine erschöpfte Kraft dem neuen Institute nicht mehr zu widmen vermochte, haben wir oben gesehen. Als Mathematiker trat schließlich F. A. Desberger (1768—1843) ein.

[35]) Den hervorragenden Techniker und Finanzmann (1763—1840) machte K. M. v. Bauernfeind zum Gegenstande einer Monographie (Utzschneider und seine Leistungen auf staats- und volkswirtschaftlichem Gebiete, München 1880).

[36]) Vgl. v. Bauernfeind, Joh. Scharrer und seine Bedeutung für die Entwicklung der technischen Schulen und der Eisenbahnen in Bayern, Bericht über die Kgl. Technische Hochschule in München 1880—1881, S. 7 ff.

München vom Englischen Garten aus gesehen 1804. (gez. v. Dorner).

Münchener Architektur um 1806 und 1906.

Von Richard Streiter.

Mit 6 Tafeln, I—VI, und 1 Stadtplan, Tafel VII.

Der Anteil, den Bayern zu Beginn des XIX. Jahrhunderts an der Pflege und Entwicklung der neueren Baukunst genommen hat, beschränkt sich fast ausschließlich auf München. Die großen freien Reichsstädte, die um jene Zeit Bayern einverleibt wurden (Nürnberg, Augsburg, Regensburg), hatten schon seit dem Dreißigjährigen Kriege ihre Bedeutung als wichtige Kunststätten verloren. Die fränkischen Residenzen aber, die im XVIII. Jahrhundert durch prachtliebende weltliche und geistliche Fürsten zu Mittelpunkten einer regen Kunstpflege, namentlich auf baulichem Gebiete, geworden waren (Ansbach, Bayreuth, Würzburg, Bamberg), wurden durch die politischen Umwälzungen der napoleonischen Epoche ihrer Hofhaltungen, damit auch ihres Kunstlebens beraubt. Allenthalben im Lande hatten die unruhigen, kriegerischen Zeitläufte den Volkswohlstand schwer geschädigt, die Unternehmungslust gelähmt. Nur in der Landeshauptstadt, die durch die Vereinigung der rechtsrheinischen und pfälzischen wittelsbachischen Gebietsteile, dann durch die Erhebung des durch weiteren Gebietszuwachs beträchtlich vergrößerten Bayern zum Königreich erhöhtes Ansehen gewonnen und am ehesten den Bedürfnissen einer neuen Zeit Rechnung zu tragen hatte, fehlte es nicht an einer beachtenswerten baulichen Tätigkeit. Für

München bezeichnet die Regierung Maximilians I. Joseph den bedeutsamen Abschnitt, in welchem aus der verhältnismäßig kleinen, durch mehrere Jahrhunderte in ihrem Umfang nicht veränderten Altstadt die im Laufe des XIX. Jahrhunderts mächtig anwachsende Großstadt sich zu entwickeln begann.

Als Lorenz v. Westenrieder 1782 seine „Beschreibung der Haupt- und Residenzstadt München im gegenwärtigen Zustande“ herausgab, stellte er eine Einwohnerzahl von 37840 fest; Häuser befanden sich in der Stadt selbst 1488, auf dem Lechel, der damals einzigen Vorstadt außerhalb der Mauern, 188. Die doppelte Befestigungsanlage: der innere zwiefache Mauerring mit Graben aus der Zeit Kaiser Ludwigs des Bayern und die durch Kurfürst Maximilian I. während des Dreißigjährigen Krieges herumgelegte Erdumwallung mit vorspringenden dreieckigen Bastionen und äußerem Wassergraben umzog noch undurchbrochen die Stadt. Dementsprechend erfüllten auch die Tore noch ihre ursprüngliche Aufgabe. Wir lesen darüber bei Westenrieder: „Die Thore werden im Winter um neun Uhr, im Sommer um zehn Uhr so geschlossen, daß, wer noch später ankommt, nur bey dem sogenannten Einlaß in die Stadt kommen kann, wo dann für jede Person 6 kr., und für jedes Thier, Pferd, oder Hund, ebensoviel erlegt werden muß. Die kleinere Thorsperr, nach welcher die Thore zwar noch frey gelassen, von jeder Person aber ein, und von jedem Pferd zween Kreuzer abgefordert werden, geschieht nach der zu- oder abnehmenden Jahreszeit früher oder später sogleich nach dem Gebetläuten, vor welchem eine viertel Stunde mit einer sehr vernehmlichen Glocke in der Frauenpfarr geläutet wird.“ Aber nicht nur durch den ziemlich frühzeitigen Schluß der Tore, auch sonst war der Magistrat auf die Erhaltung der Ordnung und der Nachtruhe der Bürger in löblicher Weise bedacht. Westenrieder berichtet: „Für die öffentliche Sicherheit ist auf das vollkommenste gesorgt, und man hat kaum ein Beyspiel, daß auf den Straßen jemand verletzt worden. Die Patrollen schaffen (nach unserm Ausdruck) in den Bräuhäusern zweymal ab, und wen selbe nach zehn Uhr daselbst noch findet, wird nach der Hauptwache geführt, und da bis den andern Morgen behalten, wo er sodann eine Geldstrafe entrichten muß. Wer eine Freynacht, oder die Freyheit, Gäste die ganze Nacht zu bewirthen, verlangt, muß um selbe bey dem Platzhauptmann um Erlaubniß ansuchen. So rufen auch, (gewöhnlich von zehn Uhr angefangen) alle Wachen jeden Wandrer an; und wer sich auf einer Rauferey, oder anderm Muthwillen betreten läßt, wird sofort nach der Hauptwache geführt. Die Laternen werden (einige Zeit im Sommer ausgenommen) so bald es dunkel wird, angezündet. Es seynd ihrer über 600, und sie beleuchten die Gassen trefflich. Von zehn Uhr Nachts angefangen schreien die bürgerlichen Nachtwächter (mit einem Degen und Spiese bewaffnet) die Stund aus; in stürmischen Nächten rufen sie auch, man möchte sich vor Feuer bewahren.“ Es ist das Bild einer patriarchalisch-spießbürgerlichen Kleinstadt, das nach dieser Schilderung vom München der Zopfzeit vor uns ersteht. Aber trotz des stark konservativen Zuges und der selbstgenügsamen Anspruchslosigkeit, die dem Altbayern überhaupt eigen sind und die damals beim Münchener Bürgertum im höchsten Maße entwickelt waren, drang doch nach der ganz Europa durchzitternden Katastrophe in Frankreich etwas von dem freiheitlich-fortschrittlichen Geist auch in München ein. Die Bürgerschaft hegte das dringende Verlangen, die längst zu eng gewordenen Grenzen der Stadt auszudehnen. Nur widerstrebend willigte Karl Theodor ein. Zwar gab er 1795 die Erklärung: „München hat aufgehört, Festung zu sein.“ Aber 1797 erließ er an den Hofkriegsrat den Befehl, daß ohne dessen Bewilligung an den Festungswerken keine Veränderung vorgenommen werden solle. Auf den Remparts und an den ehemaligen Glacis durfte kein Neubau mehr errichtet werden, ebensowenig vor den Toren auf Kanonenschußweite. Nur an einer Stelle war die äußere Umwallung schon vorher durchbrochen worden: 1789 wurde die Bastion vor dem Neuhausertor abgetragen und der Graben davor zugeschüttet. Eine gerade Ausfahrt wurde hergestellt (früher führte die Straße schräg durch einen der Dreiecksschenkel der Bastion) und der Torbau selbst zwischen den beiden äußeren kleinen Türmen etwas umgestaltet. Bei der feierlichen Wiedereröffnung im Mai 1791 erhielt das Tor den Namen „Karlstor“. In den nächstfolgenden drei Jahren wurde an das Tor außen anschließend nach einheitlichem Plan eine im Halbkreis gebogene Häuserreihe aufgeführt — das sogenannte Karlsplatz-Rondell. Sonst entstanden unter Karl Theodor noch die neuen Straßenzüge der Müllerstraße und Rumfordstraße zwischen Sendlinger- und Isartor, die aber damals noch außerhalb der Umwallung als Alleen längs des Grabens hinliefen.

Zur Entwicklung eines Villenviertels, der sogenannten Schönfeldvorstadt, gab die wichtigste Schöpfung Karl Theodors zur Verschönerung Münchens, die Gründung des „Englischen Gartens“, Anlaß. Die Entstehung dieses herrlichen Parkes ist bekanntlich der Anregung jenes bedeutenden Philanthropen zu verdanken, der unter Karl Theodor die Seele aller gemeinnützigen Bestrebungen und Unternehmungen war, des Generalleutnants Benjamin Thomson, nachmaligen Grafen v. Rumford. Seit dem Herbst 1789 wurde der überaus glückliche Gedanke, in nächster Nähe der Stadt eine ausgedehnte öffentliche gärtnerische Anlage zu schaffen, ins Werk gesetzt.

„Eine lange, dürftig angebaute Fläche auf der nördlichen Seite des Hofgartens — so lesen wir in einer vor hundert Jahren erschienenen Beschreibung Münchens — und eine den Launen der wilden Cultur überlassene Waldgegend, welche 1200 Schritte von der Stadt entfernt war, der Hirschanger, auch die Hirschau genannt, damahls den Jagdgerechten ausschließlich überlassen, sollten in Eines zusammenfließen, und zu der entworfenen großen Anlage in der gefälligen Gestalt englischer Gärten benützt werden. Die Nähe der gegen Osten vorbeiströhmenden Isar, welche, damahls noch ungedämmt, überall wilde Eilande und verwahrlostes Erlengesträuche hervorbrachte, war zu künstlichen Bewässerungen geschickt, und schien die Hilfe der Kunst zu erwarten. Alles das einigte sich in dem großen Plan, und begünstigte die Ausführung desselben. . . . Man nannte diese Anlage Theodors-Park — jetzt nicht mehr das Grab eingeschlossener müde gejagter Hirschen; sondern ein Lustort für frohe Menschen, die das Freie der Schöpfung lieben.“ Charakteristisch für die Zopfzeit wie für die Reorganisationsbestrebungen des Grafen v. Rumford im Militärwesen sind noch folgende Mitteilungen: „Die Eleven der Militär-Akademie haben nicht weit von dem Eingange in den Park, an der ersten Brücke, einen zu ihren Vergnügungen gewidmeten schönen Platz mit einem Sommergebäude in der Mitte und mancherlei gymnastischen Spielen. Sie verschaffen den Spazirenden durch ihre vielen musikalischen Übungen wahres Vergnügen. Zweckmäßige Jugendbildung spricht sich nirgends lebhafter aus, als in dieser gut geleiteten Anstalt. Unweit davon hatte man im Jahre 1789 Militärgärten angelegt, um dem Soldatenstande eine gedeihliche Beschäftigung in müßigen Stunden zu verschaffen. Der ganze, auf sehr nassen Gründen angewiesene Bezirk, den am 8. August des angezeigten Jahres die mit Grabschaufeln und Spaten bewaffnete Mannschaft unter feierlicher Kriegsmusik bezog, war ein länglichtes Viereck, das ein Isararm durchschnitt, von 18 Morgen, welche nach den Compagnien abgetheilt, und wovon auf jeden Soldaten der hiesigen Besatzung 365 Quadratschuhe zur Arbeit berechnet waren. Das Gemüse, das er erzielte, war zu seinem Genusse bestimmt. Da man mit der Zeit vielerlei Unziemlichkeiten dabei bemerkte, so lösete sich diese Anstalt gar bald selbst auf, und unter gegenwärtiger Regirung sind diese Feldstücke theilweise an fleißige Ackersleute überlassen worden.“[1]) 1795 waren die Anlagen so weit gediehen, daß sie dem Publikum geöffnet werden konnten. Der Park, der damals bis zum Wirtshaus Kleinhesselohe sich erstreckte, enthielt von Anfang an verschiedene dem öffentlichen Vergnügen gewidmete Gebäude, so die einst sehr beliebten Wirtschaften Paradiesgarten und Dianabad, dann den Chinesischen Turm und die daneben liegende Wirtschaft. Der ehrwürdig-biedere

Chinesische Turm ist ein verspäteter Nachklang der in der Rokokoperiode so beliebten „Chinoiserien“, wie auch die chinesisch geschweiften Metalldächer, die dem zopfig-gemütlichen Wirtschaftsgebäude ein exotisches Aussehen geben sollten. Diese Baulichkeiten und der benachbarte sogenannte Rumford-Saal, das kleine Gebäude mit den jonischen Säulenportiken[2]), wurden nach Angaben des Grafen v. Rumford durch den Ingenieuroffizier, nachmaligen Hofkriegsrat Joh. Bapt. Lechner 1791—1795 ausgeführt. Verschiedene kleinere Schmuckbauten, wie ein Rundtempelchen mit einer Statue des Apollo (als Allegorie auf Karl Theodor), ein Geßner-Monument, ein „otaheitisches Schirmhüttchen“, eine „chinesische Laube“ usw., sind in den nächsten Jahrzehnten wieder verschwunden. Erhalten hat sich als ein hübsches Beispiel des Übergangsstiles vom Ende des XVIII. Jahrhunderts das Rumford-Denkmal, ein Werk des Hofbildhauers Franz Schwanthaler (des Vaters von Ludwig v. Schwanthaler), von dem auch die am ehemaligen Eingang zum Englischen Garten an der Galeriestraße aufgestellte Jünglingsstatue — im Volksmund „Harmlos“ genannt — herrührt.

Der Gartenkünstler, der die Ideen des Grafen v. Rumford im einzelnen ausgestaltete und in die Wirklichkeit übersetzte, Friedrich Ludwig v. Sckell (geb. 1750 in Weilburg a. d. Lahn, gest. 1822 in München), wurde der bahnbrechende Meister für die Einführung des englischen Gartenstiles in ganz Süddeutschland. Einer alten Gärtnerfamilie entstammend — der Vater Joh. Wilhelm Sckell war Hofgärtner bei dem Fürsten von Nassau-Weilburg, später in pfalzbayerischen Diensten in Schwetzingen —, hatte Sckell seine erste Ausbildung in der Gartenkunst und der damit verbundenen Zivilbaukunst unter Leitung seines Vaters in Schwetzingen, dann in den Gärten von Bruchsal und Zweibrücken erhalten. Nach einem Studienaufenthalt in Paris und Versailles reiste er 1773 mit Unterstützung des Kurfürsten Karl Theodor nach England, um den neuen Geschmack, der damals auch im übrigen Europa den französischen Gartenstil zu verdrängen begann, gründlich kennen zu lernen. Vier Jahre später nach Schwetzingen zurückgekehrt, gestaltete er einen Teil des dortigen Gartens im Auftrage des Kurfürsten im landschaftlichen (englischen) Stile um. Das gute Gelingen dieses Versuches hatte eine große Zahl ähnlicher Aufgaben zur Folge. Es entstanden in den letzten Jahrzehnten des XVIII. Jahrhunderts nach Sckells Plänen: Schönbusch und Schöntal bei Aschaffenburg (seit 1780), der ehemalige Militärgarten in Mannheim, die Anlagen bei der Favorite in Mainz, in Rohrbach und Birkenau an der Bergstraße, auf dem Schloßberg in Landshut, Karlstal bei Trippstadt, Annatal bei Blieskastel, Gärten bei Zweibrücken, in Dürkheim a. d. Haardt, Direnstein, Nekarshausen bei Ladenburg, Hernsheim bei Worms,

Oppenweiler in Schwaben, Werrstadt, Amorbach, Grünstadt, Oranienstein bei Limburg a. d. Lahn. Im August 1789 wurde Sckell zur Planung des Englischen Gartens nach München berufen, kehrte aber nach Erledigung dieses Auftrages wieder nach Schwetzingen zurück. Nachdem er ein Jahr im Dienste des Markgrafen von Baden gestanden, folgte er 1804 einem abermaligen Ruf nach München, wo er nun als Hofgarten-Intendant dauernd verblieb. Er gestaltete den Englischen Garten weiter aus, legte (nach einer Stiftung des Freiherrn v. Werneck) den Kleinhesseloher See an und wandelte auch den Park von Nymphenburg im englischen Stile um, von der unter Max Emanuel geschaffenen französischen Anlage nur die große Mittelachse, das Blumenparterre und den Kanal mit der Kaskade beibehaltend. Der ausgezeichnete Ruf des Künstlers verbreitete sich weit über Bayerns Grenzen. Man erholte seinen Rat für den Biebricher Schloßgarten, die Anlagen bei Baden-Baden, Laxenburg bei Wien u. a. Man rühmte an Sckell, daß er sich vor dem Extrem, in das die englischen Gartenkünstler zum Teil verfielen, einer vollständigen Regellosigkeit, wohl gehütet habe, indem er die ältere italienisch-französische Gartenkunst, die er die „symmetrische" nannte, nicht ganz verwarf.[3]) So wurde er der Schöpfer der neueren deutschen Gartenkunst, die längere Zeit in seinen Bahnen sich bewegte, bis sie durch seine Nachfolger (den Fürsten Pückler-Muskau u. a.) weiter geführt wurde.[4])

Über das am Westrande des Englischen Gartens (längs der Königinstraße) noch unter Karl Theodor entstandene Garten- und Villenviertel schrieb L. Hübner 1805: „Eine sehr glückliche Idee war unstreitig die symmetrische Anlage von Gartengebäudchen an der oberen Chaussee des Parks, das Schönfeld oder die Colonie genannt, welche die freie, offene Aussicht nach Nordost über die ganze Anlage hat; und hinter denen sich nun eine zweite zierliche Reihe von hübschen Häuschen und Gärten heranbildet, die immer näher an das Dorf Schwabing rückt. Wer verkennt hier das mähliche Werden einer Vorstadt? Die meisten Gebäude sind von 2 Geschoßen (dem Erd- und oberen Geschoße) und von 3 oder 5 Fenstern Breite; haben französische Dachstühle und allerlei architektonische Verzierungen, so, daß auch für guten Geschmack gesorgt ist." An der äußeren Königinstraße wurden auch (seit 1790) die Gebäulichkeiten der durch den Grafen v. Rumford ins Leben gerufenen Tierarzneischule und einer damit verbundenen Schweizerei aufgeführt. Bei Schwabing erwarb 1800 Max IV. Joseph den Edelsitz Biederstein, um ihn zum Sommeraufenthalt für die kurfürstliche Familie auszugestalten. Das Schlößchen baute später L. v. Klenze in einfacher Weise um, den Park legte L. v. Sckell an.

Die unter Karl Theodor in den ersten Anfängen stecken gebliebene Stadterweiterung wurde unter Kurfürst Max IV. Joseph, Bayerns erstem König, in großem Maßstabe in Angriff genommen und durchgeführt, nachdem 1801 der Festungscharakter der Stadt endgültig aufgehoben worden war. 1802—1804 wurden die Mauern und Wälle zwischen dem Karls- und Schwabingertor abgetragen (auch das an Stelle des jetzigen Bernheimerhauses in einer Bastion gelegene Kapuzinerkloster) und nach Einfüllung der Gräben der langgestreckte Maximiliansplatz geschaffen. Für das Gelände jenseits des Platzes zwischen den nach Dachau und Schwabing führenden Straßen entwarf dann eine eigens hierfür eingesetzte Lokalbaukommission einen ausgedehnten Bebauungsplan (1808), der alsbald zu einem auf den ganzen Umkreis der Stadt sich erstreckenden Generalplan erweitert wurde. Durch diesen am 1. Dezember 1812 genehmigten Plan wurde ein großer Teil des bis gegen die Mitte des Jahrhunderts zum Ausbau gelangten Straßennetzes von Neu-München festgelegt. Vor allem die sogenannte Max-Vorstadt mit dem Karolinen-, Königs- und Stiglmaierplatz und den umgebenden Straßenzügen bis hinaus zur Schellingstraße (vgl. die rückwärts beigelegte Tafel VII). Welch ein Gegensatz zwischen diesen in starrer Geradlinigkeit endlos lang verlaufenden, im rechten Winkel sich durchkreuzenden Straßen und den schmiegsam um den innersten Kern sich krümmenden und von diesem in weichen Schwingungen ausstrahlenden Straßen der Altstadt! Der allzu regelrichtige klassizistische Geist hat hier, bei aller Anerkennung einer gewissen Großzügigkeit und Weitsichtigkeit, jene trocken-schematisch auf dem Papier ablinierende Art der Straßenplanung eingeleitet, die dann leider fast durch das ganze XIX. Jahrhundert für die Stadterweiterungen in Übung geblieben ist. Im übrigen Umkreis der Stadt griff der Generalplan von 1812 nicht so weit über die Befestigungslinie hinaus. Zwischen Karls- und Sendlingertor ergab die Beseitigung des äußeren Walles und Grabens die breite Sonnenstraße, während die jetzige Herzog-Wilhelmstraße dem Zuge der Stadtmauer und des inneren Grabens folgt. Die westwärts der Sonnenstraße sich erstreckende Ludwigs-Vorstadt, nach dem Kronprinzen benannt, kam erst unter dessen Regierung zur Ausgestaltung. Zwischen dem Sendlinger- und Isartor entstanden längs der nur sehr langsam zum Abbruch gelangenden Stadtmauer die Blumenstraße und die Frauenstraße; vom Isartor nordwärts entwickelten sich die nach dem Zuge der Stadtmauer zweimal im rechten Winkel gebrochene Herrenstraße und hinter den zur Residenz gehörigen Stallungen und Remisen, weiterhin hinter der Hofgartenkaserne und St. Annamühle, die Wurzerstraße. Die nächste Umgebung der Residenz ist im Generalplan von 1812 in ihrem alten Zustand belassen. Erst 1816 fiel das Schwabingertor mit den seitlich anschließenden Gebäuden der Pagerie und der Residenzwache; der Wall davor wurde abgetragen, die Gräben eingefüllt. Das im Jahre 1817 begonnene Palais des Herzogs von Leuchtenberg (später Prinz-Luitpold-Palais) erhielt seinen Platz noch an der alten Schwabinger Landstraße, die im Zuge der jetzigen Fürstenstraße seitlich in die Bastion vor dem Tore einmündete. Als anfangs der zwanziger Jahre die Ludwigstraße angelegt wurde, gab die seitliche Stellung dieses Palais die Veranlassung zu der forumartigen Erweiterung des Odeonsplatzes.[5])

Mit der Anlage der Max-Vorstadt (seit 1810 etwa) begann eine ziemlich rege Bautätigkeit, deren stilistisches Gepräge vornehmlich durch den führenden Münchener Architekten unter König Maximilian I., durch Karl v. Fischer, bestimmt wurde. Was vorher unter Karl Theodor und in den ersten Regierungsjahren Max Josephs gebaut wurde, ist von geringer Bedeutung. Am ansprechendsten waren wohl einige Privatbauten, vor allem jene Gartenschlößchen, die teils auf Bastionen der Umwallung, teils in der Schönfeld-Vorstadt nach der noch sicheren Tradition des liebenswürdigen Zopfstiles errichtet wurden. Dagegen gaben die wenigen mit größter Sparsamkeit ausgeführten öffentlichen Gebäude zwei tüchtigen Baumeistern, N. Schedel v. Greifenstein und A. Gärtner, kaum genügende Gelegenheit, ihre bescheidenen Talente voll zu entfalten. Nikolaus Schedel v. Greifenstein (geb. 1752 zu Waidhaus i. d. Oberpfalz, gest. 1810 in München) war der Vertreter der Übergangsphase zwischen Zopf und Klassizismus in München. Als Offizier des kurbayerischen Ingenieurkorps bis zum Hauptmann vorgerückt, wurde er dann als Stadtbaudirektor angestellt. Ein Jahr vor seinem Tode erfolgte noch, als staatliche Anerkennung seiner Verdienste, die Beförderung zum Oberbaukommissär im Kgl. Staatsministerium des Innern. Er erbaute die alte Tierarzneischule (1790), das Allgemeine Krankenhaus[6]) vor dem Sendlingertor (1794—1796), dessen Vorderfront später durch K. v. Fischer etwas verändert wurde, das Feuerhaus am Anger (1795), die ehemalige Leibregimentskaserne am Hofgarten (1801—1803), das Max-Josephstor an der Ausmündung der Prannerstraße mit anstoßendem Wachgebäude (1805 vollendet), einige Schulhäuser, das Universitätsgebäude in Landshut. Auch die äußere Umgestaltung von Kirche und Kloster der Karmeliten (an der Pfandhaus- und Karmelitenstraße), die nach der Säkularisation Erziehungsinstituten eingeräumt wurden, rührt von ihm her (seit 1802). Hier erfreuen neben der guten Gliederung der ganzen Baumasse einige hübsche ornamentale Einzelheiten, die dem Stil Louis' XVI. noch nahestehen. — Ganz durch die Schule des frühen französischen Klassizismus ist Andreas

Gärtner (geb. 1744 in Dresden, gest. 1826 in München), der Vater von Friedrich v. Gärtner, hindurchgegangen. Nach harter Jugend und neunjähriger praktischer Tätigkeit auf den Gütern eines polnischen Grafen wandte er sich zu weiterer künstlerischer Ausbildung nach Paris, wo er als Inspektor bei den Kgl. Bauten in Versailles Stellung fand und fast zehn Jahre verblieb. Durch den letzten Kurfürsten von Trier, Klemens Wenzislaus, nach Koblenz als Baudirektor berufen, leitete er dort den Bau des Residenzschlosses nach den Plänen Ixnards. Nach der Auflösung des Fürstbistums Trier in den ersten Jahren der französischen Revolution trat er in die Dienste des Fürstbischofs von Würzburg (als Artilleriehauptmann und Baudirektor). 1804 zum Hofbauintendanten in München ernannt, konnte der Sechziger neben dem jungaufstrebenden Talente K. v. Fischers kein rechtes Feld der Tätigkeit mehr finden. Die Fassade des Kgl. Münzgebäudes (1809) ist das einzige in München nachweisbare Werk des Meisters, den man im übrigen aus den Studien und Entwürfen kennen lernen muß, die Hans Moninger im Anschluß an die Sammlung von Plänen Friedrich v. Gärtners zusammengebracht hat (in der Architektursammlung unserer Hochschule). Neben trefflich gezeichneten figürlichen Studien und dem Idealentwurf eines großartigen öffentlichen Bades nach römischen Vorbildern, einem echten Akademieprojekt aus der Pariser Zeit, lassen namentlich einige Zeichnungen für das Residenzschloß in Koblenz (Schloßkapelle), Theaterprojekte für Würzburg und München (in Verbindung mit Konzertsälen) und Skizzen für dekorative Aufbauten bei festlichen Illuminationen eine gute Schulung, aber auch eine nicht allein durch den Zeitgeschmack bedingte Enge und Sprödigkeit der Phantasie ersehen. Für den Zuschauerraum des einen Theaterentwurfes ist die elliptische Grundform gewählt, deren Vorzüge in einer ausführlichen schriftlichen Erläuterung begründet werden — ein bemerkenswerter Versuch für den Übergang von den als Rechteck mit abgerundeten Ecken gestalteten Theatersälen der Barockzeit zu den im überhöhten Halbkreis umschlossenen der klassizistischen Periode.

Großzügiger, kräftiger war die künstlerische Art des Karl v. Fischer. Für den von ihm gepflegten napoleonischen Klassizismus wird gewöhnlich Friedrich Weinbrenner in Karlsruhe als Hauptvertreter in Deutschland genannt. Aber schon Kronprinz Ludwig hat mit sicherem Urteil erkannt, daß Fischer vor Weinbrenner den Vorzug verdiene.[7]) Geboren am 19. September 1782 in Mannheim, wurde Friedrich Karl v. Fischer, dessen Begabung und Neigung zur Baukunst frühzeitig sich zeigten, 1796 Schüler des kurfürstlichen Oberbaudirektors Maximilian v. Verschaffelt, dem er nach München und nach dem Übertritt des Lehrers in die Dienste des Fürsten Esterhazy (1801) auch nach Wien folgte. Dort fand er neben theoretischen Studien an der Kunstakademie auch Gelegenheit, sich an den von Verschaffelt ausgeführten Bauten praktische Erfahrungen zu erwerben. Zur weiteren Ausbildung unternahm er eine Studienreise durch Frankreich und Italien (1806—1808). Wie die Begründer des Style de l'empire, Napoleons Hofarchitekten Percier und Fontaine, während ihres Aufenthaltes in Italien fast mehr als mit den Denkmalen der Antike mit den Bauwerken der strengen Renaissance sich beschäftigt hatten, so auch Fischer. Unter seinen Zeichnungen (in der Architektursammlung unserer Hochschule) finden sich sehr sorgfältig in großem Maßstabe aufgetragene Fassadendarstellungen der Paläste Pitti und Pandolfini in Florenz und der Perraultschen Ostfassade des Louvre, jenes merkwürdigen Werkes, das den Sieg des klassischen Geistes in der Pariser Architektenschaft schon unter Ludwig XIV. entschied. Nach München zurückgekehrt, wurde Fischer zum Lehrer der Baukunst an der Kunstakademie ernannt (1809), nachdem er mit seinem ersten, noch während des Wiener Aufenthaltes zur Ausführung gebrachten Bau, dem Palais des ehemaligen Herzoglich Zweibrückischen Ministers Abbé von Salabert am Eingang des Englischen Gartens, eine höchst achtunggebietende Probe seines Könnens abgelegt hatte. Dieses Gebäude (nachmals Prinz-Karl-Palais, jetzt Sitz der österreichisch-ungarischen Gesandtschaft) mit seiner kräftigen, wohl abgestimmten Gliederung und Formbehandlung im palladianischen Geiste macht noch heute am Kopfende der langen und breiten Prinzregentenstraße eine starke Wirkung. Daß der viersäulige Giebelvorbau in der Mitte zu der ganzen Baumasse in einem nicht ganz befriedigenden Verhältnis steht, ist nicht Schuld des Architekten. Das Gebäude war ursprünglich breiter geplant, wurde aber dann auf Wunsch des Bauherrn seitlich verkürzt, ohne daß der Mittelbau verändert werden durfte. An der ersten Bebauung der Max-Vorstadt hatte Fischer den Löwenanteil. Seit 1810 errichtete er am Karolinenplatz und an den benachbarten Straßen 14 Haupt- und Nebengebäude, die dereinst jenem Stadtteil das charakteristische Gepräge verliehen. Sie wurden fast alle in neuerer Zeit durch Umbau völlig verändert, so auch die beiden, deren Grund- und Aufrisse nach den Originalplänen hier vorgeführt werden (Palais des Freiherrn v. Asbek, später dem Grafen Bassenheim gehörig, am Karolinenplatz; Wohnhaus des Grafen zu Pappenheim, jetzt vom päpstlichen Nuntius bewohnt, an der Briennerstraße). Es sind dies bezeichnende Beispiele für das Streben der klassizistischen Architekten nach Monumentalität auch im Wohnhausbau, wobei die Rücksichten auf praktische und bequeme Bewohnbarkeit manchmal bedenklich in den Hintergrund gedrängt wurden. Bei dem v. Asbekschen Palais gab wohl Palladios Villa Rotonda die Anregung zu dem kreisrunden, durch beide Geschosse hindurchreichenden Mittelraum, welchem berühmten Motiv die direkte Zugänglichmachung der meisten Zimmer des Obergeschosses zum Opfer gebracht wurde. Im äußeren Aufbau bewährte Fischer ein sicheres Gefühl für gute Verhältnisse und kräftige, edle Detailbildung, wodurch er seinen Bauten bei aller Beschränktheit der aufgewandten Mittel eine gewisse vornehme Haltung zu geben wußte. Wie mancher andere Künstler seiner Zeit, in der die „noble simplicité" nicht nur als Kunstdogma, sondern auch aus wirtschaftlichen Gründen gefordert wurde, verstand es Fischer sehr wohl, aus der Not eine Tugend zu machen. Die Schlichtheit dieser Kunst, aus der man den Ernst einer schweren, keinem üppigen Luxus Raum bietenden Zeit herausfühlt, berührt noch heute an dem im ursprünglichen Zustand erhaltenen, ehemals für den Kronprinzen Ludwig erbauten Palais Törring-Jettenbach am Karolinenplatz mit den beiden vortrefflich behandelten Nebengebäuden sympathisch. — Fischers Hauptwerk ist das Kgl. Hof- und Nationaltheater. Schon in Wien hatte der Meister Vorstudien zu dieser großen, seit längerem in der Luft liegenden Aufgabe[8]) gemacht. Er fertigte damals einen vollständigen Entwurf zu einem neuen Theater in München an und einen zweiten für ein neues Opernhaus in Wien, letzteren unter Leitung des Wiener Hofarchitekten v. Platzer. Diese Pläne, dem Minister Grafen v. Montgelas vorgelegt, fanden dessen vollen Beifall und trugen dem Künstler den Auftrag ein, unter beratender Mitwirkung einer hierzu eingesetzten Kommission einen neuen, für die Bedürfnisse und örtlichen Verhältnisse Münchens besonders berechneten Entwurf auszuarbeiten, der dann zur Ausführung angenommen wurde. Am 26. Oktober 1811 legte Kronprinz Ludwig den Grundstein auf dem Platze des nach der Säkularisation niedergelegten Franziskanerklosters, im Oktober 1818 wurde das Gebäude seiner Bestimmung übergeben, obwohl das Äußere noch nicht vollendet war. Wenige Jahre später, am 14. Januar 1823, zerstörte ein nächtlicher Brand das Theater bis auf die Mauern. Die Wiederherstellung leitete nun L. v. Klenze unter Beibehaltung der vorhandenen Mauern im wesentlichen nach dem alten Plane. Am 2. Januar 1825 fand die feierliche Wiedereröffnung statt. Das Gebäude, wie es jetzt steht, ist also in der Gesamtanlage und der Außenarchitektur mit der imposanten Säulenvorhalle am Max-Josephsplatz als Fischers Werk anzusehen[9]), während die dekorative Ausstattung des Innern naturgemäß fast ganz Klenze zuzuweisen ist. — Unter den nicht zur Verwirklichung gelangten Projekten Fischers interessieren besonders Entwürfe zum Tor des Botanischen Gartens, zu einer völligen Umgestaltung des Karlstores (beide in mehreren Varianten), zur Glyptothek und zur Walhalla, die letzteren entweder auf direkte Bestellung des Kronprinzen Ludwig oder gelegentlich des Preisausschreibens entstanden, das die Akademie der bildenden Künste auf Veranlassung des Kronprinzen im Februar 1814 hatte ergehen lassen. Der Glyptothekentwurf, eine sehr tüchtige Leistung in römischem Klassizismus, zeigt an der Vorderfront einen korinthischen Portikus zwischen geschlossenen, ruhigen Wandflächen, sehr ähnlich dem später durch F. Ziebland erbauten Kunstausstellungsgebäude. Die Walhalla ist als griechisch-dorischer Peripteraltempel geplant, wie es der Kronprinz schon 1811 ausdrücklich wünschte.[10]) Die Ausführung der beiden großen Aufgaben fiel bekanntlich Leo v. Klenze zu, der auf Betreiben des Kronprinzen Ludwig 1815 nach München berufen worden war und der nun mit der vollen Gunst des Kronprinzen fast alle vom Hofe ausgehenden Aufträge an sich zog. (1816 wurde die Glyptothek, 1817 das Leuchtenberg-Palais, 1818 die Hofreitschule und das Hofgartentor an der Ludwigstraße nach Klenzes Plänen begonnen.) Ein früher Tod — am 11. Februar 1820 — bewahrte Fischer vor der bitteren Erfahrung, sich mehr und mehr von dem gewandteren Nebenbuhler in den Schatten gestellt zu sehen.

Es ist bezeichnend für die im damaligen Bayern verfolgten Ideen von Aufklärung und Volksbildung, daß gleichzeitig mit dem Hoftheater ein zweites Theater in München erbaut wurde, das Volkstheater vor dem Isartor (eröffnet am 10. Oktober 1812). Das mit bescheidenen Mitteln und wenig Kunst nach dem Plane des Kgl. Baudirektors E. d'Herigoyen errichtete Gebäude[11]) diente nur kurze Zeit seiner Bestimmung. 1826 wurde das Theater geschlossen und später als städtisches Leihhaus in Verwendung genommen. E. d'Herigoyen erbaute noch das Tor des 1812 angelegten Botanischen Gartens und die Gewächshäuser, die 1854 dem Glaspalaste weichen mußten. Von sonstigen baulichen Unternehmungen der Regierungszeit König Maximilians I. verdienen noch erwähnt zu werden: die Erweiterung des (seit 1577 bestehenden) Friedhofes vor dem Sendlingertor zum Hauptfriedhof, nachdem 1789 die Aufhebung der im Innern der Stadt (bei der Frauen-, Peters-, Salvator- und Kreuzkirche) gelegenen Kirchhöfe angeordnet worden war. Baurat J. M. Vorherr gab dem Plane „sinnigerweise" die Form eines Sarges und baute an dem abgerundeten Kopfende die mageren Arkaden und die Leichenhäuser (1818). Den beginnenden Militarismus des XIX. Jahrhunderts kündigten zwei weitere Kasernenbauten an: die Kürassierkaserne an der Zweibrückenstraße (1812 beg.) und die Infanteriekaserne an der Türkenstraße (1824 beg.), beide im ödesten „Kasernenstil" durch den Militär-Oberbaumeister Franz v. Thurn errichtet. Die (1820—1826) durch den Oberbaurat Pertsch erbaute Fronfeste am Anger gehört, nach v. Rebers treffender

Bemerkung[12]), „zu den glücklichen Schöpfungen, in welchen der schwere Stil jener Zeit zur Bestimmung des Gebäudes vollkommen paßt; auch ist daran die Kenntnis Piranesis wie der Fortifikationsbauten Sanmichelis unverkennbar". Viel weniger gelang demselben Architekten sein zweites größeres Werk, die protestantische Kirche an der Sonnenstraße (1827—1833 erb.), deren ungeschlachte, trockene äußere Erscheinung zum Teil bedingt wird durch die Vortäuschung großer glatter Quaderflächen in Verputz. Wie Pertsch und der Kgl. Baurat J. N. Himbsel, der das Bazargebäude am Hofgarten (1822—1828) und mehrere Schulhäuser (an der Luisen-, Maffei- und Von der Tann-Straße) mit ziemlich einförmiger, rundbogiger Umrahmung der Fenster- und Türöffnungen ausführte, reicht auch Jean Metivier (geb. 1781 in Rennes, gest. 1853 in München) mit seiner Tätigkeit in die Regierungszeit Ludwigs I. hinüber. Dieser in Paris ausgebildete Architekt kam 1811 nach München und erfreute sich als Franzose der besonderen Gunst des Ministers v. Montgelas, für den er ein Palais am Karolinenplatz ausführte (1873 im Äußern ganz verändert). Einige andere Adelshäuser folgten. Die von ihm (1824—1826) erbaute Synagoge an der Westenriederstraße besteht nicht mehr. Erhalten blieb das ehemalige Bayersdorf-Palais an der Briennerstraße (jetzt im Besitz des Grafen Almeida) als guter Zeuge für die elegantere Art des Künstlers, der in der Innendekoration Klenze an Feinheit übertraf.

* * *

Mit der Grundsteinlegung zur Glyptothek (1816) beginnt künstlerisch die Ära Ludwigs I., deren außerordentliche Bedeutung für die bauliche Entwicklung Neu-Münchens allgemein bekannt ist. Die große Zahl monumentaler Bauwerke, die der kunstbegeisterte König durch seine beiden Lieblingsarchitekten Leo v. Klenze und Friedrich v. Gärtner, dann durch Gg. Friedrich Ziebland und Joseph Ohlmüller erstehen ließ, bietet bereits ein getreues Spiegelbild jener merkwürdigen Wandlung, wonach die Architektur des XIX. Jahrhunderts grundsätzlich von der früherer Epochen sich unterscheidet: an Stelle eines einheitlichen Zeitstiles trat die gleichzeitige Wiederverwendung des Formenschatzes verschiedener Zeiten und Völker der Vergangenheit. Innerhalb weniger Jahrzehnte hatte sich dieser Zustand herausgebildet, der schon in den vierziger Jahren von deutschen Architekten viel beklagt wurde. Den Bestrebungen, die neue Sachlage zu ändern, die Wiedererlangung eines „einheitlichen, zeitgemäßen Baustiles" herbeizuführen, wandte König Maximilian II. sein besonderes Interesse zu. Die Bebauung der von ihm (1852) geschaffenen, nach ihm benannten Straße blieb der im größten Maßstabe unternommene, beachtenswerteste Versuch, der in dieser

Richtung in Deutschland angestellt wurde. Daß dieser Versuch, dem Fr. Bürklein, E. Riedel u. a. ihre allerdings nicht sehr starken künstlerischen Kräfte widmeten, so wenig gelungen ist, hat seine Ursache nicht so ganz in der zugrunde liegenden Idee, als vielmehr darin, daß die Idee mit einem Schlage, in künstlicher Züchtung verwirklicht werden sollte. Und wohl auch in der damals allgemein in Deutschland herrschenden Unsicherheit des künstlerischen Geschmackes, die namentlich Kunstgewerbe und Kunstindustrie in den fünfziger und sechziger Jahren die letzten Reste der noch in der „Biedermeierzeit" festgehaltenen, guten Tradition verlieren ließ. Bald wurden die Stilexperimente als aussichtslos wieder aufgegeben; man fügte sich in die Vielsprachigkeit der neueren Baukunst als in eine durch den geschichtlichen Geist der Zeit tiefbegründete Notwendigkeit. Nach dem Vorgange Sempers knüpfte G. v. Neureuther, der führende Münchener Architekt unter König Ludwig II., an die italienische Renaissance wieder an, nicht mit der schweren, das Einfach-Massige bevorzugenden Auffassung vom Anfang des Jahrhunderts, sondern nach den Vorbildern der reich und fein gegliederten, festlich-heiteren Werke der Hochblüte. In der Profanarchitektur und im Kunstgewerbe folgte rasch der Übergang zur deutschen Renaissance und zum Barock; für Kirchen kamen fast ausschließlich die mittelalterlichen Stile, zunächst die Gotik oder der Rundbogenstil in byzantinischer und italienischer Färbung, später auch der nordisch-romanische Stil, zur Anwendung.

Bei dieser Pflege der historischen Stile führte die außerordentliche Mehrung und Verbreitung kunstgeschichtlicher Kenntnisse, die durch die Photographie gewonnene unabsehbare Menge objektiv richtiger, die kleinsten Einzelheiten getreulich wiedergebender Abbildungen zu immer größerer Vertiefung und Verfeinerung, zu einer oft erstaunlich vollkommenen Beherrschung der verschiedenen künstlerischen Ausdrucksweisen der Vergangenheit unter Belauschung und Wiederverwertung intimster Züge. In dieser Hinsicht gerade nimmt das, was Münchener Architekten in den letzten Jahrzehnten geschaffen, unter den Leistungen der deutschen Baukunst der Gegenwart eine hervorragende Stelle ein. Die St. Annakirche von Gabriel v. Seidl, die St. Bennokirche von Leonhard Romeis, die St. Maximilianskirche von Heinrich v. Schmidt, die St. Paulskirche von Georg v. Hauberrisser, die St. Ursulakirche von August Thiersch, die Synagoge und die protestantische St. Lukaskirche von Albert Schmidt, die Friedhofbauten von Hans Grässel sind Werke von starkem, echtem Stimmungsgehalt und sehr gediegener, reizvoller, materialgerechter Durchbildung. Aber nicht nur an Kultbauten, bei denen der enge Anschluß an die Schöpfungen einer glaubenskräftigen Vergangenheit nach der Natur der Aufgabe am nächsten liegt, auch bei der Lösung neuzeitlicher, zum Teil sehr umfangreicher und verwickelter Bauprogramme bewährte sich ein im hingebenden Studium von unserer Väter Werken gereiftes bedeutendes Können. So beim Justizpalast von Friedrich v. Thiersch mit der imposanten, prächtigen, von moderner Eisen-Glas-Kuppel überdeckten Mittelhalle und feinen, phantasievollen dekorativen Einzelheiten; so beim Nationalmuseum von Gabr. v. Seidl mit der unübertrefflichen Anpassung der Raumanordnung und -ausstattung an die aufgestellten Kunstwerke; so beim Künstlerhaus desselben Architekten mit den glänzenden, im vornehmsten altmeisterlichen Geschmack ausgeschmückten Festräumen; so beim Müllerschen Volksbad von Karl Hocheder in seiner gleich vorzüglichen praktisch-technischen wie künstlerischen Ausführung; so bei dem neuen, für den heutigen Geschmack etwas überladenen gotischen Rathaus von G. v. Hauberrisser; so noch bei einer großen Zahl von öffentlichen und privaten Bauten, an deren zum Teil sehr aufwändiger Durchbildung der durch den allgemeinen wirtschaftlichen Aufschwung im geeinigten Deutschland gehobene Volkswohlstand sich bekundet.

Es ist nicht möglich, auf das äußerst reiche und bunte architektonische Bild des heutigen zur Halbmillionenstadt angewachsenen München hier näher einzugehen. Nur auf einige charakteristische Grundzüge sei in Kürze hingewiesen. Um für den Erweiterungsplan der namentlich seit den siebziger Jahren mächtig sich ausdehnenden, die ehemaligen Dörfer Au, Giesing, Haidhausen, Bogenhausen, Schwabing, Neuhausen, Sendling in sich aufnehmenden Stadt fruchtbare, weitblickende Anregungen zu erlangen, lud der Magistrat zu Anfang der neunziger Jahre die deutsche Architektenschaft zu einem Wettbewerb ein. Der an die Spitze des Stadterweiterungsbureaus berufene Theodor Fischer suchte sodann den neuen, eigentlich alten, d. h. von alten, reizvollen Städtebildern abgeleiteten Ideen, wie sie besonders überzeugend und eindringlich von Camillo Sitte (Wien) verfochten worden sind, auch in München Eingang zu verschaffen. An Stelle der seit dem Anfang des Jahrhunderts üblichen schematisierenden, an regelmäßigen geometrischen Figuren auf dem Papier sich erfreuenden Planungsweise trat nun die Forderung, unter möglichster Berücksichtigung der örtlichen Verhältnisse (der Boden-, Besitz- und Verkehrsverhältnisse) auf die Erzielung von malerisch wirkenden Straßendurchsichten und Platzbildern Bedacht zu nehmen. Diesen Bestrebungen kamen andere entgegen, die bei Gestaltung der einzelnen Bauten und Baugruppen das malerische Element stärker betonten, als es die klassizistische und italienisierende Richtung in der ersten Hälfte des Jahrhunderts getan hatte. Die Steigerung des Nationalgefühls nach dem großen

Kriege und der Gründung des Reiches hatte nicht wenig dazu beigetragen, eine Vorliebe für die deutsche Renaissance, überhaupt für die alten heimischen Bauweisen zu erwecken. Von den Auswüchsen der Deutschrenaissance-Begeisterung, Unruhe und spielerisch-dekorativer Überladung, blieb München ziemlich verschont. Hier lenkte ein Meister mit besonders stark ausgeprägtem Heimatsinn, Gabr. v. Seidl, die bürgerliche Baukunst zum Anschluß an den süddeutschen Barockstil hin, in dem der ortsübliche Putzbau einst eine vollkommen materialgerechte Ausbildung erfahren hatte, und dessen einfachere, behäbig-gemütliche Werke dem Charakter von Land und Leuten so wohl entsprechen. Ohne sich stilistisch einengen zu lassen und auf persönliche Handschrift zu verzichten, folgten auf dieser mit Glück betretenen Bahn nach dem Ziele einer bodenständigen, den örtlichen Bedingungen sich anschmiegenden Bauweise bald andere Architekten: Emanuel Seidl, K. Hocheder, H. Grässel, Th. Fischer, die letzteren drei namentlich an einer stattlichen Reihe von städtischen Bauten den Beweis liefernd, daß auch Nutzbauten, wie Schulhäuser, Krankenhäuser, Armenversorgungsanstalten, Feuerhäuser, Verwaltungs- und Dienstgebäude magistratischer Behörden und Betriebswerke, die man früher in einer gewissen bureaukratisch-schablonenhaften Nüchternheit zu sehen gewohnt war, ohne erheblich größeren Kostenaufwand abwechslungsreich und künstlerisch fesselnd gestaltet werden können. Die auch in praktischer und hygienischer Hinsicht mustergültigen, durch starke örtliche Eigenart sich auszeichnenden neuen Münchener Gemeindebauten haben allenthalben die gebührende Anerkennung gefunden und sind für andere Städte bereits vorbildlich geworden. Das Beispiel der führenden Meister hat auch die private Bautätigkeit heilsam beeinflußt, indem es vielfach zur Abkehr von jenem unsoliden, protzig-aufgebauschten Wesen anregte, das eine Zeitlang an den Massenerzeugnissen einer hastig arbeitenden Bauspekulation in den allzu rasch anwachsenden Städten sich breit machte. An Geschäftshäusern hat München noch nicht jene ganz modernen, rücksichtslos konsequenten Typen aufzuweisen wie etwa Berlin. Es ist dies kaum zu beklagen; vielmehr darf man es freudig begrüßen, daß tüchtige Baumeister geschickte, alle neuzeitlichen Anforderungen wohl erfüllende Lösungen gefunden haben, die in den schönen Straßenbildern der Altstadt nicht als schroffe Gegensätze zum Bestehenden die Stimmung zerreißen. Dem genius loci haben auch jene Künstler noch Rechnung getragen, die unter Verzicht auf archäologische Strenge in der Verwendung überkommener Formen zu freierer, selbständigerer Gestaltungsweise fortzuschreiten sich bemühten, so Th. Fischer (prot. Erlöserkirche, Schulhäuser, Isarbrücken), Martin Dülfer (Kaimsaal, Privathäuser), Fr. v. Thiersch (Neue Börse,

Isarbrücken). Neues tritt auf dem Gebiete des Theaterbaues hervor: Das Prinzregententheater von Max Littmann hat mit seiner dem Bayreuther Wagner-Theater nachgebildeten, amphitheatralischen Anlage des Zuschauerraumes den herkömmlichen Typus verlassen, während das kleine Münchener Schauspielhaus in seiner inneren Ausstattung von Richard Riemerschmid als ein ziemlich gut gelungener Versuch jener radikalen Modernitätsbestrebungen beachtenswert ist, die jede Anleihe aus dem Formenschatz der älteren Kunst ängstlich vermeiden. Eine wichtige Führerrolle spielten und spielen noch andere Münchener Künstler in der hochbedeutsamen fortschrittlichen Bewegung, die seit einem Jahrzehnt im deutschen Kunstgewerbe, in der Wohnungskunst, den dekorativen Künsten und der Kunstindustrie sich durchgesetzt hat. Anfänglich stark von englischen Einflüssen abhängig und von allerlei absonderlichen Gärungserscheinungen begleitet, hat diese Strömung sich rasch geklärt und zur herrschenden ausgebreitet. Gereifte, selbständige Leistungen ihrer tüchtigsten Vertreter haben auf den letzten Weltausstellungen auch vor den Augen des Auslandes mit hohen Ehren bestanden. An diesen Erfolgen ist München unstreitig der Hauptanteil zuzusprechen, zumal wenn man bedenkt, daß die Meister, die seit den siebziger Jahren dem deutschen Kunstgewerbe durch die Schule der Alten wieder gediegenes Können, Geschmack, Stil gegeben haben, den „Jungen" in ähnlicher Weise den Boden bereiteten, wie William Morris und die andern gefeierten Häupter der „modernen Renaissance" in England.

Alles in allem bietet die jüngste bauliche Entwicklung Münchens ein sehr erfreuliches Bild. Gewaltig ist der Abstand des gegenwärtigen Schaffens und Wollens von dem vor 100 Jahren. Nicht nur die Fülle und Mannigfaltigkeit der in kurzer Zeit entstandenen architektonischen Gebilde, auch die Größe und Schwierigkeit einzelner Aufgaben, die aufgewendeten technischen, künstlerischen und — nicht zum wenigsten! — finanziellen Mittel sind bedeutend gesteigert. Es spiegeln sich darin die großartigen wissenschaftlichen, technischen und sozialen Fortschritte und Umwälzungen, die erstaunliche Entfaltung von Industrie und Handel, die das vergangene Jahrhundert zu einem so merkwürdigen gemacht haben. Allein die riesige, von leichten Eisenkonstruktionen überspannte Einfahrtshalle des Hauptbahnhofes — welche Gedankenreihen vermag sie auszulösen, welche Ausblicke zu eröffnen auf eine völlig neue, von unseren Urgroßvätern noch nicht geahnte Welt! Noch ringt die Architektur, um für die neuen technischen und sozialen Probleme den entsprechenden künstlerischen Ausdruck zu finden; noch gehen die Meinungen weit auseinander über die Frage, ob ein ruhiges Weiterarbeiten innerhalb der bewährten, zum Teil noch ausdehnungsfähigen Formenkreise der Überlieferung oder ein bewußtes wagemutiges Streben nach moderner Eigenart wünschenswerter sei. Eines aber ist zur Gewißheit geworden: daß ein guter Teil von dem, was der Klassizismus vergaß oder als vermeintlich überwunden beiseite schob und bekämpfte, zu frischem, kräftigem Leben wieder erwacht ist; daß die antikisierende und italienisierende Richtung, so vorzügliche Einzelschöpfungen sie hervorgebracht hat, nicht geeignet und berechtigt war, den nach klimatischen, landschaftlichen und volkspsychologischen Bedingungen in Jahrhunderten herausgebildeten Charakter unserer deutschen Städte dauernd zu verändern.

Nicht viele Städte können gegenwärtig einer bürgerlichen Baukunst mit so starkem Lokalton, so glücklicher Verknüpfung des Neuen mit dem Alten sich rühmen wie München. In Bayern hat nur Nürnberg Ähnliches aufzuweisen, wo nach dem Vorgang von Konradin Walther eine jüngere Architektengruppe die dem einzigartigen Stadtbild das besondere Gepräge verleihenden Bauten aus der Zeit des Eindringens der Renaissance zum Vorbild genommen hat. Die unentwegt modern Gesinnten, nach deren Ansicht sich das Zeitalter der Maschine auch in einem neuen Baustil aussprechen sollte, werden hier über „rückständige Altertümelei" klagen. Sei es drum! Die weitaus größte Mehrzahl der jetzt Lebenden und wohl noch mehrerer künftiger Generationen wird die möglichst lange Erhaltung der eigenartigen Schönheit unserer alten Städte einer raschen, rücksichtslosen Umgestaltung in einem zweifelhaften „Maschinenstil" entschieden vorziehen. So wird man für unsere bürgerliche Architektur, deren künstlerischer Durchschnittswert im XIX. Jahrhundert unter der Einwirkung nivellierender, verflachender und ungesund prahlerischer Tendenzen sehr gesunken ist, das Beispiel von München und Nürnberg auch anderwärts in Stadt und Land zur Nacheiferung empfehlen dürfen. Bei Wiederaufnahme charaktervoller heimischer Bauweisen der Vergangenheit wird durch die neuzeitlichen Aufgaben und technischen Hilfsmittel wie durch den Wandel des Geschmackes in Kunstgewerbe und Dekoration auch der mit Recht begehrte moderne Zug ungezwungen und versöhnlich sich einstellen.

Anmerkungen.

[1]) Lor. Hübners kurzgefaßte Beschreibung der kurpfalzbayerischen Haupt- und Residenzstadt München. München 1805. — Auch in Mannheim wurde 1789 ein Militärgarten angelegt In diesem soll nach einer Berechnung des Hofgärtners Sckell im Jahre 1790 Gemüse im Werte von 10000 Gulden erzeugt worden sein. Über die sonstigen Vorteile, die man sich von diesen Gärten versprach, siehe die Schrift: Vollständiger Bericht und Abrechnung über den Erfolg der neu eingeführten Einrichtungen bey dem churpfalzbaierischen Militär. Von dem Generallieutenant Reichsgrafen von Rumford. Verfaßt München den 1. Juny 1792.

[2]) Als Speisesaal für den Hof gelegentlich eines im Mai 1791 bei Schwabing abgehaltenen militärischen Übungslagers errichtet.

[3]) Vgl. Sckells Werk: Beiträge zur bildenden Gartenkunst für angehende Gartenkünstler und Gartenliebhaber. München 1819.

[4]) Allgemeine deutsche Biographie. — F. J. Lipowsky, Bayerisches Künstler-Lexikon.

[5]) G. K. Nagler, Acht Tage in München. Wegweiser für Fremde und Einheimische. München 1863.

[6]) Seinerzeit berühmt war die hier nach Angaben des Medizinalrates Dr. F. X. Haeberl eingerichtete Heizungs- und Ventilationsanlage. (L. Hübner a. a. O., S. 167 ff.)

[7]) F. v. Reber, Die Korrespondenz zwischen dem Kronprinzen Ludwig von Bayern und dem Galeriebeamten G. Dillis. (Sitzungsberichte der philos.-philolog. und der historischen Klasse der Kgl. Bayer. Akademie der Wissenschaften 1904 Heft III.) S. 425—426.

[8]) Eos 1820, Kunst- und Literaturblatt, S. 43 ff.: Fischers Künstlerleben und das große Theater in München . . . . „Lange hatte man nämlich in München das Bedürfniß eines neuern größern Schauspiel- und Opernhauses neben dem einzig bestandenen Hoftheater gefühlt. Von Verschaffelt hatte sich daher mit eben diesem Gegenstande beschäftigt und ein Modell verfertigen lassen, das von allen Kennern einer großen und schönen Bauart mit Recht gepriesen ward, allein die Kosten eines solchen Baues schienen unter Karl Theodors Regierung so abschreckend, daß an die Ausführung nicht zu denken war." — Auch Andreas Gärtner arbeitete einen Plan für ein neues Theater in München aus. (Siehe oben!)

[9]) An der Seite gegen die (damals nicht bestehende) Maximilianstraße war ursprünglich ein großer Ausbau mit Sälen für Konzerte, Redouten usw. geplant, der nicht zur Ausführung kam. — Hoftheaterpläne, nach den Originalen Fischers von Ziebland gezeichnet, in der Maillinger-Sammlung des Stadtmuseums.

[10]) v. Reber, a. a. O., S. 428.

[11]) Pläne in der Maillinger-Sammlung.

[12]) Bautechnischer Führer durch München. Festschrift zur zweiten Generalversammlung des Verbandes deutscher Architekten- und Ingenieurvereine. München 1876.

Graph. Kunst Anst. v. Hubert Köhler München

Entwurf zur Schlosskapelle in Koblenz
von Andreas Gärtner.

Graph. Kunst Anst. v. Hubert Köhler, München

Palais des Frh. v. Asbek am Karolinenplatz
von Karl v. Fischer.

Palais des Frh. v. Asbek
am Karolinenplatz
von Karl v. Fischer.

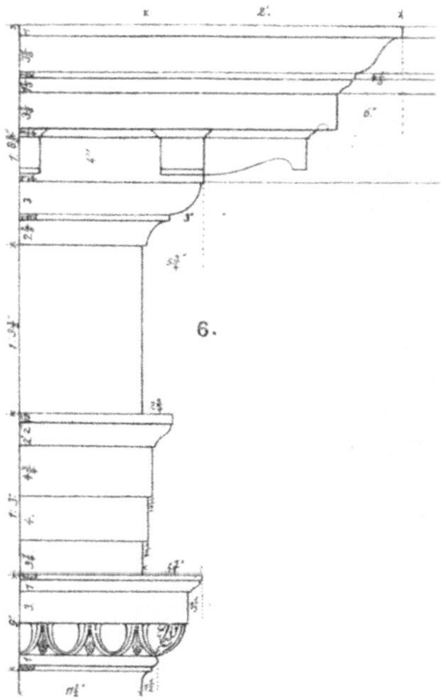

6.

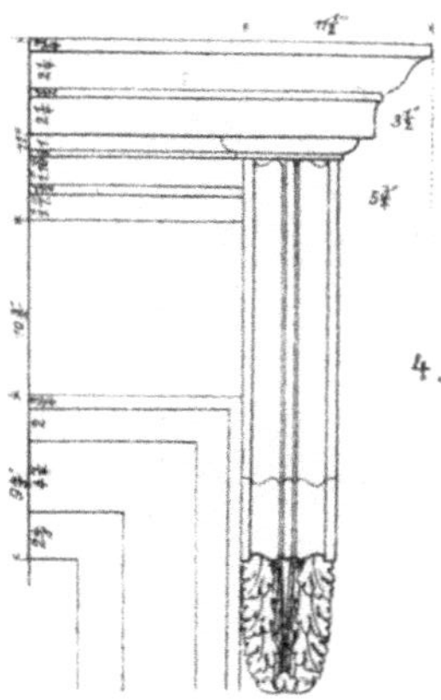

4.

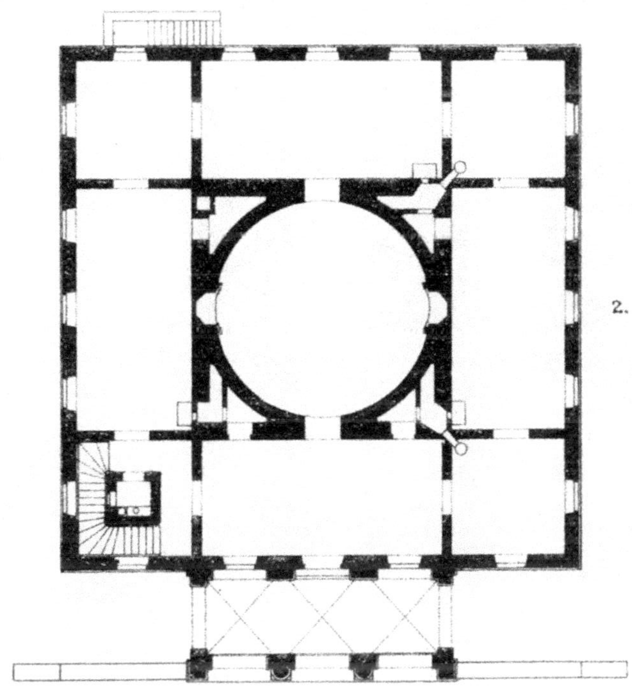

2.

Erdgeschoß.

60 bayer. Schuh.
zu 2.

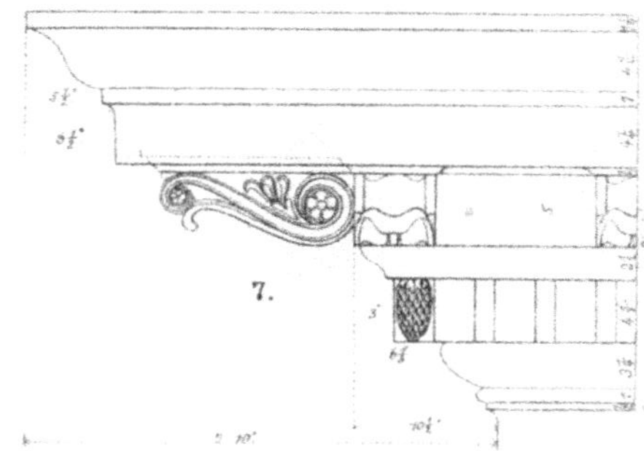

7.

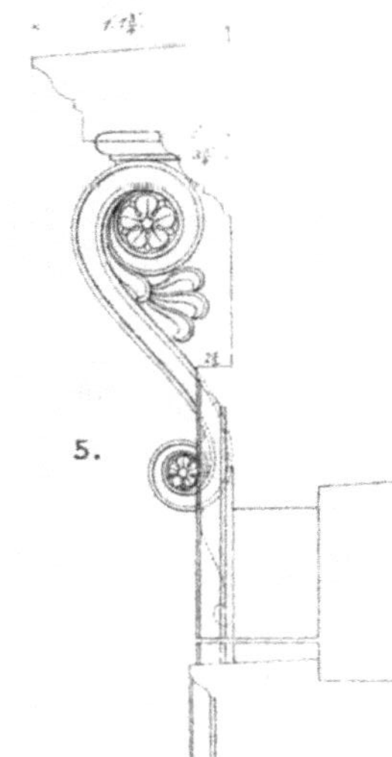

5.

2 bayer. Schuh.
zu 4. 5. 6. 7.

Graph. Kunst. Anst. v. Hubert Köhler, München.

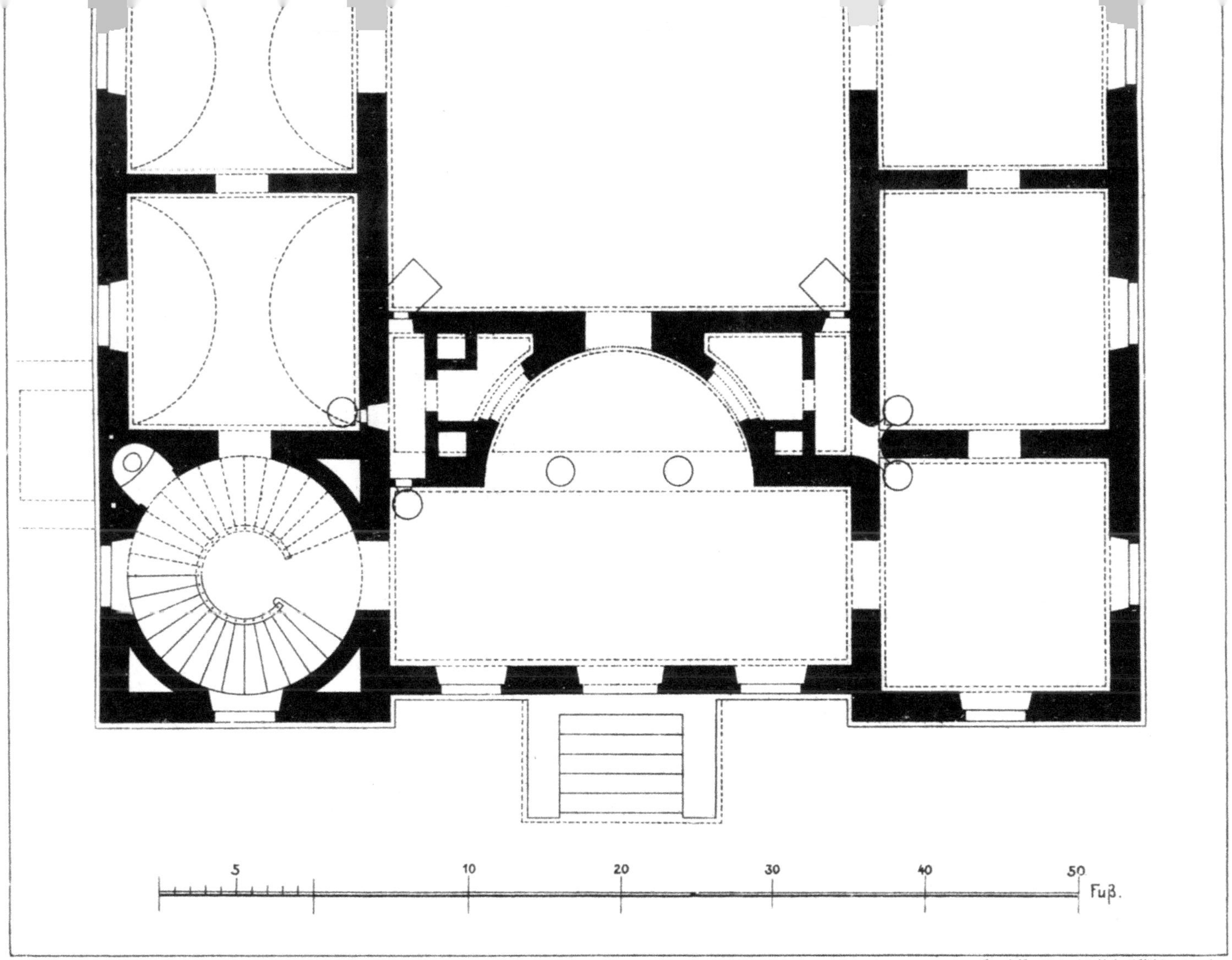

Wohnhaus des Grafen zu Pappenheim an der Briennerstrasse
von Karl v. Fischer.

Festschrift d. K. Techn. Hochschule München, 1806-1906.

Entwur

Graph. Kunst. Anst. v. Hubert Köhler, München

ı des Karlstores (Aussenseite)
arl v. Fischer.

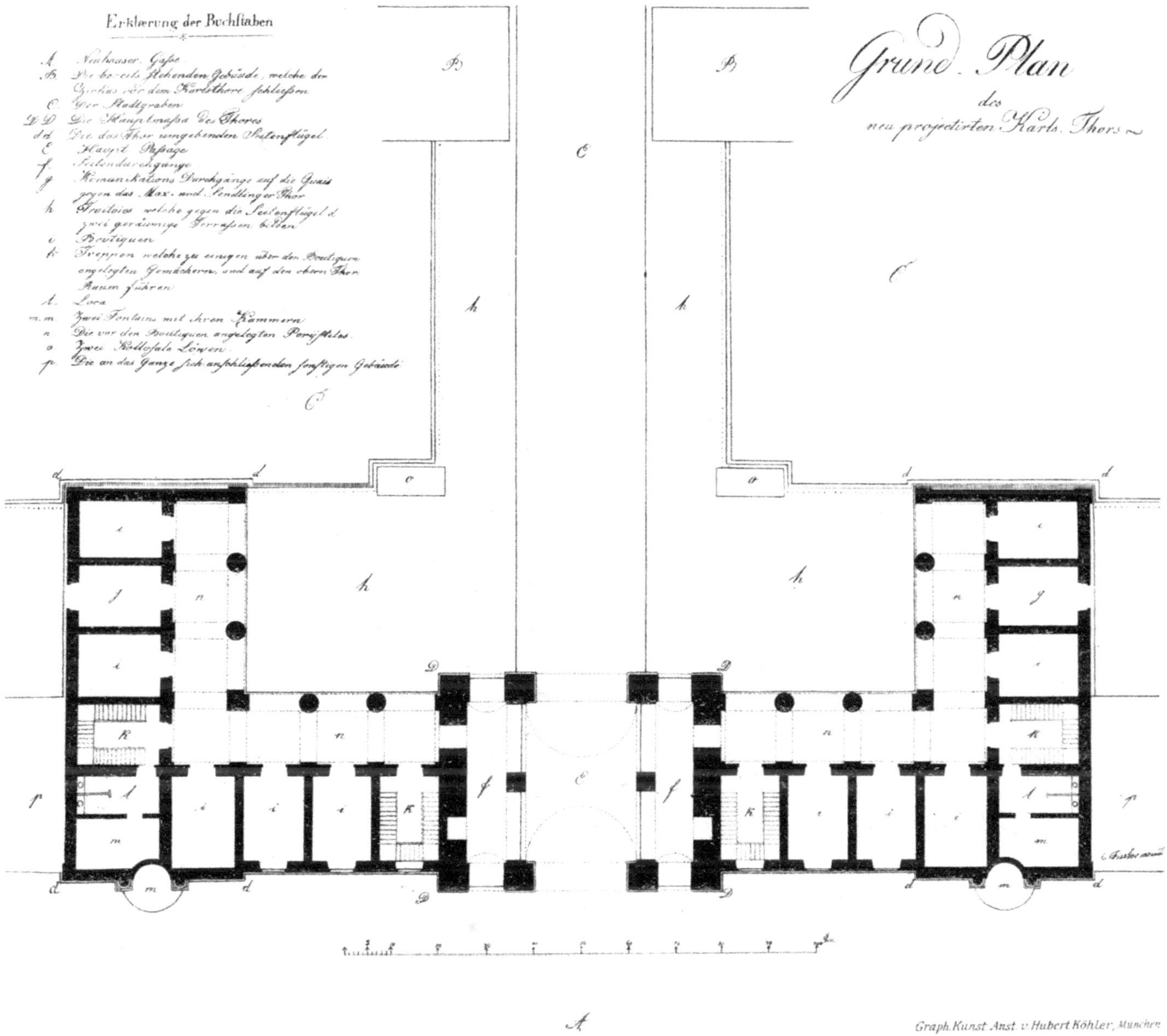

Graph. Kunst. Anst. v. Hubert Köhler, München

Der Viktualienmarkt in München anfangs XIX. Jahrhunderts (gez. von F. Leybold).

Sanitäre Zustände und Einrichtungen in München am Anfang des XIX. Jahrhunderts.

Von Martin Hahn.

Mit 2 Tafeln, VII u. VIII (2 Pläne).

Am 24. März 1788, als am Stiftungstage der Akademie, hielt der Kurfürstliche Hofrat und Geheime Archivar Karl v. Eckhartshausen eine Rede „Über das Verderbnis der Luft, die wir einatmen, ihre Schädlichkeit für die Gesundheit der Menschen und die Art, sie leicht und schnell zu verbessern". Am Schlusse seiner Ausführungen, die allerdings im einzelnen heute nicht mehr Anspruch auf wissenschaftliche Gültigkeit machen können, aber doch in ihren Schlußfolgerungen von hygienischem Interesse sind, kommt Eckhartshausen zu den folgenden Thesen über die Verbesserung der Stadtluft:

„Gegenstände der Polizey in Rücksicht der Stadtluft-Verbesserung.

„Gässen sollen weit und geräumig in Städten seyn, Fleischer, Gärber, Kalk- und Backöfen, Kupferschmieden etc. sollen angewiesene, und besondere Plätze haben.

„Fleischwasser, und Wasser, worinn man Thiergedärm reinigte, sollen nicht in die Gassen geschüttet werden, noch weniger Blut, und das faule Wasser aus den geheimen Abtritten, oder der Odel.

„Kirchhöfe sollen außerhalb der Stadt seyn, und kein Leichnam in Kirchen begraben werden.

„Die Kloaken, und geheime Abtritte sollen mit Sorgfalt gereinigt werden.

„Kalk in stinkende geworfen, verbessert die Luft.

„Wasserbrunnen soll man nicht an geheimen Abtritten anbauen.

„Neugebaute Häuser soll man nicht, wenigst vor einem Jahr nicht beziehen lassen.

„Neugebaute und ausgetrocknete Speis-Gewölber sind schädlich, der Kalk zieht sich in die Speissen, hauptsächlich in das Brod.

„Gärber Gass soll nicht auf Gassen geschüttet werden, und Leimsieder sollen abgesonderte Arbeitsstätte haben. Kupferschmiede sollen nicht auf öffentlichen Gässen verzinnen.

„Die Besuchung der jährlichen Todten-Krüfte ist schädlich, wie die Besuchung der Leichen-Paraden der Großen und Reichen, wo der Leichnam in versperrten, mit Tüchern behängten Fenstern, und mit vielen Lichtern zur Schau ausgestellt ist.

„Schweinställe, und ihre Mast sollen nicht in Städten geduldet werden.

„Kerker, Gefängnis, Zuchthäuser sollen vorsichtig gebaut, und reinlich gehalten werden.

„Komedien, und Redouten-Säle und jede öffentliche Örter, wo viele Menschen zusammen kommen, sind der Luftvergiftung ausgesetzt, und erfordern Vorsichtigkeit in Bau, und in der Lage.“

Man wird nicht fehlgehen, wenn man diese Thesen weniger als das Resultat wissenschaftlicher Versuche, vielmehr als das Ergebnis eigener Beobachtungen in der Haupt- und Residenzstadt München betrachtet. Wir sind zu einer solchen Annahme um so mehr berechtigt, als die erste große sanitäre Verbesserung Münchens, die Aufhebung der Friedhöfe innerhalb der Stadt, die Errichtung des Allgemeinen, jetzigen Südlichen Friedhofs, im Anschluß an die Rede Eckhartshausens im Jahre 1789 erfolgte.

In der Tat sind die Sätze Eckhartshausens nichts als ein Ausdruck für die Klagen, die bis in die zweite Hälfte des XIX. Jahrhunderts hinein immer wieder aus den Reihen der Geschichtschreiber der Stadt München ertönen. Es soll damit nicht etwa gesagt sein, daß die sanitären Zustände in München am Ende des XVIII. und Anfange des XIX. Jahrhunderts wesentlich schlechter gewesen seien als in anderen deutschen Städten der gleichen Ausdehnung. Manches spricht sogar dafür, daß wenigstens der relative Wasserreichtum Münchens immerhin einen gewissen Vorzug bedeutete. Dieser Gesichtspunkt muß im Auge behalten werden, wenn wir das Bild der sanitären Einrichtungen Münchens damaliger Zeit, soweit wir es uns aus zeitgenössischen Beschreibungen rekonstruieren können, vor uns aufrollen, mag auch, mit dem jetzigen Zustande verglichen, der Schatten die Lichtseiten des Gemäldes überwiegen.

Am Anfange des XIX. Jahrhunderts bedeckte München eine Fläche von etwa 4500 Tagwerk, die unter Einrechnung der Vorstädte Au, Haidhausen und Giesing von ca. 48 000 Seelen (polizeil. Schätzung 1801) bewohnt wurde (s. am Schluß Stadtplan von 1812, Tafel VII). Die Erweiterung der Stadt hatte schon begonnen, als man 1791 (Huber p. 16) es förmlich ausgesprochen hatte, daß München nicht ferner eine Festungsstadt sein solle: nach Abzug der französischen und österreichischen Armee im Jahre 1796 fielen die meisten Außenwerke. Es entstand der Straßenring: Otto-, Sonnen-, Müller- und Rumfordstraße und im Anschluß daran die Vorstädte vor dem Karlstor und in der Umgebung des Englischen Gartens. Schon 1789 hatte man auf Betreiben des Grafen Rumford mit der Umwandlung des Hirschangers, Hirschau genannt, in den jetzigen Englischen Garten begonnen, 1790 die Bewässerungsanlagen für diesen Zweck geschaffen und die ersten Anfänge der Veterinärschule erbaut.

Die ersten Jahre des XIX. Jahrhunderts hatten eine Umgestaltung des nördlichen Teiles der Residenz, die Anlage der Hofgartenkaserne gebracht, und eine einschneidende Änderung erfuhr das Stadtbild namentlich durch die 1803 erfolgte Aufhebung der Klöster: das Kloster der Bittricher Nonnen gab Raum für die Erweiterung der Perusastraße, das der Franziskaner und der Riedler-Nonnen für den Max-Josephsplatz, das Kapuzinerkloster für den Maximiliansplatz. So änderte sich allmählich das Bild der alten Festungsstadt, die noch im letzten Jahrzehnt des XVIII. Jahrhunderts von hohen doppelten Mauern, Wällen und tiefen Gräben umgeben gewesen war, die nur vom Schwabinger-, Isar-, Sendlinger-, Neuhauser-, Kosttor und Einlaß zugänglich gewesen war, und die nur wenige größere Plätze, wie den Hauptplatz (Marien-) und Paradeplatz (Promenade-), aufzuweisen gehabt hatte. Selbst die kriegerischen Ereignisse jener Zeiten konnten die fortschreitende Umgestaltung Münchens nicht aufhalten, und die Errichtung des Königreiches Bayern brachte neue Bedürfnisse für eine würdige Ausgestaltung der Hauptstadt. Das Staatsministerium des Innern (an der Residenzstraße), das Königliche Zeughaus (an der Marstallstraße), die Münze (am Hofgraben), die Akademie der Wissenschaften (Kapellenstraße) wurden in würdigen, für den Zweck adaptierten Gebäuden untergebracht. Der Bau des Nationaltheaters, des Theaters am Isartorplatz, die Anlage des botanischen Gartens, namentlich aber der Neubau des Allgemeinen Krankenhauses (l. J.) bedingten weitgehende Umänderungen und Verschönerungen des Stadtbildes.

Aber trotzdem entsprach das Innere der Stadt noch wenig den ästhetischen und gesundheitlichen Anforderungen, die wir heute zu stellen gewohnt sind. Es fehlten vor allem baupolizeiliche Bestimmungen, die einer übermäßigen Bebauung der einzelnen Grundstücke Einhalt geboten hätten, ganz abgesehen davon, daß in den vielen engen Straßen, in den winkeligen Gassen der Altstadt der Charakter der ehemaligen Festungsstadt noch deutlich in die Erscheinung trat.

Zwar hatte sich schon Kaiser Ludwig der Bayer bemüht, aus München nicht nur eine große, sondern auch eine „schöne und lustsame" Stadt zu machen, und hatte demgemäß schon 1315 als Grundsatz ausgesprochen, daß große Plätze, breite Straßen nicht durch Gebäude, Buden, Hütten verengt werden dürften, damit der Zutritt reiner Luft nicht gehindert werde, daß die Hofstätten nicht verbaut werden sollten, sondern der inneren Haushaltung und den Gewerben vorbehalten bleiben müßten, um so den Gewerbebetrieb auch von der Straße fernzuhalten. Ja sogar das Holzmachen auf der Straße, das der Fremde heute wieder staunenden Auges auf den Münchener Straßen beobachten kann, war von dem weitsichtigen Fürsten schon verboten worden. Aber zu einer streng durchgeführten, auf hygienischen Rücksichten fundierten Bauordnung hatte es München im Laufe der Jahrhunderte kaum gebracht: die noch im Anfange des XIX. Jahrhunderts geltenden Bau- und Kundschaftsordnungen von 1489 und 1613 berücksichtigten mehr privatrechtliche und feuerpolizeiliche Interessen, sollten im wesentlichen auch die Errichtung steinerner Häuser an Stelle der alten Holzbauten, die Bedeckung der Dächer mit Ziegeln fördern, die Innehaltung der Baufluchtlinien ermöglichen, alles Dinge, auf die auch schon Kaiser Ludwig in seinen Erlassen mit Entschiedenheit hingewiesen hatte. Auch die Instruktion für die im Jahre 1805 eingesetzte Baukommission verfolgt im wesentlichen die gleichen Ziele und enthält in sanitärer Beziehung nur sehr allgemeine Angaben: es solle dem Eindringen fremden Wassers, fremder Schwindgruben vorgebeugt werden, die innere Einteilung der Gemächer eines jeden Stockwerkes solle der Benützung, den Geschäften und der Gesundheit angemessen sein. So ist es nicht wunderbar, wenn noch im Anfange des XIX. Jahrhunderts Klagen laut werden, daß von den Hauseigentümern alle Winkel verbaut seien, um die Mietserträgnisse zu steigern, daß der Zutritt freier Luft gehemmt sei, die Häuser, die Wohnungen ungesund seien, und daß die Neubauten noch vor völliger Austrocknung bezogen würden. Ungünstig wird auch der Reinlichkeitszustand der Straßen, die Pflasterung dargestellt. Aber zur richtigen Beurteilung der öffentlichen Reinlichkeitszustände jener Zeit muß man freilich hier einschalten, daß die Gemeindeverfassung gerade damals mannigfache Umgestaltungen erfuhr. Bis zum Ende des Jahres 1802 lag die Aufrechterhaltung der öffentlichen Ordnung in den Händen des Magistrats. Von 1803 ab aber wurde nicht nur die Gerechtigkeitspflege abgezweigt, sondern auch eine Polizeidirektion errichtet, der u. a. die Gewerbs- und Viktualienpolizei als Kompetenzen übertragen wurden. Nach einem weiteren Stadium der Umwälzung in der Gemeindeverfassung (1808—1818), das eine noch größere Einschränkung der Magistratskompetenzen zur Folge hatte, erfolgte dann die Wiederbelebung der Selbstverwaltung durch das Edikt vom 17. Mai 1818, welches dem Magistrat die Sorge für Reinlichkeit, Gesundheit und Feuersicherheit wieder übertrug und der Polizeidirektion nur die Oberaufsicht überließ.

Bei diesem wiederholten Wechsel der Kompetenzen ist es nicht wunderbar, wenn gerade die öffentliche Reinlichkeit und Gesundheitspflege, von einzelnen Zweigen abgesehen, im Anfange des XIX. Jahrhunderts zunächst keinen besonderen Aufschwung zeigte. Ganz allgemein scheinen die Klagen über das schlechte Pflaster schon damals gewesen zu sein. Zwar hatte man in München schon frühzeitig angefangen zu pflastern, zunächst mit Ziegelsteinen einen Fußpfad entlang den Häusern, später auch mit anderem Material die Straßen, so daß die Herzöge Johann und Ernst bereits im Jahre 1394 der Stadt München einen Pflasterzoll bewilligten, der im Jahre 1430 bestätigt wurde. Durch eine Straßen- und Pflasterordnung von 1759 wurden die in die Mitte der Straße mündenden Dachrinnen abgeschafft; die Straßen wurden in der Mitte gewölbt und bekamen an beiden Seiten Rinnen. Am Anfange des XIX. Jahrhunderts waren die Plätze und Straßen der inneren Stadt zwar gepflastert, aber mit schlechtem Material, „Kiesrollgeschiebe aus der Isar“, wie Müller sagt, mit „einigen Kalkbrocken“. Das Pflaster war dementsprechend ungleich und brüchig und gab zu starker Staubbelästigung Veranlassung, trotzdem die Stadtgemeinde alljährlich die Hauptstraßen ein- oder auch zweimal neu pflastern ließ. Schlimmer noch waren die Zustände in den Vorstädten, deren Straßen ganz ungepflastert, nur mit Überführungen versehen und dementsprechend bei schlechtem Wetter beinahe ungangbar waren. Die Aufsicht über die Straßenreinigung führte die Polizeidirektion, die den Hauseigentümern durch streng vorgeschriebene, aber, wie es scheint, nicht sehr streng eingehaltene Verordnungen die Reinigung des anliegenden Straßenteils, das Spritzen im Sommer, die Entfernung des Eises im Winter zur Pflicht machte. Das Wegführen des Straßenunrats erfolgte auf Gemeindekosten, der Unrat wurde auf bestimmten Plätzen außerhalb der Stadt aufgehäuft und als Dünger verkauft, der Schnee wurde in die Kanäle und die Isar abgeführt.

Wohl die größten sanitären Übelstände aber wurden verursacht durch die mangelhafte Beseitigung der Fäkalien und Abwässer sowie durch die Gewerbebetriebe, insbesondere die Schlächtereien. Zwar war München schon in alten Zeiten eine an Bächen und Kanälen reiche Stadt, die mit ihrer nicht geringen Wassermasse einen großen Teil des Unrates wegführen konnten; denn schon die alten Befestigungslinien waren durch den Färbergraben (Stadt Heinrichs des Löwen) und den Stadtgraben (Stadt des Kurfürsten Maximilian I.) bezeichnet, und im Zusammenhange mit diesen Gräben stand ein weitverzweigtes Netz von Wasserwegen, die teils durch natürliche Ereignisse entstanden, teils künstlich als Kanäle angelegt waren und von der Isar gespeist wurden. Die Zuführung des Wassers für die Stadtbäche links der Isar erfolgt noch jetzt, wie früher, von dem großen Stadtbach aus und dem Dreimühlenbach, welche unmittelbar an den Thalkirchner Überfällen von der Isar abzweigen. Aber schon im Anfange des XIII. Jahrhunderts waren die Stadtbäche zum größten Teile überwölbt und überbaut, so daß sie nur an einigen Stellen noch zutage traten. Damit war einerseits die Aufsicht über den Reinlichkeitszustand dieser Kanäle erschwert, anderseits kam es an den wenigen Zugängen (z. B. Färbergraben, Sendlingerstraße, Schrammergäßchen bei der Frauenkirche) zu einer Anhäufung von Unrat und dementsprechend zu verpestenden Gerüchen. Schon in einer alten Polizeiverordnung von 1730 werden diejenigen, welche „Unflat“ vor die Türe oder in die Straße werfen oder schütten und nicht in den Bach tragen, mit Strafe bedroht. Und diese wenig löbliche Sitte, die Bäche mit Unrat zu füllen, scheint sich bei den Anwohnern einzelner Bezirke bis in das XIX. Jahrhundert hinein erhalten zu haben. Man kann allerdings zweifelhaft sein, was damals mehr zur Verunreinigung der Stadt beigetragen hat: die Versitz- oder Schwindgruben oder aber die mit Unrat gefüllten Kanäle. Die Haus- und Küchenabwässer flossen zum Teil innerhalb der Gebäude in Versitzgruben, zum Teil direkt in die Gassenrinnen und von dort aus in die Stadtbäche. Diese Gassenrinnen, die an den Hauseingängen und Straßenkreuzungen überbrückt waren, waren nur zum Teil gepflastert, konnten daher meist nicht ordentlich gereinigt werden, so daß der am Boden sich ansammelnde Schlamm in stinkende Fäulnis überging. Die Fäkalien wurden innerhalb der Häuser in Schwindgruben gesammelt (s. die Churfürstl. Verordnungen von 1778, 82, 93). Daß durch derartige Anlagen allmählich eine enorme Verunreinigung des Untergrundes und des noch zu Trinkzwecken benutzten Grundwassers, ferner der Hausmauern und Keller zustande kommen mußte, ist selbstverständlich.

Wer keine oder keine ausreichende Versitzgrube besaß, entleerte die Nachtgeschirre oder Kübel in den Kanal oder führte den Inhalt der Versitzgruben dorthin ab, Verrichtungen, die allerdings nur in der Zeit von 11 Uhr nachts bis 5 Uhr morgens (Sommer) oder 6 Uhr morgens (Winter) vorgenommen werden durften. Unter solchen Umständen dürfte die „Bachauskehr“, d. h. die Reinigung der Bäche nach Ablassen des Wassers, eine Prozedur, die nur einmal jährlich im Herbste, und zwar auf Gemeindekosten, stattfand, kaum zu den Genüssen des Lebens für die Anwohner gezählt haben. Aber am meisten scheinen noch vor 100 Jahren die Fleischbänke und Schlächtereien zur Verpestung der Stadt beigetragen zu haben. Die Klagen über diesen Gewerbebetrieb in München waren uralt. Kaiser Ludwig schon hatte sich 1315 veranlaßt gesehen, die Fleischbank von dem Kornmarkt weg vor das untere Tor, „das Talburgtor“, in die Hofstatt weiland Heinrichs des Sanders zu verlegen — „auch, damit der Markt desto lustsamer, schöner und gemachsamer sei für Herren, Bürger und alle Leute, die darauf zu schaffen haben“. Aber mit dem Wachstum der Stadt kam diese „untere“ Fleischbank wieder in die Mitte der Stadt zu stehen, obgleich sie an ihrem Platze verblieb, und eine neue „obere“ wurde am Färbergraben errichtet. Ursprünglich hatten die Schlächter in einem gemeinsamen Schlachthaus geschlachtet, eine Einrichtung, die in den meisten größeren süddeutschen Städten schon im XIII. Jahrhundert bestand und nicht nur die Verunreinigung der Stadt beschränkte, sondern auch eine geordnete Fleischbeschau ermöglichte, wie sie in Süddeutschland im Gegensatz zum Norden schon sehr frühzeitig sich entwickelt hat. So gab es noch vor 100 Jahren für die seit älterer Zeit berechtigten Metzger zwei Fleischbänke (im Tal und am Färbergraben), an denen Fleisch verkauft wurde und die mit Schlachthäusern verbunden waren, während die sog. Freibankmetzger in einem Schlachthaus am Kosttor schlachteten. Daneben aber waren nun wegen des Anwachsens der Bevölkerung neue Metzger konzessioniert worden, die in ihren Behausungen, namentlich auf den Höfen, schlachteten und in eigenen, in der Stadt und in den Vorstädten zerstreuten Buden verkauften. Schließlich hatten auch viele Wirte und Köche die Erlaubnis, zu Hause zu schlachten, oder aber sie übten auch ohne diese Erlaubnis diesen Gewerbebetrieb aus. Die Folge war, daß die ganze Stadt von den bei der Schlachtung entstehenden Abfällen und Gerüchen belästigt und verunreinigt wurde. Namentlich wird auch über die am Färbergraben gelegenen Schlacht- und Verkaufsstätten geklagt, über den ekelerregenden Geruch, den die zum Verkauf ausgelegten Waren insbesondere während der Sommerszeit verbreiteten, zumal die Vorliebe der Münchener für Eingeweide aller Art es notwendig machte, gerade diese Teile von den sog. „Kuttelwaschern" feilbieten zu lassen. Bedenkt man, daß Huber — allerdings wohl nicht ganz einwandfrei — einen Konsum von 290 Pfund (= 162,4 kg) pro Kopf und Jahr der Bevölkerung inkl. des von auswärts in geschlachtetem Zustande eingeführten Fleisches für das zweite Jahrzehnt des XIX. Jahrhunderts berechnet, so ist es klar, daß die Ausdehnung der Privatschlächtereien damals zu den größten sanitären Übelständen geführt haben muß, und daß insbesondere die Verpestung der Kanäle an einzelnen Stellen wesentlich auch damit im Zusammenhang stand. Es ist selbstverständlich, daß auch die Fleischbeschau in den vereinzelt gelegenen Schlächtereien eine nicht geordnete war, und es ist leicht erklärlich, daß schon damals der Wunsch nach einer Neuordnung der Schlachtverhältnisse von den verschiedensten Seiten mit Nachdruck ausgesprochen wurde, um so mehr, als das nahe gelegene Augsburg viel bessere Schlachthauszustände aufwies.

Auch andere Gewerbebetriebe machten sich störend bemerkbar. Die Höfe waren vielfach zu eng gebaut, um sie aufnehmen zu können. So verrichteten Gürtler, Kupferschmiede, Schäffler auf freier Straße ihre lärmende Arbeit, und Wäschereien benutzten die besuchten Spazierwege am jetzigen Maximiliansplatz und an der Blumenstraße zum Aufhängen der Wäsche.

Ein etwas erfreulicheres Bild wie diese letzten Schilderungen stellen die Angaben über die Münchener Wasserversorgung vor 100 Jahren dar. Freilich sind wir über die Qualität des Wassers nicht mehr in der Lage vollkommen einwandfrei zu urteilen, aber wir können uns wenigstens über die Quantität des Wassers eine Vorstellung bilden. Demnach konnte München schon damals keine wasserarme Stadt genannt werden. Ganz abgesehen von dem Kanalnetz, welches, wie oben geschildert, die Stadt durchzog und namentlich in den äußeren, nicht überbauten, noch nicht verschmutzten Teilen die Gelegenheit zum Waschen etc. bot, scheint schon im XV. Jahrhundert eine Wasserleitung bestanden zu haben, die in hölzernen Röhren (Teichen) einzelnen Häusern Wasser zuführte. In späterer Zeit sind diese Leitungen jedenfalls erheblich vermehrt worden. Sie wurden gespeist von Quellen, die in den Isarniederungen lagen, und bei der Niveaudifferenz zwischen Stadt und Quellgebiet war es notwendig, das Wasser in sog. Brunnhäusern durch hydraulische Maschinen auf die erforderliche Höhe zu heben (s. Abbildung). Hübner führt 1803 drei Brunnhäuser auf (am Karlstor, Lilienberg, Gasteig), welche der Hofverwaltung unterstanden, sowie vier städtische, die zwischen dem Isartor und dem Sendlingertor standen. (Siehe Literaturnotiz 14.)

Müller erwähnt 1817 schon 14 Brunnhäuser, darunter 9 der Hofverwaltung und 5 der städtischen unterstehend, die im ganzen täglich 52800 Eimer = ca. 3400000 l frischen, gesunden Trinkwassers in die Stadt brachten und damit über 70 l pro Kopf und Tag der Bevölkerung, eine Menge, die für die damalige Zeit als recht erheblich bezeichnet werden muß.

Das Wasser der Brunnstuben lief durch unterirdische hölzerne Leitungen in ein Behältnis innerhalb der Höfe oder in die Küche. Die Abgabe erfolgte durch Steften, die in einer halben Stunde einen bayerischen Eimer (= 3072 l in 24 Stunden) lieferten. Dafür war jährlich nur der mäßige Betrag von 10 fl. Stiftgeld (= 17 M. 20 Pf.) zu entrichten. Dieselben „Bewässerungsanstalten" versorgten auch die öffentlichen Brunnen der Stadt, die zuerst in den Straßen standen, später an die Ecken versetzt wurden. Die Qualität des Wassers dieser Brunnhäuser kann nach den Urteilen der Zeitgenossen und späteren genaueren Untersuchungen als eine verhältnismäßig gute bezeichnet werden. Besonders beliebt war das Brunnthaler Wasser, das über den Abrechen in die St. Anna-Vorstadt geleitet wurde, sowie das Wasser von der Quelle am Lilienberg, das über die Isarbrücke in die Stadt geführt wurde. Das Wasser war hart, verhältnismäßig von niederer Temperatur.

Daneben bestanden nun aber auf den einzelnen Anwesen zum Teil seit uralter Zeit Brunnen, ursprünglich in der Form der sogenannten Galgenbrunnen, d. h. zisternenartig gegrabener Brunnen, die ein Obergestell von zwei Säulen mit Querbalken hatten, an dem der an einer Kette oder einem Strick hängende Eimer über eine Rolle lief. Von diesen alten Galgenbrunnen waren wohl im Anfange des XIX. Jahrhunderts nur noch wenige erhalten. Aber, wie Hubers Zusammenstellung zeigt, gab es zahlreiche Brunnen in Form von Pump-, Rohr- und Schöpfbrunnen in der Stadt, im ganzen 2436. Die Tiefe der Brunnen schwankte zwischen 9 und 27 Schuh. An sich wäre das Grundwasser Münchens zweifellos zur Versorgung mit Trinkwasser geeignet gewesen. Aber die späteren Untersuchungen haben gezeigt, wie hochgradig der Boden Münchens durch Schwindgrubeninhalt verunreinigt war und wie häufig auch der nahe bei der Schwindgrube belegene Brunnen durch den Inhalt verunreinigt wurde. Nichtsdestoweniger zogen viele das Wasser der Privatbrunnen dem Leitungswasser vor, und mit abergläubischer Hartnäckigkeit wurde an einzelnen schlechten

Brunnen noch festgehalten zu einer Zeit, wo in München längst reines Wasser zur Verfügung stand. Zum Teil ist diese Erscheinung wohl darauf zurückzuführen, daß das Leitungswasser stets etwas härter war als das Brunnenwasser und dieses daher nicht nur für wirtschaftliche Zwecke angenehmer, sondern auch für manche empfindliche Personen in größeren Quantitäten leichter erträglich war.

Bei dem Wasserreichtum Münchens und der schon damals vorhandenen Wasserleitung könnte es zunächst auffallend erscheinen, daß die Badegelegenheiten um 1806 noch nicht sehr reichliche waren. Aber das Baden in den Kanälen war innerhalb der Stadt aus Sittlichkeitsgründen verboten, man hätte aber wohl mit gleichem Recht Reinlichkeitsgründe dafür anführen können. In dem allerdings recht entfernt gelegenen Kanal am Riesenfeld wurde dagegen viel gebadet, namentlich vom Militär. In der Isar gab es wenig festgelegte Badeplätze, weil sie „so viele Untiefen aufwies und ihren Lauf so oft und schnell änderte". Größere geschlossene Badeanstalten mit einigermaßen sauberen und genügenden Einrichtungen für warme und kalte Bäder gab es nur drei: das Hofbad im Lehel, das Wirnhirnische Bad außerhalb des Isartores, das Steinbergerische Gesundheitsbad vor dem Einlaß, das auch eine Schwimmschule enthielt. Im übrigen existierten 1806 noch in den Häusern einiger Stadtbader sog. „Seelenbäder," d. h. Schwitzbäder, in denen gegen eine bestimmte Stiftungssumme die Dürftigen beiderlei Geschlechts „unentgeltlich schwitzen, sich schröpfen und das Blut aus den Adern abzapfen lassen" konnten, „ein" — wie Hübner hinzufügt — „aus den Zeiten der Kreuzzüge und des mitgebrachten Aussatzes noch bestehender Unfug". Diese, den mittelalterlichen Badstuben entsprechenden Einrichtungen scheinen aber im Jahre 1819 bereits aufgehoben gewesen zu sein. Eine Anzahl Wundärzte hatten zu dieser Zeit in ihren Häusern Einrichtungen für warme und kalte Bäder getroffen, das Dianabad im Englischen Garten war entstanden, und in Bogenhausen befand sich noch ein den besseren Ansprüchen genügendes Bad der Witwe Dumenil. Immerhin gab es in öffentlichen Badeanstalten auch 1819 nur ca. 120 Wannen für warme Bäder, und man wird Müller recht geben müssen, der die Badeanstalten Münchens einer „volkreichen Königsstadt nicht würdig, auch nicht zureichend" fand. Da aber auch die Zahl der privaten Badeeinrichtungen in München sicherlich eine verschwindend geringe war, so kann man wohl mit Recht annehmen, daß die Badegewohnheiten damals in München nicht gerade stark verbreitet waren. Übrigens stand es damit in anderen deutschen und selbst in englischen Städten zu jener Zeit nicht viel besser; das Bedürfnis, öfter zu baden, hat sich überall erst in dem Maße wieder entwickelt, als die rauchenden Kamine sich mit dem Fortschreiten der Industrie gemehrt und damit die Städteluft verschmutzt haben.

Als ausgedehnt muß die Fürsorge bezeichnet werden, die man schon in damaliger Zeit den kranken, siechen und altersschwachen Personen in München angedeihen ließ. Allerdings ist zu bemerken, daß die Anstalten, welchen diese Aufgabe zufiel, ihre Entstehung und ihren Unterhalt nur zum Teil der Stadt- oder Staatsverwaltung verdankten, zum anderen Teile von Privaten, religiösen Orden, fürstlichen Donatoren gegründet waren und unterhalten wurden; jedenfalls ein schönes Zeugnis für den Opfersinn der Bürger und Fürsten. Eines der ältesten „Krankenhäuser für arme Bürger und dürftige Dienstleute" wurde schon im Jahre 1480 von der Stadtgemeinde mit Unterstützung des regierenden Herzogs Albrecht gebaut und im XVI. Jahrhundert auch für Pfründner geöffnet. Es war wesentlich für nicht ansteckende innere Krankheiten bestimmt, während ansteckende innere Krankheiten im Stadtkrankenhause am Anger (gegründet 1742 von den Gebrüdern Nockher, die es 1793 dem Magistrate überwiesen), heilbare infektiöse äußere Erkrankungen, insbesondere venerische, im Leprosenhaus oder bürgerlichen Lazarett am Gasteig behandelt wurden; die unheilbaren wurden einer Filialanstalt (Leprosenhaus) in Schwabing überwiesen. Wesentlich der Mildtätigkeit der Herzöge Maximilian I. und Albert V. verdankten das Josephs- und das Herzogsspital ihre Entstehung, die 1803 vereinigt wurden und auch Pfründner aufnahmen. Nur für Pfründner bestimmt war das Spital zum Heiligen Geist (schon 1253 von Herzog Otto begründet) und das Armenversorgungshaus am Gasteig, während die Irren im Kurfürstlichen Irrenhause (ehemaligen Hofkrankenhause) in Giesing, zum Teil auch in einer besonderen Abteilung des Heiligen Geistspitals verpflegt wurden. Die Entbindungsanstalt war mit dem Findelhause in dem Gebäude der späteren Städtischen Waisenanstalt vor dem Sendlingertor vereinigt. Kranke Soldaten fanden in dem Militärspitale vor dem Einlaß Verpflegung. Die meisten Kranken, mit Ausnahme der Unheilbaren und Venerischen verpflegten zwei wohltätige religiöse Stiftungen, das „Spital der Barmherzigen Brüder zu St. Max" und das der „Elisabethinerinnen", beide vor dem Sendlingertor gelegen Beide Orden hatten 1750 bzw. 1754 vom Kurfürsten Max III., hauptsächlich auf Verwendung seiner Mutter, der Witwe Kaiser Karls VII., die Erlaubnis erhalten, sich in München niederzulassen, Sammlungen zu veranstalten und Spitäler zu gründen. Durch fürstliche und private Munifizenz unterstützt, übten beide Orden eine umfassende Tätigkeit aus, so daß z. B. 1803 1195 Kranke in beiden Spitälern verpflegt werden konnten, d. h. 41 % aller (2889) in den Münchener Krankenhäusern überhaupt aufgenommenen Kranken. Aber beide Orden hatten doch mit großen finanziellen Schwierigkeiten zu kämpfen: weder die dreimal jährlich gestatteten Sammlungen in der Stadt, noch die Gaben der Donatoren, zu denen übrigens 1806 auch Napoleon bei seiner Anwesenheit in München 1806 mit 12 000 Frs. trat, genügten auf die Dauer; mußte den Barmherzigen Brüdern doch 1801 noch die Erlaubnis zur Aufnahme eines Darlehens von 500 fl. zur Anschaffung von Bettzeug gegeben werden! Die Verwaltung der vielen einzelnen kleineren Spitäler war wohl überhaupt eine verhältnismäßig teuere, und so muß die Zentralisation der verschiedenen Wohltätigkeitsfonds, die Vereinigung der Spitäler unter einer Kgl. Administrationsbehörde, die im Jahre 1806 erfolgte, als ein besonders glücklicher Gedanke bezeichnet werden. Aus allen Spitälern zusammen wurde dann durch Kgl. Reskript vom 7. März 1808 das „Kgl. Allgemeine Krankenhaus" gebildet. Ein Neubau des Allgemeinen Krankenhauses wurde bereits 1809 vor dem Sendlingertor an Stelle des Spitals zu St. Max begonnen, im Jahre 1813 vollendet (jetziges Krankenhaus l. I.) und ging 1818 in städtische Verwaltung über.

Es war in der Tat auch aus sanitären Gründen notwendig, daß Staat oder Stadt die Verwaltung der Krankenhäuser in die Hand nahmen. Die Abhängigkeit des Krankenhausbetriebes von dem guten Willen der Fürsten, Adeligen und Bürger hatte doch zu mancherlei Mißständen geführt; namentlich die kleineren Krankenhäuser waren zum Teil überfüllt, weil die Zahl der in München vorhandenen Krankenbetten überhaupt unzureichend war, einzelne waren auch feucht, in dem Irrenhause prävalierte noch das Zwangs- und Absonderungssystem. Freilich hatte München damals auch schon eine sehr erfreuliche Erscheinung auf dem Gebiete des Krankenhauswesens und der Gesundheitstechnik aufzuweisen: den Obermedizinalrat Franz Xaver v. Haeberl. Schon 1794, als damaliger Klosterarzt, versuchte er bei der Erweiterung des Spitals der Brüder zu St. Max einige der von ihm erdachten Verbesserungen, namentlich in bezug auf die Ventilation, durchzuführen, und das hier erprobte System brachte er dann in verschiedenen anderen Münchener Anstalten, insbesondere aber bei dem Neubau des Allgemeinen Krankenhauses, zur weiteren Verwendung. Die Luft in den Krankensälen war in der Tat früher als eine verpestete zu bezeichnen, vornehmlich durch die faulige Zersetzung von Wunden, die wir jetzt, dank der Antiseptik, kaum mehr kennen. Daß man den einzelnen Kranken durch Bettvorhänge von den anderen trennte, konnte eher noch zur Luftverschlechterung beitragen, und die ständige Verschmutzung der durchlässigen Fußböden mit den Abgängen der Kranken erzeugte gleichfalls in den alten Krankenhäusern allmählich Zustände, deren Gefährlichkeit — namentlich für die Heilung frischer Wunden — wir uns heute kaum mehr vorstellen können. Haeberl suchte zunächst diese Übelstände dadurch zu beheben, daß er nicht nur Krankensäle von 4 m Höhe mit beinahe übermäßig großen Fenstern anlegte, sondern auch als Fußbodenbelag — in damaliger Zeit ein Wagnis! — Kelheimer Steine anwandte und schließlich die Separation der Kranken nach einem Vorschlage von Anton Petit (1774) durch Alkovenwände von 1,15 m Höhe und 0,75 m Dicke durchzuführen suchte: in jedem Alkoven standen zwei Betten. Diese Alkovenabteilungen wurden allerdings 1832 bereits wieder entfernt, weil der Vorstand des Krankenhauses in ihnen vorzugsweise die Ursache der im Hause überhandnehmenden Wanzennester (!) zu finden glaubte, wogegen sich Haeberl allerdings in einer öffentlichen Erklärung verwahrte: die Einschleppung der Wanzen ist nach Haeberl in Krankenhäusern unvermeidlich, aber die Vermehrung beruht auf Unreinlichkeit. Von Bedeutung für die Verbesserung der Luft im Krankenhause war ferner die Klosetteinrichtung Haeberls, bei der durch Öffnen des Deckels automatisch eine Wasserspülung erfolgte: Wasser stand überall reichlich zur Verfügung dank einer Leitung, welche vom Sendlingertor mittels eines von Reichenbach gebauten Druckwerks und Reservoirs versorgt wurde. Gegen den Zug vom Korridor schützte Haeberl die Kranken durch eine sehr sinnreiche Anordnung von Vorplätzen, die zwei Krankensälen gemeinsam waren und auch eine Teeküche aufnehmen konnten. Am meisten bewundert aber wurde sein Ventilationssystem, und zwar, wie gleich gesagt werden soll, für die damalige Zeit trotz vieler Mängel verdientermaßen. Neu war vor allen Dingen, daß Haeberl nicht nur frische Luft einzuführen, sondern die verdorbene abzusaugen bestrebt war, daß er Heizung und Ventilation zu verbinden suchte und dabei die Vorwärmung der eingeführten kalten Luft durch Ausnutzung der Rauchgase anstrebte.

An eine andere auf dem Gebiete der Wohlfahrtspflege hochverdiente Persönlichkeit, an den Grafen Rumford, dessen schon bei der Anlage des Englischen Gartens gedacht wurde, erinnert eine höchst segensreiche Einrichtung, die 1802 auf Befehl des Kurfürsten von der Polizeidirektion ins Leben gerufen wurde und eine Vorläuferin unserer jetzigen öffentlichen Speisehallen darstellt: die Suppenanstalt im Polizeihause. Auch diese Anstalt war mit Haeberls Ventilationseinrichtungen versehen, und ihre wohltätige Wirksamkeit und Notwendigkeit geht wohl am besten daraus hervor, daß bereits im Monat Mai 1802 1808 Portionen à 1 kr. und à eine halbe Maß verabfolgt wurden! Die von Rumford erfundene Suppe, die wesentlich aus Erbsen und Gerste bestand, erfreute sich also in der Stadt von 47000 Einwohnern eines recht beträchtlichen Zuspruchs.

Über die sanitären Zustände in den Schulen Münchens im Anfang des XIX. Jahrhunderts läßt sich aus den Schilderungen der Zeitgenossen kaum etwas Greifbares entnehmen. Allerdings nahm das Schulwesen in Bayern und damit auch in München durch die Errichtung des General-Schulen- und Studiendirektoriums im Anfange des XIX. Jahrhunderts einen großen Aufschwung. Daß aber dieser Fortschritt wesentlich der geistigen Ausbildung der Schüler zugute kam, nicht auch der körperlichen, ist wohl unzweifelhaft. Die Gesetze und Vorschriften der kurbayerischen Gymnasien bestimmen in § 35 nur: „Deutsche Jünglinge sollen sich, wie ihre braven Voreltern, auch vorzüglich durch schön gewachsene, starke Körper auszeichnen", und empfehlen, „sich in seiner Jugend vor Weichlichkeit, Verzärtelung, Unmäßigkeit, leidenschaftlichen Aufwallungen jeder Art" zu hüten, aber von einer positiven Schulhygiene ist auch in diesen Vorschriften nichts zu finden. Immerhin war das Interesse für die höheren Schulen wohl auch in gesundheitlicher Beziehung noch ein regeres als für die Volksschulen. Wie es dort vor 100 Jahren aussah, geht wohl am besten daraus hervor, daß noch 1803 den schulpflichtigen Kindern das Herumschwärmen und Betteln, den Lehrern das Sammeln verboten werden mußte. Im übrigen stand Bayern sicherlich dem übrigen Deutschland in diesen Fragen nicht nach: es gab eben in Deutschland damals noch keine Schulhygiene, und erst etwa 40 Jahre später regte sich die Erkenntnis, daß auch die Schule, wie jedes andere Gewerbe, gewisse Berufsschäden für den Arbeitgeber, d. h. den Lehrer, und den Arbeitnehmer, d. h. den Schüler, mit sich bringen könne.

Wie weit überhaupt die Ärzte durch ihre Ausbildung befähigt waren, sich an Fragen der öffentlichen Hygiene zu beteiligen, läßt sich gleichfalls kaum mehr übersehen. Die Zahl der Ärzte war unzweifelhaft schon damals keine ganz geringe; nach einzelnen Angaben dürfte, die Militärärzte eingerechnet, schon im Anfange des XIX. Jahrhunderts annähernd ein Arzt für 1000 Einwohner zur Verfügung gestanden haben.

Für die ärmere Bevölkerung war durch Anstellung von Armenärzten gesorgt, die namentlich der ausgebreiteten Pfuschertätigkeit entgegenarbeiten sollten. Einem Teil der wissenschaftlich gebildeten Ärzte lag auch die Ausbildung der „Land- und Wundärzte" ob, die eine Art höherer, geprüfter und privilegierter Bader darstellten, sowie der männlichen und weiblichen (Hebammen) Geburtshelfer. Die chirurgische, später landärztliche Schule lag in der Sonnenstraße, die 1782 gegründete Hebammenschule zuerst im Hofraume des Heiligen Geistspitals: sie führte ursprünglich die nicht sehr anmutige Inschrift: „Zur Verhütung des Kindsmords". 1803 wurde sie in das Waisenhaus vor dem Sendlingertor verlegt.

Wenn man die damaligen sanitären Zustände der Stadt zusammenfassend überblickt, so muß man sagen, daß zwar manche Überreste mittelalterlicher Einrichtungen noch vorhanden waren, daß aber gerade im Anfange des XIX. Jahrhunderts sich schon ein gewisser Aufschwung auf dem Gebiete des Gesundheitswesens bemerkbar machte. Freilich dauerte es noch manches Jahrzehnt, ehe die großen sanitären Verbesserungen zur Durchführung gelangten, die München zu der gesunden Stadt machten, die jetzt nur ungefähr die Hälfte der Sterblichkeitsziffer aufweist wie am Ende des XVIII. Jahrhunderts.

Die gesetzgeberische Tätigkeit des Königreichs Bayern auf sanitärem Gebiete wurde in glücklichster Weise durch eine Tat inauguriert, welche nicht nur München, nicht nur Bayern den reichsten Segen gebracht hat, sondern für einen großen Teil der zivilisierten Welt geradezu vorbildlich geworden ist: die Kgl. Verordnung vom 26. August 1807, durch welche die obligatorische Pockenimpfung eingeführt wurde, hat die Blatternstatistik Bayerns in den verflossenen 100 Jahren zu einer der günstigsten in der ganzen Welt gestaltet, ist die Grundlage für das Reichsimpfgesetz von 1874 geworden und damit auch für die Impfgesetzgebung eines großen Teils des Auslandes. Bayern war damit einer der ersten Staaten, die gesetzgeberisch auf diesem Gebiete so durchgreifend vorgingen.

Gerade mit der Betrachtung früherer Zustände steigert sich noch die Hochachtung vor dem genialen Blick Pettenkofers, der im Verein mit den einsichtigen Vertretern der Stadt als erste und wichtigste sanitäre Verbesserung die Errichtung des städtischen Schlacht- und Viehhofes in die Wege leitete und damit einen der größten Übelstände abstellte, den die Stimme des Volkes in richtigem Instinkte, wie wir gesehen haben, immer von neuem beklagt hatte.

Damit war die eigentliche Ära der Assanierung Münchens eröffnet, die dank der tatkräftigen Unterstützung, welche Pettenkofer in der Staats- und Stadtverwaltung fand, nunmehr rasch vorwärtsschritt und die Entwicklung Münchens auf allen Gebieten beinahe über Erwarten förderte. Was seit dieser Zeit bis zur Gegenwart auf dem Gebiete des Gesundheitswesens in München geschaffen wurde, steht heute lebendig vor aller Augen und ist auch literarisch noch in jüngster Zeit so ausführlich von berufenster Seite behandelt worden (s. die Festschrift zur 27. Versammlung des Deutschen Vereins für öffentliche Gesundheitspflege, München 1902), daß eine Schilderung an dieser Stelle überflüssig erscheint; nur der beigefügte Plan der Kanalisation (Tafel VIII) soll zeigen, welche Ausdehnung der bedeutendste Teil der Assanierungsarbeit in München nunmehr gewonnen hat.

Literatur.

1. Dr. Joh. Mich. Söltl, München mit seinen Umgebungen. 1854.
2. Felix Jos. Lipowsky, Urgeschichten von München. 1814/15.
3. Lorenz Westenrieder, Beiträge zur vaterländischen Historie etc. 1800.
4. Dr. Jakob Bauer, Grundzüge der Verfassung und Vermögensverwaltung der Stadtgemeinde München. 1845.
5. E. v. Destouches, Die Spitäler von St. Max und St. Elisabeth im Oberbayerischen Archiv für vaterländische Geschichte. 1869/70.
6. Lorenz Hübner, Beschreibung der kurbayerischen Haupt- und Residenzstadt München. 1803/05.
7. Karl v. Eckhartshausen, Über das Verderbnis der Luft, die wir einatmen. 1788.
8. A. Huber, München im Jahre 1819. 1820.
9. Lorenz Westenrieder, Beschreibung der Haupt- und Residenzstadt München. 1782.
10. Anselm Martin, Geschichtliche Darlegung der Kranken- und Versorgungsanstalten zu München etc. 1834.
11. Dr. Christian Müller, München unter König Maximilian Joseph I. 1816/17.
12. Joseph Anton v. Destouches, Die Haupt- und Residenzstadt München und ihre Umgebung. 1827.
13. Festschrift der Stadt München für den Verein für öffentliche Gesundheitspflege. 1902.
14. Wasserbücher der Stadt München.[1]) Die im Münchener Stadtarchiv vorhandenen Wasserbücher führen 1784 7 kurfürstliche Brunnhäuser auf: nämlich das Brunnthaler Werk, das Brunnhaus am Lilienberg, Jägerbichel, Jungfrauturm, Neuhauser Tor, ferner das Hofgarten- und Herzog-Max-Werk, die damals schon 699 Steften mit Wasser speisten. 1804 werden 5 städtische Brunnhäuser erwähnt: am Isarberg, Katzenbach, Glockenbach, hinter dem Bruderhause, auf der oberen Bachlände, die 535 Steften versorgten.

---

[1]) Für den Hinweis auf dieses wie auf anderes Material ist der Verfasser Herrn Archivrat E. v. Destouches, Vorstand des Münchener Stadtarchivs, zu aufrichtigem Dank verpflichtet.

Maximilianswerk in München, erbaut 1895.

Entwicklung der Beleuchtung und Beleuchtungstechnik.

Von Ernst Voit.

Die Betrachtung der Fortschritte, welche während des XIX. Jahrhunderts in Bayern hinsichtlich Beleuchtung und Beleuchtungstechnik gemacht wurden, bietet ein allgemeineres Interesse, da innerhalb dieser Zeit das Lichtbedürfnis in ganz ungeahnter Weise gewachsen ist und die Beleuchtungstechnik von den kleinsten Anfängen zu bedeutender Vervollkommnung sich entwickelt hat. Selbstverständlich ist es nicht möglich, bei einer Geschichte der Beleuchtung in Bayern die außerbayerischen Vorkommnisse zu umgehen. Es wird aber genügen, fast ausschließlich die Verhältnisse in München in Betracht zu ziehen, da im allgemeinen für die übrigen Städte Bayerns fast das gleiche zu sagen wäre, somit eine stärkere Berücksichtigung derselben nur zu Wiederholungen Veranlassung geben würde.

Noch am Ende des XVIII. Jahrhunderts waren die Beleuchtungsapparate ganz allgemein nicht besser als im Altertum, der Kienspan und die einfache Öllampe waren noch in ausgedehntem Gebrauch; nur zur Beleuchtung in besseren Wohnhäusern benutzte man meist die gezogenen Talg- und Wachskerzen, über deren Verwendung im Altertum nur unbestimmte Nachrichten vorliegen.

Erst gegen Schluß des XVIII. Jahrhunderts wurde die Kerzenfabrikation dadurch wesentlich verbessert, daß man aus dem gemeinen Unschlitt härtere und weniger leicht schmelzbare Produkte, wie z. B. Stearin, herzustellen lernte und dabei geflochtene und präparierte Dochte verwendete. Es wurde dadurch das starke Abtropfen der Kerzen, das lästige Putzen des Dochtes vermieden und eine größere Lichtstärke der Flamme gewonnen. Fast gleichzeitig mit der Verbesserung in der Kerzenfabrikation gelang es, die Öllampen zweckmäßiger umzugestalten. Um die Luftzufuhr zur Flamme zu steigern, führte Aimé Argand im Jahre 1789 den hohlen Rundbrenner und den als Kamin wirkenden Glaszylinder ein, während Rumford im Jahre 1817 eine ähnliche Wirkung durch mehrere parallel und nahe aneinandergelegte Flachdochte erreichte. Der lästige Schatten des früher direkt unter der Flamme liegenden Ölgefäßes wird durch die mit einer Sturzflasche versehene Studierlampe sowie durch die im Jahre 1800 von Carcel angegebene Uhrlampe vermieden und eine gleichmäßige Ölzufuhr zum Dochte durch die Moderateurlampe gewonnen, die in München unter dem Namen Marold-Lampe seit 1839 sehr verbreitet war.

Selbst nach den eben geschilderten Verbesserungen war bis zur Mitte des verflossenen Jahrhunderts sowohl die Haus- wie die Straßenbeleuchtung noch so mangelhaft, daß man sich heute nur mehr schwer dieselbe vorstellen kann. Es war ganz allgemein, daß der Familientisch abends von etwa sechs schreibenden und lesenden Personen besetzt war, wobei eine in Mitte des Tisches stehende Talg- oder Stearinkerze das Licht zu spenden hatte. Als dann später die Kerze durch eine Studier- und endlich durch eine Moderateurlampe ersetzt wurde, war man über die gesteigerte Helligkeit hoch erfreut.

Nicht besser als die Hausbeleuchtung war die Straßenbeleuchtung. Wahrscheinlich wurde zuerst in Paris, und zwar im Jahre 1667, eine öffentliche Beleuchtung eingerichtet; in München erfolgte diese durch einen kurfürstlichen Erlaß vom 18. Juni 1731. Es wird dort angegeben: „daß nicht wenig vorträglich wäre, wann nächtlicher Weile hiesige Stadt mittels den Laternen beleuchtet würde, wodurch nicht nur viel Sünd und Laster, dann andere Ungelegenheiten verhindert, sondern auch die auf den Bettl und anderen Frevel vagierenden Personen, dann anderes liederliches Gesindel abgehalten werden könnte.“ Daß die Beleuchtung auch eingeführt wurde, ist in der Stadtgeschichte von Joseph Burgholzer aus dem Jahre 1796 erwähnt, wo es heißt: „Die Beleuchtungsanstalt, welche sowohl zur Sicherheit, als auch zur Zierde der Stadt gereicht, besteht seit dem Jahre 1731. Selbe wird von einem sonderheitlichen Beleuchtungsamt besorgt, so daß die Stadt, außer an hellen Mondnächten bis über die Mitternacht, bey besonderen Gefahren und Feyerlichkeiten aber bis zum Morgen und zwar oft verdoppelt beleuchtet wird. Das dritte Haus, oder wenn es breite sind, das andere trägt eine Laterne; an den churfürstlichen Hof- und anderen herrschaftlichen Toren befinden sich dergleichen zu beiden Seiten." Etwas eingehender beschreibt der Hofbeleuchtungsinspektor v. Schwaiger die Anlage in einem Berichte an den Stadtmagistrat Heidelberg: „Die Laternen sind in den Hauptstraßen alle 30—40 Schritte (etwa 28 m), in den Nebenstraßen 40—60 Schritte (etwa 40 m) und in kleineren nach Erfordernis angebracht. Das von den Metzgern in ausgelassenem Zustande bezogene Unschlitt wird im Beleuchtungsamt in die Ampeln eingefüllt. Bei dem Einlegen der Dochte in das Unschlitt sind verschiedene praktische Kunstgriffe notwendig."

Sehr widersprechend lauten die Urteile über die Güte dieser Straßenbeleuchtung. In einer vom 16. Juli 1793 datierten Zuschrift des Magistrates von Heidelberg an den von München heißt es: „Die dahiesige Einwohnerschaft ist entschlossen, zum ewigen Andenken der anfangs dieses Jahres vorgenommenen Jubelfeier der 50jährigen Regierung unseres durchlaucht. Churfürsten und Herren eine immer andauernde nächtliche Beleuchtung dahiesiger Stadt aus freiwilligen Beiträgen zu stiften. Unter allen schon anderwärts bestehenden Beleuchtungsarten hat uns jene zu München am besten gefallen. Wir nehmen daher die Freiheit, Auskunft über die Beleuchtung zu ersuchen." Am 11. Juli 1799 beklagt sich dagegen der Stadtmagistrat über den schon erwähnten v. Schwaiger mit den Worten: „Ohne alle Anzüglichkeiten führen wir hier nur die allgemeine Klage des Publikums an, daß jene Gässen weg gerechnet, wo ein hoher Adel wohnt, in den übrigen beinahe gar keine oder eine äußerst sparsame und kurze Beleuchtung herrscht." Etwas später jedoch spricht sich Chr. Müller in seinem Werk über München unter König Maximilian Joseph I. 1817 wieder ganz lobend aus: „Wenn die beleuchteten Hauptstraßen der Stadt auch nicht den prächtigsten Anblick geben, so muß doch Münchens Straßenbeleuchtung in den belebtesten Teilen der Stadt zu den besseren gezählt werden. Nicht so gut, wie die Bremer und Stuttgarter, welche ich jetzt für die erste auf dem Kontinent halte, ist sie doch besser als die Dresdner und Wiener. Die Beleuchtung der Vorstädte ist aber ärmlich und der bayrischen Königstadt unwürdig." Daß aber die Straßenbeleuchtung auch in den Hauptstraßen Münchens bald nicht mehr genügte, zeigen die häufig geführten Klagen. So ist in einem Gutachten des Polytechnischen Vereins aus dem Jahre 1836 das Bedauern ausgesprochen: „daß Graf Rumford statt der früheren Öllampen Talglampen eingeführt habe, und dieß nur weil sie wohlfeiler und leichter zu handhaben sind." Ganz zutreffend schildert Bürgermeister Dr. J. Bauer in „Grundzüge der Verfassung und Vermögens-Verwaltung der Stadtgemeinde München 1845" die Schwierigkeit, eine gute Straßenbeleuchtung einzuführen. Er sagt: „Nachdem im Jahre 1732 in München eine Illuminations-Inspektion organisiert war, erhob man eine Laternensteuer ein, welche jährlich 3076 fl. ertrug und zur Unterhaltung von 686 großen Laternen während der Winterzeit verwendet wurde, außerdem beleuchtete der Magistrat den Paradeplatz mit acht großen Laternen. Im Jahre 1805 wurde eine neue Steuer nach dem Häuserwerte erhoben, welche jedoch einen größeren Betrag nicht ergab, so daß es bei der hergebrachten nächtlichen Dunkelheit verblieb, bis im Jahre 1818 das Beleuchtungs-Institut vom Magistrate übernommen wurde. Eine neue Umlage brachte jährlich 16963 fl., womit dann 652 Laternen in der alten Stadt, 35 unter den Bögen auf dem Schrannenplatz und 30 Laternen in der neuen Stadt unterhalten wurden. Endlich, im Jahre 1830/31, wollte solcher Dämmerschein nicht mehr behagen und man erhob nach einer neuen Skala 23628 fl. jährlich und setzte die Zahl der Laternen auf 1211. Man wollte dem Übelstand durch Einführung der Ölbeleuchtung abhelfen, doch würde diese Beleuchtung gegen die bisherige um die Hälfte höher zu stehen kommen, da eine Öllampe im Jahr 50 fl. kosten würde, während eine solche mit Unschlitt sich nur auf 26 fl. berechnet. Schon jetzt (1845) werden 1400 Laternen unterhalten; aber dennoch ist es in München zuweilen noch ziemlich finster."

Erst durch Einführung der Gasbeleuchtung erfolgte ein wesentlicher Fortschritt sowohl in der Hausbeleuchtung wie insbesondere in der Straßenbeleuchtung. Die Herstellung eines leuchtenden Gases als Zersetzungsprodukt von Steinkohlen oder anderen organischen Substanzen war schon lange durch Untersuchungen von J. J. Becher (1680), von St. Hales (1727) und J. Clayton (1739) gefunden, auch waren im kleinen Versuche gemacht, das entwickelte Gas zum Beleuchten zu verwenden. Es sei nur der Versuch Pickels in Würzburg erwähnt, der 1786 das bei Verkohlung von Knochen gewonnene Gas zur Beleuchtung seines Laboratoriums benutzte. In größerem Umfange fand die Gasbeleuchtung zuerst in England eine praktische Anwendung, es waren insbesondere W. Murdoch und Clegg, welche größere Steinkohlengasanlagen während der Jahre 1802—1814 in Fabriken und für Straßenbeleuchtung erbauten. Obwohl durch das Gelingen der englischen Unternehmungen auch sofort Anregung zur Einführung der Steinkohlengasbeleuchtung in Deutschland gegeben wurde, dauerte es dennoch lange, bis die vielfachen Bestrebungen zu einem guten

Resultate führten. Hier sollen nur die für München und Umgebung teils vorgeschlagenen, teils ausgeführten Gasbeleuchtungsanlagen kurze Erwähnung finden.

Die erste, jedoch unsichere Angabe über Versuche zur Einrichtung einer Gasbeleuchtung ist in dem wöchentlichen Anzeiger für Kunst- und Gewerbefleiß im Königreich Bayern vom Jahre 1817 enthalten. Es wird dort bei Gelegenheit der Empfehlung des Buches von Accum: „Über Steinkohlengasbeleuchtung" bemerkt: „Der Gegenstand ist für unser Vaterland um so interessanter, weil sich schon seit längerer Zeit unser hiesiger berühmter Mechanikus Herr Liebherr damit beschäftiget, eine Vorrichtung zu einer Gasbeleuchtung im Größeren herzustellen, auch bereits anderwärts in Bayern sehr gelungene Versuche damit angestellt worden sind." Über einen späteren Versuch liegen genauere Angaben vor. J. v. Baader hatte im Jahre 1815 auf einer Reise nach England, auf welcher ihn der Aufseher des Gartenbrunnhauses in Nymphenburg, F. Heß, begleitete, die größte Gasbeleuchtungsanstalt Londons in Peter street Westminster besucht. Von der Wichtigkeit einer solchen Anlage überzeugt, ließ er unter seiner Aufsicht und auf seine Kosten den schon genannten Heß eine Beleuchtungsanlage in Nymphenburg ausführen, welche dann im Jahre 1817 in Betrieb kam. Über diese Anlage wird angegeben, daß in die Retorte jedesmal 5 Pfund Steinkohlen von Miesbach in Oberbayern gebracht und damit 15 cbf Gas erhalten wurden. Jedes Pfund Steinkohle lieferte so viel Gas, daß es 2 Stunden hindurch einen Lichtstrom unterhalten kann, welcher dem Effekte von 3 ordinären Talglichtern (6 Stück auf 1 Pfund) gleichkommt. Das aus dem Rohre der Anlage ausströmende Licht verbreitet auch nicht den mindesten Geruch und ist sehr hell und weiß. Die Beobachtungen über die Lichtstärke der Gasflammen stellten die Akademiker Yelin und Schweiger in dem Wohnhause des Brunnenmeisters Heß sowie in dem Wirtshause des Hausmeisters (Kontrollor) an. Sofort tauchten nun eine Reihe von weiteren Vorschlägen zur Herstellung von Gasbeleuchtungsanlagen auf. Baader selbst entwarf in dem gleichen Jahre 1817 ein ins einzelne gehendes Projekt zur Beleuchtung der Kgl. Residenz. Dieses und ein Konkurrenzprojekt aus dem Jahre 1818 von Reichenbach, welches die Beleuchtung der Gänge und der Umgebung der Kgl. Residenz umfaßte, wurden zwar von Mitgliedern der Akademie, Yelin und Schweiger, bzw. Sömmering und Vogel, sehr günstig begutachtet, kamen jedoch nicht zur Ausführung. Ebensowenig gelang es Georg Reindl, seinen im Jahre 1818 zur Bewilligung eingereichten Plan zu verwirklichen, wonach in dem ihm gehörigen sog. Stachusgarten (jetzt Hotel Stachus) für den dort befindlichen Gasthof und seine Umgebung eine Gasanstalt erbaut werden sollte. Auch R. S. Blochmann, welcher damals in dem optischen

Institute zu Benediktbeuern angestellt war, hatte im Jahre 1817 für das Münchener Theater und für die Maffeische Tabakfabrik eine Gasbeleuchtungseinrichtung entworfen. Die Ausführung derselben unterblieb nur infolge seines Wegganges von München nach Dresden. Sicher wäre Blochmann imstande gewesen, diese Aufgabe zu lösen, da er dann in Dresden im Jahre 1819 eine Gasbeleuchtung für das dortige mechanische Institut einrichtete, im Jahre 1826 die größeren Straßen und Plätze Dresdens mit Gasbeleuchtung versah und in den folgenden Jahren für viele Städte Deutschlands Gasanstalten erbaute.

Von größerem Umfange als die bisher angegebenen Projekte waren die von englischen Technikern ausgehenden Entwürfe. Die Imperial Continental Gas Association hatte im Jahre 1824 sich zur Errichtung und Unterhaltung einer das ganze Stadtgebiet umfassenden Steinkohlengasanlage erboten, wenn ihr ein ausschließliches Recht gegenüber jedem Konkurrenzunternehmen zugesichert würde. Gerade bei Eintreffen dieses Angebotes in München trat in England die Ölgasbeleuchtung mit der Steinkohlengasbeleuchtung in Wettbewerb. Vor allem war es die London Westminster Oil Gas Company, welche nach dem Patente des J. Taylor (1815) das Gas aus animalischen Substanzen, insbesondere aus Fischtran, erzeugte, und dann die Company Brown, welche die dem Dr. Gordon und E. Heard sowie dem Charles Ogiloy patentierte Ölgasbeleuchtung mit tragbarer Lampe herstellte. Es lag demnach für München die Aufgabe vor, nicht allein darüber zu entscheiden, ob das Angebot der Imperial Continental Gas Association günstig sei, sondern auch, ob die Beleuchtung mit Steinkohlen- oder mit Ölgas den Vorzug verdiene. Die damals abgegebenen Gutachten sowie die gelegentlich ausgesprochenen Ansichten über Gasbeleuchtung bieten manches Interesse.

v. Schlichtegroll schreibt in einem Berichte (1816) aus London: „Allein zur Stubenbeleuchtung wird das Gaslicht doch nicht mehr so geliebt, als man es vor einiger Zeit tat; denn viele Menschen haben die Bemerkung gemacht, daß der glänzende Schein des Gaslichtes in einem engen, geschlossenen Raum den Augen schädlich sei. Ich habe selbst Gelegenheit gehabt, in einem mit Gas erleuchteten Zimmer öfters zu schreiben, und an mir selbst dieselbe Bemerkung gemacht.“ Der gleiche Vorwurf, und zwar fast mit denselben Worten, war auch später bei Einführung des elektrischen Lichtes zu hören; nach erfolgter Gewöhnung tritt dann im Gegensatz der Ruf nach gesteigerter Helligkeit hervor.

Konservator v. Fuchs zweifelt an den Vorteilen der Gasbeleuchtung — er meint: „Eine bestimmte Menge Öl in Gas verwandelt kann nicht mehr Licht geben, als wenn man dieselbe Menge unmittelbar in einer Argandlampe verbrennt.“ Wenn auch heute diese Anschauung als falsch erkannt ist, war dieselbe nach den damals bekannten Tatsachen nicht ungerechtfertigt.

Fraunhofer hält die Gasbeleuchtung noch für zu unentwickelt, um ihre allgemeine Einführung empfehlen zu können.

Yelin und Baader sprechen sich für Gasbeleuchtung aus und glauben, daß das Ölgas gegenüber dem Steinkohlengas Vorteile darbiete; nur hat Baader gegen die Bereitung des Ölgases aus Fischtran das Bedenken, daß durch die Einführung des Fischtranes aus England die heimische Industrie geschädigt werde, indem der Anbau von Ölpflanzen und der Verkehr mit Brennöl vermindert wird. Vogel geht noch weiter, indem er das Anerbieten der englischen Oil Gas Company nur als Vorwand ansieht, um den sonst schwer verkäuflichen Fischtran verwerten zu können.

Wie die vorausgehend gemachten Angaben zeigen, war man in München schon frühe ernstlich bestrebt, die Gasbeleuchtung einzuführen; dennoch gelang es erst später als in anderen gleich großen Städten Deutschlands, dieses Ziel zu erreichen. Die Gründe hierfür sind in einem Berichte, den im Jahre 1845 die städtischen Behörden an die Kgl. Regierung erstatteten, vollkommen klar ausgesprochen. Es heißt dort: „Wir können nicht bergen, daß wir die Vorzüglichkeit der Gasbeleuchtung durch und durch anerkennen und daß es unklug ist, diese nicht einzuführen, wenn das erforderliche Material, namentlich Steinkohle, in nachhaltigem Maße gegeben ist; allein darin liegt das Schwierige unserer Aufgabe, daß wir ohne große Kosten die Steinkohlen nicht haben können und ein diese ersetzendes Material bezüglich auf Ergiebigkeit, Licht und Preis noch nicht erfunden ist; aber eben deswegen auch Unternehmer nicht so leicht durchkommen können, wenn ihnen nicht eine Masse von Privatlichtern zugesichert werden können, und eben dieses ist der Grund, warum wir in dieser Sache sehr vorsichtig zu Werke gehen müssen.“

Nachdem jedoch in Bayern zwei Städte mit der Einführung von Steinkohlengasbeleuchtung vorangegangen waren, nämlich Nürnberg im Jahre 1847 und Augsburg 1848, konnte die Haupt- und Residenzstadt nicht mehr länger zurückstehen, um so weniger, da nun die Verkehrsverbindungen durch die mehrfach erbauten Eisenbahnlinien sich gebessert und dadurch die Kohlenpreise sich erniedrigt hatten.

Auf Grund eines magistratischen Ausschreibens waren am 31. Oktober 1848 sechs Bewerbungen eingelaufen, von denen die des Frhrn. Chr. v. Eichthal in Augsburg und Genossen F. Kohler in Genf den Zuschlag erhielt. Am 31. Oktober 1850 war die Beleuchtungsanlage fertiggestellt.

Kaum war die Steinkohlengasbeleuchtung zu München in Betrieb gesetzt, so erwuchs ihr gerade an dieser Stelle ein vielverheißendes Konkurrenzunternehmen. Die für München schwierige Beschaffung von Steinkohlen, welche zur Erzeugung von Leuchtgas tauglich, veranlaßte Pettenkofer, aus dem leichter erhältlichen Holz Leuchtgas zu gewinnen. Nach Überwindung mancher Schwierigkeiten gelang es demselben im Verein mit Ruland, Pauli und insbesondere Riedinger, ein brauchbares Verfahren zu finden und im März 1851 eine Anlage zur Beleuchtung des Bahnhofes fertigzustellen. Die Erfolge waren sehr günstige; vergleichende Versuche des Polytechnischen Vereines zeigten, daß sich damals die Gestehungskosten des Leuchtgases aus Holz gegenüber dem aus sächsischen Steinkohlen für München beträchtlich niedriger stellten, so daß Riedinger in den folgenden Jahren nutzbringend zahlreiche Orte Deutschlands mit Holzgasanlagen versehen konnte. Freilich trat bald eine Änderung dadurch ein, daß wegen der besseren Verkehrsverhältnisse die Preise der Steinkohlen sanken, während die Holzpreise in die Höhe gingen. Die Holzgasanlagen mußten deshalb allmählich wieder den Steinkohlengasanlagen weichen; auch die Münchener Anlage wurde nach einigen Jahren (1859) aufgelassen.

Der Einbürgerung der Gasbeleuchtung im Familienhaus wirkte ein in dieser Zeit in großer Menge in den Handel gebrachtes Beleuchtungsmaterial, das Petroleum, entgegen. Bekanntlich war das Petroleum schon im Altertum bekannt, wurde aber fast nur als Arzneimittel benutzt; es sei hier nur an das an unserm Tegernsee seit langem gefundene und unter dem Namen St. Quirinusöl geschätzte Petroleum erinnert. Erst als in Pennsylvanien reiche Petroleumquellen erbohrt waren, kam das Petroleum vom Jahre 1860 an in großer Menge nach Deutschland, um nach dem Vorgange Amerikas auch hier in einfach konstruierten Lampen zur Beleuchtung Verwendung zu finden. Die Billigkeit des Materials und die bequeme Lampenform unterstützten die rasche Einbürgerung dieser Beleuchtungsart. Noch heute ist in München die Petroleumbeleuchtung im Familienhaus die herrschende.

Eine weitere Beleuchtungsart, das elektrische Licht, trat im letzten Viertel des verflossenen Jahrhunderts mit der Gas- und Petroleumbeleuchtung in Wettbewerb. Schon seit Anfang des XIX. Jahrhunderts waren zahlreiche Versuche in Laboratorien mit elektrischem Licht gemacht worden; ausgedehntere praktische Versuche beginnen aber erst im 7. Jahrzehnt des XIX. Jahrhunderts. Von diesen sollen nur einige, die in München und Umgebung angestellt wurden, Erwähnung finden.

Im Jahre 1871 wurde bei dem Bau der eisernen Isarbrücke (Eisenbahnlinie München—Braunau) eine Beleuchtung des Arbeitsplatzes mit zwei elektrischen Wechselstrombogenlampen durch die Firma Siemens-Halske ausgeführt. 1878 errichtete Schuckert in Linderhof eine elektrische Beleuchtungsanlage, welche anfänglich nur drei, später acht Bogenlampen speiste. Fast gleichzeitig erhielt der Apparatensaal im Münchener Telegraphenamt eine Beleuchtung mit sogenannten Jablochkoff-Kerzen. Die Einsteighalle des Hauptbahnhofes wurde 1879 von 45 Bogenlampen erhellt und im folgenden Jahre die Beleuchtung des Residenztheaters mit Edison-Lampen eingerichtet.

Erneute Anregung für weitere Einführung des elektrischen Lichtes gab die im Jahre 1882 im Glaspalaste abgehaltene elektrische Ausstellung. Es verblieb aber anfänglich in München bei der Errichtung einzelner Blockstationen, da eine größere Zentrale für das Stadtgebiet nach dem Vertrage der Gemeinde mit der Gasbeleuchtungsgesellschaft nicht errichtet werden durfte. Der Stadtmagistrat war danach nicht berechtigt, die Straßen oder Plätze zum Zwecke der öffentlichen oder privaten Beleuchtung entweder selbst zu benutzen oder von anderen als der genannten Gesellschaft benutzen zu lassen. So kam es, daß erst nach Abschluß eines neuen Vertrages mit der Gasbeleuchtungsgesellschaft ein Teil der Straßenbeleuchtung mit elektrischen Bogenlampen ausgeführt wurde. In rascher Aufeinanderfolge erbaute dann die Stadtgemeinde mehrere elektrische Zentralen von beträchtlichem Umfange. Über die Bedeutung dieser Anlagen, welche jedoch nicht allein für Beleuchtung, sondern auch für motorische Zwecke den elektrischen Strom zu liefern haben, können einige Angaben genügenden Aufschluß geben.

Im Jahre 1893 wurde eine Wasserkraftanlage im ehemaligen Katzenbachbrunnhause an der Westenriederstraße und fast gleichzeitig eine zweite im ehemaligen Muffatbrunnhause angelegt. Die erstere erwies sich bald als zu unbedeutend, weshalb sie später für die Stadtbeleuchtung außer Verwendung kam; dagegen erfuhr das Werk im Muffatbrunnhause im Jahre 1895 eine wesentliche Erweiterung. Bei der älteren Anlage wurde die Triebkraft durch eine Turbine von 180 und eine Dampfmaschine von 300 Pferdestärken geliefert, während die Erweiterung durch zwei Dampfdynamo von je 350 und zwei weitere von je 700 Pferdestärken erfolgte. Als Unterstation, welche den erzeugten elektrischen Strom an die Hauptstation, Muffatwerk, abgibt, wurde im Jahre 1895 das sogenannte Maximilianswerk (siehe Vignette) erbaut, in welchem durch Turbinen zwei Dynamo von je 225 Pferdestärken getrieben werden. Endlich fand im Jahre 1897 die Errichtung eines weiteren Elektrizitätswerkes an der Staubstraße statt. Dort ist Raum für sechs Dampfdynamo von je 1200 Pferdestärken, von denen drei sofort, die weiteren dann später zur Aufstellung gelangten.

Diese Anlagen insgesamt umfaßten im Jahre 1903 Maschinen, welche bei normaler Leistung einschließlich der Reserven 5980 Kilowatt und Akkumulatoren von 4004 Kilowatt liefern; die zur elektrischen Beleuchtung verwendete Leistung ist daraus zu entnehmen, daß im erwähnten Jahre 183568 Glüh- und 4227 Bogenlampen angeschlossen waren. Als weitere Ergänzung der geschilderten Werke sind Wasserkraftanlagen in Aussicht genommen. Anfänglich kamen zwei im Besitze der Stadt befindliche Wasserkräfte an der Isar in Frage, die eine nahe oberhalb und eine zweite nahe unterhalb des Stadtgebietes; neuerdings wurde aber eine in größerer Entfernung befindliche Wasserkraft, nämlich bei Moosach, vorgezogen und die ersten Arbeiten sind schon begonnen.

Neben den städtischen Zentralen sind in München und Umgebung verschiedene elektrische Blockstationen, darunter solche von beträchtlichem Umfange. Vor allem sind zu erwähnen die Isarwerke, die nun aus zwei Anlagen: Höllriegelskreuth und Pullach bestehen, von denen die erste mit der Dampfreserve eine normale Leistung von 2822, die letztere eine solche von 1300 Kilowatt liefert, wobei 32560 Glüh- und 483 Bogenlampen angeschlossen sind. Das Elektrizitätswerk München-Ost besitzt eine normale Leistung von 970 Kilowatt und bedient 5460 Glüh- und 43 Bogenlampen. Die Bahnhofzentrale hat eine Leistung von 800 Kilowatt und speist 2000 Glüh- und 330 Bogenlampen. Außerdem bestehen noch verschiedene Einzelstationen, z. B. im Jahre 1898 waren es 317, welche zusammen 81703 Glüh- und 1893 Bogenlampen zu versehen hatten.

Auch an den übrigen Orten Bayerns breiteten sich, wie schon früher erwähnt, die Gasbeleuchtung und die elektrische Beleuchtung mit fast gleicher Raschheit wie in der Hauptstadt aus; einige Zahlen, welche in der nebenstehenden Tabelle enthalten sind, können dies zeigen. Es sind für alle in ganz Bayern errichteten Gas- und elektrischen Zentralen zusammengestellt die Jahresproduktion von Gas (für Beleuchtung und Heizzwecke dienend) und die Zahl der Gasflammen für Straßenbeleuchtung, ferner die Produktion elektrischer Energie (für Beleuchtungs- und motorische Zwecke dienend) und die Zahl der Glüh- und Bogenlampen, welche an die Zentralen angeschlossen sind.

Aus den angeführten Zahlen ist zu erkennen, daß die Beleuchtungszentralen in Bayern seit dem Jahre 1860 sowohl an Anzahl wie an Umfang ganz außerordentlich gewachsen sind. Hinsichtlich der elektrischen Zentralen ist zu bemerken, daß gerade auf dem Lande und besonders im Gebirge, begünstigt durch die verfügbaren Wasserkräfte, die elektrische Beleuchtung rasch sich eingebürgert hat. Aber nicht allein das Anwachsen der Beleuchtungszentralen vermehrt den Lichtkonsum, sondern auch die Verbesserung der Kerzen, Öllampen und insbesondere Petroleumlampen, da diese in der Hausbeleuchtung noch immer von hervorragender Bedeutung sind, und außerdem die Verbesserung in der Lichterzeugung durch Einführung des Gasglühlichtes und der neueren elektrischen Beleuchtungsapparate.

Jahrgang	Gaszentralen		Elektrische Zentralen		
	Jahresproduktion	Straßenflammen	Jahresproduktion	Glühlampen	Bogenlampen
	cbm		Kw		
1862	1 003 000	5 727	—	—	—
1868	10 143 000	9 303	—	—	—
1877	18 524 000	10 544	—	—	—
1887	31 385 000	14 958	—	—	—
1896	55 723 000	21 489	4 023	23 284	789
1897	—	—	7 509	80 898	2 416
1898	—	—	9 631	112 132	2 955
1899	—	—	12 155	162 339	3 707
1900	—	—	19 154	275 512	4 084
1901	—	—	25 497	272 473	6 196
1902	80 982 000	—	35 458	435 837	8 086
1903	86 822 000	—	36 625	543 447	9 926

Eine Angabe über die Steigerung des Lichtkonsums bei der öffentlichen und der Hausbeleuchtung kann wegen fehlender Zahlen nicht wohl gemacht werden, auch für München allein sind die bei der Hausbeleuchtung aufgewendeten Lichtmengen nicht zu ermitteln. Hinsichtlich der Straßenbeleuchtung liegt jedoch genügend Material vor, um wenigstens annähernd richtige Zahlen für den während der letzten 100 Jahre immer steigenden Lichtkonsum aufzustellen. Diese Werte sind in den umstehend beigefügten Figuren I und II eingetragen. In I sind für die Jahre von 1747—1904 die zur Straßenbeleuchtung in München verwendeten Lichtmengen, und zwar in Millionen Hefner-Einheitstunden, und in II die für einen Einwohner geltenden Lichtmengen in Hefner-Einheitstunden aufgetragen. Man erkennt, daß bei der Unschlittbeleuchtung bis zum Jahre 1850 der gesamte Lichtkonsum nur

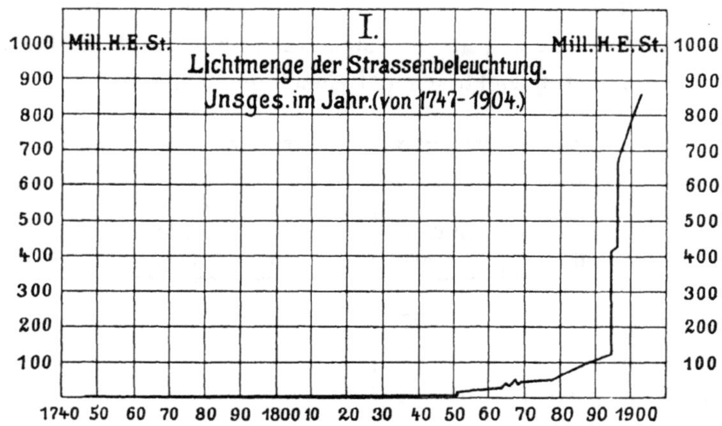
I.
Lichtmenge der Strassenbeleuchtung.
Unsges. im Jahr. (von 1747-1904.)
Mill. H. E. St.
Mill. H. E. St.
1000
900
800
700
600
500
400
300
200
100
1740 50 60 70 80 90 1800 10 20 30 40 50 60 70 80 90 1900

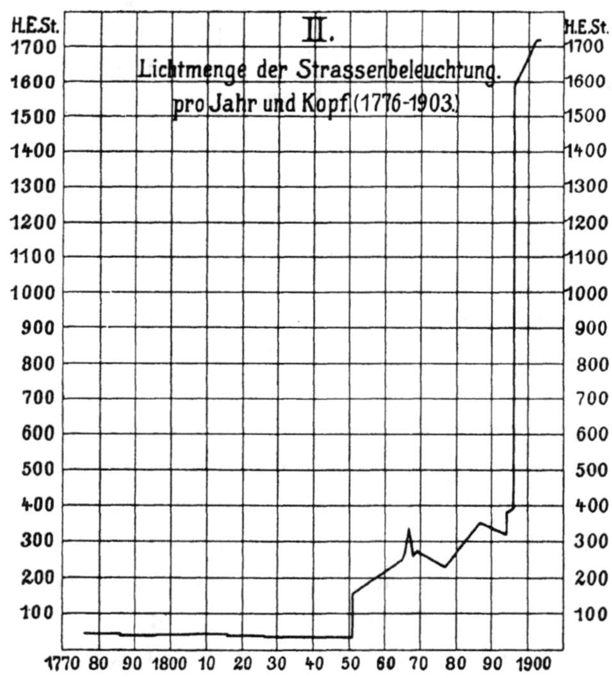
II.
Lichtmenge der Strassenbeleuchtung.
pro Jahr und Kopf (1776-1903.)
H.E.St.
H.E.St.
1700
1600
1500
1400
1300
1200
1100
1000
900
800
700
600
500
400
300
200
100
1770 80 90 1800 10 20 30 40 50 60 70 80 90 1900

wenig zunimmt, der für einen Einwohner geltende sogar etwas abnimmt, daß aber dann bei Einführung der Gasbeleuchtung der totale sowie der auf den Einwohner treffende Lichtbedarf rasch zunimmt; und endlich mit Einfuhr der elektrischen Beleuch-

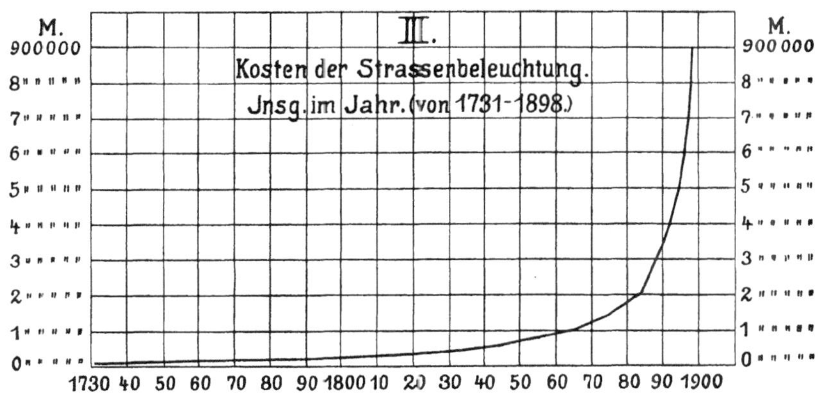

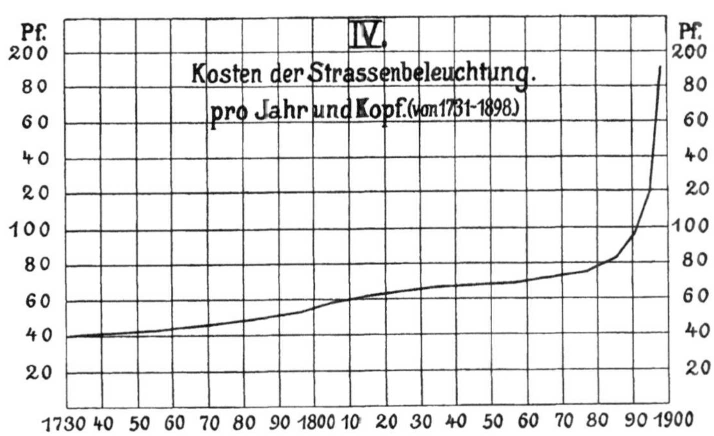

tung im Jahre 1894 in weitaus gesteigertem Maße anwächst. Nicht uninteressant ist es auch, die für die Straßenbeleuchtung Münchens aufgewendeten Kosten zu betrachten. In den obenstehenden Figuren III und IV sind für die Jahre 1731 bis 1898 diese Kosten zusammengestellt, und zwar in III die Gesamtkosten in Mark und in IV die auf einen Einwohner treffenden in Pfennigen. Aus beiden Kurven ist die beträchtliche Mehrung der Kosten zu erkennen, wenn auch ein so rascher Einfluß der Einführung der Gas- und elektrischen Beleuchtung nicht nachzuweisen ist wie in den vorerwähnten Kurven I und II.

Die angestellten Betrachtungen haben den Nachweis geliefert, daß erst mit Beginn des XIX. Jahrhunderts beträchtliche Fortschritte in der Beleuchtungstechnik gemacht wurden, daß aber in den letzten 100 Jahren eine bedeutende Entwicklung derselben sich Bahn brach. Sowohl in München wie in ganz Bayern haben sich die Beleuchtungsanlagen außerordentlich vervollkommnet und in großartigster Weise ausgedehnt. Es ist zu erkennen, daß mit den Verbesserungen in der Lichterzeugung und der Verminderung des hierfür notwendigen Kostenaufwandes ein in erhöhtem Maße wachsendes Lichtbedürfnis Hand in Hand geht, auch läßt sich folgern, daß wir noch in Mitte dieser Entwicklungsperiode stehen.

Literatur.

1. Stadtgeschichte von Joseph Burgholzer 1796.[1])
2. Beleuchtungsakten der Stadt München.[1])
3. Handbuch der Steinkohlengasbeleuchtung von Dr. N. Schilling 1879.
4. Zur Geschichte der Gasbeleuchtung in Bayern von Dr. N. Schilling 1887.
5. Statistik der deutschen Gasanstalten 1862 und 1896.
6. Festschrift der LXXI. Versammlung der deutschen Naturforscher und Ärzte.

[1]) Für den Hinweis auf diese Schriften ist Verfasser Herrn Archivrat E. v. Destouches, Vorstand des Münchener Stadtarchivs, zu großem Dank verpflichtet.

Neue Kesselbergstraße, erbaut 1893–1897. (Aufgen. von F. Kreuter.)

Bayerisches Karten- und Straßenwesen sonst und jetzt.

Von Siegmund Günther und Ferdinand Loewe.

Mit 3 Tafeln, IX—XI (2 Pläne).

Die gewaltige Verschiedenheit zwischen sonst und jetzt, welche der Kulturhistoriker an tausend Fällen nachzuweisen bestrebt ist, tritt vielleicht am deutlichsten hervor, wenn man sich über die Art und Weise des Verkehrs am Anfang und Ende eines längeren Zeitraumes zu unterrichten sucht. Zunächst wird in diesem Falle ja an die Verkehrsmittel zu denken sein, die im Laufe des verflossenen Jahrhunderts die durchgreifendste Umgestaltung erfahren haben, die aber an dieser Stelle nicht in Betracht kommen. Es sind vielmehr wesentlich die Verkehrswege, mit denen wir uns zu beschäftigen haben. Und wenn wir an diese denken, so wird uns sofort einleuchtend, daß zwei an sich zwar ungleichartige, tatsächlich aber doch sehr enge zusammenhängende Gruppen von Fragen der Erörterung harren. Wer eine wie immer beschaffene Reise unternehmen will, hat sich von zwei Dingen zuerst ein klares Bild zu entwerfen: Er muß wissen, wie er seine Reise geographisch anzuordnen hat, und er muß die für den Endzweck geeignetsten Wege wählen. In unseren Tagen nimmt uns freilich das Kursbuch den weitaus größten Teil der Mühe ab, welche die Aufstellung eines geeigneten Reiseplanes erfordert, aber es ist nicht immer so gewesen. Und wenn wir die Zustände der Gegenwart mit jenen vergleichen wollen, die zu der Zeit herrschten, als das Kurfürstentum sich in ein Königreich Bayern verwandelte, so dürfen wir nicht von Eisenbahnen und Dampfschiffen sprechen, sondern es können zum wirklichen Vergleiche nur diejenigen Hilfsmittel der Ortsveränderung herangezogen werden, welche ihrer Bestimmung und ihrer eigentlichen Natur nach dieselben geblieben sind. Die Wasserwege sind hier von der Betrachtung auszuschließen; denn um 1800 hatten Donau, Inn und Isar die nicht unbedeutende Stellung im Verkehrswesen, welche diesen Flüssen noch zu den Zeiten der Kurfürsten Maximilian I. und Max Emanuel gesichert war, so gut wie gänzlich eingebüßt, und höchstens untere Donau und Main spielten in dieser Beziehung noch eine gewisse Rolle, die eine besondere Betrachtung erheischt. Die Beförderung von Menschen und Gütern auf dem Landwege hatte eben, soviel sie noch zu wünschen übrigließ, während des XVIII. Jahrhunderts doch unverkennbare Fortschritte gemacht.

Dazu trug nicht wenig bei die Entwicklung der Kartographie, welche, soweit Deutschland in Frage kam, noch um 1750 gar viel zu wünschen übriggelassen hatte. Dafür fiel aber ganz besonders ins Gewicht der Umstand, daß allgemach ganz ungleich verbesserte Straßen eine leichte und sichere Verbindung zwischen Orten herzustellen begannen, die noch kurz zuvor trotz geographischer Nähe durch Unwegsamkeit des Zwischengeländes so weit voneinander getrennt waren, daß derjenige, der vom einen zum anderen aufbrach, bei den Nachbarn für einen Verwegenen galt, dem wenigstens umständliche Vorbereitungen auf seine kühne Fahrt zur Pflicht gemacht werden konnten. Nicht bloß die Entwicklung der Wissenschaft und Technik schuf hier Wandel, sondern es fielen auch eine hellere Auffassung der Aufgaben des Staates und die Vervollkommnung der volkswirtschaftlichen Einsicht ins Gewicht. Nicht mehr hüteten Bayerns Staatsmänner ängstlich ihre verbesserten Landkarten vor jeder Berührung mit dem Publikum, so wie dies im XVI. — und teilweise auch noch im XVII. — Jahrhundert der sog. Staatsraison, deren typischer Vertreter

Kurfürst August von Sachsen war, für selbstverständlich gegolten hatte. Und ebensowenig hielt man sich noch an den Grundsatz, der durch eine Stelle in A. W. v. Kreittmayrs „Anmerkungen“ zum Maximilianischen Zivilkodex gekennzeichnet zu sein scheint, daß nämlich schlechte Landstraßen das ihre dazu täten, fremdes Geld im Lande zu behalten und somit dem Staate und Volke Nutzen zu gewähren. Jener im besten Sinne des Wortes fortschrittliche Geist, welcher, so wie manch anderen deutschen Staat, so ganz besonders das Bayern Maximilian Josephs auszeichnete, hatte sich mit solch dunklen Überbleibseln der Vergangenheit bald auseinandergesetzt. Man lebte damals schon im Zeichen des Verkehrs, und für die Vervollkommnung von Landkarten und Landstraßen herrschte das lebhafteste Interesse. Wir wenden uns damit der eingehenderen Behandlung des ersten der beiden Gegenstände zu, welche den Inhalt dieser Studie bilden sollen.[1])

Die Länder, welche im ersten Dezennium des vorigen Jahrhunderts zu dem heutigen Königreiche zusammengefaßt wurden, standen in bezug auf Mappierung keineswegs auf gleicher Höhe. Weitaus am besten war das alte Herzogtum Bayern, aus Oberbayern, Niederbayern und Nordgau (der Oberpfalz der Folgezeit) bestehend, in dieser Hinsicht daran; denn auf seinem Gebiete waren Leistungen vollbracht worden, die allgemein für musterhaft galten. Die erste bayerische Karte allerdings, die 1523 von dem großen Historiker Aventinus gezeichnet wurde, und von der in unseren Tagen J. Hartmann und E. Oberhummer eine Neuausgabe veranstalteten, war wenig mehr als eine rohe Zeichnung; aber nicht lange nachher brachte in fast zehnjähriger Arbeit (1554—1563) Philipp Apian, Professor der Mathematik an der Landesuniversität Ingolstadt, eine auf genauen Messungen mit Kette und Bussole beruhende „Landmappe“ des bayerischen Staates zuwege, die nicht nur den Ansprüchen des Landesfürsten (Albrecht V.) und der Landesregierung, sondern auch den höchstgespannten Anforderungen damaliger Wissenschaft voll genügte und durch Jahrhunderte eine so achtunggebietende Stellung einnahm, daß man sich mit Reformen kaum hervorzutreten getraute. Wenigstens kann sich die annähernd gleichzeitig herausgekommene Karte des österreichischen Hofhistoriographen W. Lazius (1561), die auch technisch keineswegs auf der Höhe stand, mit Apians Arbeit nicht messen, und auch die große, 24 Blätter in Kupferätzung enthaltende Karte von P. Weiner (1579) ist eigentlich nur eine minder gut geratene Reproduktion derjenigen seines großen Vorgängers. Jene „Tafeln“, welche im XVI. Jahrhundert E. Reych, S. v. Rotenhan, D. Seltzle, Rittershaus u. a. von einzelnen Teilen des gegenwärtigen Königreichs anfertigten, verblieben sämtlich auf einer niedrigeren Stufe. Ja selbst

G. P. Finkhs bayerischer Atlas von 1655 kommt nur in mehr untergeordneten Dingen über Apian hinaus, läßt dagegen hinsichtlich der geometrischen Methode keinen Fortschritt, hinsichtlich der perspektivischen Terrainzeichnung („Maulwurfshaufenmanier“) sogar einen entschiedenen Rückschritt jenem Vorbilde gegenüber erkennen. Erst als mit Anbruch des XVIII. Jahrhunderts das berühmte Kartengeschäft von J. B. Homann in Nürnberg begründet ward und eine einheitliche Bearbeitung von guten Darstellungen aller Teile der Erde in die Wege leitete, als insbesondere die „Kosmographische Gesellschaft“ unter der Leitung eines Hase, J. T. Mayer, Franz und Lowitz für Kartenprojektion und Situationszeichnung neue Prinzipien aufzustellen und durchzuführen begann, da bereitete sich zumal für Süddeutschland ein nachhaltiger Umschwung vor, dessen Folgen wir von Jahrzehnt zu Jahrzehnt immer deutlicher hervortreten sehen. Jene Karten Frankens und Bayerns, welche aus den Offizinen der „Homännischen Erben“ und der Firma Weigel in Nürnberg sowie aus dem Atelier von M. Seutter in Augsburg hervorgingen, waren nicht mehr bloß sklavische Nachbildungen dessen, was man bei Franzosen und Niederländern holen konnte, sondern trugen schon ein selbständigeres Gepräge.

Gleichwohl konnte sich selbst zwei Jahrhunderte nach Apian der Münchener Akademiker D. v. Linprun noch wenig günstig über den augenblicklichen Stand des bayerischen Kartenwesens aussprechen.[2]) Man klebe, sagte er, vielfach noch allzusehr an Apian, dessen Fixpunkte, weil die geographische Ortsbestimmung doch früher nicht genau genug war, gar vielfach der Korrektur bedürften. Eine von Cassini de Thury, dem dritten Gliede der bekannten Astronomenfamilie, auf bayerischem Gebiete vorgenommene Längengradmessung hatte, wie P. v. Osterwald[3]) gleich nachher, Beigel[4]) etwas später mit vernichtender Kritik dartaten, der Vervollkommnung der Karte Bayerns keine Förderung gebracht. Die Akademie war zwar der vorhandenen Fehler wohl inne geworden und hatte wenigstens insofern die Grundlagen fester gelegt, als auf ihre Anregung hin eine exaktere Bestimmung der geographischen Koordinaten Münchens ins Werk gesetzt ward, aber ihre 1766 ausgegebene Karte von Südbayern und der Oberpfalz, welche von Lotter in Augsburg verlegt wurde und die Regeln der stereographischen Abbildung beobachtete, ist von Apians „Landtafeln“ nicht immer zu ihrem Vorteile verschieden. Auch die große Bayernkarte G. C. Bunas (Frankfurt a. M., Brönner, um 1750) ist nach Lutz' kompetentem Urteil nichts als eine etwas verbesserte Kopie des Apianschen Originales.

Der Mann, welchem in den letzten Lebensjahren Karl Theodors und weit mehr noch unter der Regierung seines Nachfolgers die Aufgabe zufiel, für eine tiefer eingreifende Ausbildung des bayerischen Kartenwesens zu sorgen, war A. v. Riedl (1748 bis 1809). In ihm war die richtige Persönlichkeit für ein schwieriges Werk gefunden, und die Nachwelt darf ihm das Zeugnis geben, daß er redlich bemüht war, seinen Wahlspruch in die Tat überzusetzen. Dieser aber lautete: „Wahrheit, die ich über alles hochschätze und als die erste Eigenschaft eines jeden literarischen Werkes ansehe, habe ich mir zum Hauptaugenmerk und zur einzigen Richtschnur gemacht." Die Kriegszeiten, in denen Oberst v. Riedl zu aktiver Mitwirkung berufen war, schädigten zwar im allgemeinen das wissenschaftliche Leben und Streben gar schwer, leisteten aber, wie wir sehen werden, der Landesvermessung und Kartographie großen Vorschub. Schon am 15. März 1786 war durch kurfürstlichen Befehl das Allgemeine Plankonservatorium begründet worden, durch welches dessen Vorstand, eben A. v. Riedl, in den Stand gesetzt wurde, sich das Material zur Verwirklichung seiner Absichten zu verschaffen. Sein Ideal freilich — „eine neue Karte von Gesamtbaiern nach eigenen Aufnahmen und mit Benützung der schon vorhandenen Einzelpläne und Kameralvermessungen" — blieb einstweilen noch unausgeführt; dafür aber schuf er 1796 ein Kartenwerk[5]), welches nach Tendenz und Methode sich weit über alles erhob, was bislang nicht nur in Bayern, sondern in ganz Deutschland auf diesem Gebiete zutage gefördert worden war. Der „Reise-Atlas", nicht weniger als 66 fein durchgearbeitete Blätter aufweisend, entbehrt keineswegs, wie man wohl geglaubt hat, der mathematischen Fundierung, ist sehr genau in der Wiedergabe der Entfernungen und Azimute und bricht, die altgewohnte Landschaftszeichnung weit hinter sich lassend, einem ganz neuen Verfahren für die Charakteristik der Bodenformen Bahn. Nicht darin besteht der Hauptvorzug dieser Schraffierung, daß durch sie überhaupt Erhebungen dargestellt werden, denn das war schon von Homann (1710, 1716, 1718) und von Fabri (1769) gelegentlich geschehen, sondern das auszeichnende Merkmal des Prinzipes ist dies, daß bei v. Riedl die nämlichen Regeln für Schraffenabstufung zur Verwendung gelangen, wie sie seit lange Eigentum des kursächsischen Ingenieurkorps waren. Denn nur aus diesem alten Besitzstande heraus ist des hochgeachteten Topographen J. G. Lehmann Schrift aus dem Jahre 1799 erwachsen, und es unterliegt folglich keinem Zweifel, daß der bayerische Kamerad des sächsischen Offiziers ganz selbständig den Umbildungsprozeß in der Gebirgszeichnung eingeleitet hat. Würdig stellt sich neben den soeben erwähnten Atlas ein zweites Kartenwerk von ähnlichem Charakter[6]), welches für die Gegenwart sogar einen noch höheren Wert besitzt, insofern es uns die Möglichkeit gewährt, die Frage nach der Verlegung von Flußläufen in historischer Zeit für die schwäbisch-bayerische

Hochebene und für die Dauer eines Säkulums mit einer Zuverlässigkeit zu lösen, wie dies nur für sehr wenige Teile der Erdoberfläche angängig erscheint. Daß der weitsichtige Autor bei den Vorarbeiten zu dieser vom seltensten Fleiße zeugenden Veröffentlichung auch die ersten Tiefenlotungen an bayerischen Seen ausführte, darf nicht unverschwiegen bleiben.

Die Wirksamkeit A. v. Riedls erschöpfte sich nicht in diesen an seine Arbeitskraft doch wahrlich die höchsten Anforderungen stellenden Arbeiten, zu deren Erledigung er auch die größten Kosten nicht scheute, wie er denn die Herausgabe des „Reise-Atlas" aus eigenen Mitteln bestritt. Er stand gerade auf der Höhe seines Wirkens und Schaffens, als die Schlacht von Hohenlinden im Jahre 1800 die politischen Beziehungen Bayerns von Grund aus änderte und dem „Bureau Topographique" der vom General Moreau befehligten französischen Rheinarmee, in welchem mehrere ausgezeichnete „Ingenieurgeographen" angestellt waren, Bayern als Arbeitsfeld erschloß. Eine Sektion des Bureaus schuf sich in Nymphenburg ihren Sitz, und in München selbst erstand 1801 eine „Commission des Routes", welcher zuerst von bayerischen Beamten v. Utzschneider, v. Hazzi, Grünberger und Miller zugeordnet wurden, welche sich aber bald zu einem selbständigen Topographischen Bureau umgestaltete, in das Oberst v. Riedl nebst mehreren einheimischen Geometern und Forstpraktikanten — letztere in Professor Dätzels Schule für praktische Geometrie sehr gut vorgebildet — einzutreten hatte. Vom Januar 1801 an übernahm der bekannte Kartograph Rigobert Bonne, dessen Name eine noch jetzt viel angewandte Projektionsmethode verewigt hat, als „Chef de Brigade" die Oberleitung des Bureaus, welches nun zunächst, um eine ganz sichere Grundlage für seine Unternehmungen zu gewinnen, eine neue und mustergültige Basismessung[7]) in Angriff nahm. Hierüber haben wir uns in dieser Skizze deshalb nicht zu verbreiten, weil die so interessante Episode in der Entwicklungsgeschichte des bayerischen Vermessungswesens in dieser Festschrift einer monographischen Schilderung aus der Feder Max Schmidts teilhaftig geworden ist.

Fürs erste war damit nur beabsichtigt worden, die noch sehr im argen liegende Militärgeographie Süddeutschlands so zu verbessern, daß die den kriegerischen Operationen entgegentretenden Hindernisse beseitigt wurden, und wie vortrefflich das gelungen war, bewiesen die Kriegsjahre 1805 und 1809, in denen Bayern und die angrenzenden Länder den Hauptkriegsschauplatz darzustellen hatten. Aber gar bald sollte sich der hohe Nutzen des Topographischen Bureaus auf einem eminent friedlichen Gebiete betätigen. Finanzrat v. Utzschneider wies darauf hin, wie dringend notwendig für das Kurfürstentum, welches mit den veralteten Regierungsmaximen der Zeit Karl Theodors endgültig zu brechen im Begriffe stand, eine gerechte und dabei zweckmäßige Besteuerung sein müsse, und so ist in jenen Jahren des beginnenden XIX. Jahrhunderts auch das bayerische Katasterwesen entstanden. Die Herstellung einer Grundsteuerkarte stand von nun an auf der Tagesordnung des sich neu gestaltenden Staates. Übrigens ging die Regierung auf Antrag Bonnes ernstlich daran, eine Kupferstichkarte Bayerns im Maßstabe 1 : 50000 herstellen zu lassen, und 1806, als das Königreich eben geschaffen war, erhielt es zur Morgengabe von dem Bureau dessen erste Publikation, einen schönen Plan der Residenzstadt in Folioformat, welcher die älteren, durchweg noch dem perspektivischen Prinzipe angepaßten Stadtpläne[8]) weit hinter sich ließ. Als 1808 die französischen Ingenieurgeographen abberufen wurden, war bereits die gute Hälfte des Landes neu vermessen und kartiert.

Das Jahr 1807 führte die sechs Jahre zuvor inaugurierte Unternehmung um ein namhaftes Stück weiter, indem jetzt die, wie sich Lutz bezeichnend ausdrückt, „ökonomische Landesvermessung" auf eigene Füße gestellt ward. Im Jahre darauf wurde eine neue amtliche Instanz ins Leben gerufen, die „Kgl. Bayer. unmittelbare Steuerkatasterkommission". Der Steuerrat Soldner, ein geschätzter Mathematiker, nahm sich der jetzt notwendig werdenden Geschäfte mit besonderem Eifer an, wobei ihn der Astronom Schiegg sachkundig unterstützte, und als ein außerordentlich förderlicher Umstand mußte der anerkannt werden, daß gerade jetzt A. Senefelder sein neues Verfahren der Lithographie erfand. Nur wenige wissen, einen wie ungeheuren Schatz von Solnhofer Platten mit Steuerkarten das neue Gebäude des Kgl. Katasterbureaus in der Alexandrastraße in sich schließt. Des weiteren muß daran erinnert werden, daß gerade jetzt durch Fraunhofer, v. Utzschneider, v. Reichenbach und Liebherr der Grund zu einer neuen Ära in den instrumentellen Hilfsmitteln der Vermessungskunde gelegt wurde.

Soldners Verdienst ist es auch, eine neue, seinen Namen führende Projektionsmethode angegeben zu haben, welche sich für den in Rede stehenden Zweck sehr gut eignete und durchaus nicht, wie Thens geometrische Vergleichung beider Abbildungen erweist, mit der nach Cassini benannten verwechselt werden darf. Auf diesem Soldnerschen Systeme beruhen die Meßtischblätter der Landesaufnahme, auch als Katasterblätter bekannt, und indem man 16 derartig ausgeführte Blätter zu einem viereckigen Kartenbilde zusammenfügt, erhält man die Einheiten der erwähnten, im Maßstabe 1 : 25000 gehaltenen topographischen Karte von Bayern.

Leider trat einige Zeit nachher eine gewisse Stockung in den so hoffnungsvoll begonnenen Arbeiten des Bureaus ein, weil man es, das inzwischen dem Ministerium des Äußeren unterstellt und eine rein zivile Dienststelle geworden war, auch mit statistischen Aufgaben belastete, die von dem nicht reichlich bemessenen Personale ohne Schädigung anderer Dienstzweige nicht bewältigt werden konnten. Auch v. Riedls Tod mußte einen herben Nachteil für das junge Institut bedeuten; der Astronom Seyffer, erster Direktor der neuen Sternwarte in Bogenhausen, war, wie ein Urteil v. Zachs ersehen läßt, nicht der Mann dazu, die eingetretenen Hemmnisse zu überwinden. Erst die Rückgabe des Bureaus an die Militärverwaltung, zu welchem Akte die während der Befreiungskriege erfolgte Schaffung eines „Ingenieur-Geographen-Bureaus der Reservearmee“ Veranlassung gegeben hatte, brachte die erwünschte Abhilfe. Die beiden bestehenden Dienstämter wurden vereinigt; der von Generalleutnant v. Raglovich ausgearbeitete neue Organisationsplan fand Annahme. So besteht seit 1817 das noch jetzt in Blüte stehende Militärisch-Topographische Bureau, welches sich um die Ausbildung des bayerischen Kartenwesens hervorragende Verdienste erworben hat. Es möge genügen, unter seinen vielen tüchtigen Vorständen und Mitarbeitern als in den weitesten wissenschaftlichen Kreisen anerkannt Aulitschek und K. v. Orff hervorzuheben. Dem letzteren rühmt das Generalstabswerk der Jahre 1870/71 nach, daß wesentlich auch seiner opferwilligen Unterstützung es zuzuschreiben war, wenn es gelang, gleich zu Anfang des Feldzuges alle Truppenteile mit trefflichen Karten des voraussichtlichen Kriegstheaters auszustatten.

Kein Jahrzehnt ist seit dem oben genannten Anfangstermine verflossen, in welchem nicht die bayerische Mappierung durch sorgfältig überprüfte Methoden, die man von auswärts aufnahm, oder durch Erfindungen der hierher kommandierten Offiziere beträchtliche Fortschritte gemacht hätte. Neue Instrumente und Vermessungsregeln wurden erprobt; die Terrainzeichnung suchte sich jedes brauchbare Reproduktionsverfahren anzueignen; hypsometrische Karten wurden auf Grund der bewährtesten Verfahrungsweisen der Höhenmessung in großem Stile ausgeführt. So ist insbesondere zu betonen, daß seit 1878 Bayern den regsten Anteil an der Anfertigung der großen, dem Maßstabe 1 : 100000 angepaßten Deutschen Reichskarte in polyedrischer Projektion nimmt. Wer die neuesten Lieferungen der bayerischen Generalstabskarte, für welche auch die erste ganz verlässige Bestimmung des höchsten Punktes im Reiche, des Zugspitzgipfels, nötig wurde, mit denen der Vergangenheit vergleicht, wird den hohen Grad der Vollendung, zu dem man es jetzt gebracht hat, auch als Fernerstehender unschwer wahrnehmen.

Neben der fundamentalen Wirksamkeit der militärischen Zentralinstanz für die Landeskartierung dürfen auch die übrigen Bestrebungen zum gleichen Ziele nicht vergessen werden. Das Katasterbureau hat weitschichtige und mühselige Geschäfte erledigt; der bayerische Landmesserstand zeigte sich auch schwierigen an ihn herantretenden Anforderungen gewachsen. Für die Heranbildung unserer jungen Geometer brach mit der Begründung unserer Technischen Hochschule eine neue Zeit an. Aber auch den Ansprüchen der höheren Geodäsie wußte der hier gegebene Unterricht voll zu entsprechen. Bayern war eines der ersten Länder, in dessen Grenzen ein einheitliches Präzisionsnivellement durchgeführt ward, und auch sonst hat jenes gigantische Unternehmen, welches sich aus der von General Baeyer ursprünglich geplanten Mitteleuropäischen zu einer Europäischen Gradmessung und schließlich sogar zu einer Internationalen Erdmessung erweiterte, in unserem Königreiche die kräftigste Förderung erfahren, wie dies die Namen v. Bauernfeinds, v. Orffs, v. Seeligers, M. Schmidts, Andings und Oertels bekunden.

Nicht unerwähnt darf endlich auch bleiben die Privattätigkeit von Gelehrten und buchhändlerischen Firmen auf kartographischem Gebiete. Die für Schule und Leben bestimmten Karten von Goetz, Loreck u. a. können sich mit denen jedes anderen Landes messen. Und bis zu welcher Feinheit der künstlerisch-technischen Ausführung haben es die jedem Gebirgswanderer wohlbekannten Ravensteinschen Alpenkarten gebracht! Auch sie können mit allem Rechte als typische Dokumente der Vollendung dienen, zu welcher sich die darstellende Erdkunde, soweit Bayern in Betracht kommt, um die Wende des XIX. und XX. Jahrhunderts aufgeschwungen hatte.

Es ist nunmehr an der Zeit, den zweiten Teil der gestellten Aufgabe zu seinem Rechte kommen zu lassen.[9]) In den heute unser Königreich bildenden Landesteilen hat sich seit den Zeiten der Völkerwanderung das Straßenwesen ganz in der gleichen Weise entwickelt wie in allen anderen europäischen Kulturländern. Überall da, wo dereinst die Römer festen Fuß gefaßt und zur Sicherung ihrer Herrschaft ihre berühmten Straßen angelegt hatten, dienten dieselben auch in der Folgezeit den Verkehrsbedürfnissen. Da letztere aber an sich in der Regel nicht bedeutend waren, und da das Verständnis für eine kunstgerechte Straßenunterhaltung den neu aufgetretenen Völkern fast gänzlich abging, so wurden die von den Römern überkommenen Straßenlinien trotz ihrer meist sehr sorgfältigen Ausführung immer geringwertiger und gingen schließlich unaufhaltsam dem Verfalle entgegen. Zwar waren neben ihnen in den altrömischen und ebenso in jenen Gebieten, welche das Weltreich nicht umfaßt hatte, die vielmehr erst nach dessen Untergange erschlossen worden waren, auch neue Linien entstanden, allein nach Anlage und Ausführung vermochten sie keinen Vergleich mit den entsprechenden Bauwerken römischen Ursprunges auszuhalten und besaßen folglich auch nur eine geringe Widerstandskraft.

So kam es, daß, als das Erbe der alten Römer endlich sozusagen aufgezehrt war, das Straßenwesen in ganz Europa in einem höchst traurigen Zustande sich befand, der bei dem politischen Charakter der verschiedenen Staaten, bei den in ihnen bestehenden sozialen Verhältnissen und bei der besonderen, primitiven Art des binnenländischen Handelsverkehrs im Mittelalter sich bis zum Schlusse dieses Zeitraumes fast unverändert erhielt. Alle die sog. Straßen, die es damals gab, und deren Zahl in manchen Landschaften sogar eine beträchtliche genannt werden muß, verdienten im Grunde genommen diesen Ehrennamen nicht, indem sie nach Linienführung, Bauweise und Unterhaltungszustand nur den allermäßigsten Ansprüchen zu genügen imstande waren. Die Mehrzahl derselben bestand zweifellos in einfachen Erdwegen, deren Hauptrichtung durch Furten und Brücken festgelegt war, und die infolge des Mangels einer künstlichen Befestigung nur während der besten Jahreszeit ohne allzu große Schwierigkeit befahren werden konnten. Es erhellt dies insbesondere aus Gesetzesbestimmungen und Weistümern, nach denen das Überpflügen der Straßen oder das Wegschaffen der Erde von denselben gebüßt und die auf der überpflügten Straße etwa aufgegangene Saat wieder beseitigt werden mußte, wie auch aus Vorschriften über die Breite und Unterhaltung der Straßen. Daraus geht hervor, daß sich die Breite in dem Maße vergrößerte, in dem sich der Zustand verschlechterte und neue Straßenzüge, sog. „Beiwege“, über fremden Grund und Boden zustande kamen. Dazwischen gab es wohl auch einzelne einigermaßen befestigte Straßenkörper, doch ließ auch deren Bau und Pflege alles zu wünschen übrig. Zumal die letztere war durchaus unzweckmäßig und mangelhaft, wenn sie nicht sogar in vielen Fällen durch Unverstand oder bösen Willen ganz und gar unterblieb.

Als dann gegen Ausgang des Mittelalters, namentlich aber im Verlaufe des XVIII. Jahrhunderts, das Bedürfnis nach besseren Verkehrswegen immer entschiedener hervortrat, wozu vorzugsweise auch das unterdessen zu einer gewissen Höhe gelangte Postwesen beitrug, erkannte man endlich als Hauptursache der bisherigen Mißerfolge die mangelnde Sachkenntnis der mit dem Straßenwesen bis dahin betraut gewesenen Beamten. Die Verhältnisse in Bayern, wo Landrichter, Rent- und Zollbeamte sich mit der Herstellung und Instandhaltung der gewöhnlichen Landstraßen und der — um 1800 noch in ganz Deutschland nur in minimaler Zahl vorhandenen —

Kunststraßen zu befassen hatten, lassen sich recht deutlich aus der folgenden, ganz gelegentlichen Äußerung G. v. Loris, des bekannten Mitbegründers der Kurfürstlichen Akademie, ersehen:

„Aus den Jesuitenschulen kamen die leeren Köpfe für ein paar kurze Semester in die Juristenfakultät, und nachdem sie dort die Theorie des Advokatenhandwerks und hernach in einer Gerichtsstube ein halbes Jahr hindurch Schreiben und Rechnen gelernt, traten sie geradeswegs in kurfürstliche Ämter ein, wo sie neben der Justiz auch Polizei-, Ökonomie-, Brau-, Salz-, Bau-, Kommerzien- und andere Geschäfte verwalten mußten — fremde und kaum dem Namen nach ihnen bekannte Dinge, die sie erst durch gute oder schlechte Praxis handwerksmäßig, Gott weiß wie, erlernen sollten."

Zur Beseitigung solch schreiender Mißstände auf allen Gebieten der Ingenieurbaukunst mußte vor allem Gelegenheit zu spezieller Ausbildung von Technikern gegeben und diesen alsdann die Leitung insbesondere auch des Straßenwesens übertragen werden. Diesen rationellen Weg hat man zuerst in Frankreich betreten, in welchem Lande bereits 1747 zu Paris unter der Direktion des Schweizers Perronet eine Fachschule für Brücken- und Wegebau gegründet ward, der sich dann im Jahre 1794 die „École Centrale des travaux publics", die Vorläuferin der berühmten „École Polytechnique", anschloß. Zugleich wurde die Verwaltung der Straßen in zweckmäßiger Weise eingerichtet und so ein außerordentlicher Fortschritt erzielt.

Länger dauerte es, bis man in anderen europäischen Staaten dem Beispiele der Franzosen folgte, indem sich namentlich die Einrichtung von technischen Vorbereitungsschulen verzögerte. In Bayern kam um dieselbe Zeit, in der wir oben die gewaltige Bewegung zur Hebung des Kartenwesens einsetzen sahen, nämlich im Jahre 1805, die Überzeugung zum Durchbruche: „es ergebe sich aus der Natur der Sache, daß die Leitung des Wasser-, Brücken- und Straßenbaues die unmittelbare Mitwirkung theoretisch und praktisch mit diesen Fächern vertrauter Männer erfordere", und so wurde damals im Kurfürstlichen Finanzministerium ein „Geheimes Zentralbureau für Wasser- und Straßenbau" errichtet, zum Chef desselben der in Frankreich ausgebildete Ingenieur Geheimrat v. Wiebeking bestimmt und demselben die wissenschaftliche Oberleitung des gesamten bayerischen Straßen- und Wasserbauwesens anvertraut. Die einschlägige Entschließung, welche sich mit der Organisation dieser Dienstsparte in den altbayerischen Provinzen beschäftigt, spricht u. a. aus, daß von nun an für die Zollämter die Bezeichnung „Wasserbau-Inspektion" und für die Rentämter die angenommene Benennung „Straßen-Inspektionsämter" zu entfallen hätten. Diese Dienststellen seien künftig nur noch mit finanziellen Angelegenheiten betraut, dürften sich jedoch nicht mehr in bautechnische Anordnungen einmischen. Alle an die genannten Ämter erlassenen, die Beteiligung am Bauwesen betreffenden Instruktionen seien aufgehoben, und die früher von Zoll- und Rentbeamten bezogenen Diäten könnten größtenteils in Wegfall kommen, da diese Staatsdiener von jeder Tätigkeit im Baufache entbunden seien.

Leider hat sich die Entwicklung des technischen Schulwesens in Bayern nicht gleichlaufend mit der Organisation der Behörden vollzogen, und es blieb deshalb in den ersten Jahrzehnten des XIX. Jahrhunderts der Staatsverwaltung nur übrig, im Auslande herangebildete Techniker in ihren Dienst zu ziehen und im übrigen die möglichst entsprechenden Maßnahmen zur Ergänzung der speziellen Fachausbildung ihrer Beamten selbst zu treffen. Man half sich, so gut man konnte. So mußten bis zum Jahre 1836 die Staatsbaukandidaten als Nachweis für ihre Vorbildung neben Zeichnungsproben das Absolutorium eines Gymnasiums und, falls sie in den höheren Staatsdienst zu gelangen wünschten, ein Zeugnis über das Studium der „allgemeinen Wissenschaften“ an einer Universität, bzw. über den Besuch der hierfür eingerichteten staatswissenschaftlichen Fakultät der Münchener Hochschule[10]) beibringen.

Später erst, nachdem 1833 die „Gewerbeschulen“ und, als deren natürliche Fortsetzung, die alten „Polytechnischen Schulen“ zu München, Nürnberg und Augsburg, die unmittelbaren Vorläuferinnen der jetzigen Technischen Hochschule, ins Leben getreten waren, tat man einen gewichtigen Schritt vorwärts, indem man den der Münchener Anstalt angegliederten vierten „Fachkurs für Bautechniker“ in einen „Ingenieurkurs“ umwandelte. Dessen Besuch trat alsdann an die Stelle des für solche Zwecke doch immer nur unzureichenden Universitätsstudiums.

Diese Maßnahmen, das läßt sich heute aussprechen, ermöglichten es, daß in den europäischen Ländern, und zwar vor allem in Frankreich, gegen Ende des XVIII. und zu Anfang des XIX. Jahrhunderts, nachdem also seit der römischen Periode gegen anderthalb Jahrtausende dahingegangen waren, endlich wieder Kunststraßen im wahren Sinne des Wortes zustande kamen, die einen Vergleich mit den entsprechenden Leistungen jener alten Kulturwelt auszuhalten vermochten. Für die sehr große Mehrzahl der vorhandenen Straßen freilich konnte dies noch lange nicht als zutreffend bezeichnet werden.

Im Kurfürstentum Bayern (ohne Tirol) bestanden zur Zeit der Jahrhundertwende auf einer Fläche von 589 Quadratmeilen rund 400 Meilen (= 2960 km) Straßen;

die zum Teil erst später mit jenem vereinigten fränkischen Provinzen besaßen ein aus jüngerer Vergangenheit stammendes Straßennetz, wovon ein namhafter Teil unter dem Regimente der Fürstbischöfe von Bamberg und Würzburg sowie der Fürstäbte von Fulda (Rhöngebiet) zustande gekommen war. Verhältnismäßig gute Straßen gab es in Unterfranken und noch mehr in der Rheinpfalz, wo der Einfluß der geschickten französischen Ingenieure am deutlichsten zu erkennen war. Im Jahre 1808, in welchem außer der Pfalz noch Würzburg, Aschaffenburg, Bayreuth und Regensburg mit ihren Bezirken fehlten, besaßen die Linien des Gesamtnetzes eine Länge von 950 Meilen (= 7030 km), allein großenteils befanden sie sich infolge mangelhafter Anlage und Unterhaltung, besonders nach den schweren Kriegsjahren, in einem sehr schlechten, wo nicht trostlosen Zustande. Die Aufgabe der damaligen Verwaltung bezog sich daher nicht bloß auf die Herstellung neuer Verkehrswege, die zur Ergänzung des Netzes notwendig waren, sondern namentlich auch auf eine sachgemäße Instandsetzung und Erhaltung sowie die gründliche Verbesserung der am schlimmsten heruntergekommenen Linien. Die Korrektur der einer früheren Zeit entstammenden Fehler hinsichtlich der Anlage und Konstruktion war eine schwere Arbeit, die selbst heutigestags noch nicht als gänzlich abgeschlossen gelten kann.

Als ein klassisches Beispiel einer sehr alten Straße im neu erstandenen Königreiche mag die dem Zuge Benediktbeuern—Mittenwald (vgl. Tafel IX) angehörige über den Kesselberg führende Teilstrecke zwischen Kochel- und Walchensee (vgl. Tafel X und XI) angeführt und näher betrachtet werden. Sie wurde, laut einer Inschrift auf dem Scheitelpunkte der Strecke, auf Geheiß Herzog Albrechts IV. im Jahre 1492 erbaut und diente volle 400 Jahre lang dem allgemeinen Verkehr, bis sie, nachdem schon unter Kurfürst Maximilian III. mancherlei Verbesserungen vorgenommen worden waren, gegen Schluß des XIX. Jahrhunderts einen Umbau nach den neuesten Grundsätzen der Straßenbaukunde erfuhr. Pater Meichelbeck, als Historiker und speziell als Chronist des Klosters Benediktbeuern wohlbekannt, berichtet über den ersten Wegebau folgendes:

„In dem Jahre 1492 hat sich eine merkwürdige Veränderung der Straßen in unsern Gebirgen ergeben. Heinrich Barth, ein edler Burger und Ratsgeschlechter von München, hatte mit Erlaubnis unsers Abtes sich beflissen, nachzusehen, ob in unsern Gebirgen keine Gattungen von Erz zu finden wären; nachdem er aber ihm genug Mühe gegeben, jedoch nichts Ausgiebiges finden können, hat er doch beobachtet, daß durch gedachten unsern Berg ein Weg könne gemacht werden, auf welchem man aus München viel näher und bälder auf Innsbruck und folglich Wälschland reisen, ja eine rechte Landstraße anlegen möge. Dieser Vorschlag gefiel dem Landesfürsten und unserm Abte, weil man glaubte, es würde hierdurch dem Lande Baiern ein merklicher Nutzen zugehn, da ehedessen die Landstraße über Weilheim, Murnau und Partenkirchen, mithin sehr krumm gegangen; ward also auf Befehl des Herzogs und unsers Abtes gut geheißen, an dieses Werk Hand gelegt, welches wohlgenannter Herr Barth solchergestalten gefördert, daß endlich nach angewendeter großer Arbeit das Werk in guten Stand gekommen."

Der Grundriß dieser 2,66 km langen Linie ist in Tafel X, ihr Längennivellement in Tafel XI dargestellt. Sie ersteigt vom Fuße des Kesselberges aus eine Höhe von rund 240 m und senkt sich von dem so gewonnenen Scheitelpunkte aus wieder um 57 m bis Urfeld am Walchensee. Die durchaus sehr erheblichen Steigungen und der Maximalwert derselben von mehr denn 20% sind aus dem Nivellement leicht zu erkennen. Übermäßige Steigungsverhältnisse können überhaupt als bezeichnendes Merkmal für die Straßen aus früherer Zeit und für den wissenschaftlichen Standpunkt derer, die sie gebaut bzw. projektiert haben, gelten; man erinnere sich nur der älteren Verbindung von Oberau mit Ettal! Sie nötigen, auch wenn sie nur vereinzelt in einem Straßenzuge auftraten, von vornherein zur Verminderung der Wagenladungen und zur Beschaffung höchst kostspieliger Vorspanneinrichtungen. Auf der alten Kesselbergstraße z. B. waren zur Fortbewegung einer Wagenlast von nur 80 Ztr. zuzeiten 12 bis 15 Pferde erforderlich.

Nachdem das Straßenwesen zu Anfang des XIX. Jahrhunderts den schon besprochenen erfreulichen Aufschwung genommen hatte, erfuhr es im Zeitalter der Eisenbahnen, also seit Beginn des vierten Jahrzehnts, zwar manche aus der Natur der Sache sich ergebende Beeinträchtigung, im großen und ganzen aber doch eine abermalige Förderung. Der Fernverkehr, den die Straßen bisher hatten bewältigen müssen, ging naturgemäß ganz und gar an die Schienenwege über; dafür hob sich aber der Ortsverkehr nach den Bahnen hin und in umgekehrter Richtung in außerordentlichem Maße, so daß in allen beteiligten Ländern der Straßenverkehr sogar zuzunehmen begann. Hierdurch, und weil auch die Achsenlasten vieler Fahrzeuge gesteigert wurden, sah man sich veranlaßt, auf Erhöhung der Widerstandsfähigkeit des Straßenkörpers bedacht zu sein, und so sehen wir denn im Laufe des verwichenen Jahrhunderts eine Reihe von Fortschritten sich vollziehen, welche sich auf die Güte der Baumaterialien, auf die wissenschaftliche Prüfung und Qualitätsbestimmung derselben, auf die bei der Straßenunterhaltung anzuwendenden Verfahrungsweisen und auf die erweiterte Anwendung von Maschinen beziehen. Daneben aber eröffnete sich den

Ingenieuren ein ganz neues Arbeitsfeld mit vielseitigen Aufgaben in dem Straßenbau der Städte, deren riesiges Wachstum in nächster Beziehung zur Entwicklung der Eisenbahnen steht. Es handelte sich darum, die alten Oberbaukonstruktionen dem so sehr gesteigerten örtlichen Verkehr innerhalb der Stadt anzupassen, neue Befestigungssysteme zur Hintanhaltung von Staubbildung und zur Dämpfung von Straßenlärm zu schaffen und die sog. Versorgungsnetze, d. h. alle die Kanäle, Rohrstränge und Kabelleitungen, durch welche die vielgestaltigen Bedürfnisse der Städtebewohner befriedigt werden müssen, sachgemäß unterzubringen. Endlich aber verlangten die neuen Verhältnisse von den Ingenieuren auch Schönheitssinn und Kunstverständnis, damit sie im Verein mit dem Architekten den Aufenthalt in der Großstadt angenehm und menschenwürdig zu machen vermöchten.

Zur Kennzeichnung des hohen Standes, den der Straßenbau beim Abschluß des Jahrhunderts in Bayern erreichte, soll nur noch kurz eine Parallele zwischen der oben besprochenen alten und der in den Jahren 1893 bis 1897 geschaffenen neuen Kesselbergstraße gezogen werden. Die neue Straße (vgl. Tafel X und XI) zeigt die theoretisch begründete Maximalsteigung von 5,5% der Bergstraßen und dementsprechend eine entwickelte Länge von 5,82 km. Der Punkt, an dem sie von der alten Straße abzweigt, kann bei Kilometer 67,5 auf der Höhe von 623,81 m nächst dem Gasthause „Zum Kesselberg" angenommen werden; von da zieht sie sich in vielfachen Windungen in einer Erstreckung von 4,69 km bis zu dem 258 m über dem Kochelsee gelegenen Scheitelpunkte der Linie, um von da aus mit teilweise ungewöhnlich scharf gekrümmten Serpentinen zum Walchensee bei Urfeld hinabzusteigen. Die Linienführung wurde nach genauen Voruntersuchungen über die geognostische Bodenbeschaffenheit so gewählt, daß sich möglichst günstige Transportverhältnisse ergaben, und daß zugleich der Bestand der Bauwerke in jeder Hinsicht gesichert erscheint, während auch die Kosten der ganzen Anlage auf ein tunlichst niedriges Maß herabgedrückt werden. Mit besonderer Sorgfalt sind die Stellen für die Wendeplätze ausgewählt, deren Krümmungshalbmesser und Breitenmaße für die zu erwartenden ungünstigsten Verkehrsverhältnisse und unter Berücksichtigung der von den Fuhrwerken naturgemäß beschriebenen Bahnen festgestellt wurden. Der kleinste Krümmungsradius der Straßenachse ist zu 30 m angenommen worden, und nur bei zwei Kehren zwischen Scheitelpunkt und Walchensee mußte man, um sehr bedeutende Erdarbeiten zu vermeiden, dem äußeren Straßenrande eine Krümmung von 20 m Halbmesser verleihen. Die größte Gesamtbreite an diesen Stellen wurde auf 14 m normiert, während bei Bogen von 30 m Achsenhalbmesser eine Vergrößerung der normalen Straßenbreite um 1 m als genügend erachtet ward. Das Böschungsverhältnis der Einschnitte ist ganz den durchschnittenen Bodenarten angepaßt worden, und hie und da erheischte die Neigung der Felsen, zu verwittern, die Erbauung von Verkleidmauern; die Dämme mußten wegen der stark geneigten Gehänge durchwegs steile Böschungen erhalten und deshalb vielfach abgepflastert oder mit Stützmauern versehen werden. Der Stärkebemessung der letzteren waren ebenso wie derjenigen der gewölbten und eisernen Brücken genaue Studien über die Kräftewirkung im Inneren dieser Körper vorausgegangen, wie man sich auch über die Durchflußweiten für Brücken und Durchlässe durch Erhebungen über die im schlimmsten Falle zu erwartenden Wasserabflußmengen ein sicheres Urteil im voraus zu bilden getrachtet hatte.

In solcher Weise ist ein Straßenbau zustande gekommen, der die hohe wissenschaftliche Ausbildung, wie anderseits auch die gründliche praktische Erfahrung der modernen Ingenieure Bayerns klar vor Augen zu stellen geeignet ist. Ihre Feuerprobe hat die großartige Fahrstraße anläßlich der Herkomer-Konkurrenz für Automobile glänzend bestanden.

* * *

Der hier gegebene Überblick kann dazu dienen, die gewaltige Revolution auf dem Gebiete des Verkehrswesens, welche dem XIX. Jahrhundert im allgemeinen, und ganz besonders auch in Bayern, zu vollbringen beschieden war, an zwei hervorragend wichtigen Verkehrsbedingungen zu kennzeichnen. Die Mappierung, welche bereits unter den beiden letzten Kurfürsten in ein neues und richtigeres Fahrwasser gelenkt worden war, hat sich derart entwickelt, daß große Probleme kaum mehr der Lösung harren, die Tätigkeit der Fachmänner sich vielmehr auf die nicht minder lohnende Durcharbeitung einzelner Fragen konzentrieren darf. Und die Straßenbaukunde, über deren Wesen und Pflichten ziemlich um die Zeit der großen politischen Veränderung unseres engeren Vaterlandes eine zutreffende Einsicht sich Bahn zu machen beginnt, hat innerhalb des letzten Jahrhunderts nicht allein eine umwälzende Neugestaltung in theoretischer Beziehung erfahren, an der auch bayerische Ingenieure hervorragenden Anteil nahmen, sondern mit ihrer wissenschaftlichen Vervollkommnung hielt auch die Praxis gleichen Schritt, so daß, während das alte Kurfürstentum wahrlich nicht zu den wegsamsten Ländern unseres Erdteiles gehörte, das Königreich jetzt von den großen Chausseen bis herab zu den Vizinalstraßen und Ortsverbindungswegen, mit einem umfassenden Netze von Verkehrsadern überdeckt werden konnte. Welch großen Nutzen aus diesem der Gesamtorganismus des Staates schon gezogen hat und in der Folge noch ziehen wird, kann an diesem Orte nicht mehr zum Gegenstande der Erörterung gemacht werden.

Literatur.

[1]) In historischer Reihenfolge ist hier die im ersten Teile dieser Abhandlung verwertete Literatur zusammengestellt: J. C. v. Aretin, Literärisches Handbuch für die baierische Geschichte und alle ihre Zweige, 1. Teil, München 1810, Literatur der Geographie und Statistik; Besprechung des „Topographischen Atlas vom Königreich Bayern", Kritischer Wegweiser im Gebiete der Landkartenkunde, 1. Band, Berlin 1829, S. 293 ff.; Die Bayerische Landesvermessung in ihrer wissenschaftlichen Grundlage, München 1873 (erschienen unter der Oberleitung K. v. Orffs); K. v. Orff — A. Waltenberger, Beitrag zur Landeskunde Bayerns, gewidmet dem IV. Deutschen Geographentage in München 1884 von der Geographischen Gesellschaft, München 1884; H. Lutz, Zur Geschichte der Kartographie in Bayern, Jahresbericht der Geographischen Gesellschaft in München für 1886, 11. Heft, S. 74 ff.; C. Gruber, Die geographische Erforschung Altbayerns in der zweiten Hälfte des XVIII. Jahrhunderts, München 1893 (Festschrift der städtischen Handelsschule); C. Gruber, Adrian v. Riedl, der vornehmste altbayerische Hydrograph, Ausland, 65. Band, S. 129 ff.; K. Neureuther, Das erste Jahrhundert des Topographischen Bureaus des Kgl. Bayer. Generalstabes, München 1900; E. Oberhummer, Die Entwicklung der Alpenkarten im XIX. Jahrhundert, 1. Teil (Bayern), Zeitschrift des Deutschen und Österreichischen Alpenvereins, 33. Jahrgang, S. 32 ff.; W. Sombart, Die deutsche Volkswirtschaft im XIX. Jahrhundert, Berlin 1903 (Das Neunzehnte Jahrhundert in Deutschlands Entwicklung, herausgegeben von P. Schlenther, 7. Band); K. Then, Die bayerischen Kartenwerke in ihren mathematischen Grundlagen, Berlin-München 1905.

[2]) v. Linprun, Versuch einer Verbesserung der Landkarten von Baiern, Abhandlungen der Churbairischen Akademie der Wissenschaften, 2. Band, 2. Teil, S. 343 ff.

[3]) v. Osterwald, Bericht über die vorgenommene Messung einer Grundlinie von München bis Dachau, ebenda, S. 361 ff.

[4]) Beigel, Über die Vermessungen in Baiern, (v. Zachs) Monatliche Korrespondenz zur Beförderung der Erd- und Himmelskunde, 7., 8. und 9. Band. Hier findet sich die oben gemeinte charakteristische Äußerung (1803, S. 303), daß der Ruhm Cassinis, der vorher für einen der ersten Astronomen und Geodäten Frankreichs galt, am Lech sein Ende erreicht habe. In der Tat erwiesen sich die Franzosen Cassini und St. Michel unfähig für ihre große Aufgabe.

[5]) v. Riedl, Reise-Atlas von Baiern in 5 Bänden, München 1796. Unsere Fig. 1, in vier Abteilungen (a und b) die Strecke von München bis zur südlichen Landesgrenze vor Augen stellend, mag von der schon ganz modernen, künstlerischen Geländedarstellung eine Vorstellung gewähren. Doch muß man sich an die von der unserigen abweichende Orientierung gewöhnen; Norden befindet sich unten, Süden oben.

[6]) v. Riedl, Strom-Atlas von Baiern in 3 Heften, München 1806.

[7]) Vgl. hierzu v. Riedls Akademierede: Über den Fortgang der baierischen Topographie und ihren Nutzen, München 1803.

[8]) Wohl der beste Münchener Stadtplan, über den man bis dahin verfügte, rührte aus den ersten Jahren des XVII. Jahrhunderts und von Kurfürst Maximilians I. Hofmechaniker Volkmer her, einem äußerst geschickten Manne, der dem Landesherrn in allen möglichen friedlichen und kriegerischen Angelegenheiten zur Seite stand. Doch ist auch hier das künstlerische Moment das vorherrschende, die Exaktheit des Bildes eine mehr nebensächliche Frage.

[9]) Chronologische Übersicht über die dieser Abteilung hauptsächlich zugrunde liegende Literatur: A. v. Riedl, Reise-Atlas von Baiern, München 1796; Wiebeking, Theoretisch-praktische Straßenbaukunde, Sulzbach i. O. 1808; Courtin, Arbeiten der Brücken- und Wegebauingenieure seit 1800, aus dem Französischen übersetzt, Gotha 1813; v. Pechmann, Anleitung zum Bau und zur Unterhaltung der Haupt- und Bezirksstraßen, München 1822; K. Pfund, Geschichtliche Erinnerungen an die Kesselbergstraße, 1492–1892, München 1893; F. Loewe, Straßenbaukunde, Wiesbaden 1895; F. Loewe, Die geschichtliche Entwicklung der Landstraßen, Festrede zur Eröffnungsfeier des Studienjahres 1898/99 der Kgl. Technischen Hochschule zu München. Außerdem wurden noch benützt Doellingers bekanntes Sammelwerk („Übersicht über die das Land- und Wasserbauwesen in Bayern betreffenden Gesetze und Verordnungen") und freundliche Mitteilungen der Obersten Baubehörde im Kgl. Staatsministerium des Inneren.

[10]) Vgl. über die Anfänge der ein kleines Polytechnikum darstellenden ökonomischen oder kameralistischen Fakultät mit ihrer erdrückenden Anzahl heterogener Disziplinen die Angaben K. v. Prantls (Geschichte der Ludwig-Maximilians-Universität in Ingolstadt, Landshut, München, 1. Band, München 1872, S. 693).

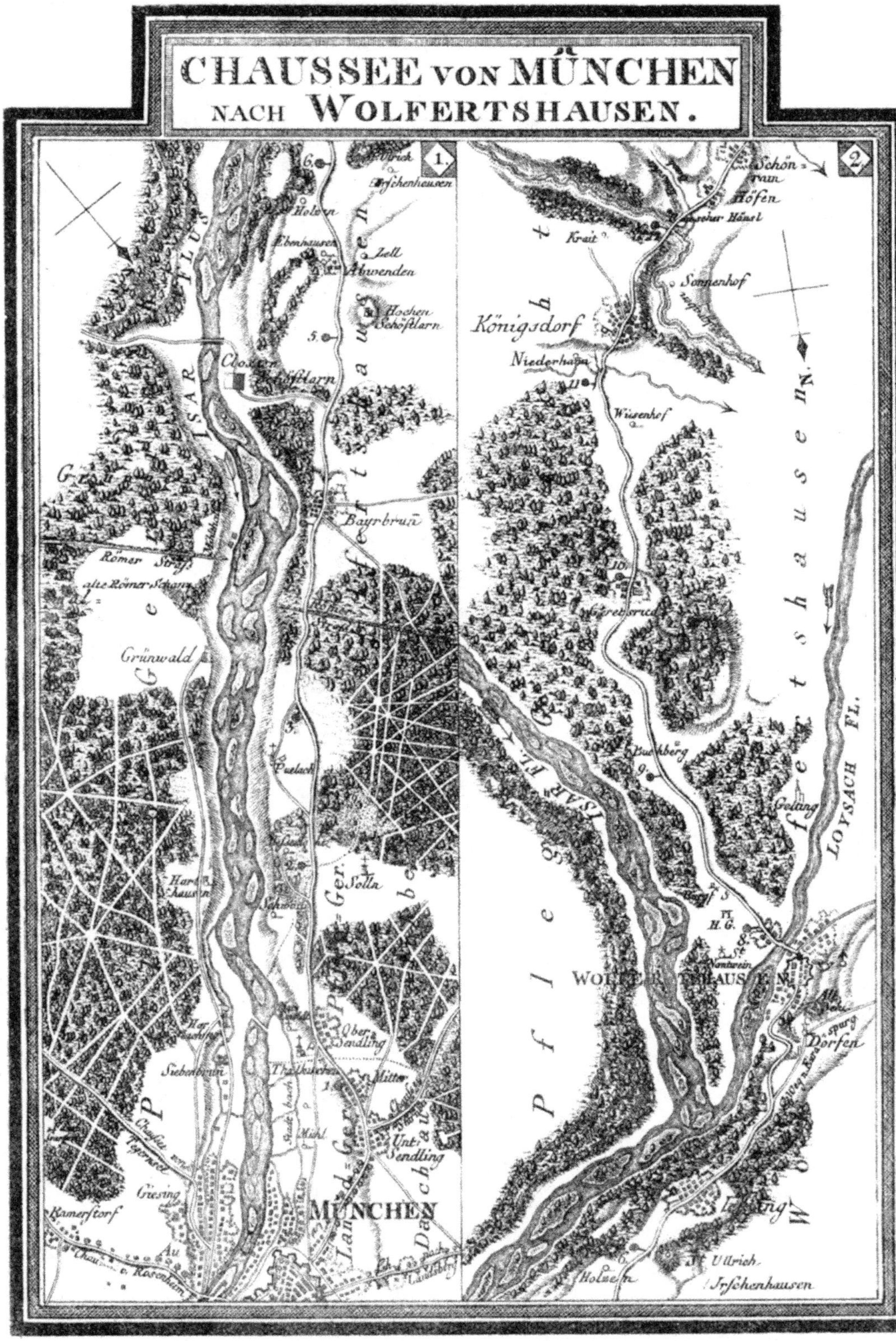
CHAUSSEE VON MÜNCHEN
NACH WOLFERTSHAUSEN.
1.
2.
ISAR FLUS
Zell
Abwenden
Hochen Schöftlarn
Closter Schöftlarn
Bayrbruñ
Römer Strass
Grünwald
Solln
Ober Sendling
Siebenbrun
Unt. Sendling
Giesing
Kamerstorf
MÜNCHEN
Königsdorf
Sonnenhof
Höfen
Buchberg
Gelting
LOYSACH FL.
Dorfen
Ullrich
Irschenhausen

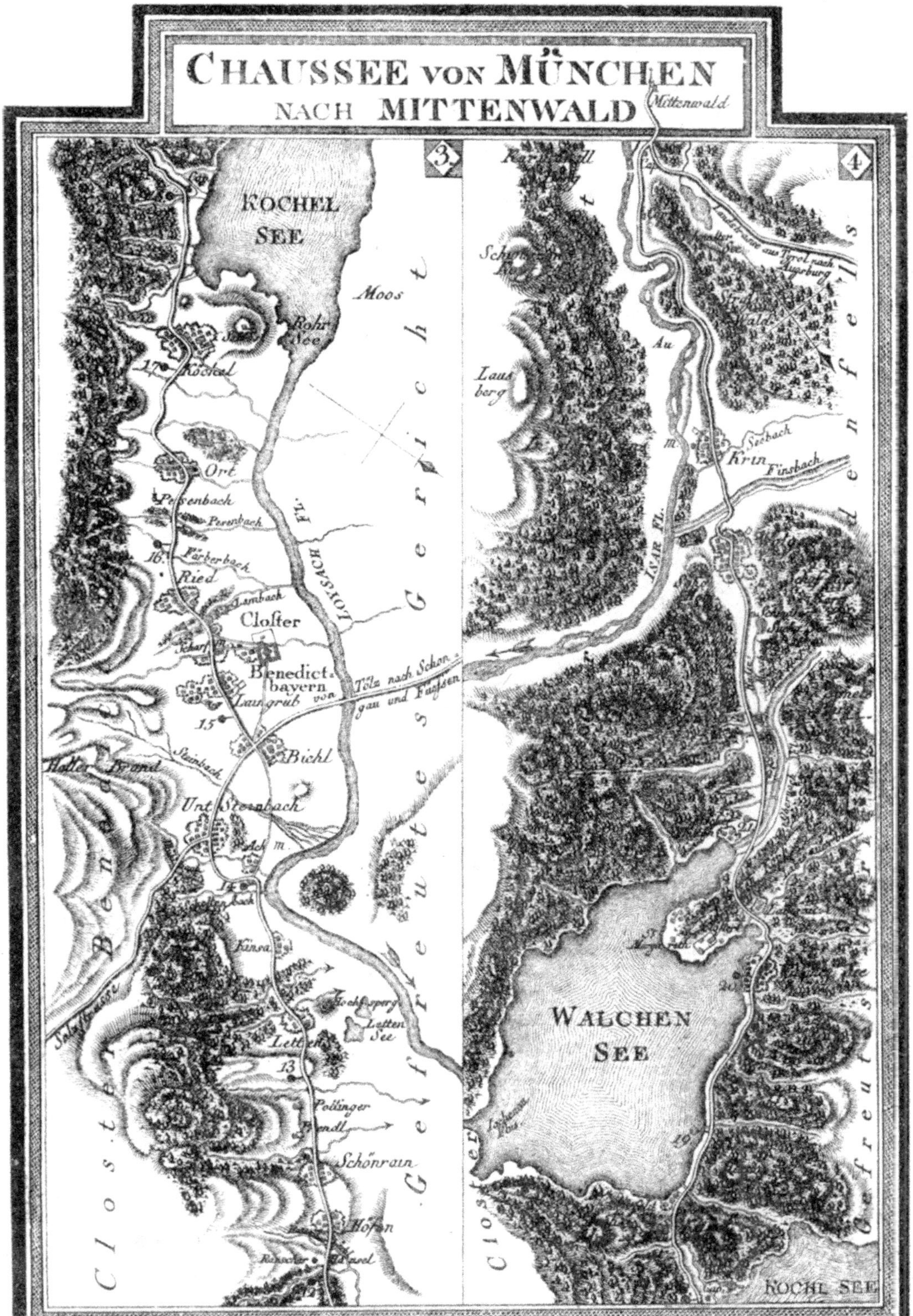
CHAUSSEE VON MÜNCHEN NACH MITTENWALD
3
4
Mittenwald
KOCHEL SEE
Moos
Rohr See
Kochel
Ort
Färberbach
Ried
Lambach
Closter
Benedict. bayern
Langrub
von Tölz nach Schongau und Füssen
Bichl
LOYSACH FL.
Gericht
Steinbach
Unt. Steinbach
Lettensee
Letten
Pollinger
Schönrain
Hofen
Closter
Gefreut
Lausberg
Au
Seebach
Krin
Finsbach
ISAR FL.
WALCHEN SEE
KOCHL SEE

Basis an der Goldach 1801. Nach einem Aquarell von Daumiller im Katasterbureau.

Die Messung der Basis München–Aufkirchen und die erste topographische Aufnahme Bayerns zu Beginn des XIX. Jahrhunderts.

Von Max Schmidt.

Mit 1 Tafel XII.

Als im Jahre 1800 französische Truppen unter General Moreau Bayern besetzt hielten, bildete die Beschaffung zuverlässiger Kriegskarten eine der wichtigsten Sorgen der Armeeleitung. Da das vorhandene Kartenmaterial, das eifrigst gesammelt und zusammengestellt worden war, sich als lückenhaft und unzulänglich erwies, so sah sich die kurfürstliche Regierung veranlaßt, die Herstellung einer allen militärischen Anforderungen genügenden neuen Karte in Angriff zu nehmen.

Um die Ausbildung der bei solchen Arbeiten grundlegenden wissenschaftlichen Methoden hatten sich französische Astronomen und Ingenieurgeographen bereits im 18. Jahrhundert bei den in Frankreich, in Peru und Lappland ausgeführten Gradmessungsarbeiten die größten Verdienste erworben, so daß allgemein die Meinung bestand, sie allein seien im Besitz der zur Durchführung einer großen Landesaufnahme erforderlichen theoretischen Kenntnisse und praktischen Erfahrung. So kam es, daß die bayerische Regierung den von der kurfürstlichen Akademie gebilligten Vorschlag der französischen Armeeleitung annahm, eine neue topographische Karte von Bayern unter Mitwirkung französischer Ingenieurgeographen ausführen zu lassen.

Die Besoldung der bei diesen Arbeiten zu verwendenden französischen Ingenieure übernahm die französische Regierung und stellte nur die Bedingung, daß ihr die zur Anfertigung der neuen Karte erforderlichen Unterlagen zur Verfügung gestellt und eine Anzahl von Exemplaren der fertig gestochenen Karte überlassen würde. Mit der Durchführung der zur Herstellung der neuen Karte erforderlichen Vermessungsarbeiten wurde das zu diesem Zweck im April 1801 in München neu errichtete Topographische Bureau betraut, dessen Geschäftsleitung in den Händen des kurfürstlichen geheimen Kabinettsekretärs Rheinwald gelegt war. Außerdem gehörten dem Bureau an der französische Ingenieurgeograph Oberst Bonne, der bisher an der Mannheimer Sternwarte angestellte Astronom Henry, der durch seinen Reiseatlas rühmlichst bekannte Oberst v. Riedel und der am Münchener Hof als Geschäftsträger beglaubigte kurfürstliche Legationsrat Beigel aus Dresden, ein in mathematischen und astronomischen Dingen gründlich bewanderter Mann, sowie 24 bayerische und 9 französische Geodäten des Dépôt de la guerre.

Die erste und wichtigste Arbeit einer Landesvermessung bildet die Festlegung, Messung und Berechnung eines das ganze Land überspannenden Netzes von großen Dreiecken, welches dazu bestimmt ist, den festen Rahmen für die kartographische Aufnahme des Geländes zu bilden und die Lage aller Hauptmessungspunkte gegenüber den auf der Erdoberfläche gezogen gedachten Netzlinien zu sichern.

Der mühsamen Arbeit der Auswahl der Hauptdreieckspunkte unterzog sich Oberst Bonne persönlich und wurde dabei besonders durch den Ingenieur Brousseaud aufs ausgiebigste unterstützt, der sich später auch als geschickter Gehilfe Henrys bei den astronomischen Arbeiten bewährte.

Die genaue Messung einer großen Grundlinie für das Dreiecksnetz bei München wurde noch im Herbst 1801 glücklich durchgeführt; ebenso sind noch im gleichen Jahre die astronomischen und geodätischen Beobachtungsarbeiten in Angriff genommen worden.

Oberst Bonne wußte alle Schwierigkeiten, die sich ihm bei seinen Arbeiten im fremden Lande, dessen Sprache er nicht einmal beherrschte, entgegenstellten, glücklich zu überwinden, so daß bereits im Jahre 1804 das Hauptdreiecksnetz in den Provinzen Ober- und Niederbayern nebst der Oberpfalz in seinen Grundzügen vollendet war. Gleichzeitig mit den grundlegenden Arbeiten wurde die Ausführung der topographischen Aufnahmen im Gelände so rasch gefördert, daß bei Rückkehr der französischen Ingenieurgeographen nach Paris im Jahre 1807 auf Grund des gesammelten Materials und der ergänzenden Neuaufnahmen die Ausarbeitung der neuen topographischen Karte von Bayern begonnen und bis zum Jahre 1810 größtenteils vollendet werden konnte.

Die Karte ist als ein Teil der unter dem ersten Kaiserreich vom Dépôt de la guerre in Paris für die westeuropäischen Kriegsschauplätze hergestellten Kriegskarten, deren Blätter den Pariser Meridian und den 45. Parallel als Achsensystem und eine Größe von 80 zu 49 cm haben, im Verjüngungsverhältnis von 1 : 100000 in Kupferstich ausgeführt. Dieselbe war ursprünglich auf 22 Blätter berechnet; doch sind nur 17 Blätter wirklich zur Ausführung gelangt und auch auf diesen sind einzelne Teile unvollendet geblieben. Das Gelände ist in Schraffen mit senkrechter Beleuchtung dargestellt; der Stich ist überaus sauber und korrekt ausgeführt. Die Kupferplatten werden im Service géographique de l'armée in Paris aufbewahrt. Die Karte ist unter dem Titel „Carte de la Bavière au 1 : 100000, 17 feuilles en noir et 1 tableau d'assemblage gravure sur cuivre, la feuille 5 Fr.“ im Catalogue des cartes, plans et autres ouvrages publiées par le service géographique de l'armée française, Paris angezeigt.

Die nur wenig bekannt gewordene Karte ist gelegentlich der Pariser Ausstellung vom Jahre 1900 durch ein unter den amtlichen französischen Kartenwerken ausgestelltes Probeblatt neuerdings in Erinnerung gebracht worden. Kleinere Ausschnitte aus dieser Karte, die Umgebung von Regensburg bzw. die Gegend vom Königssee bis zum Hochkalter darstellend, geben General Berthaut in seiner Geschichte der französischen Kartographie I pag. 156, Paris 1898, und Professor Eugen Oberhummer in seiner Entwickelung der Alpenkarten im 19. Jahrhundert, in der Zeitschrift des deutschen und österreichischen Alpenvereins, Bd. XXXIII 1902. Ein vollständiges Exemplar der Karte befindet sich im Privatbesitz des Verfassers.

Die im Jahre 1801 bei München gemessene Grundlinie hat neue Wichtigkeit und große Bedeutung bekommen, als im Jahre 1807 eine Grundsteuervermessung in Bayern auf einheitlicher trigonometrischer Grundlage in Angriff genommen und die Landestriangulierung bis an die erweiterten Grenzen des Königreichs und auf die Rheinpfalz ausgedehnt wurde. In Verbindung mit zwei weiteren im Jahre 1807 zwischen Erlangen und Nürnberg und im Jahre 1819 im Rheintale bei Speyer gemessenen Grundlinien ist die altbayerische Basis für alle seitdem in Bayern für wissenschaftliche, staatswirtschaftliche und topographische Zwecke ausgeführte Vermessungsarbeiten von grundlegender Bedeutung geworden und hat insbesondere auch den strengsten, hinsichtlich der Messungsgenauigkeit zu stellenden Anforderungen bis auf den heutigen Tag voll und ganz genügt. Über die Messung dieser wichtigen Grundlinie, deren Länge, nebenbei bemerkt, die größte ist, die jemals gemessen wurde, mögen folgende nähere Mitteilungen hier Platz finden.

Als für die Messung besonders geeignet war das Gelände zwischen dem Nordturm der Frauenkirche in München und dem in nordöstlicher Richtung in einer Entfernung von rund 28,5 km gelegenen Kirchturm von Aufkirchen bei Erding (Tafel XII.) erkannt worden, da dasselbe vollkommen eben ist und einen aus grobem Schotter bestehenden festen Untergrund besitzt. Zudem gewähren die genannten beiden Endpunkte freien Ausblick über die ganze Linie und gestatten eine günstige Verbindung mit den nächstliegenden Hauptdreieckspunkten. Wesentliche Hindernisse für die Absteckung und Messung fanden sich in der Linie nicht vor; die vorhandenen kleinen Wasserläufe konnten mit Messungsstegen leicht überbrückt werden. Da indessen die unmittelbare Längenmessung bis zu den die Basisendpunkte bildenden Turmspitzen nicht fortgesetzt werden konnte, sind in der Nähe dieser Endpunkte beiderseits Zwischenpunkte in die Basislinie genau eingerichtet und auf dem Feld bei Oberföhring sowie bei Aufkirchen mit in Quadersteine eingelassenen Metallbolzen bezeichnet worden, die später mit darüber erbauten und heute noch gut erhaltenen Steinpyramiden geschützt wurden. Zur Sicherung der Lage dieser Punkte für den Fall ihrer Zerstörung sind dieselben auf benachbarte Kirchtürme genau eingemessen. Die Längen der beiden Endstücken der Basis zwischen den Pyramiden und Turmspitzen wurden nachträglich mit Hilfe von Winkelmessungen auf benachbarten Dreieckspunkten ermittelt. Die Messung der zwischen den versteinten Endpunkten etwas über 21,6 km langen Linie erfolgte nach vorausgegangener Absteckung der erforderlichen Anzahl von Richtpunkten mit 5 m langen Meßstangen aus Fichtenholz, deren Enden mit Metallkappen versehen waren. Fünf dieser stets in gleicher Reihenfolge hintereinander genau in die Linie gelegten Stangen bildeten eine „Lage“ von etwas über 25 m Länge. Eine sichere, wagerechte Auflagerung der Stangen erhielt man durch einen streckenweise im voraus erbauten Messungssteg, der aus starken Bohlen bestand, welche mit Schraubenzwingen auf den mit Schraubenspindeln versehenen Kopfplatten dreibeiniger Gestelle befestigt wurden. Auf der Oberfläche dieser Bohlen, welche durch untergesetzte Zwischenstützen noch weiter versteift wurden, war die Messungslinie vorgezeichnet.

Die Anordnung des Steges und das staffelförmige Meßverfahren, welches bei Überschreitung von Bodenschwellen und Wasserläufen angewendet wurde, ist durch die in der Kopfleiste gegebene bildliche Darstellung erläutert.

Die Abgleichung der Stangenlängen erfolgte für die aus allen fünf hintereinander gereihten Stangen gebildete „Lage“ im ganzen mittels eines durch eingerammte Pfähle auf festem Boden hergestellten Komparators nach einem mit dem Pariser Platinmeter genau verglichenen Meterstab aus Messing, der sich im Besitz Bonnes befand und von diesem wieder nach Paris zurückgebracht wurde. Bei dieser Abgleichung ist die Komparatorrestlänge mittels einer Schublehre bis auf $^{1}/_{40}$ mm genau gemessen worden; die Ausdehnung der Holzstangen durch die Wärme und Feuchtigkeit wurde sowohl bei der Abgleichung wie bei der späteren Berechnung der Basis berücksichtigt.

Die Messung der Basis fand nur einmal statt, und zwar in der Zeit vom 25. August bis 2. November 1801 unter der persönlichen Oberleitung Bonnes.

Ein trotz aller angewandten Vorsicht unterlaufener Zählfehler von einer Stangenlänge wurde bei einer schließlich vorgenommenen flüchtigen Nachmessung mit der Kette bemerkt und berichtigt. Das bei der Messung verwendete Hilfspersonal bestand aus 2 Zimmerleuten und 18 bis 20 Soldaten.

Die auf den Meeresspiegel reduzierte Länge der zwischen den beiden versteinten Endpunkten unmittelbar gemessenen Strecke der Grundlinie ist in dem im Jahre 1873 erschienenen amtlichen Werke „Die Bayerische Landesvermessung“ mit Berücksichtigung aller nötigen Verbesserungen auf 21653,75 m und der durch trigonometrische Berechnung daraus abgeleitete Abstand der beiden Turmspitzen von München und Aufkirchen auf 28497,10 m festgestellt worden.

Am gleichen Orte finden sich auch Angaben über den Grad der Genauigkeit der in Bayern ausgeführten Basismessungen. Dieselben sind gewonnen worden durch Vergleichung je zweier Werte einiger Hauptdreiecksseiten, die aus verschiedenen Grundlinien berechnet worden sind. Die Unterschiede betragen beispielsweise für die aus der Münchener und Nürnberger Grundlinie abgeleiteten Größe der 29,7 km langen Seite St. Johann–Hohenstein 67 mm pro km und bei der 69,4 km langen Seite Hohenstein–Wülzburg nur 42 mm pro km. In dieser guten Übereinstimmung kann eine Gewähr dafür erblickt werden, daß bei den mit verschiedenen Basisapparaten ausgeführten Messungen der beiden vorgenannten Grundlinien ein sehr hoher Grad von Genauigkeit erreicht worden ist.

Um aber auch noch einen Vergleich dieser vor nunmehr 100 Jahren ausgeführten Messungen mit neueren Basismessungen zu erhalten, bei welchen vollkommenere Apparate und genauere Meßmethoden Verwendung fanden, kann man die soeben abgeschlossenen Beobachtungen einer in den Jahren 1902 bis 1904 für Erdmessungszwecke auf dem 48. Breitenparallel in Südbayern durch die bayerische Erdmessungskommission ausgeführten Triangulierung heranziehen. Diese ergeben im Anschluß an eine von der Kgl. württembergischen Erdmessungskommission auf demselben Parallel ausgeführte und im Jahre 1892 veröffentlichte Triangulierung auf dem kürzesten Wege eine Verbindung der alten Münchener Grundlinie mit der Hauptdreiecksseite Donon–Straßburg der preußischen Landestriangulierung, deren aus der Oberbergheimer Basis berechnete und auf das internationale Meter reduzierte Länge im XI. Bd., S. 89, der „Hauptdreiecke" der preußischen Landesaufnahme angegeben ist.

Ermittelt man auf diesem Wege die Länge der an der bayerisch-württembergischen Grenze gelegenen, 62,2 km langen Hauptdreiecksseite Aenger–Roggenburg, so findet man den Unterschied mit dem aus der Münchener Grundlinie abgeleiteten Wert dieser Seite im ganzen zu 93 mm oder 1,5 mm pro km. Einen zweiten Vergleichswert erhält man für diesen Anschluß, wenn man von der Seite Ballon–Donon des Rheinischen Dreiecksnetzes ausgeht und die „Hauptdreiecke" XI S. 204 veröffentlichten Daten zugrunde legt. Die Differenz findet sich in diesem Fall zu 0,9 mm pro km.

Diese überraschend günstige Übereinstimmung ist wohl zum Teil einem glücklichen Zufall zuzuschreiben. Gleichwohl beweist dieselbe im Zusammenhalt mit der guten Übereinstimmung der bayerischen Grundlinien unter sich aufs neue, daß bei den zu Anfang des verflossenen Jahrhunderts in Bayern ausgeführten Basismessungen ein Genauigkeitsgrad erreicht worden ist, welcher den wissenschaftlichen und technischen Anforderungen auch der Neuzeit vollkommen entspricht.

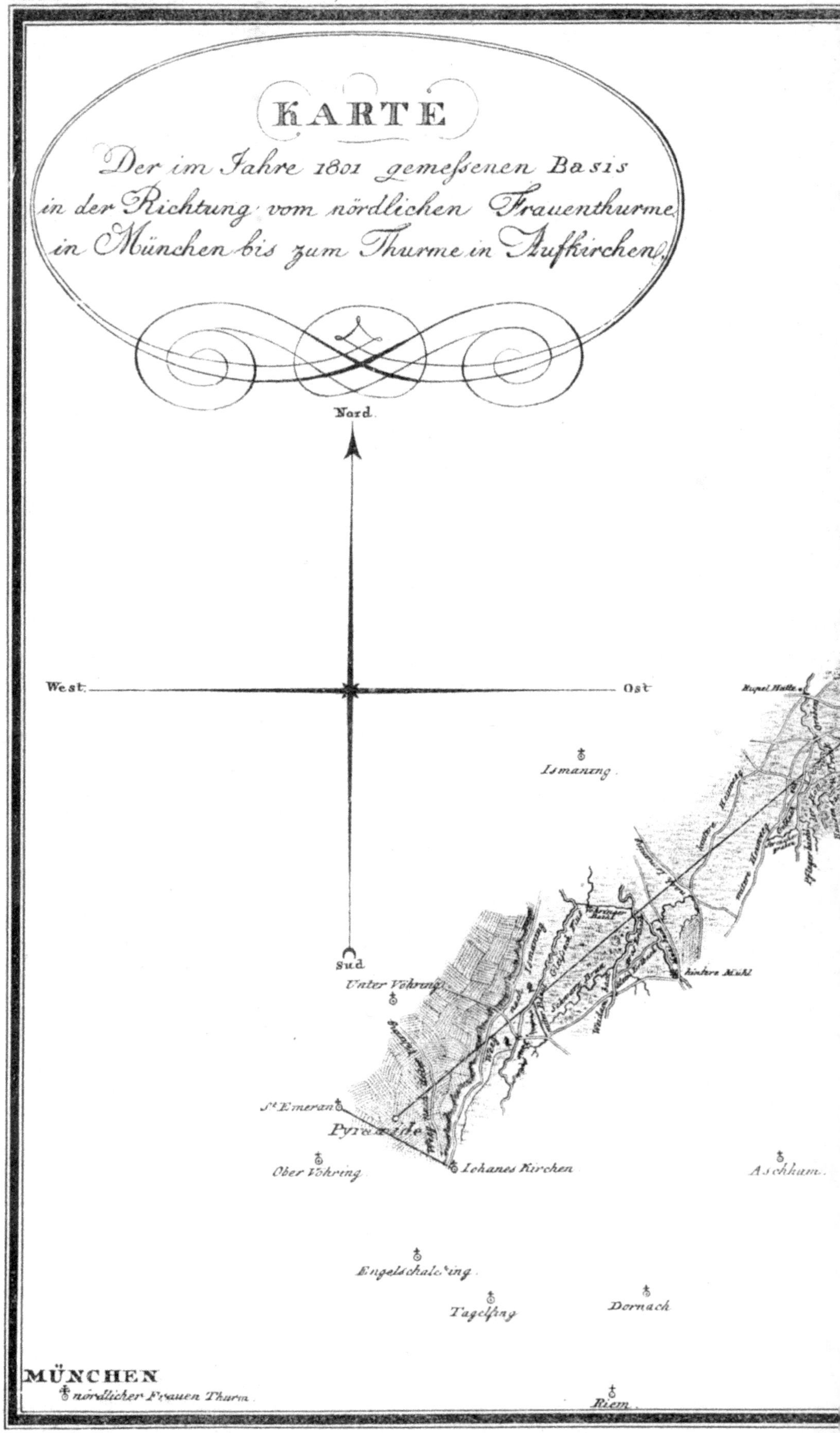
KARTE
Der im Jahre 1801 gemeßenen Basis
in der Richtung vom nördlichen Frauenthurme
in München bis zum Thurme in Aufkirchen.
Nord.
West.
Ost
Sud.
Ismaning.
Unter Vöhring
hintere Mühl
St. Emeran
Pyramide
Ober Vöhring
Iohanes Kirchen
Aschham.
Engelschalking.
Tagelfing
Dornach
MÜNCHEN
nördlicher Frauen Thurm
Riem.

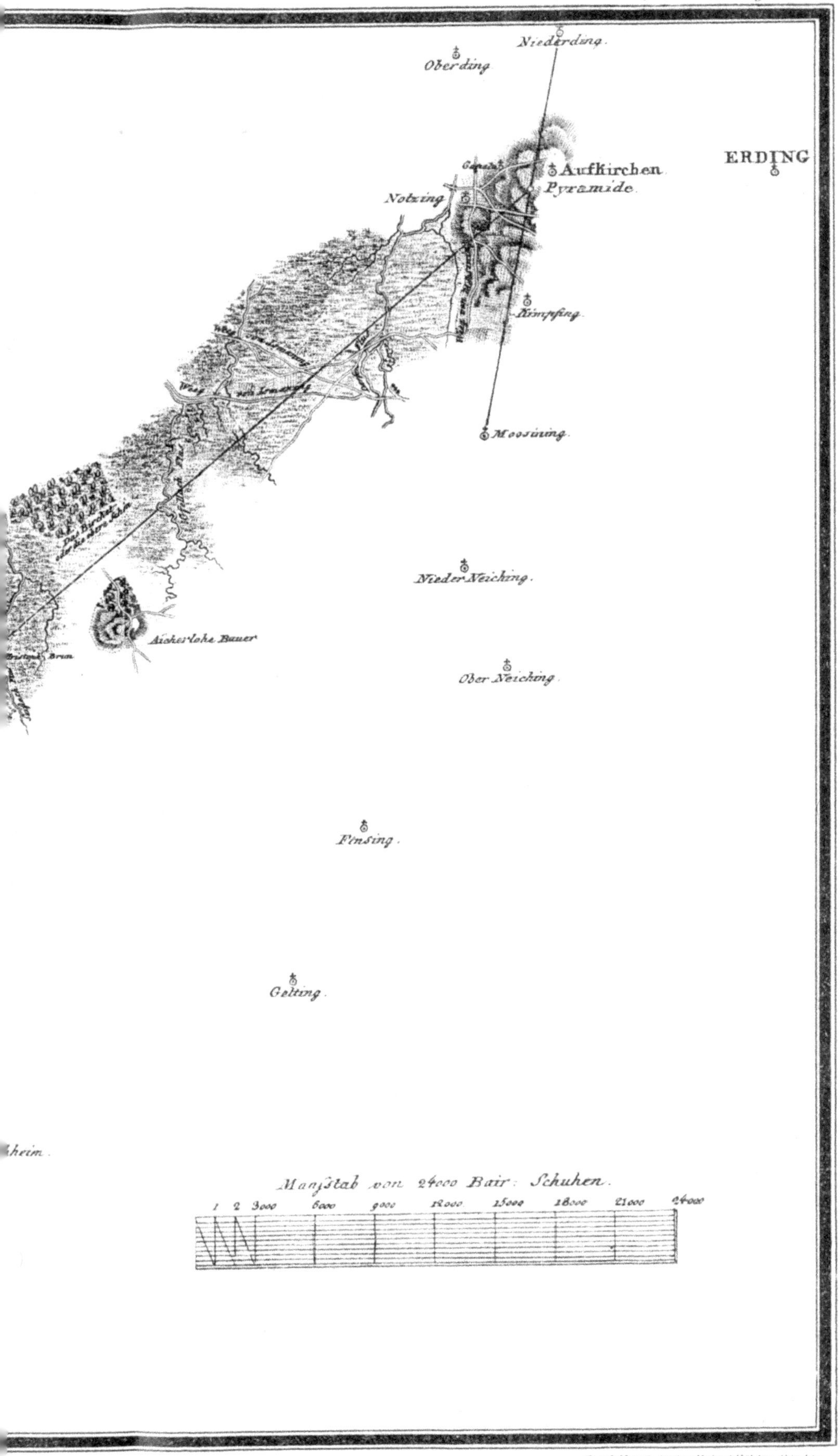

Graph. Kunst. Anst. v. Hubert Kohler, München.

Das Werfen einer Senkfaschine (Isar bei Dingolfing). Aufgen. v. F. Kreuter.

Der Wasserbau in Bayern.

Von Franz Kreuter und Ernst Henle.

Mit 1 Tafel XIII.

Vor hundert Jahren.

Die Bauweisen, deren man sich an fließenden Gewässern heute noch bedient, waren im wesentlichen längst bekannt, als vor nicht viel mehr als hundert Jahren erst die Erkenntnis zu erwachen begann, daß nicht jede Bauweise in allen Fällen entspricht, daß, insbesondere an Flüssen, Bauweisen nicht am Platze sind, gegen die das Gewässer sich hartnäckig wehrt, daß mit bloßer Gewaltanwendung gegen das unerschöpfliche Arbeitsvermögen fließender Wassermassen nicht aufzukommen und es in der Regel unmöglich sei, unnatürliche Zustände zu erzwingen, wie vorteilhaft sie auch erscheinen mochten. Man hatte begonnen, nach den Ursachen zu forschen, die in der Natur beharrliche Zustände hervorgebracht, um ähnliche Zustände künstlich herbeizuführen und trachtete, dazu das Arbeitsvermögen des Flusses heranzuziehen, indem man ihm durch geeignete Bauten den Weg wies.

So hatte man vor 100 Jahren begonnen, der rohen, gewalttätigen Abwehr aufs Geratewohl zu mißtrauen und die Notwendigkeit einer wissenschaftlichen Behandlung der Aufgaben des Wasserbaumeisters zu erkennen, und so ist in jener Zeit der erste Grund gelegt worden zu einer Wasserbauwissenschaft. Mächtig hat der große Forscher Chevalier du Buat vorangeleuchtet und auch ausgezeichnete deutsche Meister, unter denen Hunrichs, Eytelwein, Woltmann, Schemerl, Kröncke und Wiebeking obenan stehen, waren bemüht, in ihren Wirkungskreisen Erfahrungen zu sammeln, Klarheit zu gewinnen und Licht zu verbreiten. Allein groß und anscheinend unlösbar waren die auftretenden Gegensätze, und Männer von zweifelloser Tüchtigkeit vertraten oft ihre Meinung mit unwürdigen Ausfällen, statt ruhig die Gründe des Gegners zu prüfen und unverdrossen nach der Ursache des scheinbaren Widerspruchs zu forschen. Hierbei ist aber zu berücksichtigen, daß die Beschwerlichkeit, Langwierigkeit und Kostspieligkeit des Reisens in jener Zeit es den meisten fast unmöglich machte, aus eigener Anschauung sich an den Werken anderer zu unterrichten und insbesondere rechtzeitig, d. i. gerade dann, wo ein Wasserbau am lehrreichsten ist, zur Stelle zu sein.

In dem an reißenden, geschiebeführenden Flüssen reichen Bayern mußte das Hauptaugenmerk von jeher dem Flußbau zugewandt sein. Allein die Kriegswirren und die bis zum Jahre 1803 bestehende Zerstückelung des Landes waren einer gedeihlichen Entwicklung des Flußbauwesens hinderlich. Stückwerk, ohne Rücksicht auf das Flußgebiet als Ganzes, war an der Tagesordnung. Das konnte nicht von durchgreifendem Nutzen sein und mußte vielfach geradezu schaden. Die an einzelnen Flüssen ausgeführten Wasserbauten entbehrten des Zusammenhanges[1]) und waren lediglich von den zunächst Bedrohten zu ihrem augenblicklichen Schutze errichtet. Der Staat hatte bis zum Jahre 1803 größere zusammenhängende Flußbauten überhaupt nicht ausgeführt. Er beschränkte sich auf die zur Aufrechterhaltung der Floßfahrt unerläßlichen Maßnahmen und überließ die Ufersicherung den Gemeinden. Aus falscher Sparsamkeit unterblieb meist die rechtzeitige Vornahme von Schutzbauten, so daß der Schaden immer weiter griff und die Kosten der Abhilfe ohne Unterstützung des Staates unerschwinglich wurden. Die einsichtigen Ingenieure der damaligen Zeit beklagen auch übereinstimmend[2]) die Unwissenheit vieler, denen damals die Ausführung von Wasserbauten unvorsichtig übertragen wurde, wodurch nicht nur dem Staate ungeheurer Schaden erwuchs, sondern auch das Ansehen der tüchtigen Wasserbaumeister und das Vertrauen in ihre Vorschläge erschüttert wurde. Die politische Zerrissenheit schloß größere gemeinsame Unternehmungen von selber aus. So hatte z. B. die unterhalb München gelegene Grafschaft Ismanning[3]) das ihr gehörige rechte Isarufer durch sorgfältige Bauten geschützt, aber dadurch den Strom auf das linke, zu Bayern gehörige, flache Ufer gedrängt. „Hieraus entstanden große Zwiste, ja es kam sogar zu Tätlichkeiten. Von Seite Bayerns geschahen Repressalien" —.

Durch die im Jahre 1803 erfolgte Säkularisation war zwar größeren staatlichen Unternehmungen der Boden bereitet, es fehlten aber noch einheitliche, zweckmäßige Wassergesetze sowie ein Enteignungsgesetz, so daß kleinliche Zwistigkeiten unter den Gemeinden und ungeschickte Maßregeln beschränkter Beamten die rechtzeitige Inangriffnahme wichtiger Bauten zu hindern vermochten und unermeßlichen Schaden verschuldeten.[4]) Das Wasserbauwesen war also zu Anfang des XIX. Jahrhunderts in einem traurigen Zustande. Da wurde im Jahre 1805 einer der berühmtesten Wasserbaumeister jener Zeit, der welterfahrene, weitblickende und unternehmende Ritter v. Wiebeking als Generaldirektor des Wasser-, Brücken- und Straßenbaues nach Bayern berufen. Mit großer Tatkraft nahm er die Bändigung der durch Verwahrlosung und ungünstige Bauten verwilderten Flüsse in Angriff, und zwar, der damals herrschenden Anschauung zufolge, durch Ausführung zahlreicher Durchstiche. Die Verbauung von Wildbächen, obwohl durch Frhrn. v. Aretin und v. Zallinger warm befürwortet, fand damals noch keine Beachtung. Sie war seit der Mitte des XVII. Jahrhunderts, aus welcher Zeit Wildbachverbauungen bei Brixen in Tirol bis zum heutigen Tage erhalten sind, in Vergessenheit geraten, der sie erst in den 1860er Jahren wieder entrissen werden sollte. Wenn noch 1825 der nachmalige Oberbaudirektor v. Pechmann[5]) höhnisch fragen konnte, ob die Urheber solcher Vorschläge „jemals ein Gebirge in dieser Hinsicht beobachtet haben", so kann man sich denken, wie weit man in maßgebenden Kreisen zu Anfang des XIX. Jahrhunderts noch davon entfernt war, die Wichtigkeit solcher Unternehmungen zu begreifen. Wer an einem einzelnen Gewässer große Summen durch lange Jahre verbraucht hatte, galt als „Kenner" dieses Gewässers und dies Schlagwort gilt vielfach heute noch. Dieser vermeintlichen Kennerschaft zu Liebe wurden und werden ungeheure Summen vergeudet. Anderwärts gesammelte Erfahrungen wurden gering geschätzt und abgelehnt, statt daß man trachtete, alle Wahrnehmungen von einem höheren Gesichtspunkte aus zu prüfen in der Erkenntnis, daß da Naturgesetze walten, die allgemein gelten.

So konnte es auch nicht fehlen, daß Wiebeking, der „Ausländer", heftig angefeindet wurde, insbesondere weil er neben dem bis dahin in Bayern eingebürgerten Steinkastenbau den Faschinenbau einführte.[6]) Seither ist der Faschinenbau an den bayerischen Flüssen heimisch geworden. In der Folge mannigfach ausgebildet und mustergültig hergestellt, hat er ausgezeichnete Dienste geleistet.

Die durch Wiebeking ausgeführten Durchstiche haben in vielen Fällen die Flußverhältnisse wesentlich verbessert, insbesondere Versumpfungen und Überschwemmungsgefahren dauernd beseitigt, obschon sie auch manche Enttäuschung brachten und neue Schwierigkeiten schufen, auf die man bei dem damaligen Stande der Erfahrungen kaum gefaßt sein konnte. Solche Mißgriffe dürfen jedoch nicht immer abfällig beurteilt werden. Wo es gelang, ihre Ursache klarzulegen, sind sie, in unserer vorwiegend auf Erfahrung beruhenden Wissenschaft, zu Marksteinen des Fortschritts geworden. Erst ihre unbedachte Wiederholung stempelt sie zu Fehlern.

Im nachstehenden sei ein Überblick über den Stand der Berichtigungen an einzelnen Flüssen Bayerns bis zum Jahre 1806 gegeben:

An der Donau waren oberhalb Ingolstadt fünf Durchstiche ausgeführt, welche die Austrocknung des Donaumooses befördern sollten.[7]) Ferner war, noch unter Kurfürst Karl Theodor, bei Postsal und Abbach[8]) durch Sprengungen eine Stromenge beseitigt und die am Ufer laufende Straße geschützt worden. Zwei durch Wiebeking sofort in Aussicht genommene Durchstechungen großer Flußkrümmungen bei Dillingen wurden 1808 vollendet.[9])

Die 3 km lange Geradleitung der Isar von München abwärts führte Wiebeking noch im Jahre 1806 aus. Die hierdurch angebahnte Senkung des Isarbettes ist in der Folge so beträchtlich geworden, daß sie durch kostspielige Kunstbauten gehemmt werden mußte. Sie hat sich aber für die Entwicklung der Stadt in der neuesten Zeit als sehr segensreich erwiesen.

Auch die Streckung des Inn mittels eines Durchstiches bei Flintsbach, zwischen Kufstein und Rosenheim, ist Wiebekings Werk und gelangte 1806/07 zur Ausführung.[10])

Der Main war, soweit er das Königreich Bayern durchfließt, teilweise gut erhalten, teilweise aber ganz vernachlässigt. In dem zum Kurfürstentum Mainz gehörigen Aschaffenburg hatte man das Ingenieurkorps zur Ausführung von Wasser- und Straßenbauten erfolgreich herangezogen. In den Bistümern Würzburg und Bamberg dagegen war bis zur Säkularisation auf Flußverbesserungen nichts verwendet oder doch der Wasserbau ganz unkundigen Händen überlassen worden.

Die schon damals als notwendig erkannten Verbesserungsarbeiten an der Salzach und an der Iller konnten nicht ausgeführt werden, denn diese Flüsse bildeten Landesgrenzen und ließen sich daher nur im Einvernehmen mit den Nachbarregierungen in Angriff nehmen. Der Abschluß der Staatsverträge wurde zwar eingeleitet, stieß jedoch auf solche Schwierigkeiten, daß an die Ausführung der Arbeiten lange nicht zu denken war.[11])

Ein ausgedehntes Feld für die Tätigkeit des Wasserbauingenieurs ist in Bayern durch die Notwendigkeit der Urbarmachung ausgedehnter Moosflächen gegeben.

Zu Anfang des XIX. Jahrhunderts war lediglich das Donaumoos trocken gelegt.[12]) Stete Grenzstreitigkeiten hatten vorher eine planmäßige Kulturarbeit hintangehalten. Nach der Vereinigung des Herzogtums Neuburg mit Bayern 1777 wurde die Entwässerung des Donaumooses sofort in Aussicht genommen. Schon 1778 betraute man den im Rufe eines Naturkundigen stehenden Priester Johann Jakob Lanz mit der Aufstellung eines Kulturentwurfes, aber erst neun Jahre später wurde eine Kommission eingesetzt, um die Verhandlungen zu pflegen und 1790 wurde mit den Trockenlegungen begonnen. Im Jahre 1793 konnten sie bereits in der Hauptsache als vollendet gelten. Die am Rande des Mooses befindlichen Mühlen, deren Aufstau die völlige Trockenlegung hinderte, wurden 1803 und 1807 beseitigt. Die Geldmittel (300000 Gulden) hatte eine Aktiengesellschaft aufgebracht, die durch Abtretung eines Teiles der entwässerten Grundstücke entschädigt wurde, jedoch Mißstände herbeiführte, als sie ihre Anteile mit allen Rechten und Pflichten einem Privaten verkaufte. Der Kauf ging zurück und der Staat übernahm 1803 das Donaumoos wieder. Die Kulturversuche, die der Direktor der kurfürstlichen Landesdirektion J. P. Kling 1801—1805 auf Rechnung der Staatskasse, später aber auf eigene Kosten durchführte, waren von günstigem Erfolge; trotzdem geriet schon in der allernächsten Zeit die Kultur des Donaumooses in Verfall und die Staatsregierung verhielt sich teilnahmslos. Es ist uns auch nicht bekannt, daß zu jener Zeit anderweitige Entwässerungsunternehmen vom Staate projektiert oder gar ausgeführt worden seien, obwohl ihre Notwendigkeit von einsichtsvollen Sachverständigen betont wurde. So empfiehlt Adrian v. Riedl[13]) der Regierung dringend aber vergeblich die Entwässerung des Erdinger Mooses, des Isar Mooses und des Murnauer Mooses schon 1806, als leicht durchführbar und gewinnbringend.

Die übrigen Gebiete der Wasserbaukunst fanden zu jener Zeit in Bayern wenig Boden.

Die Hafenanlage in Lindau war zu Beginn des XIX. Jahrhunderts durch mehrfache Reihen starker Pfähle gebildet, die einige Fuß über den höchsten Wasserstand reichten und an denen sich die Wellen brechen sollten.[14]) Sie sind zum Teil heute noch vorhanden. Durch diese mangelhafte und unschöne Vorkehrung wurde indessen der beabsichtigte Zweck nicht genügend erreicht; Schiffe wurden häufig im Hafen beschädigt und gingen sogar unter. Wiebeking baute im Jahre 1811 den ersten Hafendamm in Lindau, dessen Anlage bis heute im wesentlichen beibehalten worden ist. Neuerungen, die Wiebeking dabei anbrachte, und einige zutage getretene Mängel waren seinen zahlreichen Feinden willkommen, um wiederum erbittert über ihn herzufallen, zumal er auf anderem Gebiete (Brückenbau) entschiedene Fehlgriffe gemacht hatte.

Schon unter Kurfürst Karl Theodor war der 6 km lange Verbindungskanal von Frankenthal zum Rhein erbaut worden. Auch hatte man die Ausführung eines Kanals im Isartal von München abwärts bis zur Donau bei Deggendorf besprochen.[15]) Kurfürst Max Joseph ließ die Isar von Lenggries aus und den Lech von Füssen aus durch den Landesdirektionsrat v. Plank bis zur Mündung in die Donau befahren, um die etwaigen Schiffahrtshindernisse kennen zu lernen; er wollte die Schiffbarmachung noch im Jahre 1800 ins Werk setzen.

Zahlreiche andere Kanalentwürfe wurden damals in Bayern erwogen. Den Gedanken einer Verbindung des Mains mit der Donau griffen zuerst die Franzosen auf, indem der Generalstabschef Marquis Dessoles der damals in Bayern stehenden französischen Armee unter Moreau den bayerischen Ingenieur Hazzi veranlaßte, jene Gegend zu bereisen. Das Gutachten Hazzis vom 18. November 1800 bespricht zum erstenmal die Verbindung des Mains mit der Donau. Durch einen Zeitungsaufsatz aus der Feder Dessoles' faßte dieser Plan sofort in Bayern Fuß, wurde aber zunächst nur in endlosen Gutachten und Entwürfen erwogen. Auch Wiebeking hob die Verbindung des Mains mit der Donau durch einen Schiffahrtsweg als ein ungemein ersprießliches und für die Weiterentwicklung des bayerischen Handels und Verkehrs erforderliches Unternehmen hervor und beteiligte sich lebhaft an der Bearbeitung und Besprechung der Entwürfe. Aber erst im Jahre 1830 wurde durch Pechmann dem König der endgültige ausführliche Entwurf des Kanals vorgelegt, und erst im Frühjahr 1836 konnte die Bauausführung beginnen.

Für die Wasserkraftausnützung waren, abgesehen von der herrlichen Erfindung Reichenbachs — der Wassersäulenmaschine —, zu jener Zeit in Bayern nur Wasserräder im Gebrauch. Den zum Betriebe der Mühlen erforderlichen Aufstau erzielte man fast durchweg durch feste Überfallwehre, während die Verwendung von Schleusenwehren ziemlich vereinzelt war. Die lediglich mit Rücksicht auf die Müller angelegten Überfallwehre boten eine weitgehende Überschwemmungsgefahr und bildeten mit ein Haupterschwernis für eine erfolgreiche Verbesserung der Flußläufe. Erst durch Wiebeking fanden die Schleusenwehre größere Verbreitung in Bayern, nachdem sie vorher lediglich als Abschluß der Floßgassen, Werkkanäle, Stadtbäche usw. allgemeiner im Gebrauch waren.[16]) Wiebeking selbst führte größere Durchlaßwehre bei Landshut[17]), Altötting, Kaufbeuren und Nürnberg[18]) aus, die er in seinem Werke umständlich beschreibt. Seine Darlegungen über die Gründung von Wehren auf felsigem Boden zeigen, daß er bereits eigentliche Betonbauten ausführte. Andere Arten von beweglichen Wehren, als aufziehbare Schützen, waren damals noch unbekannt. Talsperren fanden sich damals in Bayern nicht.

Als größere Röhrenleitung jener Zeit ist die zu erwähnen, welche die in Berchtesgaden gewonnene Sole über Reichenhall nach den kgl. Salinen in Traunstein und Rosenheim abführt. Um die Sole auf die zu überwindenden Höhen zu bringen, stellte Reichenbach auf dieser Linie die ersten seiner berühmten Wassersäulenmaschinen auf.

Kleinere Wasserleitungen, wie sie heute in vielen kleinen Orten noch üblich sind, waren häufig. Zahlreiche Brunnen wurden in München durch Pump- oder Brunnwerke betrieben.

Die Stadtbäche, welche hauptsächlich zum Betrieb von Mühlen angelegt worden waren, dienten außerdem auch der Reinlichkeit, indem sie vielfach die Abfälle und Abwässer aufzunehmen hatten.[19]) Eine Städteentwässerung im heutigen Sinne gab es damals in Bayern ebensowenig wie größere Wasserversorgungsanlagen.

In unseren Tagen.

Die Wasserbaukunst ist durch zielbewußte Versuche und Beobachtungen, Hand in Hand mit theoretischen Untersuchungen, allmählich auf wissenschaftlichen Boden gestellt worden. Einer vor hundert Jahren durch du Buat gegebenen Andeutung folgend, forschte in den 70er Jahren des XIX. Jahrhunderts du Boys weiter über die Gesetze der Geschiebebewegung und schuf neue Gesichtspunkte, nach denen die Bedingungen des Beharrungszustandes fließender Gewässer mit beweglichen Betten sich zutreffender als bisher beurteilen lassen und die, obschon rein theoretischen Ursprunges, im Begriffe sind, der Flußbaukunst sichere Wege für die Lösung ihrer Aufgaben zu weisen.

Der Betonbau ist auf eine hohe Stufe der Vollkommenheit gebracht und zu einem Mittel geworden, Bauwerke jeder Art und Größe, in mannigfachen Formen rasch und wohlfeil auszuführen und, durch entsprechende Wahl des Mischungsverhältnisses, den Einzelheiten von Bauwerken aus Gemäuer genau jene Festigkeit zu verleihen, deren sie bedürfen. Der Betonbau ist für die Wasserbaukunst sehr wichtig geworden und Bayern steht auf diesem Gebiete mit obenan. Auch in Verbindung mit eigenartigen Eisengerippen, als Betoneisenbau, hat der Betonbau in der Wasserbaukunst Eingang gefunden.

Die neuesten Verbesserungen in der Herstellung und Verarbeitung von Eisen und Stahl haben zu neuartigen Konstruktionen beweglicher Wehre geführt und machen es auch möglich, Rohrleitungen von bedeutendem Durchmesser und für hohen Druck herzustellen, mittels deren die ungeheuren Wasserkräfte der Alpenländer zu gewinnen und, mit Hilfe der gleichfalls in der allerjüngsten Zeit sprunghaft zu höchster Entwicklung gelangten Elektrotechnik, zu verwerten sind in einem Maße und einer Mannigfaltigkeit, die sich heute noch gar nicht absehen lassen.

Der heutige Stand des Wasserbauwesens bedarf aber fortgesetzt einer weisen und zielbewußten staatlichen Fürsorge und diese ist, gegen früher, weitgehend und ersprießlich. Das aus dem Jahre 1852 stammende, vortreffliche, aber teilweise veraltete und unzulänglich gewordene bayerische Wassergesetz ist, nach reiflicher Beratung, zu der in höchst verständiger Weise auch weitere Kreise von Fachmännern herangezogen wurden, in zeitgemäßer Umarbeitung begriffen. Die oberste Baubehörde hat durch eine Abteilung für die Verbauung von Wildbächen, durch ein Wasserversorgungsbureau, eine Moorkulturanstalt, ihren Wirkungskreis auf dem Gebiete des Wasserbauwesens erweitert und hat im Jahre 1898 durch die Einrichtung des hydrotechnischen Bureaus einen Weg betreten, den bereits vor hundert Jahren insbesondere Wiebeking und Schemerl klar bezeichnet und warm aber vergeblich befürwortet haben und auf welchem die Wasserbauwissenschaft wesentlich gefördert werden kann. Dem vom hydrotechnischen Bureau herausgegebenen Jahrbuche, das die fleißig und übersichtlich zusammengestellten Ergebnisse der Beobachtungen enthält, sind in zwanglosen Heften jetzt schon beachtenswerte wissenschaftliche Abhandlungen (von Hartmann, Spöttle, Specht, Herbst) beigefügt worden. Daß die oberste Baubehörde die Verbauung der Wildbäche, eine wesentlich dem Ingenieur zugehörende Aufgabe, in ihre Hand genommen hat, wird sich für das Land als sehr vorteilhaft erweisen.

Im vorigen Abschnitte wurde bereits erwähnt, daß der Bau mit Faschinen in Bayern ebenso geschickt als vorteilhaft betrieben wird. Hervorzuheben sind aber die durch unseren, leider zu früh verstorbenen, ausgezeichneten Meister August Wolf in Landshut, einen Mann von seltener Beobachtungsgabe, eingeführten und zunächst an der Isar mit Aufsehen erregendem Erfolge angewendeten schwebenden Bauten. Sie haben seither auch außerhalb Bayerns sich eingebürgert und, bei geschickter, richtiger Anwendung, sich vollkommen bewährt. Zuletzt wurden sie durch ehemalige Schüler unserer Hochschule in Bosnien erfolgreich ausgeführt an Flüssen, wo, wie an der Isar, der Schleppkraft-Grenzwert des Geschiebes ungefähr 3 kg/qm beträgt. Durch die schwebenden Bauten ist mit dem alten Grundsatz roher Gewaltanwendung am vollkommensten gebrochen und der neue Grundsatz, den geschiebeführenden Fluß zur Verrichtung der gewollten Ausarbeitung eines beharrlichen Bettes behutsam zu veranlassen, am schönsten verwirklicht.

Bis jetzt ist der Stand auf dem Gebiete der Flußbauten in Bayern ungefähr folgender:

	A. Schiffbare Flüsse (Donau, Main, Rhein, Inn, Salzach)	B. Flöß- und triftbare Flüsse (Isar, Lech, Iller, Saalach, flößbarer Main)
Gesamtlänge	1100 km	730 km
Davon ausgebaut	800 km	260 km
Aufwand hierfür auf Staatskosten	51 000 000 M.	10 100 000 M.
Aufwand hierfür auf Kreiskosten	—	5 600 000 M.
Im ganzen	51 000 000 M.	15 700 000 M.
Auf das Kilometer	64 000 M.	60 000 M.
Zum Ausbau bestimmt	170 km	180 km
Aufwand hierfür auf Staatskosten	25 000 000 M.	8 300 000 M.
Aufwand hierfür auf Kreiskosten	—	5 800 000 M.
Im ganzen	25 000 000 M.	14 100 000 M.
Auf das Kilometer	147 000 M.	78 000 M.

Die Kosten der fertigen Strecken sind also sehr hoch, was der Unsicherheit zugeschoben werden muß, der man früher bei der Wahl der geeignetsten Bauweisen gegenüber stand. Es darf erwartet werden, daß die allmählich Eingang findende neuere Auffassung der Aufgaben des Flußbaumeisters und die erleichterte Erkenntnis der Bedingungen der Standfähigkeit von Flußläufen dahin führen werden, die geeigneten Bändigungsmittel von Anbeginn zutreffender zu wählen als bisher und auf weniger kostspieligen Umwegen zum Ziele zu gelangen.

Der Erfolg der Bauten an unseren Flüssen, insbesondere den südlichen Nebenflüssen der Donau, die ausgesprochene Gebirgsflüsse sind, hängt wesentlich mit der Verbauung der Wildbäche zusammen. Die ersten Wildbachverbauungen in Bayern: Steigbach, Wustbach, wurden durch Joseph Widmann in den 1870er Jahren ausgeführt. Seitdem begann der Staat diese Arbeiten planmäßig in Angriff zu nehmen und es wurden zunächst im Algäu, unter A. Stenglers Leitung, zahlreiche und wohlgelungene Verbauungen durchgeführt. Seit 1902 bestehen zwei staatliche Wildbachverbauungssektionen (Kempten und Rosenheim). Die eigentliche Verbauung ist den Wasserbaumeistern, die Aufforstung den Forstmännern zugewiesen.

Große Aufmerksamkeit wird in neuester Zeit der Schiffbarmachung bzw. Kanalisierung von Flußstrecken zugewendet.

Der 1836 begonnene und 1845 mit einem Kostenaufwande von etwa 29 Mill. Mark vollendete Ludwigs-Donau-Main-Kanal hat die Erwartung, die sein Urheber Pechmann noch 1854 aussprach, er sei bestimmt, „vielleicht der wichtigste in unserem Weltteil zu werden“[20]), nicht erfüllt.

Die Fertigstellung dieser Wasserstraße war durch endlose Streitigkeiten über die Linienführung verzögert worden, bis die ersten Dampfeisenbahnen in Bayern einen großen Teil des Güterverkehrs an sich gezogen hatten. Außerdem erwies sich die Beschaffenheit der Zufahrten zu diesem Kanale als ungenügend.

Der zu Anfang des XIX. Jahrhunderts noch gänzlich verwilderte Main war in den 20er Jahren durch eine Reihe von Durchstichen bedeutend verbessert worden. Dies verleitete in der Folge die Wasserbaumeister, die Wirkung dieses Verfahrens auf die Gestaltung der Flußrinne zu überschätzen und zu glauben, man könne dadurch im Main dieselbe Wassertiefe erzielen wie im Donau-Main-Kanal, nämlich 1,46 m. Das ist bei weitem nicht gelungen. Weder die ursprünglichen Buhnen noch ihr 1840 erfolgter Umbau zu Flügelbuhnen, noch deren zehn Jahre später begonnene Ergänzung zu Leitwerken vermochte dem durch zu gewaltsame Streckung für den Zweck verdorbenen Fluß eine Wassertiefe zu sichern, die den Verkehr großer Schiffe und ihre Zufahrt zum Ludwigs-Kanale bei niedrigstem Wasserstande ermöglicht hätte.[21])

An der Donau bildete die alte Regensburger Brücke ein gefährliches Verkehrshindernis. In dem Bestreben, ihre Pfeiler vor den Angriffen des Stromes zu schützen, hatte man deren Grundbau fortgesetzt verbreitert und hierdurch nicht nur die Durchflußweite zwischen den Pfeilern immer mehr eingeengt, sondern auch förmliche Stromschnellen geschaffen, in denen das Wasser das Bett nur um so tiefer auswühlte und, bei den sonst für die Schiffahrt günstigen Wasserständen, das Wasser so reißend war, daß der Schiffverkehr äußerst gefährlich, sogar abgeschnitten wurde, und daß schließlich selbst Dampfschiffe nur mit Zuhilfenahme von Pferdezug diese Strudel stromaufwärts zu überwinden vermochten.[22])

Im Ludwigs-Donau-Main-Kanal selber erwiesen sich die Kammerschleusen mit nur 4,6 m Lichtweite und 32,1 m Länge für die breiten, flachgehenden Kähne, wie sie auf der Donau und dem Main verkehren, zu klein. Die durchschnittliche Fallhöhe der Kanalschleusen (2,6 m) ist gering und ihre Anzahl (99) demgemäß im Verhältnis zur gesamten Länge des Kanales so groß, daß die durchschnittliche Länge einer Haltung nur 1,69 km beträgt. Dies Mißverhältnis hat zur Folge, daß die Kähne durchschnittlich, nach einer 35 Minuten währenden Fahrt auf der Haltung, 12 Minuten beim Schleusen verlieren.

Wenn der Ludwigs-Donau-Main-Kanal in seinem gegenwärtigen Zustande den Anforderungen nicht genügt, darf nicht geschlossen werden, daß eine Schiffahrtsstraße zwischen Donau und Main, die den Bedürfnissen der heutigen Großschiffahrt entspräche, nicht durchführbar oder ein unwirtschaftliches Unternehmen wäre. Der Ludwigs-Donau-Main-Kanal war für seine Zeit ein hervorragendes Werk der Ingenieurkunst, und hauptsächlich die Mängel der Zufahrten, die einer Nichtvollendung des Werkes gleichkommen, verursachten den wirtschaftlichen Mißerfolg.

Nach den Darlegungen E. Fabers, der seit Jahren, im Auftrage und auf Kosten des in den 1890er Jahren gegründeten Vereins für die Hebung der Fluß- und Kanalschiffahrt in Bayern, mit dem Studium dieser Aufgabe sich befaßt und darüber eingehende, reich ausgestattete Denkschriften herausgegeben hat, würden die heute im Kanalbau erzielten Fortschritte gestatten, eine Großschiffahrts-Verbindung zwischen Donau und Main herzustellen, die alle Ansprüche auf einen wirtschaftlichen Betrieb erfüllte. Insbesondere die Möglichkeit, bedeutend größere Gefällunterschiede als früher, durch Kammerschleusen und Schiffhebewerke zu überwinden, läßt viel längere Haltungen zu und verringert die Anzahl zeitraubender Durchschleusungen.

In dem durch E. Faber für den genannten Verein aufgestellten Entwurfe für den Donau-Main-Kanal ist, entsprechend den preußischen und österreichischen Binnenkanalentwürfen, ein „Normalkahn“ von 600 t vorgesehen. Die Gefällhöhe von insgesamt 266 m ist auf 18 Stufen verteilt, deren durchschnittliche Höhe 15,33 m beträgt. Für 12 Stufen sind Kammerschleusen mit durchschnittlich 6,05 m Fallhöhe, für 6 Stufen Schiffhebewerke beantragt. Die durchschnittliche Länge einer Haltung betrüge 10,2 km. Der Wasserquerschnitt des Kanales würde, bei 2,5 m Tiefe und 18 m Sohlenbreite, mehr als dreimal so groß wie beim alten Ludwigs-Kanal. Die Kammerschleusen sollen 67 m lang und 8,6 m breit werden, so daß alle Schiffe, die z. Z. durch die Mainschleusen gehen, auch ihren Weg zur Donau nehmen könnten. Die Kosten dieses von Kelheim ausgehenden Kanales sind auf 130 Mill. Mark veranschlagt. Ein zweiter Entwurf Fabers, wobei der Kanal von Steppberg an der Donau abzweigte, würde nur 118 Mill. Mark kosten, aber einen wesentlichen Umweg für den Durchgangsverkehr bedingen. Hand in Hand mit der Durchführung des Kanalunternehmens müßte aber auch der Main von Offenbach bis Bamberg hinauf kanalisiert werden, da sich gezeigt hat, daß durch bloße Bändigungsarbeiten die entsprechende Fahrwassertiefe im Main sich nicht erreichen läßt. Der für die Mainstrecke von Offenbach bis Aschaffenburg von den beteiligten Regierungen ausgearbeitete Entwurf ist auf 24 Mill. Mark veranschlagt.

Hieran anschließend ist vom Verein zur Hebung der Fluß- und Kanalschifffahrt in Bayern die Kanalisierung des Maines von Aschaffenburg bis Bamberg studiert worden, wobei man sowohl bloße Kanalisierung als auch Kanalisierung in Verbindung mit Seitenkanälen erwog. Die letztere Lösung käme mit insgesamt 23 Kammerschleusen aus und soll 120 Mill. Mark kosten.

Wenn auch diese vom genannten Verein veranlaßten Studien von ihrer Verwirklichung noch weit entfernt sein mögen, so stellen sie doch hervorragende Leistungen dar und kennzeichnen eine mit großer Tatkraft und richtig gewählten Mitteln ins Werk gesetzte Strömung unserer Zeit in Bayern.

Unter den in neuerer Zeit in Bayern ausgeführten Werken zur Hebung der Schiffahrt sind zu nennen:

Die Hafenanlagen in Ludwigshafen und Aschaffenburg, die Kammerschleuse und das Trommelwehr in Würzburg, die große Stauanlage im Main bei Bischberg, die mittels eigenartiger Betonsenkkästen durch A. Hensel ausgeführte große Ufermauer in Passau und die Felssprengungen oberhalb Passau in dem sogenannten Kachlet.[23])

Schöne Klappwehrkonstruktionen für Kulturzwecke hat Reischle in Niederbayern erbaut.

Zur Ausnützung von Wasserkräften für die Erzeugung elektrischen Stromes sind bereits namhafte Werke entstanden, so das Wehr von Heilmann bei Höllriegelsgreut. Die Wehre, welche man ursprünglich zum Schutze der durch die unerwartete Vertiefung der gestreckten Isar bedrohten Münchener Brücken errichtet hatte, haben bedeutende Wasserkräfte geliefert, die heute für die städtischen Elektrizitätswerke verwertet werden. Für denselben Zweck beabsichtigt die Stadt, die Wasserkraft der Isar nicht nur im Norden von München weiterhin auszubeuten, sondern auch im Süden, wo leider das prächtigste Landschaftsbild in unserer nächsten Umgebung vernichtet würde. Anlagen zur Verwertung bayerischer Seen als Vorratsbehälter für Kraftwasser sind geplant, und das Feld, welches die Elektrotechnik, nachdem ihr unermeßliche und unerschöpfliche Wasserkräfte dienstbar gemacht sein werden, sich noch zu erobern verspricht, ist unabsehbar. Ein gewaltiger Umschwung im Betrieb der Eisenbahnen ist z. B. bereits angebahnt.

Von einschneidender Bedeutung ist für Bayern der kulturtechnische Wasserbau und die in dessen Gebiet hinübergreifende Urbarmachung von Mooren. In ganz Bayern werden die Moore auf etwa 1250 qkm geschätzt, wovon allein auf den Kreis Oberbayern rund 800 qkm entfallen.[24]) In der Mitte der 1850er Jahre wurde mit der Aufstellung von Kulturtechnikern begonnen.[25]) Später genehmigten die Kreisvertretungen die Mittel zur Anstellung von Kreiskulturingenieuren und zurzeit ist in fast ganz Bayern der kulturtechnische Dienst Kreiseinrichtung. Mittlerweile war auch an der Technischen Hochschule, noch unter Mitwirkung des verstorbenen Professors M. E. Wollny, ein neuer zeitgemäßer Lehrplan für Kulturingenieure eingeführt worden, der Studierenden eine bis jetzt einzig dastehende, vollkommene Gelegenheit zur wissenschaftlichen Vorbildung für ihren Beruf bietet, den Kulturingenieur dem Bauingenieur völlig ebenbürtig macht und auch bereits in anderen Ländern Beachtung und Nachahmung gefunden hat. Die kulturtechnischen Ämter waren allein in den Jahren 1898—1901 an Unternehmungen für etwa 78000 ha mit einem Kostenaufwand von rund 6½ Mill. Mark durch Entwurfbearbeitung, technische Leitung usw. beteiligt. 1902 wurde der kulturtechnische Dienst neu geregelt. Der Dienst bleibt Sache des Kreises, wird aber durch staatliche Zuschüsse gefördert und ist der Leitung eines staatlichen Landeskulturingenieurs unterstellt. Die Kulturingenieure machen eine Staatsprüfung.

Zur Beschaffung von Kapitalien, um die Ausführung von Kulturunternehmungen zu erleichtern, wurde im Jahre 1884 die Kgl. Landeskulturrentenanstalt eingerichtet.

Die beim Bayerischen Landwirtschaftsrate eingerichtete Landes-Moorkulturanstalt wurde 1900 umgeschaffen in die „Kgl. Bayer. Moorkulturanstalt mit dem Sitze in München". Ihre Aufgabe blieb, wie vorher, die naturwissenschaftliche Untersuchung der Moorflächen, um festzustellen, welche davon für landwirtschaftliche, forstliche oder technische Zwecke verwendbar sind, die zweckmäßigste Art der Kultur und Düngung zu ermitteln, Moorkulturen anzulegen usw. Der Kgl. Moorkulturanstalt unterstehen drei Moorkulturstationen. Die auf den Stationen angestellten Versuche unterstützen wesentlich diesen Zweig der Wasserbauwissenschaft.[26])

Die Wasserversorgung Münchens, ein großartiges Quellenwasserwerk, wird noch an anderer Stelle besprochen, so daß hier nur einige Hauptangaben Platz finden mögen.[27])

Die Hochquellen im Mangfalltale wurden nach sehr gründlichen Vorstudien, an denen auch Gümbel und Pettenkofer wesentlich beteiligt waren, in den Jahren 1881—1883 mit einem Kostenaufwande von 6 Mill. Mark gefaßt und nach München geleitet. Sie lieferten 865 Sekundenliter mindestens und 1023 durchschnittlich. Seit 1901 sind die Gotzinger Quellen mit einer Mindestleistung von 615 l und einer Durchschnittslieferung von 884 l/sek einbezogen und seit 1903 ist man im Begriffe, auch die Kaltenbachquellen zu fassen, wodurch man die Mindestleistung auf 2000 l/sek zu erhöhen gedenkt. Der Hochbehälter bei Deisenhofen, der ursprünglich 37500 cbm faßte, wurde auf 55000 cbm erweitert. Wenn man annimmt, daß nach den besten Mustern die Stärke des Wasserverbrauches mit der Bevölkerungszahl wachsen sollte, so ist das ursprünglich für 300000 Seelen geltend gewesene Maß von 150 l auf den Kopf und Tag schon jetzt bei 528000 Seelen (Stand vom 1. Jan. 1905) kaum mehr haltbar. Es ergeben sich, bei der derzeit verfügbaren kleinsten Wassermenge von 1480 l/sek, 242 l auf den Kopf und Tag. Diese Zahl wird sich vielleicht merklich vermindern, wenn man die in den Zierbrunnen zurzeit unnütz wegfließenden Wassermengen abzieht, die offenbar beträchtlich, aber nicht näher bekannt sind. Es steht also nicht zweifellos fest, daß, wie man behauptet, die Wassermenge von 2000 Sekundenlitern für eine Bevölkerung von 714000 Einwohnern noch genügen werde, zumal, wenn man für die Straßenreinigung so reichlich Wasser aufwendet, wie in anderen Großstädten. Die Großbrauereien und andere Fabriken verbrauchen beträchtliche Wassermengen, beziehen sie jedoch zumeist aus artesischen Brunnen.

Die für die Münchener Wasserleitung gefaßten Hochquellen entspringen alle demselben Grundwasserträger, der auch teilweise die Mangfall speist. Die Anzapfung dieses Grundwasserträgers durch die Wasserfassungsstollen hat eine bedeutende Senkung des Grundwasserstandes im Grundwasserträger verursacht und auch die Niederwassermenge der Mangfall merklich verringert. Wenn durch die starke Senkung des Grundwasserstandes bis jetzt für den Betrieb des Wasserwerkes störende Schwankungen in der Ergiebigkeit der gefaßten Quellen nicht eingetreten sein mögen, so wäre das der günstigen, verhältnismäßig dichten Beschaffenheit der den Grundwasserträger bildenden Schichten zuzuschreiben, indem sie die Niederschläge nur sehr langsam durchsickern lassen. Anderseits haben die zahlreichen Triebwerksbesitzer an der Mangfall jetzt schon die möglichen Mittel ernstlich erwogen, um das ihnen entgangene Betriebswasser zu ersetzen. Jedenfalls dürfte die Grenze, wo die weitere Anzapfung dieses Grundwasserträgers aufhört für die Stadt vorteilhaft zu sein, und für weiteren Wasserbedarf nach anderen Bezugsorten Umschau gehalten werden muß, nicht mehr ferne liegen.

Ein weites Feld für die Tätigkeit des Wasserbaumeisters bietet die Versorgung kleiner Gemeinden mit Wasserleitungen. Im Jahre 1878 wurde das Technische Bureau für Wasserversorgung im Kgl. Staatsministerium des Innern gegründet, mit der Aufgabe, für die Gemeinden Wasserversorgungsanlagen zu entwerfen und auszuführen, sowie den Gemeinden dabei mit Rat und Tat an die Hand zu gehen. Auch für solche Unternehmungen können dürftige Gemeinden, seit 1900, Darlehen aus der Landeskulturrentenanstalt beziehen. Das Kgl. Wasserversorgungsbureau hat, bis zum Jahre 1904 einschließlich, 2777 allgemeine und 1000 ausführliche Entwürfe angefertigt. Davon entfallen auf die Jahre 1903 und 1904 fast doppelt so viel, als auf die zwölf ersten Jahre des Bestehens dieser Behörde. Neuerdings werden in schwierigen Fällen, wie für die Wasserversorgung der fränkischen Jurahochebene, Einzelorte zu Wasserversorgungsgruppen zusammengefaßt.

Die Kanalisation Münchens[28]) wurde in der Hauptsache im Jahre 1886 in Angriff genommen. Sie ist nach dem Schwemmsystem durchgeführt und an sich als mustergültiges Werk anerkannt. Aus der Lage Münchens, zu beiden Seiten des Isartales, auf den Steilrändern und den zur Flußrinne abfallenden Bodenstufen, ergab sich für das, naturgemäß dem Gelände angeschmiegte Kanalnetz die Einteilung in vier Gruppen, je zwei, eine obere und eine untere, zu beiden Seiten der Isar. Die ganze Bodenoberfläche fällt in der Flußrichtung von SSW nach NNO, und ihr folgen die Hauptkanäle. Unterdükerungen der zahlreichen Stadtbäche wurden durch tiefe Lage der Kanäle vermieden, was außerdem gestattete, die Anwesen meist bis zur Kellersohle zu entwässern. Trotzdem war es, bei dem starken Gefälle der Isar, möglich, die Hauptkanäle in sie einzuleiten, ohne Pumpanlagen. Um den Grundwasserspiegel zu senken und den Kanalbau zu erleichtern, wurde mit der unteren Kanalgruppe des rechten Isarufers eine große Bodenentwässerung (Drainage) verbunden. Es sind 242 km neue und 20 km alte, in das Netz eingegliederte Kanäle vorhanden. Am linken Isarufer liegt ein Hauptableitungskanal, an den späterhin, durch Unterdükerung der Isar, auch die bisher getrennt in den Fluß einmündenden, rechtseitigen Kanalgruppen angeschlossen werden sollen, um die gesamten Abwasser einer gemeinsamen Fangbecken- oder Klär- oder Rieselanlage zuzuleiten. Bis jetzt gelangt die Kanaljauche ohne jede Reinigung in die Isar. Zur selbsttätigen Entlastung des Kanalnetzes dienen 18 in die Isar oder in die Stadtbäche führende Regenauslässe mit Überfallwehren. Die Entwässerungsgebiete der einzelnen Kanalgruppen sind sehr ausgedehnt. Sie mußten daher in Streifen geteilt werden, deren jeder von Hauptkanälen durchzogen ist, welche der Richtung der Hauptsammelkanäle folgen, in die sie einmünden. Quer zu diesen Haupt- und Hauptsammelkanälen verlaufen die Seitenkanäle derart, daß die Seiten- und Hauptkanäle von einem höher gelegenen Hauptkanale aus gespült werden können. Zu dem Zwecke kann durch 23 Spüleinlässe Bachwasser eingeleitet sowie, mittels der Hydranten, Leitungswasser verwendet werden. Außerdem sind zwei „Spülgalerien" vorhanden. Die eine faßt 200 cbm Wasser und liegt bei Nymphenburg. Die andere, in der Nähe des Südbahnhofes, faßt 1800 cbm und kann dreimal täglich mit Isarwasser gefüllt werden. Für Spülzwecke wurden nach dem Durchschnitt des Jahres 1898[29]) etwa 450 l reines Wasser auf den Tag und Kopf verwendet.

Die in die Isar eingeleitete Kanalwassermenge betrug im Jahre 1904 durchschnittlich 3,6 cbm/Sek. und mindestens 2,14 cbm/Sek. Die geringste Wassermenge der Isar wird zu 36 cbm/Sek. angegeben, geht aber wahrscheinlich noch weiter herab. Ein Teil dieser Wassermenge wird dem Fluß durch den Schwabinger Bach entzogen. Es ist daher sicherlich nicht unbedenklich, eine so große Menge Kanaljauche, welche die Fäkalien enthält, in den Fluß zu leiten. Als man vor Jahren für die Harmlosigkeit der Abschwemmung in die Isar die Tatsache ins Feld führte, daß das Flußwasser bei Freising überraschend rein erschien, hat man nicht berücksichtigt, daß eine etwa 7 km lange, noch ganz wilde und ungeregelte Flußstrecke bei Ismaning eine ebenso wirksame als abscheuliche Schlammablagerungsstätte darbot. Wer unseren klaren Gebirgsfluß früher gesehen hat, wird ihn in dem, bis weit unterhalb Landshut hinab, trübe auf verschlammtem Bette hinfließenden, übelriechenden Gewässer nicht wiedererkennen. Der mehrfach als „merkwürdig" hingestellte Umstand, daß bei Niederwasser die Verunreinigung sich weniger weit flußabwärts fühlbar macht als bei Hochwasser, erklärt sich sehr einfach dadurch, daß die größere Schleppkraft die Ablagerung der Sinkstoffe verhindert und die größere Geschwindigkeit sie rascher befördert, Wie soll es aber erst in den Werkkanälen und im Stauwasser der Isar aussehen, wenn der Fluß, so wie er jetzt ist, von München abwärts zur Gewinnung von Wasserkräften ausgenutzt wird? Das große Werk unserer Stadtkanalisation ist also erst in einem Hauptabschnitte als vollendet zu betrachten, und bedeutende, wichtige Arbeiten werden in absehbarer Zeit sich noch daran anschließen müssen.

Gelungene Kanalisationen finden sich auch noch in anderen bayerischen Städten. Sie bieten aber nichts Besonderes und können hier übergangen werden.

Wenn zum Schlusse ein Wunsch angefügt werden darf, so wäre es die Errichtung einer wasserbauwissenschaftlichen Versuchsanstalt. Sie müßte selbstverständlich der Technischen Hochschule unterstellt werden und dem Zwecke entsprechen — nicht, Dinge vor Augen zu führen und Erscheinungen nachzuahmen, die man bereits kennt, sondern — Vorgänge zu untersuchen, über die man noch nicht im klaren ist. Dies wird aber nur möglich bei einer Einrichtung in großem Maßstabe, wo viel Raum und eine bedeutende Wassermenge zur Verfügung steht, wie bei der Anstalt, welche unter unserer Mitwirkung die k. k. Rheinbauleitung in Bregenz errichtet hatte und welche die von Darcy und Bazin noch an Ausdehnung und Meßeinrichtungen übertraf. Eine Wassermenge bis zu 4 cbm/Sek. stand zur Verfügung und ein gerades Gerinne von 250 m Länge, 3 m Breite und 2 m Tiefe, mit allen erforderlichen Meßvorrichtungen trefflich ausgestattet, war vorhanden. Die Versuche, welche der k. k. Baurat Ph. Krapf mit einer Umsicht und Sorgfalt ohnegleichen leitete, sind zurzeit leider unterbrochen, bis neue Geldmittel verfügbar sein werden. Sie haben aber bereits ergeben, daß die Versuchsanstalt den Anforderungen bestens entspricht, daß das eingehaltene Verfahren beim Sammeln der Beobachtungsergebnisse nichts zu wünschen läßt, und es sind wertvolle Leitgedanken für die Fortsetzung der Versuche gewonnen und wichtige Umstände ins Licht gerückt worden, deren Tragweite man vorher nicht genügend zu beurteilen vermochte.

Vor allem aber hat sich bestätigt, daß man, um brauchbare Mittelwerte und Zahlen zu finden, die sichtlich einem Gesetze folgen, sehr genau messen muß, und daß dies nur möglich ist an Gegenständen von so bedeutender Größe wie hier.

Es ist selbstverständlich, daß bei regelrechtem Gange der Studien jedes Ergebnis einer Versuchsreihe erst wissenschaftlich verarbeitet werden muß, ehe mit Zuversicht eine neue Reihe sich in Angriff nehmen läßt, und daß überhaupt die Studien durch eine Reihe von Jahren (man denke nur an Darcy und Bazin) plangemäß fortgesetzt werden müssen, ehe man daran denken darf, das Erforschte zu veröffentlichen. Eine Unterbrechung auf unbestimmte Zeit wie bei Bregenz kann daher für das ganze Beginnen verhängnisvoll werden.

Am guten Willen, auf bayerischem Boden, womöglich in Münchens Nähe, ein solches Werk zu schaffen, hat es nicht gefehlt; auch die Geldmittel wären wohl aufzubringen gewesen. Aber der erforderliche große Raum mit hinreichendem Betriebswasser und Gefälle war bisher nicht zu finden.

Vielleicht eröffnen sich für diesen Zweck günstige Aussichten, wenn die großen städtischen Wasserkraftanlagen errichtet werden. Es würde nicht schwer sein, die Gerinnanlage der Versuchsanstalt an eines der neuen Wehre anzuschließen und die Versuche auf Zeiten zu beschränken, wo ein Überschuß an Betriebswasser vorhanden ist.

Wenn dann die Studien zielbewußt, gewissenhaft und geschickt, wie es bei Bregenz geschehen ist, ständig fortgeführt werden könnten, so dürfte man auf Ergebnisse rechnen, die für die Wissenschaft und mit ihr für die wirtschaftliche Ausübung des Wasserbaues als sehr fruchtbar sich erweisen müßten.

Literatur.

[1]) Adrian v. Riedl, Stromatlas von Bayern, S. 22.

[2]) Vgl. Wiebeking, Theoretisch-praktische Wasserbaukunst, 2. Aufl. München 1811—1817, Bd. I, S. 2; Bd. II, S. 236 ff. Riedl, a. a. O., S. 20/22. v. Pechmann, Jahrbücher der Baukunde, Bd. I, S. 37.

[3]) Riedl, S. 60 u. 64; ferner Wiebeking, a. a. O., Bd. I, S. 284.

[4]) Riedl, S. 80 und 108. Wiebeking, Bd. I, S. 296 und 306.

[5]) Pechmann, Bd. I, S. 11.

[6]) Wiebeking, Bd. I, S. 286 und 295.

[7]) Pechmann, Bd. I, S. 15.

[8]) Riedl, S. 178 bis 180.

[9]) Wiebeking, Bd. I, S. 279, und Pechmann, Bd. I, S. 14.

[10]) Wiebeking, Bd. I, S. 294, und Pechmann, Bd. I, S. 19.

[11]) Pechmann, Bd. I, S. 20.

[12]) Spöttle, Kurze Darstellung der Kulturentwicklung im Donaumoos, Augsburg 1896.

[13]) Riedl, a. a. O. S. 82, 104, 126—128.

[14]) Wiebeking, a. a. O., Bd. II, S. 105 ff.

[15]) Schanz, Studien über die bayerischen Wasserstraßen. Der Donau-Mainkanal.

[16]) Riedl, a. a. O., S. 38, 44, 46.

[17]) Wiebeking, a. a. O., Bd. II, S. 616 ff.

[18]) Wiebeking, a. a. O., Bd. II, S. 642 ff.

[19]) Riedl, a. a. O., S. 36—38.

[20]) Schanz, a. a. O. S. 56.

[21]) Siebert, Der Wasserbau an den öffentlichen Flüssen im Königreich Bayern. Herausgegeben von der Kgl. Obersten Baubehörde, München 1888.

[22]) E. Faber, Denkschrift zu dem technischen Entwurf usw. (S. 31.)

[23]) Bauwerke der Staatsbauverwaltung in Bayern, herausgegeben von der Kgl. Obersten Baubehörde.

[24]) Ramann, Die Moore und die Moorkultur in Bayern. Forstl. naturw. Zeitschrift 1904.

[25]) Brettreich, Der kulturtechnische Dienst in Bayern. Vierteljahrsschrift des Bayerischen Landwirtschaftsrates 1902.

[26]) Spöttle, Die Entwässerungsversuche auf der Moorkulturstation Bernau am Chiemsee.

[27]) Die Entwicklung Münchens unter dem Einflusse der Naturwissensch. Festschr. zur 71. Vers. Deutscher Naturforscher und Ärzte. Abschnitt: Quellenwasserversorgung von Dietrich.

[28]) Siehe den beiliegenden Plan.

[29]) Die Entwicklung Münchens usw., a. a. O., S. 66.

Stadtbrunnhaus am Isart

Profil

Nach der Linie A B.

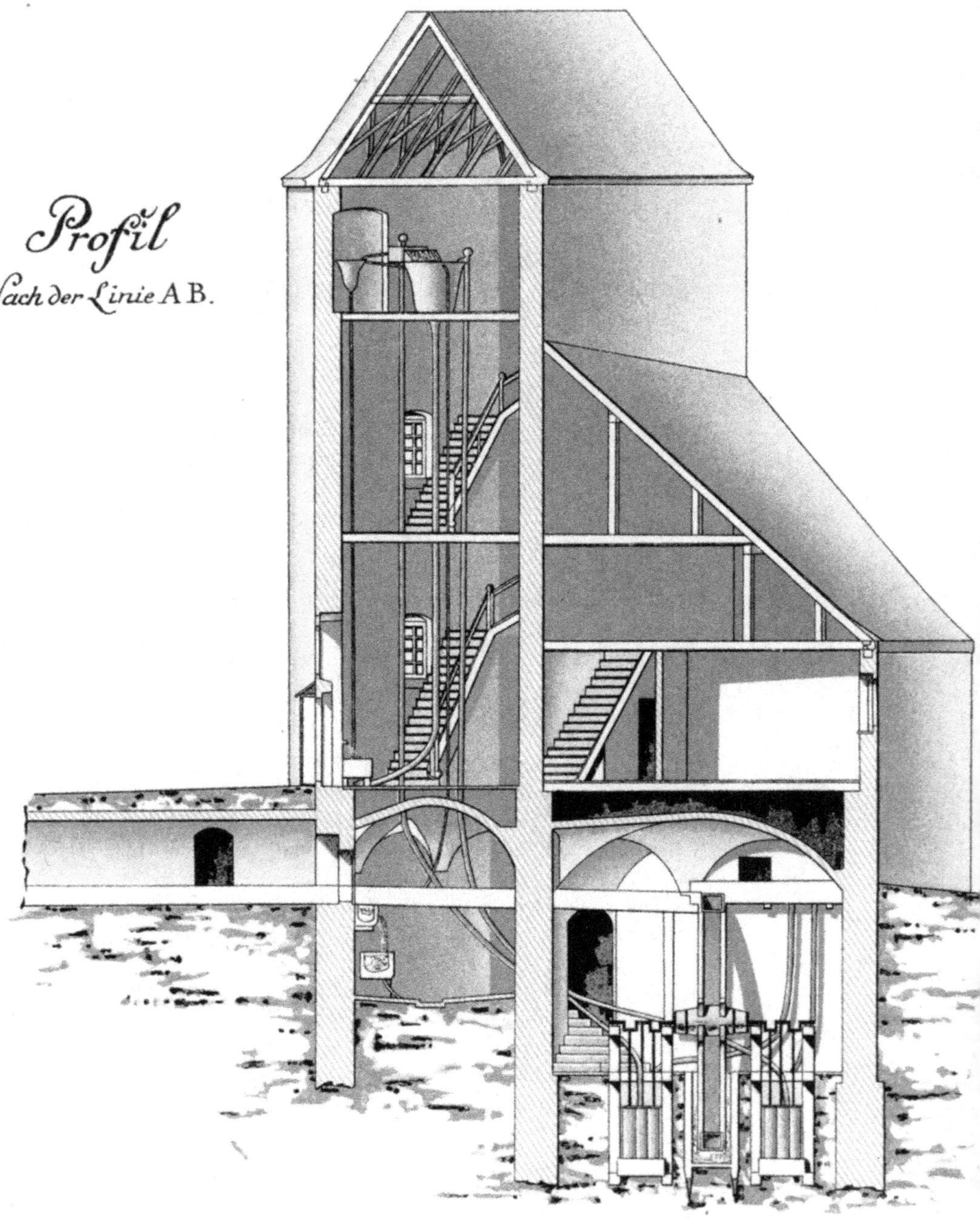

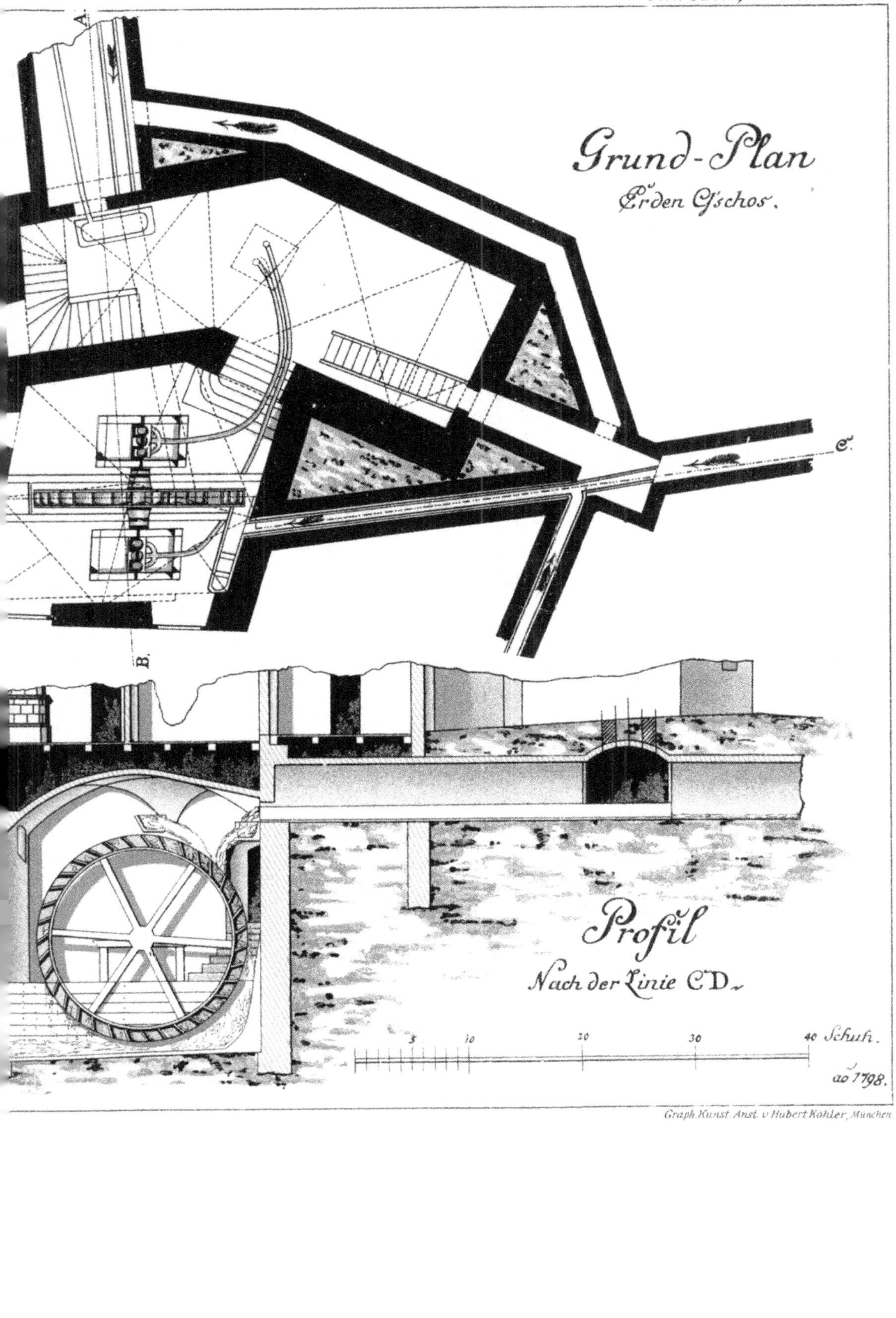

Graph. Kunst. Anst. v Hubert Köhler, München

Talbrücke über die Wupper bei Müngsten 1897.

Die Entwicklung des Brückenbaues und Bayerns Anteilnahme im XIX. Jahrhundert.

Von Wilhelm Dietz.

Mit Tafel XIV.

Herodot berichtet über eine große, von einem der ersten Könige Ägyptens gebaute Brücke über einen Nilarm; Diodor von einer gewaltigen, über den Euphrat bei Babylon errichteten Brücke. Weitere geschichtliche Überlieferungen geben Kunde von großen Schiffbrücken, deren eine Darius über die Donau ungefähr 500 Jahre vor unserer Zeitrechnung, und deren andere Xerxes über den Hellespont nicht viel später schlagen ließ. Verläßliche Angaben über die Gestaltung aller dieser Bauwerke sind uns nicht erhalten geblieben. Höchstwahrscheinlich hatte man viele Jahrhunderte hindurch größere Bauten ausschließlich aus Holz hergestellt und höchstens die Stützen, die Pfeiler und Widerlager wegen der größeren Widerstandsfähigkeit gegen Hochwasser, Treibeis und treibende Gegenstände aufgemauert. Sicher ist, daß aus dem ersten Altertume, etwa der Zeit bis Alexander dem Großen, uns keinerlei Denkmale gewölbter Brücken überkommen sind, bloß Überbrückungen von geringen Spannweiten, gebildet durch Überkragung von Platten und steinernen Balken, wobei es jedoch nicht ausgeschlossen erscheint, daß die den Ägyptern, Assyriern und Griechen bekannte Wölbekunst (überwölbte Grabdenkmale in den Pyramiden, Stollenwölbungen der Assyrier unter dem Palaste zu Nimrud) auch für kleine Wegbrücken jener Zeit mehrmals Anwendung gefunden hatte.

In die Zeit von Alexander dem Großen bis zum Beginne der Völkerwanderung fallen die hochentwickelten Brückenbauten der Römer, von denen sich hauptsächlich die Aquädukte der zahlreichen Wasserleitungen und die Überbrückungen des Tiber in Rom erhalten haben, die sowohl anregend als bezüglich der eigentlichen Wölbung und der künstlerischen Anlage vorbildlich wirkten fast für die ganze Folgezeit.

Der unter Ancus Martius 620 v. Chr. erbaute Pons Sublicius ist die erste römische Brücke, über die uns Nachrichten erhalten blieben; sie bietet besonders geschichtliches Interesse insofern, als Plinius berichtet, es stamme von ihr für das mit ihrer Erbauung beauftragt gewesene Priesterkollegium sowie für dessen Oberhaupt die Bezeichnung „pontifices“ und „pontifex maximus“. Die letztgenannte Holzbrücke wurde 507 während ihrer Verteidigung durch Horatius Cocles zerstört und später als „pons marmoratus“ durch Antonius Pius aus Marmor neu aufgebaut. Der Zahn der Zeit zerstörte sie so vollständig, daß kaum mehr Reste vorhanden sind.

Im Jahre 55 vor Beginn der christlichen Zeitrechnung ließ C. J. Cäsar eine hölzerne Kriegsbrücke über den Rhein, nächst der Mündung der Mosel, in zehn Tagen schlagen.

Als bezeichnendes Beispiel der Bauweise im Altertum, in der bei dem geringen Werte der menschlichen Arbeitskraft der Umfang der Leistung kein erhebliches Hindernis spielte, mag die unter Trajan 107 n. Chr. Geburt erbaute große Donaubrücke in der Nähe der heutigen Stadt Turn-Severin dienen. Dem Baumeister Apollodorus wurde ein Heer zur Verfügung gestellt, das die Brücke, bestehend aus gemauerten Widerlagern und Pfeilern, deren rund 34—36 m weite Öffnungen durch hölzerne Sprengwerkskonstruktionen überdeckt wurden, in einem Jahre fertiggestellt hatte.

Überblicken wir die große Reihe der gewölbten Brückenbauten der Römer, so finden wir zwar erhebliche Fortschritte in der Gründungsweise (liegende Roste, Pfähle, eine Art Betonierung, Senkkästen und Steinwürfe), als Bogenform sonst aber noch immer ausschließlich den Halbkreis, der zu großer Brückenhöhe und damit vielfach zu stark ansteigenden Fahrbahnen führte. Eine einzige Ausnahme hiervon bildet der 85 m hohe Aquädukt Trajans zu Olisippo (Lissabon) mit 32 Spitzbögen von 34 m größter Spannweite. Die größten von den Römern bewältigten Spannweiten der besprochenen Epoche weisen 36 m auf.

Die Zeit von der Völkerwanderung bis zum Beginne der Kreuzzüge (375—1096) zeigt einen vollständigen Verfall des Brückenbaus. Seit der Auflösung des römischen Reiches und dem Eindringen der Barbaren wurden fast alle Brückenbauwerke zerstört. Europa wurde von Unglück aller Art heimgesucht. So ist in Frankreich keine Brücke bekannt, deren Entstehung über das XII. Jahrhundert zurückreicht, bloß der Gard Aquädukt ragte als einzig erhaltenes Werk der großartigen römischen Bauwerke in die neue Epoche herein. Selbst Karl der Große, der, wie berichtet wird, aus Spanien Baumeister berief, ließ, soweit bekannt, keine neuen größeren massiven Brückenbauwerke anlegen, sondern beschränkte sich auf die Ausbesserung und Erhaltung alter Werke, sowie auf die Schlagung von Schiffbrücken und festen hölzernen Brücken. Den einzigen Lichtblick in diesen traurigen Zeitabschnitt der Geschichte des Brückenbaus in Europa gewährt der von dem Gotenkönig Theoderich dem Großen (455—516), oder Dietrich von Bern, wie er in der Geschichte des Nibelungenliedes genannt wird, erbaute Aquädukt von Spoleto in der italienischen Provinz Umbrien. Er soll gegen 130 m hoch gewesen sein und wird als der höchstragende Brückenbau der Welt angesehen. Einwandfreie Angaben über die Ausgestaltung dieses Bauwerkes in seinen Einzelheiten fehlen leider.

Der Beginn der Kreuzzüge, durch die eine neue Bewegung der Völker entstand, leitete einen Zeitabschnitt des Wiederauflebens des Brückenbaues ein, der bis zum Westfälischen Frieden bemessen werden darf. (1096—1648.) Diesen Aufschwung vermittelten die religiösen Orden, die in den Einöden ihrer Klosterstätten sich um Verbindungswege kümmerten und kümmern mußten, in einer Epoche der Gährung, da kein Staat in Europa bestand, der sog. öffentliche Bauten zu errichten in der Lage gewesen wäre. Der Bischof Gregor von Blois berichtet, es hätten, weil die Vereinigung der Fährleute sich vielfach in Räuberbanden verwandelt hatten, einige Orden sich entschlossen, an den Flußübergängen Hospize zu errichten, Fähren anzulegen und Brücken zu bauen, wonach sie den Namen „Brückenbrüder“ erhielten. Der Benediktiner Benezet, ein armer Hirt aus Alvilard, der nachmalige Papst Benedikt II, stiftete sogar einen besonderen Orden, „Ordre des frères pontifes“. Die Ordensmitglieder trugen einen weißen Talar mit zwei roten Brückenbögen und einem Spitzhammer auf der Brust und traten in ihrer Eigenschaft als Ingenieure wieder in die Fußstapfen der alten römischen „Pontifices“. Ihr Wirken förderte mächtig das damalige Ingenieurwesen. Als deren Hauptwerke mögen die Rhonebrücken zu Avignon (1178), Lyon (1265) und St. Esprit (1285) angeführt werden.

Von deutschen Brücken aus damaliger Zeit sind erwähnenswert: Die Elbebrücke bei Dresden 1119 (Segmentbogen 19,0 m), die Donaubrücke bei Regensburg 1135 (Halbkreisbogen 16,5 m) und die Moldaubrücke bei Prag 1358.

Der Fortschritt der eben besprochenen Periode zeigt sich in der Einhaltung einer möglichst wagrechten Fahrbahn, in der wachsenden Kühnheit in der Wahl der Spannweiten und in der erstmaligen Anwendung des Korb- und Segmentbogens. Der letztere fand insbesondere bei der soeben erwähnten Regensburger Donaubrücke Anwendung; den ersten Korbbogen, allerdings den einzigen dieses ganzen Zeitabschnittes, zeigt die 1251 erbaute Trinitasbrücke in Florenz, und zwar mit der bedeutenden Spannweite von 32,5 m.

Einen wunden Punkt der damaligen Brückenbaukunst bildeten die Gründungen, die vielfach noch nicht in wünschenswerter, gesicherter Weise ausgeführt werden konnten und daher den Anlaß zahlreicher Brückeneinstürze bildeten. Am Ende dieses Zeitabschnittes findet man mehrfach die Brücken mit Kaufläden und Häusern bebaut, wofür als Beispiel die Rialtobrücke in Venedig (1584) genannt werden mag. Auch begann man damals mit der Anordnung von Brückentürmen und sonstigen Befestigungsarbeiten mit Rücksicht auf die im XIV. Jahrhundert eingeführte Verwendung des Pulvers für Kriegszwecke. Unser besonderes Interesse erweckt die damals erbaute Fleischbrücke in Nürnberg (1598), welche bereits eine sachgemäße Stellung der Pfähle bei den Pfahlrosten, auf denen die Widerlager ruhen, aufweist.

In der nun folgenden Periode (1648—1825), von der Beendigung des Dreißigjährigen Krieges bis zum Entstehen der Eisenbahnen, während Englands innere Kämpfe stattfanden, Rußland sich zu seiner Größe emporraffte und später im Osten Europas die Türkenkriege wüteten, nahm Frankreich unter Colbert die Bestrebungen nach verbesserten Verkehrswegen in die Hand und bahnte insbesondere im Brückenbau diejenige wissenschaftliche Richtung an, der hauptsächlich die großen Schöpfungen im Steinbrückenbau zu Ende des XVIII. und zu Beginn des XIX. Jahrhunderts zu danken sind. Die erste größere Schöpfung des 1720 gegründeten „Corps des ingénieurs" war die Brücke über die Loire bei Blois (1723). Die nicht viel später, 1747 gegründete Zeichenschule nahm unter Leitung des später hochberühmt gewordenen Ingenieurs Perronet (1708—1794) einen solchen Aufschwung, daß ihr in einem der Jahre 1755—1760 der Name „École des ponts et chaussées" verliehen wurde.

Sie muß als die eigentliche Geburtsstätte des damaligen Ingenieurwesens betrachtet werden; aus ihr gingen die hervorragendsten französischen Ingenieure hervor, von denen Perronet, als dem Begründer der neuen wissenschaftlichen Richtung, die Palme gebührt. Als Merkmale des von dieser Schule angebahnten Fortschrittes im Bau gewölbter Brücken sind hervorzuheben: ausgedehnte Anwendung des Korbbogens, sowie die häufige und verfeinerte Anordnung des Stichbogens bis $^1/_{17}$ Stichverhältnis (d. i. Verhältnis der Pfeilhöhe zur überspannten Lichtweite). Der hauptsächlichste und für die ganze Folgezeit maßgebendste Fortschritt muß jedoch darin gefunden werden, daß diese französische Schule sich auf die Mathematik stützte, Rechnungen über das Kräftespiel, über die Widerstandsfähigkeit der Fundamente, sowie Untersuchungen über die Festigkeit der Baustoffe usw. ausführte und damit eine Grundlage schuf, auf der trotz zunehmenden Spannweiten und flacher werdender Bogen Hervorragendes im Gewölbebau geleistet wurde. Weitere Erfindungen dieses Zeitabschnitts, die für andere Zweige des Ingenieurwesens sich ebenso segensreich als für den Brückenbau selbst erwiesen haben, mögen nur kurz angedeutet werden: Erstmalige Anwendung der Baggervorrichtungen 1683; Anwendung von Senkkästen 1739, und die von Triger erdachte, von Smeaton beim Brückenbau 1778 zuerst durchgeführte Methode, mittels Taucherglocke (caisson) und Preßluft in die Tiefe zu dringen. (Erfindung der Luftdruckgründung.)

Nicht unerwähnt bleiben darf die 1370—77 erbaute und 1416 im Kriege bereits wieder zerstörte, nach der Kreisbogenlinie gewölbte Addabrücke bei Trezzo in Italien, die 72 m Spannweite besaß, eine Spannweite, die über ein halbes Jahrhundert im Steinbrückenbau nicht mehr erreicht und erst in allerjüngster Zeit durch den 90 m weiten Bogen der 1905 vollendeten Straßenbrücke über das Syratal im Vogtland (Sachsen) erheblich übertroffen wurde. Letzteres Bauwerk weist den größten, je ausgeführten gewölbten Bogen der Welt auf. Seit Trajans Spannweiten von 36 m bis zur Vollendung dieser jetzt bestehenden größten Wölbbrücke waren also fast genau 1900 Jahre verflossen.

Nahezu unabhängig vom Bau gewölbter Brücken entwickelte sich in holzreichen Ländern, so insbesondere in der Schweiz und in den Vereinigten Staaten Nordamerikas, den Bedürfnissen dieser Länder entsprechend, der Bau hölzerner Brücken, in beachtenswerter Weise sehr namhafte Leistungen aufweisend. Das hervorragendste Bauwerk dieser Epoche war die 1779 vollendete und 1799 in den damaligen Kriegswirren bereits wieder zerstörte Holzbrücke über die Limmat bei Wettingen in der Schweiz; sie hatte 118,9 m Lichtweite besessen. Diese größte jemals durch eine

Holzkonstruktion erreichte Öffnungsweite wird, in Anbetracht der stets steigenden Holzpreise und der hohen Ausbildungsstufe der Eisenkonstruktionen der Neuzeit, auch künftighin weder erreicht noch übertroffen werden.

Gegen das Ende der eben besprochenen Brückenbauperiode hatten bahnbrechende Erfindungen in England vollständige und weitreichende Umwälzungen in der technischen Entwicklung dieses Landes vorbereitet. Die Wasserkraft war durch die Dampfkraft, die Holzkohle durch die Steinkohle verdrängt worden; dies hatte eine wesentliche Verbesserung des Roheisens im Hochofen und die Einführung eines neuen Baustoffes, des „Gußeisens“ als Konstruktionsstoff auch für Brücken zur Folge. Dem nun beginnenden XIX. Jahrhundert war bereits sein Stempel aufgedrückt; es entwickelte sich als das „eiserne Jahrhundert“. Damit hatte die Jahrtausende währende Vorherrschaft des Steinbrückenbaues ihr Ende erreicht.

Im Jahre 1776—79 wurde bereits die erste eiserne Brücke der Welt, die gußeiserne Brücke über den Severn bei Coalbrookdale, mit rund 31 m Spannweite gebaut, welcher die im Jahre 1796 fertiggestellte gußeiserne Straßenbrücke über das Strigauer Wasser in Niederschlesien als erste eiserne Brücke auf dem europäischen Festlande folgte; letztere, auf dem Kgl. Eisenhüttenwerke in Malapane gegossen, befindet sich noch heute in gutem Zustand. Die im Jahre 1814—19 in London aus Gußeisen erbaute Southwarkbrücke besaß bereits 73 m Spannweite. Somit hatte die Spannweite der gußeisernen Brücken während nicht ganz 20 Jahren mehr zugenommen als die der Steinbrücken innerhalb 1270 Jahren.

Mit der Eröffnung der ersten Eisenbahn 1825 brach auch für den Brückenbau seine letzte, in absehbarer Zeit kaum zu einem Abschluß gelangende Entwicklungsepoche: „Das Zeitalter höchster Blüte und Entwicklung“ an. Der zuletzt in Wettbewerb getretene Baustoff drängte den Brückenbau bald in vollständig neue Wege, nachdem vorübergehend die hauptsächlich zu Beginn des XIX. Jahrhunderts in den Vereinigten Staaten Nordamerikas erfolgte Ausbildung größerer hölzerner Fachwerkbrücken anregend und vorbildlich den Eisenbrückenbau beeinflußt hatte.

Ohne irgendwie in Einzelheiten des Eisenbrückenbaus eingehen zu wollen, möge gleichwohl erwähnt werden, daß die Ausbildung der stabförmig gegliederten Träger (der Fachwerkgebilde jeder Art) ganz in das XIX. Jahrhundert fällt, wie auch die Entwicklung der Theorie der Brücken, die eigentlich erst mit der Ausgestaltung der gegliederten Träger selbst ausgebildet worden ist. Während in England in der ersten Hälfte des XIX. Jahrhunderts bereits sehr bedeutende Eisenbrücken, insbesondere auch Fachwerksbrücken, ausgeführt worden waren, ohne daß man sich vorher über deren Kräftespiel hinreichende Klarheit verschafft hatte, entstanden die bedeutenden deutschen Fachwerksbrücken erst in der zweiten Hälfte des XIX. Jahrhunderts, nachdem es hauptsächlich deutschen Theoretikern gelungen war, hierzu die entsprechenden, genügend genauen Berechnungsmethoden aufzustellen. Die deutsche Brückenbautechnik hat jederzeit die ihr gestellten Aufgaben dazu benutzt, um die Konstruktion und theoretische Durchbildung, sich gegenseitig ergänzend, in gründlichster Weise zu vervollkommnen, und hat auf diesem Wege durch unermüdliche und zielbewußte Arbeit erreicht, daß die von deutschen Gelehrten und Praktikern gezeigten Pfade Eingang bei allen hochstehenden Kulturstaaten fanden und am Ausgang des XIX. Jahrhunderts die deutsche Brückenbaukunst zum mindesten gegen kein anderes Land zurückstand.

Durch die Erfindung der Eisenbahnen wurden mehr und mehr alle Hindernisse des Verkehrs aus dem Wege geräumt, dem immer gewaltiger anwachsenden Verkehr fortwährend neue Wege in allen Teilen der Welt erschlossen und hierbei dem Brückenbauer am Ende des XIX. Jahrhunderts Aufgaben gestellt, deren Bewältigung am Beginn dieses Jahrhunderts noch als unmöglich erschienen wäre, und deren Lösung allein ermöglicht wurde durch die zahlreichen Erfindungen und Fortschritte des Eisenhüttenwesens und der Eisenindustrie. Hiervon sei nur kurz hervorgehoben, daß der jüngste, für den Eisenbau verwandte Baustoff ebenfalls rasch gewaltige Wandlungen durchmachte: Das Gußeisen mußte nach verhältnismäßig kurzer Dauer vollständig dem Puddeleisen und dieses wieder, wenigstens in Deutschland, dem Flußstahl bzw. Flußeisen weichen. Das Gesamterzeugnis der Welt an Flußmetall im letzten Jahre des XIX. Jahrhunderts betrug 10,5 Mill. Tonnen zu je 1000 kg. Hiervon trafen auf Deutschland 5,4 Mill. Tonnen oder 51,4%; auf die beiden mächtigsten Eisenländer der Welt, die Vereinigten Staaten Nordamerikas bloß 1,8 Mill. Tonnen oder 10,3% und auf England sogar nur 0,80 Mill. Tonnen oder 7,6%. Deutschland marschierte also hierbei weit an erster Stelle.

Welche Stellung hat sich nun das kleine, kohlen- und eisenarme Bayern, im Vergleich zu den andern hauptsächlich in Wettbewerb getretenen Ländern mit natürlichen Hilfsmitteln nur sehr mäßig ausgerüstet, in dieser letzten und hervorragendsten Epoche des Brückenbaus errungen?

Die im Anfang des XIX. Jahrhunderts herrschenden Kriegswirren, in die Bayern unmittelbar hineingezogen war, sowie der damals überwiegende und durch seine wissenschaftliche Leistung auch berechtigte Einfluß des französischen Ingenieurwesens waren einerseits der Entfaltung einer weit ausgreifenden Bautätigkeit nicht förderlich und machten es anderseits erklärlich, daß Wiebeking wegen seiner in Frankreich genossenen Fachausbildung als Generaldirektor an die Spitze des Straßen- und Wasserbauwesens berufen wurde; er entfaltete, außer seiner literarischen Tätigkeit, hauptsächlich im Wasserbau und insbesondere im Bau hölzerner Bogenbrücken eine rege Tätigkeit, jedoch nur nach einem ganz bestimmten, von ihm erdachten Tragsystem aus gebogenen Hölzern, das bezwecken sollte, dem Wasser und Eis möglichst große, durch Zwischenpfeiler wenig behinderte Durchflußweiten darzubieten. Sehr erheblich war die Anzahl der nach diesem System, von dem Taf. XIV ein anschauliches Bild bietet, während seiner Amtstätigkeit (1805 bis 1818) ausgeführten größeren Brückenbauwerke. Unter diesen besaß die 1809 an Stelle einer 1789 eingestürzten Steinbrücke erbaute Brücke über die Regnitz bei Bamberg mit 71,8 m die größte Lichtweite. — Wenn mit letzterer auch die größte, je im Bau hölzerner Bogenbrücken bekannte Stützweite erreicht wurde, so war doch dieser Erfolg nur vorübergehend. In der von Wiebeking ausgeführten Konstruktionsform erwies sich dieses, ohne Berechnungen, mehr nach dem Gefühl ausgebildete Tragsystem als unzureichend. Denn in der Tat mußten nach wenigen Jahren, wie bei fast allen Brücken dieser Art, auch bei der Bamberger Brücke umfangreiche Ausbesserungs- und Verstärkungsarbeiten ausgeführt werden, ohne daß dauernder Erfolg erzielt worden wäre, weshalb man sich entschloß, sie abzutragen und durch eine Kettenbrücke zu ersetzen (1829). — Letztere, eine der wenigen in Deutschland ausgeführten unversteiften Kettenbrücken, erwies sich ihrer gestellten Aufgabe gewachsen und wurde erst im Jahre 1887, bloß mit Rücksicht auf die inzwischen wesentlich gesteigerten Verkehrsansprüche, durch eine eiserne Fachwerkbrücke ersetzt.

Wesentlich bessere Ergebnisse erzielten im Holzbrückenbau die von dem Kgl. Oberbaurat v. Pechmann entworfenen Bogenhängewerksbrücken, die allerdings nur für geringere Spannweiten Anwendung fanden.

Reichenbach (1772—1826), bekannt durch seine hervorragenden Leistungen auf anderen Gebieten, beschäftigte an der Jahrhundertwende ebenfalls eifrig der Gedanke der Verwendung des Eisens für Brücken großer Spannweiten. Die Anregung hierzu hatte eine Reise nach England geboten, bei der Reichenbach zu Bergham einen 100 Fuß hohen Dreifuß aus zusammengeschraubten gußeisernen Röhren sah (1792). Das Ergebnis seiner Studien und eingehenden Berechnungen finden wir in dem 1809 vollendeten, jedoch erst 1811 in München erschienenen Werk „Theorie der Brückenbögen“, das 1833 in zweiter, unveränderter Auflage erschien. Diesem Werke ist die Fig. 1 entnommen, welche eine Reichenbachsche Röhrenbogenbrücke für 306 bayerische Fuß = 89,31 m Spannweite darstellt, die er, einschließlich eines Kostenanschlags, vollständig ausgearbeitet hatte. Die Verwirklichung des Reichenbachschen Gedankens fand in den damals obwaltenden Zuständen seines Vaterlandes keinerlei Förderung; wohl aber wurde 1824 in Braunschweig eine, wenn auch nur kleine Straßenbrücke nach Reichenbachs System gebaut, später der Reichenbachsche Grundgedanke von Polençeau aufgegriffen und beim Bau der Carrousselbrücke in Paris (1834—1836) für eine Stützweite von 47,7 m, allerdings mit wesentlichen Verbesserungen, zur Ausführung gebracht.

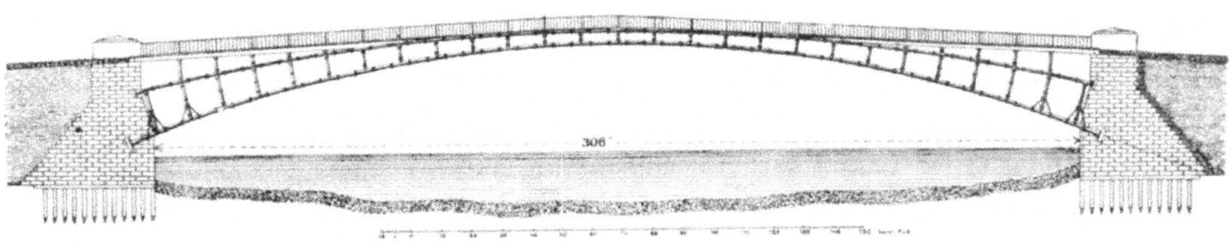

Fig. 1.

Entwurf einer gußeisernen Bogenbrücke von Reichenbach.

Hölzerne Brücken, und zwar hauptsächlich nach dem vorzüglich bewährten, von dem Amerikaner Long 1830 erfundenen und von Howe 1840 erheblich vervollkommneten Parallelgitterträgersystem, fanden fernerhin nicht nur beim Straßenbau, sondern besonders auch bei dem seit 1839 in größerem Umfang betriebenen Bau von Eisenbahnen ausgedehnte und erfolgreiche Verwendung, so insbesondere für alle größeren Brücken der 1853 eröffneten Staatsbahnlinie „Lindau—Augsburg" und in neuerer Zeit sogar noch bei der Nebenbahn „Immenstadt—Sonthofen" (1873).

An der Spitze der im Jahre 1835 in Nürnberg gegründeten Maschinen- und Waggonfabrik Klett & Cie. (jetzt Vereinigte Maschinenfabrik Augsburg und Maschinenbaugesellschaft Nürnberg, A.G.) standen fast stets Männer, deren Wirken auf die Entwicklung des Eisenbaues überhaupt als auch des Baues eiserner Brücken im besonderen große Bedeutung erlangte, nicht nur für Bayern, sondern weit über dessen Grenzen hinaus. So gab die Aufgabe, die beim Bau der zuletzt genannten Howeschen Träger zu verwendenden 60 mm starken und über 6,0 m langen Rundeisen einer zuverlässigen Festigkeitsprobe zu unterziehen, den Anstoß zur Erfindung (1852) der weltberühmten Materialprüfungsmaschine von Werder, dem damaligen technischen Direktor vorgenannter Fabrik in Nürnberg. Diese Maschine fand ihren Weg in die Schweiz, Frankreich, Österreich, Rußland und andere Länder und steht, vervollkommnet durch Bauschingers (1868—1893 Professor und Vorstand des mechanisch-technischen Laboratoriums an der Kgl. Technischen Hochschule in München) bekannte Meßvorrichtungen, auch heute noch unübertroffen da.

In gleich geistvoller Weise löste Werder die ganz anders gelagerte Aufgabe, innerhalb acht Monate, einen eisernen Ausstellungspalast von über 11 000 qm Grundfläche für die 1854 in München stattgehabte Industrieausstellung zu entwerfen und fertigzustellen, eine auch nach den heutigen Anschauungen gewaltige Leistung. Für Werders Vielseitigkeit legt schließlich noch die Erfindung des nach ihm benannten, einstmaligen bayerischen Armeegewehres rühmliches Zeugnis ab.

Erst in den 50er Jahren begann man in Bayern den Bau eiserner Brücken aufzunehmen; aber dann gleich mit größeren Ausführungen und in eigenartiger, von den bisher bekannten Bauweisen oft vollständig abweichender Art. So wurde im Jahre 1851 die erste eiserne Fachwerkbrücke nach einem neuen von Pauli, dem damaligen Baudirektor der Kgl, bayer. Staatseisenbahnen, erdachten Trägersystem bei Günzburg in der Bahnlinie „Augsburg—Ulm“ erbaut. Die dieser Erstausführung anhaftenden Mängel wurden bald erkannt und erfolgreich verbessert, so daß der Pauli-Träger beim Bau der Linie „München—Rosenheim“ für die bedeutende Isarbrücke bei Großhesselohe 1857 zur Anwendung gebracht werden konnte. Diese rund 30 m hohe Talbrücke besitzt Öffnungsfelder bis zu 54 m Stützweite. Deren Berechnung hatte Pauli noch selbst betätigt, während ihre Einzelheiten von Werder bearbeitet worden waren, und die Aufsicht über die Ausführung der Eisenkonstruktion in den Händen Gerbers gelegen hatte, der damals dem Baudirektor v. Pauli als Assistent zur Seite gestanden war. Nach Vollendung dieses hervorragenden Bauwerkes trat Gerber als Leiter der Brückenbauabteilung in die Dienste der Nürnberger Maschinenfabrik, die 1859 die Ausführung des ersten Geleises der 1036 m langen, aus 32 Öffnungen bestehenden Eisenbahnbrücke über den Rhein bei Mainz übernommen hatte. Die Ausführungsart und die Fertigstellung der vier großen Stromöffnungen von je 105 m Stützweite nach Paulis System bildeten ein Ereignis für den damaligen Stand der Brückentechnik. Diese große Rheinbrücke dient heute noch dem seither gewaltig gesteigerten Verkehr trotz der erheblichen Vergrößerung des Gewichts der Verkehrsmittel. Die damals für die Ausführung dieses Brückenbauwerkes nächst der Baustelle angelegten Arbeitsstätten, Montierschuppen usw. blieben stehen und bildeten den Grundstock der jetzt ausgedehnten Brückenbauanstalt in Gustavsburg bei Mainz, als derzeitiger Filiale der Stammfabrik in Nürnberg.

Bedeutsam für die Entwicklungsgeschichte des Eisenbrückenbaues ist Gerbers Berechnungsweise der eben genannten großen Bahnbrücke geworden; Gerber hat als erster von allen Ingenieuren die veränderlichen Lasten, also die Kräfte aus Fahrzeugen, Menschengedränge usw., gegenüber den ständigen ruhigen Lasten (dem Eigengewicht) mit einer mehrfachen Bewertung in Rechnung gezogen; er hat auch erstmals die Ergebnisse der 11 jährigen Dauerversuche Wöhlers 1873 wissenschaftlich für die Zwecke des Brückenbaus verwertet, während die von Professor Bauschinger im Laboratorium der hiesigen Technischen Hochschule durchgeführten grundlegenden Versuche die Richtigkeit der wichtigsten Ergebnisse der Wöhlerschen Versuche erwiesen. Bauschinger wurde 1868 in die damals neu errichtete Technische Hochschule nach München berufen, an der er während 25 Jahre eine für Wissenschaft und Technik gleich ersprießliche Tätigkeit entfaltete; er gründete das mechanisch-technische Laboratorium als erste Anstalt dieser Art. Desgleichen war die Schaffung internationaler Konferenzen zur Vereinbarung einheitlicher Methoden für die Prüfung von Bau- und Konstruktionsmaterialien hauptsächlich Bauschingers Werk. Daß die hierdurch gewonnenen genauen Kenntnisse der Baustoffe auf die konstruktive Entwicklung des Brückenbaues den wichtigsten Einfluß ausübte, braucht keine nähere Darlegung. Gestützt auf Bauschingers Arbeiten brachte Gerber, in dem steten Bemühen, die Eisenkonstruktionen in Theorie und Ausführung zu vervollkommnen, im Laufe seiner Tätigkeit (1859—1885) viele neue Gedanken meist gleich in vollendeter Abrundung zur Anwendung, als deren glücklichster und erfolgreichster die Erfindung des nach ihm benannten „Gerberträgers“ oder „Trägers mit freiliegenden Stützpunkten“ bezeichnet werden darf. Wenn auch behauptet wird, dieser Träger sei längst bekannt, und jeder Zimmermann wisse seit Jahrhunderten die Anwendung des Sattelholzes, so hat jedenfalls kein Konstrukteur vor Gerber die Möglichkeit, den statisch unbestimmten Träger durch Einlegung von Gelenken (Momentennullpunkten) statisch bestimmt zu machen und damit bewußt ein eindeutiges, durchsichtiges Kräftespiel herbeizuführen, klar ausgesprochen. Fig. 2a zeigt den Grundgedanken des Gerberträgers und Fig. 2b eine der ersten, besonders charakteristische Ausführung nach diesem System: die 1866 gebaute Straßenbrücke über den Main bei Haßfurt. In den Abbildungen a und b der Fig. 2 sind die freiliegenden Stützpunkte, d. h. die Momentennullpunkte, welche Drehungen keinen Widerstand entgegen setzen, mit *G* bezeichnet.

Der Vergleich dieser Brücke mit der weitgespanntesten bestehenden Brücke der Welt, der vielgenannten zweigeleisigen Bahnbrücke über den Firth of Forth in

Schottland (1890) mit 521 m größter freier Spannweite, zeigt zwar gewaltigen Unterschied in den Abmessungen, aber keinen im Tragsystem, das in wenigen Jahrzehnten fast in allen Weltteilen die ausgedehnteste Verbreitung gefunden hat. Für die Überbrückung der gewaltigen Ströme Nordamerikas und der mächtigen Flüsse Indiens, mit deren vielfach ungünstigen Gründungsverhältnissen, erwies sich der Gerberträger meist als die zweckmäßigste Brückengattung.

Die zurzeit im Bau begriffene, als Gerberträger ausgebildete Brücke über den St. Lawrencefluß in Canada wird, fertiggestellt, die größte in der Welt erreichte Stützweite von 549 m besitzen. Ein besonderer Vorzug des Gerberträgers, „Gestaltungsfähigkeit und damit schöne Linienführung des Bauwerkes“, darf nicht un-

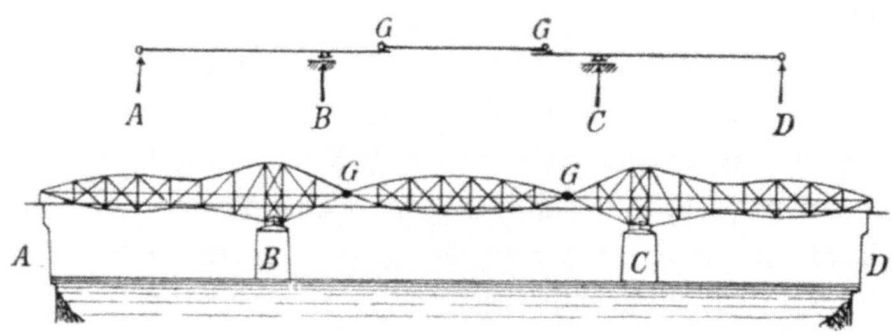

Fig. 2.

Träger mit freiliegenden Stützpunkten (Gerberträger).

a) Konstruktionsgrundgedanke (G = freiliegender Stützpunkt).

b) Ausführung bei der Straßenbrücke über den Main bei Haßfurt.

erwähnt bleiben. Als Beispiel hierfür diene die in Fig. 3 dargestellte neue Straßenbrücke (Friedrichsbrücke) in Mannheim, erbaut 1889—91 im Auftrage der großherzoglichen badischen Regierung von der Brückenbauanstalt Gustavsburg nach den Plänen von Gerber, Rieppel und Fr. Thiersch, welche aus dem ersten in Deutschland für alle Ingenieure dieses Landes für ein Brückenbauwerk ausgeschriebenen Wettbewerb erfolgreich hervorgegangen waren.

Die Anzahl der sonstigen nach Gerbers Plänen ausgeführten Straßen- und Eisenbahnbrücken bemißt sich nach vielen Hunderten, aus denen allen das stete Bestreben nach Neuerungen und Verbesserungen sich erkennen läßt. Von den bedeutenderen nach Gerbers Entwürfen ausgeführten Hochbauten seien bloß die Hallen des jetzigen Hauptbahnhofes in München mit $150 \cdot 150 = 22500$ qm Grundfläche und jene des Hauptbahnhofes in Mainz genannt.

Nach Gerbers Rücktritt (1885) ging die Leitung der Brückenbauanstalt, sowie später auch noch die der Nürnberger Stammfabrik selbst, an Rieppel über, welcher die Brückenbauanstalt, den wachsenden Bedürfnissen entsprechend, vollständig umbaute und vergrößerte, so daß sie befähigt war, in ihrem Sondergebiet des Eisenbaus in den letzten Jahrzehnten Fortschritte zu erzielen, welche sich den früheren bahnbrechenden Leistungen Werders und Gerbers ebenbürtig anreihen, dabei ihr Schaffensgebiet weit

Fig. 3.

Friedrichsbrücke. Straßenbrücke über den Neckar in Mannheim.

über Bayerns Grenzen hinaus erweiternd. Von den größeren Brückenbauten dieser Periode seien erwähnt: die Straßenbrücke über den Neckar bei Mannheim 1889/90 (vgl. Fig. 3), die Straßenbrücke über die Süderelbe bei Harburg mit vier Öffnungen zu je 100,1 m (1897—99). Die zweigeleisige Bahnbrücke über das Wuppertal bei Müngsten 1893—97 im Einvernehmen mit der Eisenbahndirektion Elberfeld ausgeführt nach Rieppels Entwurf. (Vgl. Fig. 4 und Titelbild sowie Erläuterung hierzu Seite 126). — Die Straßenbrücke über die Donau bei Straubing (1895—96), ein Zweigelenkfachwerkbogen von 91 m Stützweite, welcher die weitgespannteste Straßenbrücke Bayerns vertritt. — Die Straßenbrücke über den Rhein bei Worms 1897—99 erbaut mit einem Zweigelenkfachwerkbogen von 105,6 m Stützweite. — Die 1898—1902 erbaute,

13,3 km lange Schwebebahn Vohwinkel—Elberfeld—Barmen—Rittershausen, die im Grunde genommen eine Eisenbrücke von dieser außerordentlichen Länge darstellt, eingeteilt in 24 bis 33 m lange Öffnungen, die mittels eines neuen Trägersystems, des patentierten Rieppelträgers, überspannt sind. Das Gesamtgewicht dieser Eisenkonstruktion betrug rund 18000 Tonnen oder 18000000 kg, deren Aufstellung außergewöhnlich viel Beachtenswertes und Neues bot.

Von weiterer Aufzählung auch nur einiger, in Kleinasien und in China ausgeführter Eisenbrücken möge abgesehen werden; nur die neue Landebrücke in Togo (Westafrika) soll Erwähnung finden wegen der wesentlichen Fortschritte und Neuerungen im Bau dieser seltenen Brückengattung, deren beachtenswertester wohl die Gründung der eisernen Pfeiler und deren eigenartige Sicherung durch Betonumhüllung gegen die schädliche Wirkung des Seewassers ist.

Wenn auch nicht auf gleicher Stufe mit den bisher geschilderten Leistungen stehend, jedoch als nicht unwesentliche Verbesserung im Bau eiserner Gitterbrücken erwähnenswert ist die von Ingenieur Mohnié in Augsburg erdachte und ihm durch ein bayerisches Privilegium 1857 geschützte neue Anordnung dieses Trägersystems, welche in vielen Ländern bis in die jüngste Zeit Anwendung gefunden hat.

Zweier hauptsächlich für die Ausbildung der theoretischen Seite des Brückenbaus hochverdienter Männer muß noch gedacht werden.

K. Culmann, war von 1841—55 zuerst als technischer Gehilfe, dann als Sektionsingenieur bei der Maximiliansbahn und hierauf bei der bayerischen Ostbahn in seinem Heimatland tätig. Seine anfangs der 50er Jahre erschienenen hervorragenden literarischen Arbeiten auf theoretischem Gebiet hatten jedoch bereits derart die Aufmerksamkeit der technischen Welt erweckt, daß ihm im Jahre 1855, bei Gründung des Polytechnikums in Zürich, eine Professur übertragen wurde, die er bis zu seinem 1881 erfolgten Tode bekleidete und während welcher er eine für die Theorie des Brückenbaues grundlegende Tätigkeit entfaltete. Die Begründung der „Graphischen Statik" in hoher, streng wissenschaftlicher Auffassung sichert ihm allein für alle Zeit die gebührende Stellung in der wissenschaftlichen Welt.

H. Manderla, geboren in Österreichisch-Schlesien 1853, blieb nach Ablegung seiner Studien an der Technischen Hochschule in München daselbst als Assistent und Privatdozent (1878—87), bis ihm 1887 die Professur für Brückenbaukunde übertragen wurde. Eine von ihm schon 1880 veröffentlichte Arbeit löste erstmals eine sehr schwierige, für den Brückentheoretiker jedoch sehr wichtige Frage auf dem Gebiete der Nebenspannungen in Fachwerkträgern und berechtigte zu den schönsten

Erwartungen von Manderlas Arbeitstätigkeit auf diesem Zweige des wissenschaftlichen Brückenbaues, die jedoch dessen früher Tod (1889) jäh vernichtete.

Einen ruhigen und stetigen Fortschritt lassen die vielen in den letzten sechs Jahrzehnten ausgeführten Brückenbauwerke des Kgl. Bayer. Staatseisenbahnnetzes seit der am 25. August 1844 erfolgten Eröffnung der Teilstrecke der Linie „Nürnberg—Bamberg“, der ersten vom bayerischen Staate gebauten Bahnlinie, erkennen. In den ersten zwei Jahrzehnten der Bahnbauten erfreuten sich die Holzkonstruktionen noch einer Bevorzugung, wobei sowohl einfache Gerüstbrücken, als Bogenhängewerke, als schließlich die früher genannten, am besten bewährten Howeschen Fachwerke bis über 50 m Lichtweite und 30 m Höhe über Talsohle in vorzüglicher Ausführung gebaut worden waren. In den 50er Jahren begann dann, neben dem Bau zahlreicher massiver gewölbter Brücken, der Eisenbrückenbau, der bei rasch wachsendem Verwendungsgebiet am Ende des vorigen Jahrhunderts hervorragende Bauausführungen aufzuweisen vermochte, so z. B. die 1904 vollendete eiserne Eisenbahnbrücke bei Kräutelstein, welche in zwei gewaltigen Öffnungen von je 110,5 m, den größten in Bayern erreichten Stützweiten, die Donau nächst Passau überschreitet.

Über nicht minder erfreuliche fortschrittliche Tätigkeit im Bau massiver gewölbter Brücken legt die kürzlich fertiggestellte zweigeleisige Bahnbrücke über die Iller bei Kempten, deren Hauptbogen eine 64,5 m weite Öffnung überspannt, beredtes Zeugnis ab; diese Spannweite wird von der größten massiven, für Bahnzwecke ausgeführten Brücke, nämlich dem großen Bogen der Eisenbahnbrücke bei Jaremcze in Galizien, nur um $^1/_2$ m übertroffen und von keiner einzigen gewölbten Bahnbrücke der Vereinigten Staaten Nordamerikas auch nur annähernd erreicht.

Ein gleich günstiges Bild bietet die Entwicklung des Baues massiver Straßenbrücken, in der auch in Bayern, wie in allen Ländern, der Beton, als jüngster Baustoff, mit dem Jahrtausende hindurch allein gebrauchten Naturstein in scharfen Wettbewerb getreten ist. Jedoch auch bezüglich der erreichten Stützweiten stehen die jüngst vollendeten bayerischen massiven Straßenbrücken in erster Linie. Die beiden Hauptbogen der 1904 vollendeten Straßenbrücke über die Isar bei Grünwald nächst München besitzen je 70 m Stützweite und übertreffen damit alle bestehenden Brücken aus Eisenbeton. Desgleichen weisen die jüngst erbauten Straßenbrücken über die Isar bei München (1900—1905) außergewöhnliche, bloß von dem schon erwähnten, größten Wölbebogen der Welt übertroffene Spannweiten auf. Es besitzt nämlich die als Quaderbau ausgeführte Luitpoldbrücke (Prinz-Regenten-Brücke) bei 17 m Breite 63 m Stützweite, und die Max-Joseph-Brücke (Bogenhauser Brücke) bei 18,60 m Breite eine Lichtweite von 64,00 m; für letztere war bereits Beton als Baustoff gewählt worden.

An dem gewaltigen Aufschwung des deutschen Brückenbaus im Verlauf der beiden letzten Jahrzehnte des XIX. Jahrhunderts gebührt den weitgespannten Bogen-

Fig. 4.
Freier Vorbau des großen Bogens der Müngstener Brücke.

brücken ein hervorragender Anteil. In letztgenannter Brückengattung übertrifft Deutschland an Zahl, Güte und Verschiedenartigkeit der Konstruktion das gesamte Ausland, Amerika mit eingeschlossen, und hat Vorbildliches geschaffen. In der Tat haben erwiesenermaßen die Aufstellungsarbeiten der bereits genannten (S. 123) Kaiser-Wilhelm-Brücke bei Müngsten (vgl. Titelbild und Fig. 4) beim Bau der neuen Straßenbrücke über den Niagarafluß, dessen Bogen mit 265 m Stützweite der weitgespannteste der Welt ist, als Muster gedient.

Es dürften daher einige Mitteilungen aus der Baugeschichte der Müngstener Brücke hier am Platze sein. Wie aus Fig. 4 ersichtlich, übersetzt die insgesamt

465 m lange zweigeleisige Eisenbahnbrücke in einer größten Höhe von 106,83 m das Wuppertal. Die Anordnung des Bogens von 162,5 m Lichtweite, als große Mittelöffnung über die tiefste Talstrecke, entsprang reiflichster Überlegung, gestützt auf ausgedehnten vergleichenden Berechnungen über die Wirtschaftlichkeit der verschiedenen möglichen Anordnungen, bei welcher schließlich die Rücksichtnahme auf den Aufbau in so außergewöhnlichen Höhen sich als ausschlaggebend erwies. Es zeigte sich nämlich, daß nur ein Tragsystem zweckmäßig in Anwendung kommen konnte, welches, ohne das Tal mit umfangreichen Aufstellungsgerüsten ausfüllen zu müssen, aus sich selbst heraus mit Zuhilfenahme nur ganz kleiner Hilfsgerüste frei vorgebaut werden konnte. Dies führte zu dem Bogen mit einer Aufstellungsweise, die nach dem durch Fig. 4 dargestellten freien Vorbau in sicherer, erfolgreichster Weise zur Durchführung gelangte, obwohl in der Märzwoche des Jahres 1897 gerade während der schwierigen Bogenschlußarbeiten täglich von starken Gewittern begleitete Stürme tobten, die, an sich zwar wenig erfreulich, gleichwohl den Beweis für die Richtigkeit und Zuverlässigkeit des gewählten, selbst den ungünstigsten Verhältnissen Rechnung tragenden Bauvorgangs erbrachten.

Zeichnung und Zahl bilden oft die verständlichste Sprache des Ingenieurs; erstere lehrt ihm auf kürzestem Wege die Beschaffenheit, letztere die Menge. In dieser Auffassung mögen Taf. XIV, Fig. 4 und Titelbild als Sinnbild der Leistungsfähigkeit des bayerischen Brückenbaus zu Beginn und am Ende des XIX. Jahrhunderts dienen und nur noch die Zahl zu Worte kommen:

Die Länge der Staatseisenbahnen des Deutschen Reiches betrug Ende 1903 (Industrie- und Schmalspurbahnen nicht zugerechnet) 52814 km, nämlich 32658 km Haupt- und 20156 km Nebenbahnen; Bayerns Staatsbahnnetz besaß 6147 km Länge, hiervon trafen 4097 km auf Haupt- und 2050 km auf Nebenbahnen. — Ende des Jahres 1903 belief sich die Anzahl aller gewölbten Brücken der deutschen Staatseisenbahnen auf 15081 und die der Eisenbrücken auf 17754, mithin insgesamt auf 33845 Stück. Hierin sind 99367 Durchlässe von weniger als 2 m Stützweite nicht inbegriffen. Es trifft also auf je 1,57 km Bahnlänge eine Brücke. Bei den bayerischen Staatseisenbahnen waren die betreffenden Zahlen: 2125 gewölbte und 2116 eiserne, mithin insgesamt 4241 Brücken, so daß daselbst bereits auf je 1,45 km eine Brücke kommt, wobei die Gesamtlänge der bayerischen Brücken 70,2 km beträgt, mithin jedem Kilometer Bahnlänge 11,4 m Brückenlänge entspricht. Eine gleich anschauliche Statistik über die Straßenbrücken läßt sich im Auszug hier nicht geben.

Die bisher gegebenen kurzen Mitteilungen aus den verschiedenartigen Zweigen des Brückenbaus lassen immerhin erkennen, welch regen und erfolgreichen Anteil bayerische Meister genommen haben an der Entfaltung deutscher Brückenbaukunst, die in vollem Einklang mit deutscher Art nicht sprungweise, sondern in gleichmäßiger Stetigkeit und Sicherheit auf völlig sicherer wissenschaftlicher Begründung fortschreitend an der Jahrhundertwende unter den Kulturvölkern eine führende Stellung einnimmt.

Festschrift d. K. Techn. Hochschule München, 1806-1906.

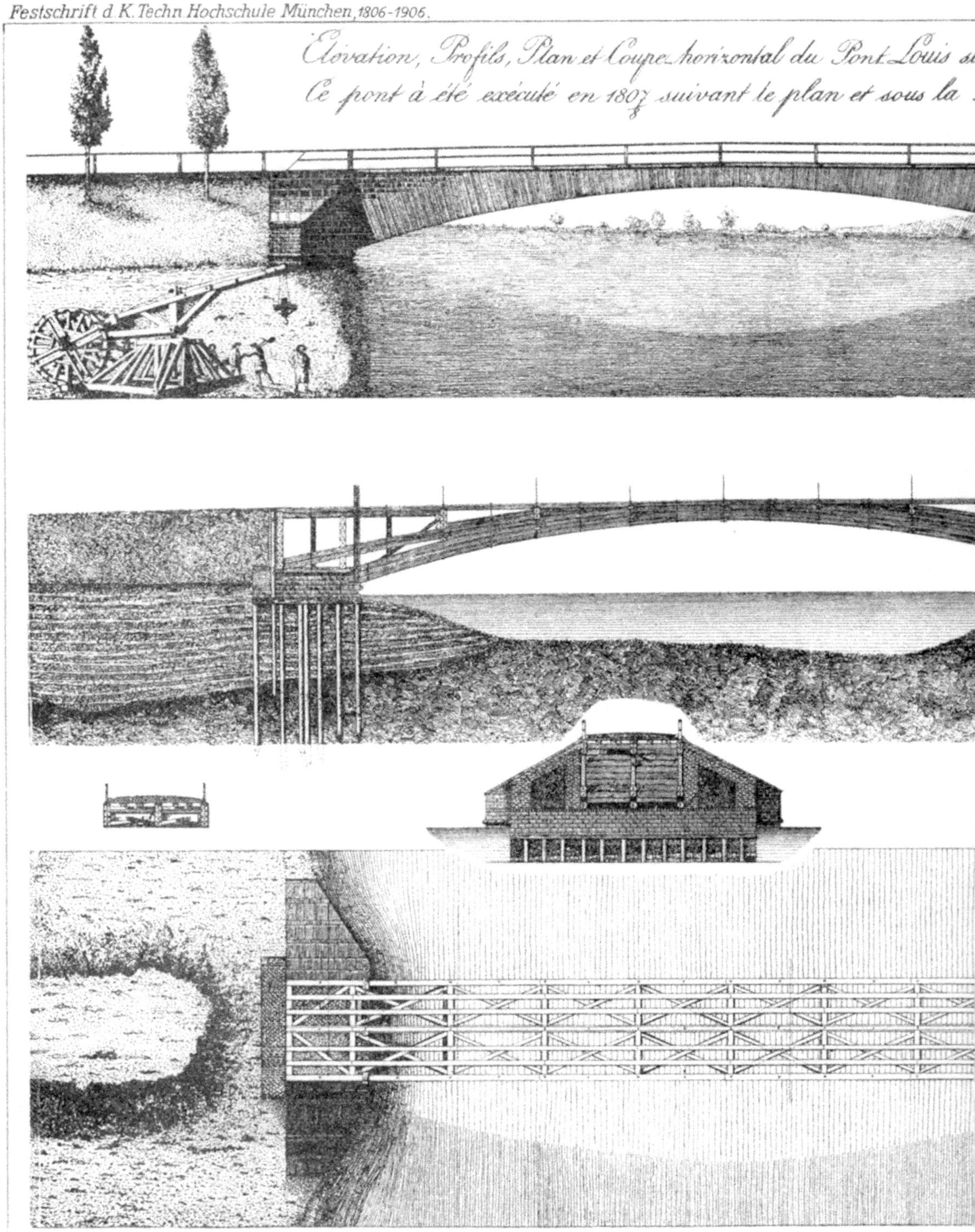

Bavière près Freisingen, de deux arches chaqune de CLIX pieds d'ouverture.
Mr Wiebeking Conseiller intime et Directeur général des ponts et chaussées.

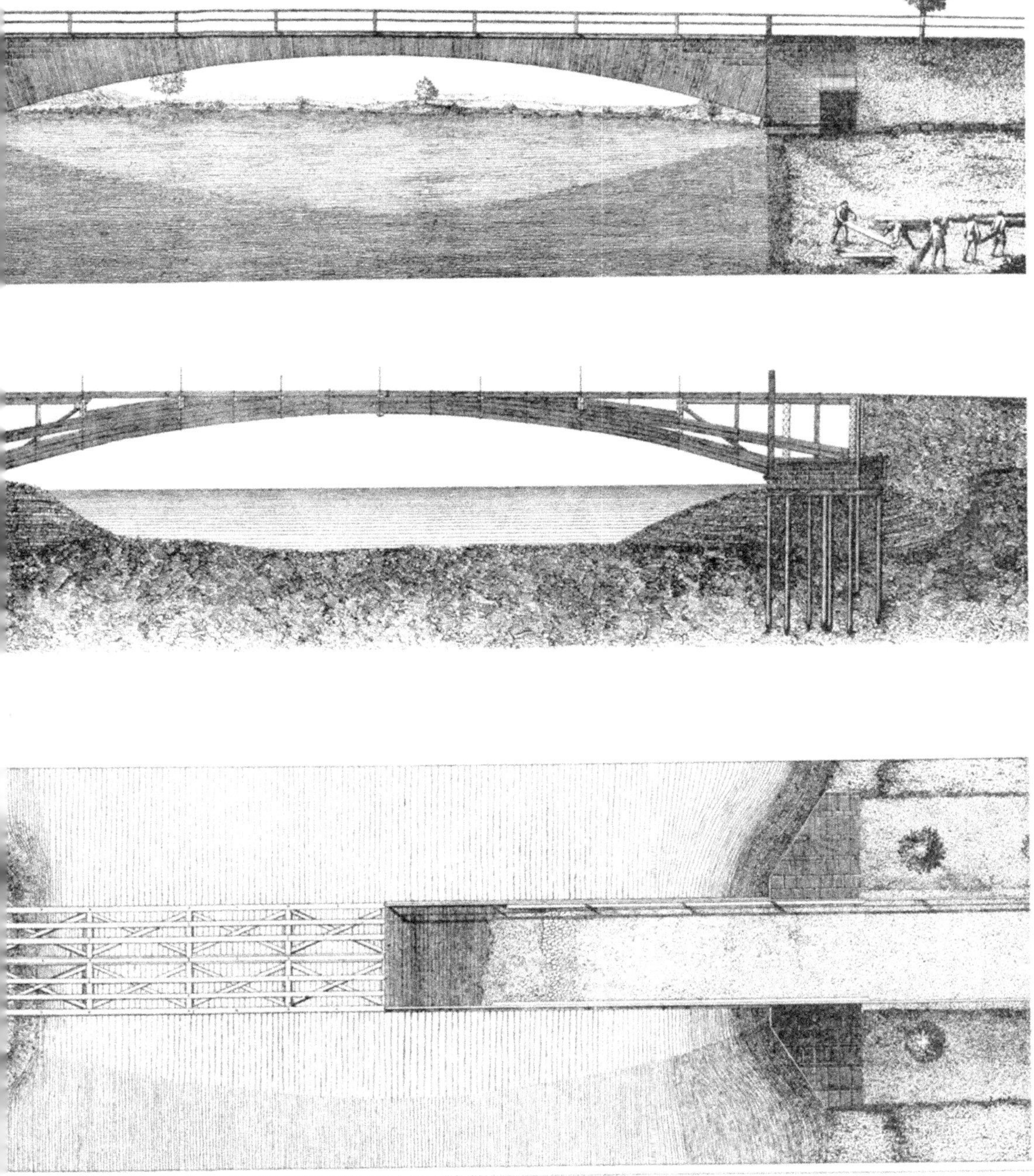

Graph. Kunst. Anst. v. Hubert Köhler, München

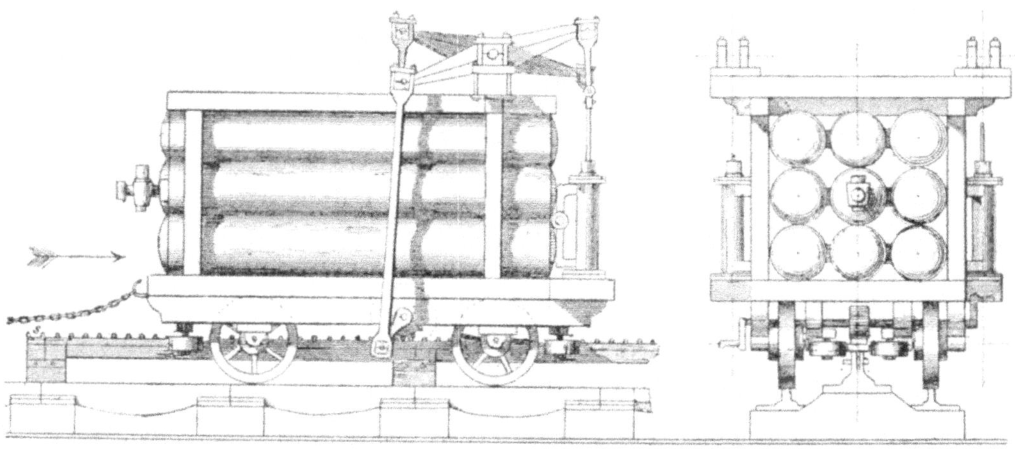

Druckluftlokomotive nach J. v. Baader.

Die Eisenbahnen und ihre Einrichtungen nach Josef von Baader.

Von Wilhelm Lynen.

Mit 7 Tafeln XV—XXI

Die Beförderung von Personen und Gütern zu Wasser und zu Lande üb: in der Gegenwart den größten Einfluß auf unsere sämtlichen wirtschaftlichen, gesellschaftlichen und geistigen Verhältnisse aus.

Es vergeht fast keine Stunde unseres Lebens, die nicht von dem umfassenden Verkehrswesen berührt und betroffen wird. Es gibt keine Beziehung der Menschen untereinander, die nicht durch diese Entwicklung des Verkehrs eine lebhafte Steigerung erfahren hat.

Der Beginn dieses Aufschwungs des Verkehrswesens setzt ein mit dem Anfang des XIX. Jahrhunderts. An seiner großartigen Weiterentwicklung haben ungezählte Köpfe und Hände in der mannigfaltigsten und angestrengtesten Weise gearbeitet. Wenn es möglich gewesen wäre, zu Beginn der Entwicklung alle Schwierigkeiten und Hemmnisse zu erkennen, die im Gange der Entwicklung überwunden wurden, und wenn man der auserlesensten Gesellschaft unbefangener, aber scharfsinnigster und tatkräftigster Menschen als Ziel unsere heutige Verkehrswelt und zugleich die Mühe und Arbeit hätte zeigen können, die zu ihrem Aufbau erforderlich war, sie würden unbedingt erklärt haben, daß es menschenunmöglich sei, dieses Ziel zu erreichen.

Es gilt hier, was Rückert sagt:

„Wer strebte nach dem Ziele, wenn er so fern es sähe,
Wie's wirklich ist? — Der Wunsch sieht alles in der Nähe.
Und wenn Du näher rückst und merkst den Augentrug,
Treibt weiter Dich der Trieb, der einmal ist im Zug."

So hat die Ausbildung des Verkehrs, lawinenartig anwachsend, die Menschen mit sich fortgerissen, sie zu immer stärkeren Anstrengungen angespornt und zu immer geistreicheren Leistungen befähigt — ein Halten oder Umkehren wurde im Laufe der Zeit immer mehr unmöglich.

Angesichts des heutigen Standes des Verkehrswesens bietet es einen eigenen Reiz, Kenntnis von den Gedanken und Gefühlen zu erhalten, die zur Zeit des Beginns des Eisenbahnwesens die Menschen bewegt haben. Zu jener Zeit lebte in Bayern ein Mann, der mit offenem Blick die Bedeutung der Eisenbahnen erkannte und nicht allein in Wort und Schrift auf ihre hohe volkswirtschaftliche Bedeutung hinwies und die Vorurteile, die gegen sie herrschten, widerlegte — sondern auch selbst erfinderisch tätig war, um ihre Einrichtung zu verbessern, und Versuche anstellte, um die Vorteile, die sie bringen sollte, vorzuführen.

Muten uns auch manche seiner Erfindungen unreif oder auch kindlich an, dünken uns auch manche seiner Bilder, durch die er seine Gedanken seinen Zeitgenossen, klarmachen wollte, oft mehr lustig als ernst, so verspüren wir doch aus seinen Schriften eine Ahnung des großen Strebens der kommenden Zeit, und wir erkennen das Ringen seines Geistes nach Klarheit in einem neuen Gebiet, in dem noch viele Irrtümer auszuroden, viele Vorurteile wegzuräumen, viele Punkte aufzuklären waren, ehe sichere Wege darin angelegt werden konnten, und für das wir selbst nach hundertjähriger Pflege noch nicht die endgültige Ausgestaltung erreicht haben.

Dieser Mann war Joseph Ritter von Baader, bayerischer Oberst-Bergrat und Maschinendirektor. Es fällt auf, wie klar er die Bedeutung des Eisenbahnwesens erkannt hat, wenn ihm immerhin eine Entwicklung desselben vorschwebt, die wir heute als eine sehr bescheidene ansehen. Anderseits erstaunt man, wie sehr er die Schwierigkeit der Ein- und Durchführung des Eisenbahnwesens unterschätzt hat, weil er nicht erkennt, daß es tausendfältig verknüpft war mit den verschiedenartigsten Verhältnissen. Die Aufgaben, deren Erfüllung ihm so einfach und naheliegend erschien, mußten lange Zeit ungefördert liegen bleiben, bis die Verhältnisse reif geworden waren zu ihrer Durchführung.

Baader war 1763 in München geboren und hatte in Göttingen Mathematik und Mechanik studiert. In seiner Stellung als Ingenieur machte er — wie viele andere Ingenieure auf dem Festlande zu der damaligen Zeit — mehrere Reisen nach England, um seine technischen Kenntnisse zu erweitern.

Dieses Inselland war von den mancherlei Kriegsläuften verschont geblieben, welche auf dem Festlande eine kräftige und gesunde Entwicklung der Technik gehemmt hatten, und war namentlich in den Verkehrseinrichtungen und in der Anwendung der Maschinenkraft den übrigen Staaten Europas vorausgeeilt.

Die englischen Einrichtungen wurden in Deutschland eifrig studiert, weil man hoffte, durch sie die Industrie, den Handel und Verkehr zu heben und so die Wunden der Kriegszeiten auszuheilen, die Schäden und Verluste, die überall zu spüren waren, wieder gut zu machen.

Baaders erster Aufenthalt in England dauerte acht Jahre, von 1787—1795. Später hielt er sich nochmals zwei Jahre, von 1815—1817, dort auf, um ein Patent auf seine Konstruktionen von Oberbau und rollendem Material für Eisenbahnen zu nehmen und zu verwerten.

Die Eindrücke, die er in England gewonnen hatte, beschäftigten seinen Geist aufs lebhafteste. Vor allem kam ihm die Bedeutung der Eisenbahnen zum Bewußtsein, die nach seiner Meinung veranlassen mußten „eine gänzliche Umwälzung im Handel und im inneren Verkehr aller Länder, deren wohltätige Folgen unermeßlich und vor der Hand gar nicht zu berechnen sind.“ Er fühlte sich berufen, ein Apostel der neuen Gedanken in seinem Vaterlande zu sein, um ihm die Segnungen des Fortschritts zuzuwenden und ihm „das drückende Joch eines tausendjährigen Schlendrians“ abzunehmen.

Er wollte die Unvollkommenheiten und Unzulänglichkeiten der englischen Eisenbahnen beheben, führte Modelle seiner Erfindungen aus, prüfte sie durch Versuche und machte seine Gedanken in einer Reihe von schriftlichen Auslassungen der Allgemeinheit zugänglich.

Die erste schriftliche Äußerung gab er im Jahre 1814 von sich als Ankündigung einer „überall anwendbaren Erfindung von eisernen Kunststraßen zur Erleichterung des Transports als das vorteilhafteste Surrogat für schiffbare Kanäle“.

Sie war „den allerdurchlauchtigsten und erhabensten Souverains, welchen Deutschland seine Unabhängigkeit, Europa den Frieden, alle Staaten ihre Sicherheit verdanken, allen mit ihnen verbündeten Fürsten und allen Regierungen, welchen das Glück und der Wohlstand der ihnen anvertrauten Völker am Herzen liegt," gewidmet.

Er macht darin auf die Vorteile der Eisenbahnen allgemein aufmerksam, regt die Neugierde an durch die Mitteilung, daß er eine neue Erfindung gemacht hat, „die ohne alle Einschränkung und unabhängig von allen möglichen, verschiedenen Schwierigkeiten des Terrains, überall in jedem Lande und auf jede Entfernung anwendbar ist." Er hofft, daß „er in seinem tief und reichlich durchdachten Plane, welcher ihn seit sechs Jahren beschäftigt, vorläufig alle nur erdenklichen Hindernisse und Schwierigkeiten genau erwogen und berücksichtigt und durch geeignete Vorkehrungen zu heben und zu beseitigen gesucht" hat, und daß die Souverains und Regierungen der Staaten sich veranlaßt sehen, ihm Geld zu einem Versuch im Großen zu geben und auf sein Werk zu subskribieren, in welchem er seine Eisenbahnen, Wagen und alle dazu gehörigen Vorrichtungen beschreiben und durch ausführliche Zeichnungen erläutern will.

Wohl um den Eifer derjenigen, an die er sich mit seiner ersten Schrift gewandt hatte, neu zu beleben, gab Baader im Jahre 1817, nach seinem zweiten Aufenthalt in England, eine zweite Schrift heraus „über ein neues System der fortschaffenden Mechanik", welche das Programm für das nächstens zu erscheinende größere Werk enthielt.

Ohne die Einzelheiten seiner Bauweise bekanntzugeben, führt er aus, daß er die Mängel der englischen Eisenbahnen beheben, alle Schwierigkeiten des Geländes beherrschen und die Schnelligkeit und Sicherheit der Personenbeförderung so steigern könne, daß „alle Gefahren, welchen man auf gewöhnlichen Reisen mit Umwerfen, mit dem Scheuwerden oder Durchgehen der Pferde, mit ungeschickten oder betrunkenen Postillons, besonders zur Nachtzeit ausgesetzt ist, hier vollkommen vermieden werden, und dabei ist die Bewegung so sanft und angenehm, daß selbst kranke und schwächliche Personen oder kleine Kinder, sitzend, liegend oder schlafend, ganze Tagereisen ohne die geringste Ermüdung zurücklegen können".

Im Jahre 1822 erschien das Werk unter dem Titel „Neues System der fortschaffenden Mechanik" mit 16 Kupfertafeln. Im ganzen waren 110 Stück fest vorausbestellt, davon 100 allein durch den Kaiser von Rußland, der sie ihm „mit der baaren Summe von 11 000 Gulden" vorausbezahlt hatte. 48 Stück waren für den

Fall vorausbestellt, daß das Werk wirklich zustande kam, und von diesen hatte der König von Bayern allein 20 genommen.

In diesem Werk werden wir am besten mit seinen Ideen bekanntgemacht. Doch hat er noch im Jahre 1817 in Dinglers Polytechnischem Journal eine Abhandlung über die englischen Eisenbahnen gebracht, und in einer Festrede, die er 1826 bei der Königsgeburtstagsfeier in der Sitzung der Bayerischen Akademie der Wissenschaften gehalten hat, seine Ziele besprochen — sich zugleich auch beklagt, daß er bisher überall tauben Ohren gepredigt hat.

In seinem letzten Lebensjahre hat er noch eine Schrift veröffentlicht „Über die Unmöglichkeit, Dampfwagen auf gewöhnlichen Straßen mit Vorteil als allgemeines Transportmittel einzuführen, und die Ungereimtheit aller Projekte, die Eisenbahnen dadurch entbehrlich zu machen“.

Nach seiner Meinung kann „die größte technisch-ökonomische und staatswirtschaftliche Aufgabe des Jahrhunderts: den Ackerbau, den Gewerbefleiß und Handel durch die möglichste Erleichterung und Beschleunigung des inneren Verkehrs, somit den Nationalwohlstand aller Länder auf die höchste Stufe von Vollkommenheit zu bringen, alle Völker durch Beförderung ihrer gemeinschaftlichen Interessen und Verkürzung der Entfernungen einander näherzubringen, der Not und Teuerung aller Lebensmittel überall vorzubeugen, und das drohende Gespenst der Unruhe und Unzufriedenheit der Proletaren durch Verbesserung ihres materiellen Zustandes am sichersten zu beschwören, nur durch die möglichste Vervollkommnung der Eisenbahnen, ihrer Fuhrwerke und Maschinen gelöst werden“.

Inwieweit Baader selbst dazu beigetragen hat, „die vielen und bedeutenden Mängel und Nachteile zu entfernen, welche dieser höchst wichtigen aber noch in ihrer Kindheit befangenen Erfindung anklebten“, möge an Hand seiner eigenen Darstellungen untersucht werden.

In seinem Hauptwerk „Neues System der fortschaffenden Mechanik“ bespricht Baader zuerst die englischen Eisenbahnen. Es gab damals zwei Arten: die railroads, mit hochkant gestellten Schienen und Rädern, die einen Spurkranz hatten, und tramroads, mit flach aufliegenden Schienen mit einem vorspringenden Rand zur Führung der spurkranzlosen Räder. Die Schienen bestanden aus Gußeisen und ruhten auf Steinwürfeln. Erst um das Jahr 1815 wandte man gewalzte Schienen an.

Auf Grund einer vergleichenden Kostenberechnung der Anlage einer Landstraße und einer Eisenbahn in einer ziemlich flachen Gegend kommt Baader zum Ergebnis, daß die doppelgeleisige Eisenbahn in Bayern ungefähr zwei- und einhalbmal so viel kostet als eine Landstraße, daß aber infolge der verminderten Bespannungskosten bei einem jährlichen Transport von 600000 Zentnern die gesamten Frachtkosten auf die Hälfte herunter gehen. Bei gleichen Annahmen hinsichtlich des Geländes und der Menge des Frachtgutes berechnet er die Frachtkosten auf einem Kanal etwa dreimal so hoch als auf einer Eisenbahn.

Trotzdem die Eisenbahn gegenüber den Kanälen noch die Vorteile hat, daß sie schneller befördert, weniger Grund und Boden beansprucht, in ihrer Linienführung freier und während des ganzen Jahres betriebsfähig ist, wird sie noch „verschwindend wenig angewandt" und die Gründe dieser „unbegreiflichen Vernachlässigung" findet Baader außer in der „gewöhnlichen Trägheit des menschlichen Geistes und dem Widerstand der großen Menge gegen alle wichtigen Neuerungen" noch in Unvollkommenheiten der englischen Eisenbahn.

Er glaubt, daß ihre Anlagekosten zu hoch sind und daß das große Risiko des neuen Transportunternehmens die Kapitalisten abschreckt. Die Eisenbahnwagen können nicht auf gewöhnlichen Landstraßen fahren. Die Reibung, welche die Wagenräder an der Seite der Schienen erleiden, verschlingt zuviel Kraft. Die Bahnlinie muß möglichst wagerecht und daher oft in Umwegen geführt werden, weil es keine Einrichtungen gibt, um „die Schwerkraft der Wagen zu überwinden".

Allen diesen Mängeln will Baader gründlich abhelfen. Wir folgen seinen Darlegungen an der Hand der dem genannten Werke beigegebenen Abbildungen, die hier in den Tafeln XV bis XXI wiedergegeben sind.

Das Geleise will Baader nicht aus Einzelschienen herstellen, sondern mit Rahmen, die aus den Figuren der Tafeln XV, XVI und XVIII erkenntlich sind. Die Wagenräder sind ohne Spurkranz. Der Wagen ist aber außer den Tragrädern noch mit besonderen Leiträdern ausgerüstet, welche sich um eine senkrechte Achse drehen und sich gegen die Seitenflächen der Schienen stützen.

Die Schienen verlegt Baader in einem Abstand von 58 cm von Mitte bis Mitte. Damit kein Schmutz auf die Schienen kommt, legt er die Oberkante derselben 30 cm über das Gelände. Das Überschreiten einer Landstraße erfordert darum besondere Einrichtungen, um den Betrieb auf derselben aufrechtzuerhalten: entweder Klappbrücken nach Fig. 4 auf Tafel XV oder Drehbrücken nach Fig. 1 auf Tafel XVI.

Um möglichst wenig Grundfläche für eine zweigeleisige Bahn zu benötigen, so daß er seine Bahn noch — unbeschadet des sonstigen Fuhrverkehrs — auf einer Landstraße anlegen kann, läßt Baader die Zugpferde einseitig an den Wagen ziehen.

Da der Seitendruck durch die Leitrollen aufgefangen wird, so wird kein großer Reibungswiderstand auftreten.

Die Bremsklötze läßt er, nach Fig. 4 und 5 auf Tafel XVI, auf die Schienen nicht auf die Räder einwirken, damit kein Festbremsen und Unrundschleifen der Räder eintreten kann.

Auf Grund von Versuchen, die Baader an einer kleinen Anlage auf dem Hofraum der unter seiner Aufsicht stehenden Königlichen Maschinenwerkstätte in der St. Anna-Vorstadt vor München gemacht hat, kommt er zum Ergebnis, daß auf einer wagerechten Strecke eine Kraft von $\frac{1}{192}$ der auf den Schienen ruhenden Last nötig ist, um die Last im Beharrungszustand fortzubewegen. Nach seinen Angaben wurde auf den damaligen englischen Eisenbahnen die erforderliche Zugkraft zu $\frac{1}{83}$ der Last angenommen, und für Landstraßen, die im besten Zustand sind, soll sie $\frac{1}{9}$ betragen. Ein Pferd würde hiernach auf seiner Eisenbahn zwanzigmal so viel ziehen als auf einer Landstraße. Er hat aber den Widerstand auf einer guten Landstraße zu hoch angesetzt.

Die Anlagekosten einer nach seinen Angaben in flacher Gegend gebauten Bahn berechnet er zu zwei Drittel der Kosten einer englischen Bahn, da er einen schmäleren Fahrdamm baut. Bei einer jährlichen Verfrachtung von 600000 Zentnern berechnet er die Fuhrkosten auf einer englischen Bahn etwa 1,8 mal so hoch als auf seiner Bahn, auf der er wegen des geringeren Fahrwiderstandes weniger Bespannungskosten hat.

Baader ist der Ansicht, daß in Ortschaften und über Brücken die Eisenbahn unterbrochen werden muß, und daß, soweit die Unterbrechung dauert, die Eisenbahnwagen über die Landstraße wie gewöhnliche Fuhrwerke befördert werden müssen. Darum will er die Wagen so einrichten, daß dies leicht geht. Die Tragräder will er mit breiten Felgen und mit hölzernen Speichen ausführen. Die Leiträder muß er hoch legen. Dies führt ihn auf eine „dreizeilige“ Eisenbahn, d. h. auf Einlegung einer mittleren, höheren Leitschiene zwischen die äußeren Tragschienen, wie Fig. 1 und 2 auf Tafel XVIII zeigen.

Um sowohl die Landstraße als auch eine Geleiskrümmung zwanglos mit seinen Wagen befahren zu können, denkt er sich die Achsen in besonderen Gestellen unter dem Wagenkasten angebracht, die er mit „Reitnägeln“ daran befestigt.

Da Baader glaubt, daß der Landstraßenfuhrverkehr immer in großer Stärke neben dem Eisenbahnverkehr bestehen bleiben wird, ist es ihm wichtig, daß gewöhnliche Fuhrwerke ohne Umladung auf der Eisenbahn befördert werden können.

Er nimmt hierzu entweder niedrige Plattformwagen nach den Figuren auf Tafel XVIII — also eine Einrichtung, die man auch heute noch anwendet, um normalspurige Eisenbahnwagen auf Schmalspurbahnen zu befördern — oder er läßt die Wagen nach den Figuren auf der Tafel XIX mit Hilfe von Gestellen, die er unter den Wagenkasten schiebt, auf seiner Eisenbahn reiten. Auf dieser Tafel XIX zeigt er auch in den Figuren 1—4 eine Abänderung seines ursprünglichen Gedankens, nämlich die Verlegung seiner Leiträder in ein besonderes Gestell am Wagen, das er auf- und niederschlagen kann, und mit dem er die Wagen sowohl für die Eisenbahn als auch für die Landstraße brauchbar machen und die mittlere Leitschiene in dem Geleis entbehrlich machen will. Die ganze Einrichtung läßt erkennen, daß Baader nur mit mäßigen Geschwindigkeiten auf seiner Bahn rechnet.

Auch den Drehscheiben, Geleiskreuzungen, Weichen wendet Baader seine Sorge zu. Auf Tafel XVI stellt er in den Figuren 2 und 3 eine Drehscheibe dar, als „den zweckmäßigsten Mechanismus, dessen man auch in England sich schon lange bedient, um einen Wagenzug von einer Bahn in eine andere überzuführen, oder um einen Zug von der Hauptbahn herunter zu bringen, wenn auf einer einfachen Bahn zwei Züge sich begegnen oder einholen“. Auf Tafel XVII zeichnet Baader in Fig. 2 eine rechtwinklige Geleiskreuzung, in Fig. 1 eine Weiche mit zwei Zungen und in Fig. 4 eine Weiche mit einer Zunge. Bemerkenswert ist die geringe Länge der Zungen. Die Fig. 5 soll die Einrichtung des Geleises zeigen, wenn es beim Übergang über eine Straße unterbrochen werden soll.

In der Fig. 8 auf Tafel XIX ist eine Geleiskreuzung und eine Weiche entworfen, welche zur Anwendung kommen sollen, wenn die Leiträder nach Art der Figuren 1—4 auf dieser Tafel angebracht werden sollen, wobei diesen Leiträdern kein Hindernis durch eine Fahrschiene bereitet werden darf. Die beweglichen Schienenstücke lösen zwar diese Aufgabe, sie sind aber nur zulässig, wenn die Fahrgeschwindigkeit der Wagen eine sehr mäßige ist.

Recht viel Mühe hat Baader aufgewendet, um Einrichtungen auszudenken, mit denen der Eisenbahnbetrieb auch in hügeligen Gegenden ohne besondere Zugtiere durchgeführt werden kann. Dies war für sein Heimatland von größter Wichtigkeit. Er ist besonders stolz auf diese Ideen, aber er würde hier besondere Enttäuschungen erfahren haben, wenn seine Vorschläge zur Ausführung gekommen wären, denn „so leicht und einfach“, wie er glaubt, waren seine Einrichtungen nicht zu bauen und nicht zu betreiben.

Eine seiner Einrichtungen besteht darin, das Arbeitsvermögen eines bergab fahrenden Wagens „in einem Kraftmagazin aufzubewahren und zur Erleichterung des nächsten Wagens, welcher dieselbe Anhöhe aufwärts zu gehen hat, wieder zu verwenden“. Dieses Kraftmagazin besteht nach Tafel XIX Fig. 9 in einer Reihe von Ballastwagen. Er will damit erreichen, daß die in entgegengesetzter Richtung fahrenden Wagen nicht aufeinander zu warten brauchen, um sich gegenseitig das Befahren der schiefen Ebene zu erleichtern, da es möglich ist, daß „oft mehrere Stunden, ja Tage lang kein Transport ankommt“. Die Auffindung dieses Gedankens hat Baader in große Freude versetzt. „Auf einer Straße, wo der Güterverkehr hin und zurück im Durchschnitt des ganzen Jahres ungefähr gleich stark ist, würden die Hügel und Berge, ihre Anzahl und Höhe sei so beträchtlich als man will, in Hinsicht auf das Fuhrwesen fast gänzlich verschwinden. Ich darf mich rühmen, dieses große Problem gelöst und hierdurch eine der größten und empfindlichsten Lücken in der fortschaffenden Mechanik ausgefüllt, insbesondere aber den Eisenbahnen eine allgemeinere Anwendbarkeit gegeben und sie zu einer mechanischen Vollkommenheit erhoben zu haben, dessen sie vorher nie fähig gehalten wurden“. Trotz dieses Lobes ist sein Kraftmagazin nicht verwendet worden, weil es zu umständlich ist.

Wenn der Wagenzug in beiden Richtungen ungleich stark ist, will Baader mit einer Winde aushelfen, die er „Bergwinde“ nennt und in den Figuren der Tafel XX erläutert.

Ein über das Geleise gestellter und am Boden fest verankerter Wagen trägt eine Trommelwinde. Ein langes Zugseil ist mehrfach um die großen Rollen der Winde geschlungen, so daß seine beiden Enden lose sind. Läßt man Pferde abwechselnd an den losen Enden ziehen, so wird die Last allmählich bergauf gezogen. „Wenn am Fuße jeder steilen und etwas langen Anhöhe eine oder ein paar solcher Bergwinden in einem verschlossenen Gebäude unter der Aufsicht eines verständigen Arbeiters bereitgehalten werden, so können die schwersten Güterzüge über die höchsten Berge ohne allen Vorspann und ohne die bisher unvermeidliche und wirklich barbarische Anstrengung der Zugpferde gebracht werden, wobei die Fuhrleute und Eigentümer der Transporte für die jedesmalige Benützung dieser Vorrichtung sehr gern eine mäßige Abgabe entrichten werden, durch welche, wenn auch kaum den sechsten Teil der gewöhnlichen Vorspannkosten betragend, die Anschaffung und Unterhaltung solcher Maschinen reichlich vergütet würden.“ In neuerer Zeit hat man den Baaderschen Gedanken ausgeführt, indem man auf einem mit einer Dampf- oder Petroleummaschine versehenen Kraftwagen eine Winde auf dem Wagen angeordnet hat. Man kann mit der Winde Wagen einzeln eine Anhöhe hinaufziehen, die man im flachen Gelände zusammen durch den direkten Zug des Kraftwagens fortschafft.

Einen recht ausgiebigen Gebrauch will Baader in gebirgigen Gegenden von Wasser machen, welches in der Nähe der Eisenbahn vorbeifließt, um es zur Erleichterung bergauf ziehender Transporte zu benutzen.

Er will auf Räder gesetzte Wasserkasten so lange füllen, bis sie unter Vermittlung von Rolle und Seil den Lastwagen hinaufziehen können, oder er will mit dem Wasser ein Windwerk betreiben — unter Verwendung eines Wasserrades oder von Wasserkasten, die in einem Schacht niedergehen.

Um den Wasserverbrauch noch mehr zu verringern, will er das Arbeitsvermögen der bergab gehenden Fuhrwerke dazu benutzen, das gebrauchte und am Fuße der Anhöhe gesammelte Wasser wieder zurückzuheben oder zu pumpen.

In seinem Erfinderdrang will er aber noch weiter gehen. „Zum Hinaufschaffen von Lasten kann auch ohne Wasser ein anderes, überall zu Gebote stehendes Medium benutzt werden, welches, fast imponderabel und den geringsten Raum einnehmend, jeden Krafteindruck aufnimmt und ungemindert wieder zurückgibt — eine Feder ohne Masse und Trägheit, welche nichts kostet und nie lahm wird — die Luft.“

Durch das Gewicht der abwärts fahrenden Wagen will er Luft verdichten, indem er die Wagen mit Hilfe eines Seiles eine Trommel drehen läßt, welche unter Vermittlung eines Rädergetriebes und eines Kurbelmechanismus die Kolben der Kompressoren bewegt. Er will einen Druck von 15—20 Atm. erzeugen, die Druckluft in einem großen Behälter aufbewahren und mit ihr einen Luftdruckmotor antreiben, der — unter Einschaltung eines zweiten Rädergetriebes — die Trommel im umgekehrten Sinne dreht, so daß sie Lasten bergauf zieht. Die Trommel denkt er sich stufen- oder kegelförmig ausgebildet, damit der Betrieb den Schwankungen in den Lasten und im Druck des Behälters angepaßt werden kann.

Trotz aller aufgestellten Maschinen kann er die Pferde nicht entbehren, um den Ausgleich herbeizuführen, wenn die in beiden Richtungen zu bewegenden Lasten ungleich schwer sind. „In Notfällen, wenn die Federkraft der eingeschlossenen Luft durch wiederholte Ausleerungen schon zu sehr geschwächt ist, und eben auf längere Zeit keine abwärts gehenden Fuhren zu erwarten sind, muß das Einpumpen der Luft durch Pferde allein bewirkt werden, welche man an die Zugseile wechselweise vorspannt und den Berg hinab ziehen läßt. Zu dieser Arbeit kann man die Pferde gelegentlich, wenn sie nichts anderes zu tun haben, verwenden, und so die Kraft derselben, welche sonst für solche Tage verloren wäre, zu künftigen Wirkungen in das pneumatische Kraftmagazin im eigentlichsten Sinne des Wortes zurücklegen und aufbewahren."

Bei dem verwickelten Betrieb wäre Baader wohl aus den „Notfällen" gar nicht herausgekommen und bei dem schlechten mechanischen und thermischen Wirkungsgrad der ganzen Anlage wären die Zugpferde nie in die Lage gekommen, „nichts anderes zu tun zu haben".

In Gegenden, in denen die Brennstoffe wohlfeil sind, will Baader Dampfmaschinen für den Transport auf der Eisenbahn verwenden. Zu seiner Zeit kämpften noch zwei Anschauungen heftig miteinander: ob Lokomotiven mit direktem Zug oder ortsfeste Dampfmaschinen mit Seilzug besser sind, um die Dampfkraft im Eisenbahnwesen zu verwenden.

Baader hat gegen die „wandelnden Maschinen" eine persönliche Abneigung. Der Verlauf der Versuche Trevithiks mit seinen Lokomotiven hat ihm den Glauben an ihre Lebensfähigkeit geraubt. Er nennt sie in seiner englischen Patentschrift „verwickelte, schwerfällige und gefährliche Maschinen". Für die Vorschläge und Bestrebungen Reichenbachs hinsichtlich der Anpassung der Dampfmaschine an die Bedürfnisse und Eigentümlichkeiten der Fuhrwerke hat er nur Spott.

Die ortsfesten Dampfmaschinen will er aber ohne Seilzug verwenden. Der Eisenbahnlinie will er ein sägeförmiges Längsprofil geben. An ein sanftes Gefälle 1 : 180, das sich auf rund einen Kilometer erstreckt, schließt sich eine starke Steigung an, wie Fig. 1 auf Taf. XXI zeigt. Auf dem Gefälle rollen die Wagen gerade von selbst hinunter, so daß die Kraft eines einzigen Mannes ausreicht, einen ganzen Wagenzug fortzubewegen. Am steilen Abhang werden die Wagen „wie die Gewichte einer Uhr" wieder in die Höhe gezogen. Für die entgegengesetzte Fahrtrichtung ist das Längsprofil der Bahn entgegengesetzt sägeartig ausgebildet; doch können dieselben Dampfmaschinen für den Betrieb in dieser Richtung benützt werden.

Die Dampfmaschinen sollen ununterbrochen laufen und Luft in einen Behälter pressen. Das Aufziehen der Wagen geschieht mit Hilfe eines Luftdruckmotors, „wobei die Summe der von der Dampfmaschine in mehreren Stunden ausgeübten, in dem Rezipienten angehäuften und zurückgelegten Kraft (gleich dem in einem Teiche gesammelten Wasser) auf einmal losgelassen und zu einer beträchtlichen Wirkung verwendet werden kann". Der Dampfkessel und die Dampfmaschine erhalten also eine Größe entsprechend der mittleren Leistung, der Luftdruckmotor eine Größe entsprechend der größten Leistung der Anlage.

Die Entwicklung des Eisenbahnwesens hat Baader nicht recht gegeben. Der direkte Zug durch die Lokomotive vereinfacht den Betrieb so, daß er allein zur Herrschaft gelangt ist.

Feststehende Dampfmaschinen hat man bei elektrisch betriebenen Eisenbahnen. Der Elektromotor auf dem Eisenbahnwagen hat den feststehenden Luftdruckmotor und das sägeförmige Eisenbahnprofil unnötig gemacht.

Die Schiffahrt stromaufwärts will Baader durch einen Eisenbahnbetrieb ersetzen. Seine Gedanken hat er in Fig. 2 auf Taf. XXI veranschaulicht. Es ist dieselbe Anordnung wie bei der Eisenbahn mit Dampfmaschinen, nur sollen die Luftkompressoren durch Wasserkraftmaschinen betrieben werden, die aus dem Strom gespeist werden. „Man sieht, daß mittels einer solchen Vorrichtung eine desto größere Menge von Wagen mit desto schwereren Ladungen und desto schneller fortgeschafft werden kann, je reißender ein Strom ist, und daß also gerade diejenige Ursache, welche den Schiffzug erschwert und oft ganz unmöglich macht, hier zur Erleichterung und Beschleunigung des Transportes dient."

Baader bedenkt nicht, daß der Lauf eines solchen Flusses ein sehr unregelmäßiger ist und daß seine Ufer steil sind, so daß die Anlage der Eisenbahn in der ihm vorschwebenden Einfachheit nicht möglich ist — abgesehen von den Schwierigkeiten, die Luft auf 20 Atm. zu verdichten, die Baader gar nicht kennt.

Nach seinen Berechnungen kostet eine solche Eisenbahn von 400 km Länge die Summe von rund $15^1/_2$ Mill. Mark. Sind jährlich 2 Mill. Zentner zu verfrachten, so berechnet er die notwendige Leistung der in Abständen von 1 km stehenden Wasserräder zu $^1/_3$ Pferdekraft und die Frachtkosten pro Zentner zu rund 50 Pf., die Dauer der Reise zu acht Tagen. Zu seiner Zeit betrugen die Frachtkosten von Wien bis Regensburg etwa 5 M. pro Zentner und die Reise dauerte vier bis fünf Wochen.

Er rechnet daher aus, daß bei Einhaltung des üblichen Satzes für die Fracht die Anlage sich mit 66 vom Hundert verzinst und in Zeit von zwei Jahren bezahlt gemacht hat.

Baader glaubt, daß er mit seinen Eisenbahnen die Dampfschiffahrt am Aufkommen hindern wird.

In den Fällen, in denen der Eisenbahnbetrieb Lokomotiven verlangt, will er Lokomotiven verwenden, die mit Druckluft arbeiten. In den Fig. 3 und 4 der Taf. XXI zeigt er, wie er sich diese Lokomotiven ausgeführt denkt.

Auf einem Wagengestell befinden sich die Flaschen für die gepreßte Luft — „von gutem Kupfer mit Reifen armiert“ — und ein Zwillingsluftmotor mit Kurbeln unter 90°, der eine Welle mit einem Zahnrad dreht, das in eine an der mittleren Schiene seiner dreizeiligen Bahn befestigte Zahnstange eingreift. In „schicklichen Abständen“ will er Kompressoren mit Luftbehältern aufstellen, aus denen die Luftflaschen nachgefüllt werden.

Lokomotiven mit Luftdruckbetrieb haben Verwendung gefunden bei Bahnen von geringer Längenausdehnung, namentlich bei einigen Straßenbahnen, wie in Paris, Newyork und Chicago, auch in Fällen, in denen die Rauchbildung vermieden werden soll, wie bei der tunnelreichen Westbahn bei Paris, beim Bau des Gotthardtunnels, in Kohlengruben. Die Verwendung der Luftdrucklokomotiven ist aber immer vereinzelt geblieben, während die Dampflokomotive sich allmählich die ganze Welt erobert hat.

Noch weniger ist allgemeiner Gebrauch gemacht worden von der von Baader in Aussicht genommenen Beförderung von Lasten durch Menschen. Er meint: „es gibt viele Gegenden, wo der Ankauf und die Unterhaltung der Pferde sehr kostbar, dagegen an armen, nahrungslosen und unbeschäftigten Menschen Überfluß ist, und wo es auch an wohlfeilem Brennmaterial und an Wasserkraft zur Anwendung auf das Fuhrwerk gebricht, wo es aber dennoch sehr erwünscht wäre, allerlei Produkte in der größten Menge so wohlfeil als möglich durch- oder ausführen zu können“.

Dem Einwand, daß es schimpflich und barbarisch sei, den Menschen zum Zug- und Lasttier zu erniedrigen, begegnet er mit der Frage, ob es nicht einer weisen Staatsregierung angemessener sei, „die Nahrung, Erhaltung und Vermehrung von Menschen zu befördern und zu begünstigen, auf einer bestimmten Fläche die möglichst große Anzahl von Menschen nützlich zu beschäftigen und gut zu ernähren, als so viele Familien durch Pferde, welche zu ihrem Unterhalt denselben Grund und Boden brauchen, verdrängen zu lassen“.

Die Fig. 5 auf Taf. XXI zeigt, wie er sich die von Menschenhand beförderten Eisenbahnfahrzeuge denkt. Auf einem Wagen sitzen die Arbeiter, die mit einer dem Rudern ähnlichen Bewegung den Wagen fortschaffen, unter Zuhilfenahme von Hakenstangen, die sich in die Zähne einer dem Geleise entlang geführten Zahnstange einhaken.

Solche Einrichtungen denkt er sich besonders vorteilhaft bei leichten Geleisen, von ihm „mobile Eisenbahnen“ genannt, die zu vorübergehenden Zwecken, z. B. bei Materialtransporten bei umfangreichen Bauten, in der Land- und Forstwirtschaft gebraucht werden können.

Auf Tafel XXI hat er die Ausführung seiner Gedanken für die Fortschaffung von Holz in den Waldungen dargestellt. Der Holzstamm liegt auf kleinen Radgestellen. Der Arbeiter sitzt rittlings vorn auf dem Stamm. Je nach dem Gelände zieht er sich mit Hakenstangen an Sprossen vorwärts, die zwischen den die Schienen tragenden Längsbalken angebracht sind, oder er bremst die Geschwindigkeit ab, wenn das Geleise in einem Gefälle liegt.

Aus der großen Fülle der Baaderschen Vorschläge ergibt sich, daß er die Bedingungen des Betriebes und die Möglichkeiten der Anwendungen einer Eisenbahn gründlich durchdacht hat. Er hat sich an eine Reihe von Aufgaben herangemacht, von denen vielfach eine einzige genügt hätte, die ganze Kraft eines Menschen zu verbrauchen, bis sie zu einer brauchbaren Lösung und allgemeinen Anwendung gelangt wäre.

Dieses Zuviel an Gedanken bringt es mit sich, daß die Lösungen seiner Aufgaben nach der technischen Seite hin unreif und ungenügend sind. Baader würde sofort auf die größten Schwierigkeiten, namentlich bei seinen „pneumatischen Kraftmagazinen", gestoßen sein, wenn er seine Einrichtungen hätte durchführen wollen.

Er hat sich daher manchen herben Tadel von seinen Zeitgenossen zugezogen. Am schwerwiegendsten ist wohl die Äußerung Reichenbachs, daß seine Vorschläge ungereimte und unausführbare Träumereien seien. Ungereimt sind seine Absichten keineswegs. Vieles ist später wirklich ausgeführt worden. Seine Vorschläge sind nur nicht so allgemein anwendbar, als er sie hinstellt. Unausführbar sind sie teilweise mit Rücksicht auf den damaligen Stand der Technik zu nennen.

Seine Vorschläge sind unwirtschaftlich insoweit, als er sich den Umfang des Eisenbahnwesens zu klein gedacht hat, um die großen Anlagesummen gehörig auszunützen und einen ertragreichen Betrieb zu erhalten. So will er seine Lokomotiven mit einer Betriebskraft von 25 PS ausstatten. Die jährlichen Transportmengen, die er seinen Rechnungen zugrunde legt, sind von einer Größe, daß sie heute von einem einzigen Zuge fortgeschafft werden können.

Wenn es daher nicht zu wirklichen Ausführungen seiner Vorschläge weder in Deutschland noch in England gekommen ist, so war dies nicht die Schuld „gewisser Menschen, welche aus persönlicher Abneigung, aus Neid und Eifersucht die wichtigsten und nützlichsten Erfindungen, oft ohne alle Kenntnis und nähere Prüfung verdammen und, bloß des Erfinders wegen, auf jede Art zu unterdrücken suchen".

Auch ist es nicht dazu gekommen, daß man „nach Erlöschen seines Patentes an vielen Orten seine neue und für England höchst wichtige Anwendung der Dampfmaschinen eingeführt und Hunderttausende dadurch gewonnen und erspart hat".

Nicht „Umtriebe kleinlicher Eifersucht und persönlicher Gehässigkeit oder Vorurteile", sondern die Macht der Verhältnisse, die Schwierigkeiten der Einführung des Eisenbahnwesens, das in tausendfacher Weise in das Bestehende eingriff und eine große Summe von Vorbedingungen erfüllt sehen mußte, ehe es in ersprießlicher Weise bestehen konnte, hinderte die Einführung der Eisenbahnen zu Baaders Lebzeiten.

Auf alle Fälle bleibt es aber sein Verdienst, daß er die Bedeutung des Eisenbahnwesens richtig einschätzte, „durch das Handel und Industrie im allgemeinen belebt und veredelt, der Eigentumswert aller Gründe, Güter, Waldungen, Fabriken und Manufakturen gesteigert, ein größerer Überfluß von Lebensmitteln erzielt und die Bevölkerung und der Nationalreichtum vermehrt würden."

Baader trat mit Wort und Schrift unerschrocken und nachhaltig für die Einführung der Eisenbahnen ein zu einer Zeit, als das Verständnis für ihre Bedeutung noch wenig geweckt, und man ihrer Einführung mehr feindlich als wohlwollend gesinnt war.

Es konnte am Abend seines Lebens — er starb am 20. November 1835 in München — ein Trost für ihn sein, daß in seinem Heimatlande zuerst in Deutschland eine Eisenbahn, von Nürnberg nach Fürth, eröffnet wurde, so daß er die Gewißheit hatte, daß „die Früchte vieljähriger Bemühungen einer erfreulichen Reife und segenvollen Ernte entgegengingen", wenn ihm auch das „zu schöne und beneidenswerte Los nicht vom Himmel vergönnt werden sollte, die Ausführung seiner Ideen im Großen noch zu erleben und ihre nützliche Anwendung in seinem Vaterlande selbst zu leiten".

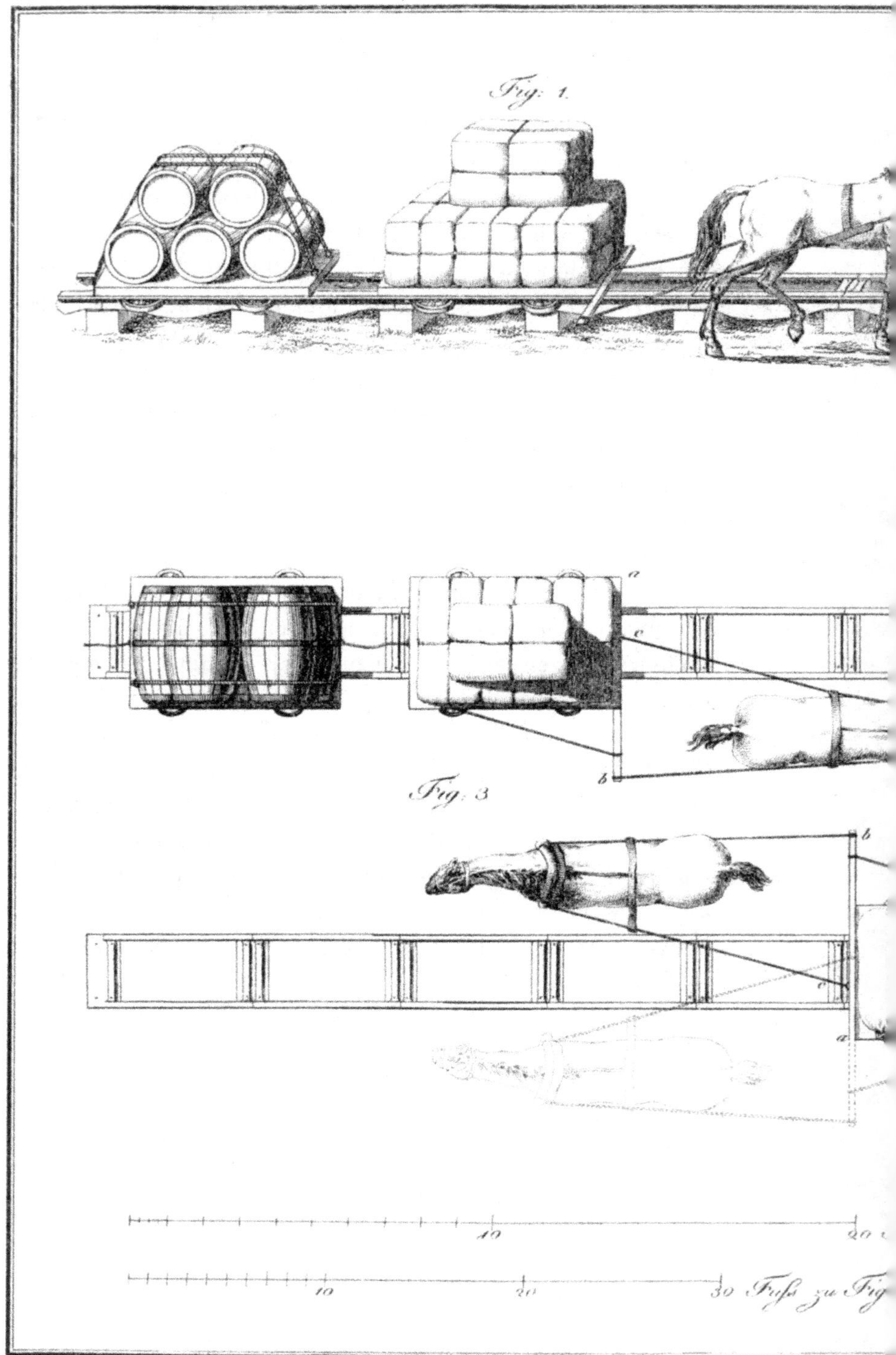
Fig: 1.
Fig: 3
a
b
c
10
20
30 Fuß zu Fig

Fig. 2.

Fig. 4.

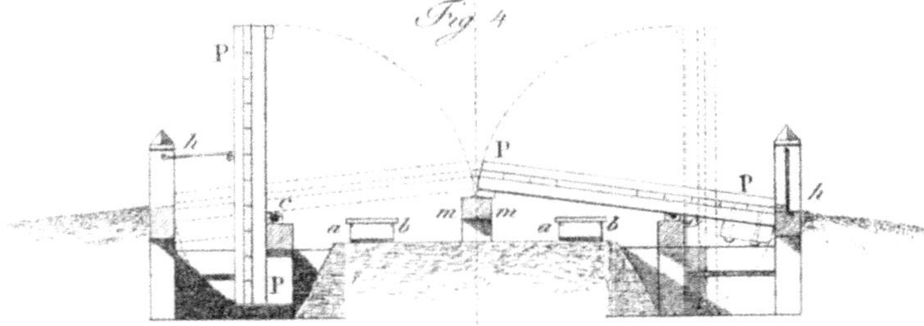

Fig. 5.

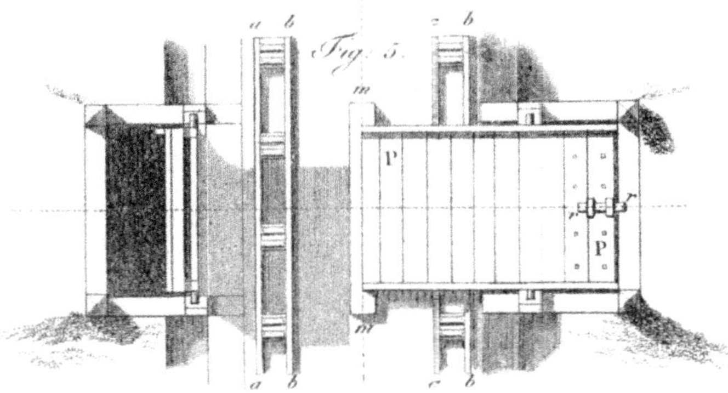

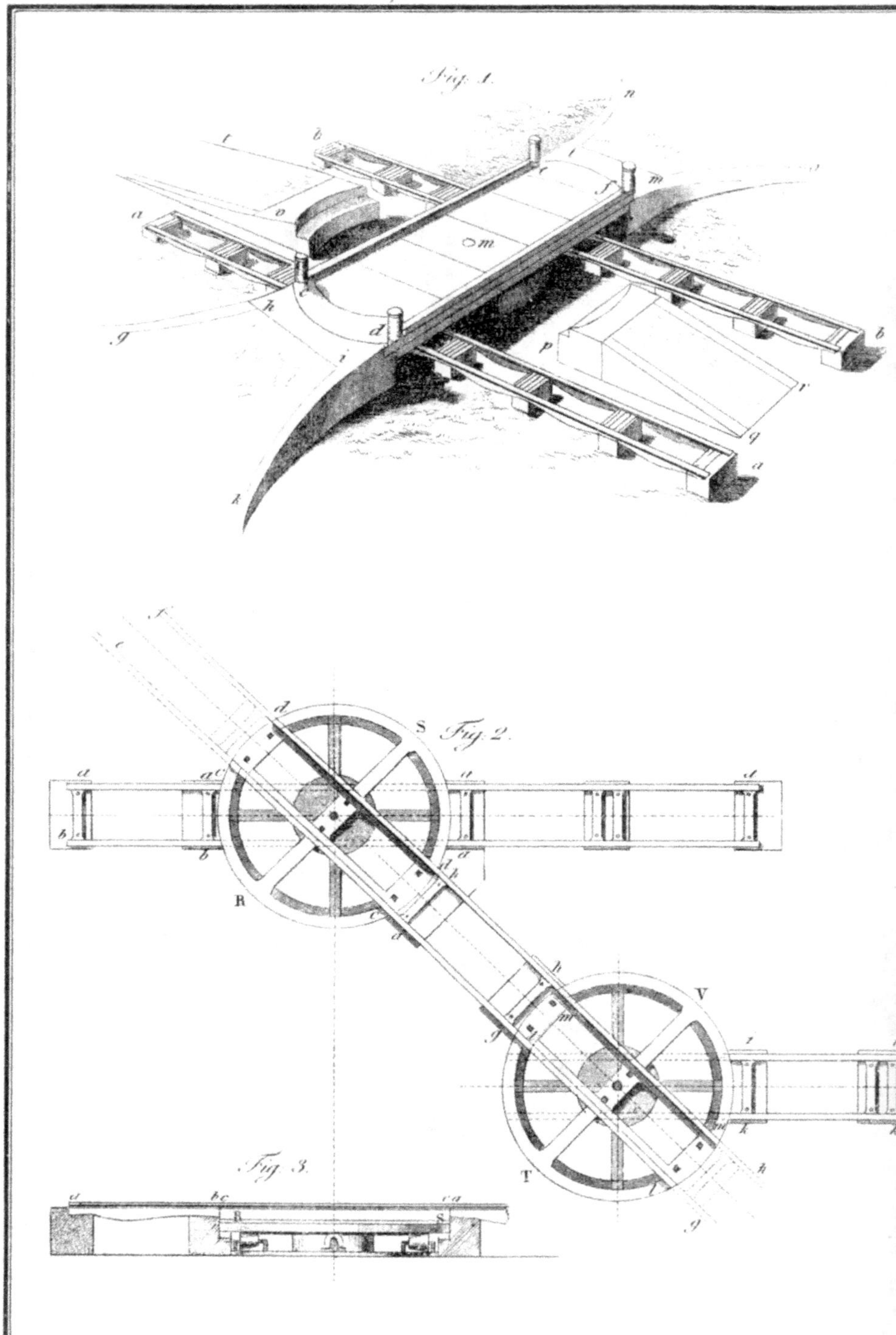

Graph. Kun

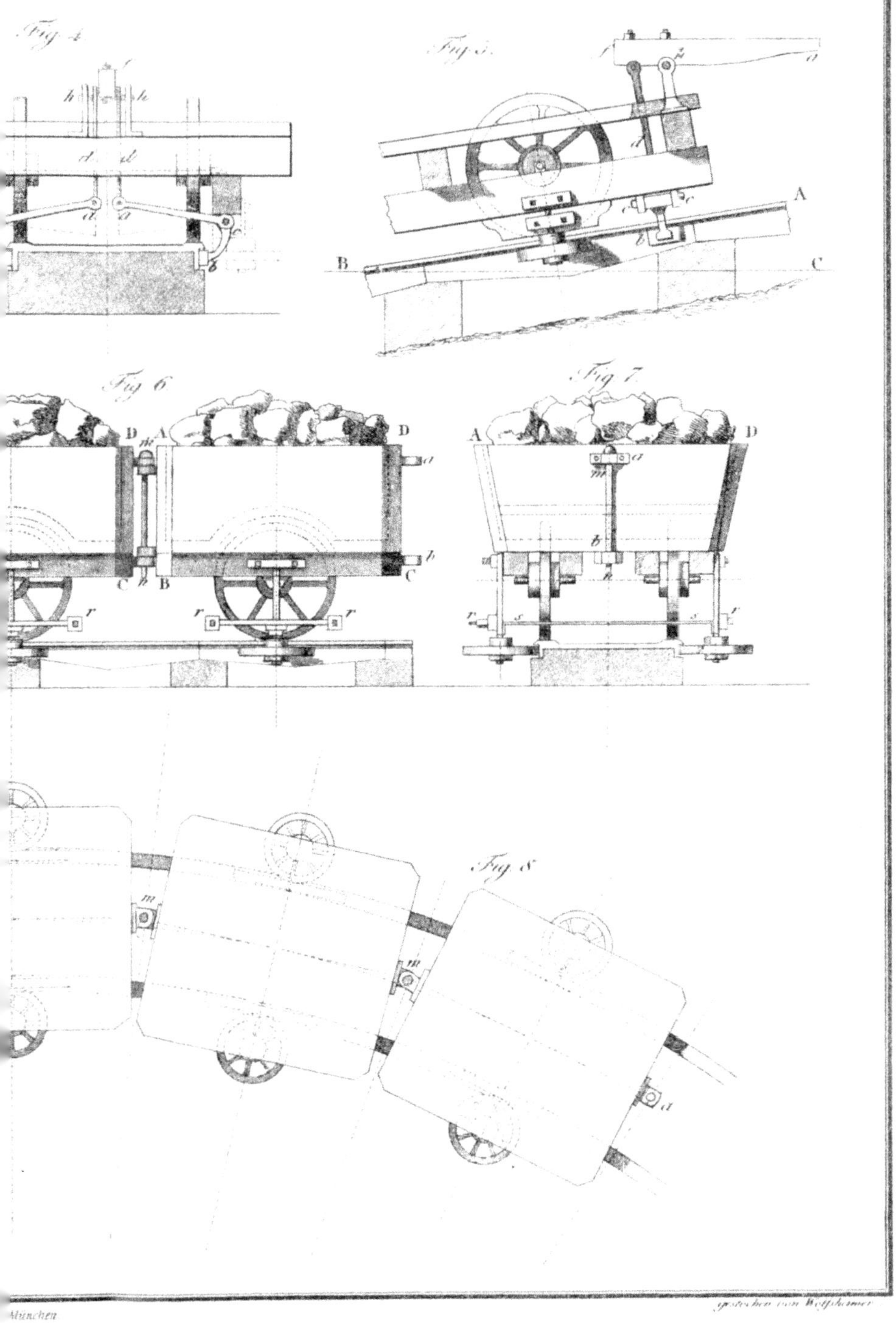

München
gestochen von Weißhaner

Fig. 1
Fig. 3

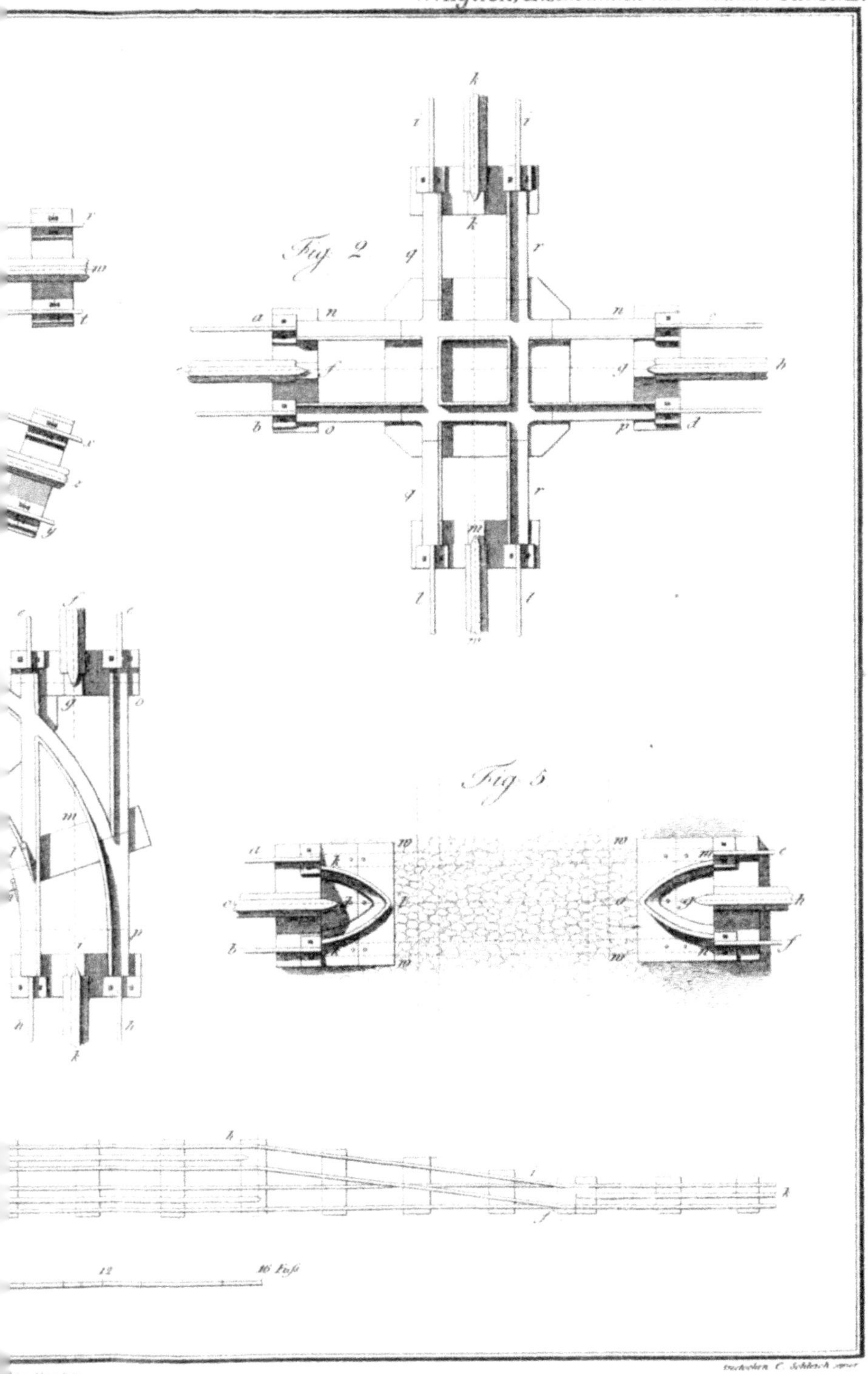
Fig. 2
Fig. 5
12
16 Fuss

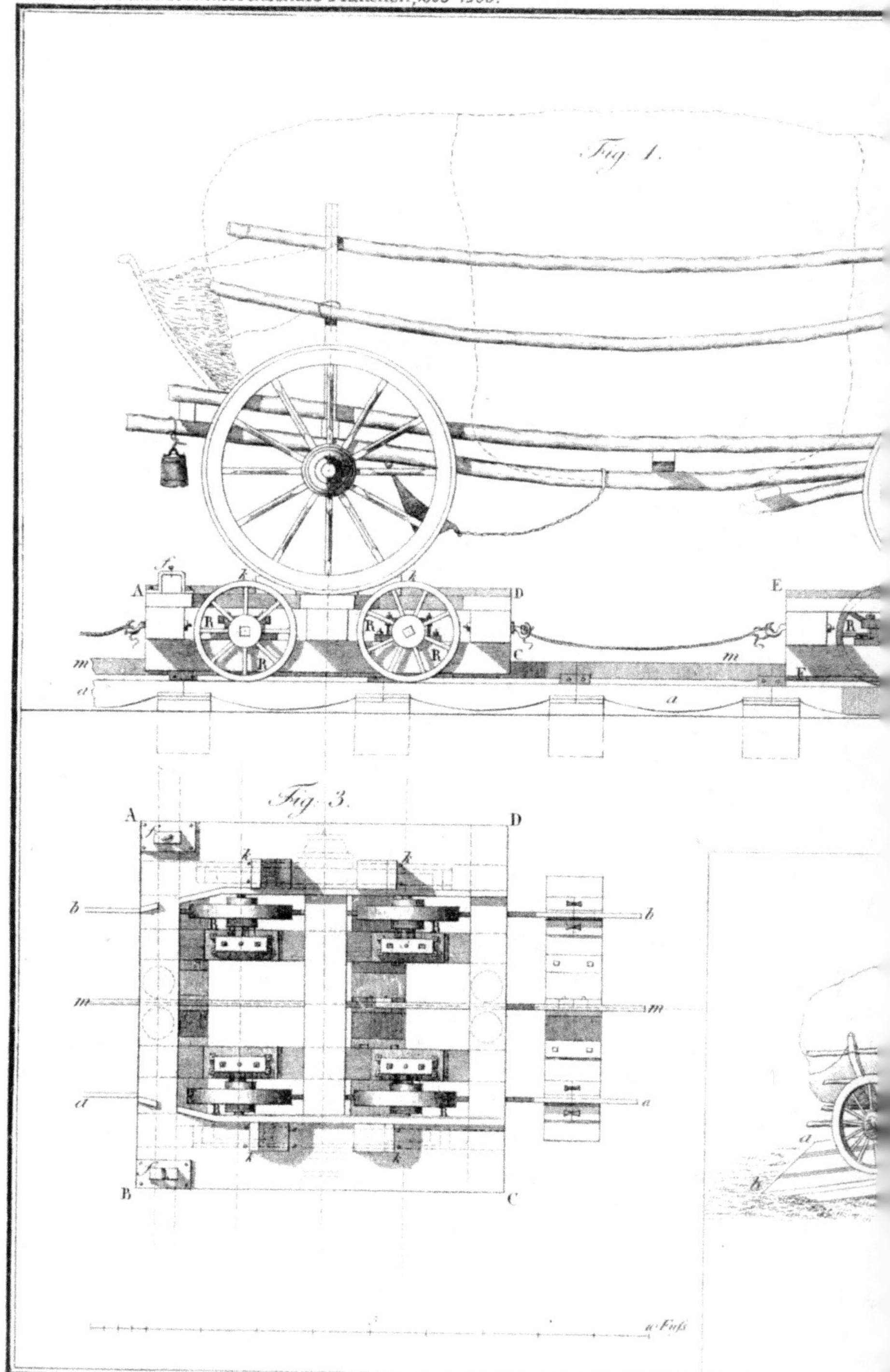
Fig. 1.
Fig. 3.

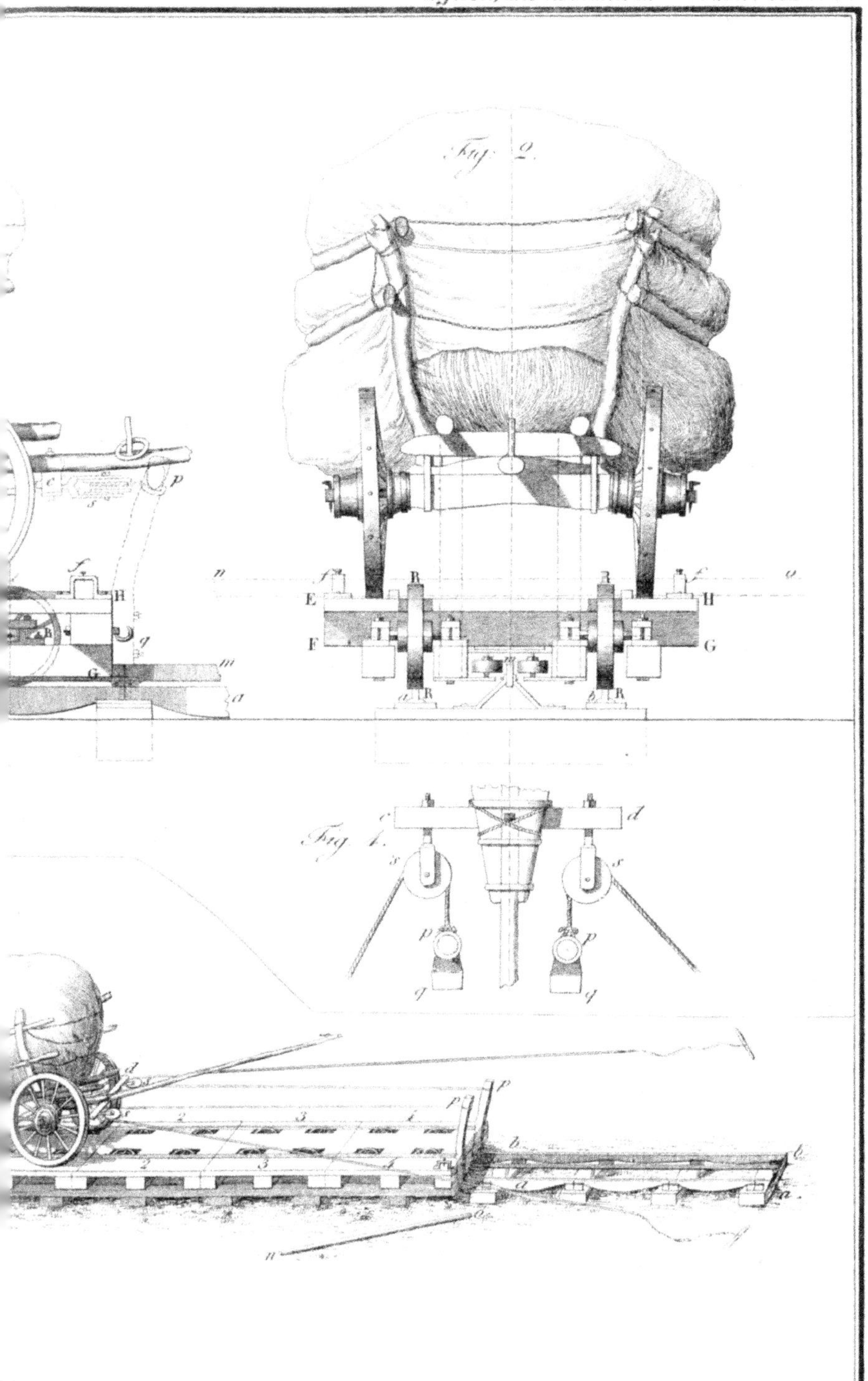
Fig. 2
Fig. 4

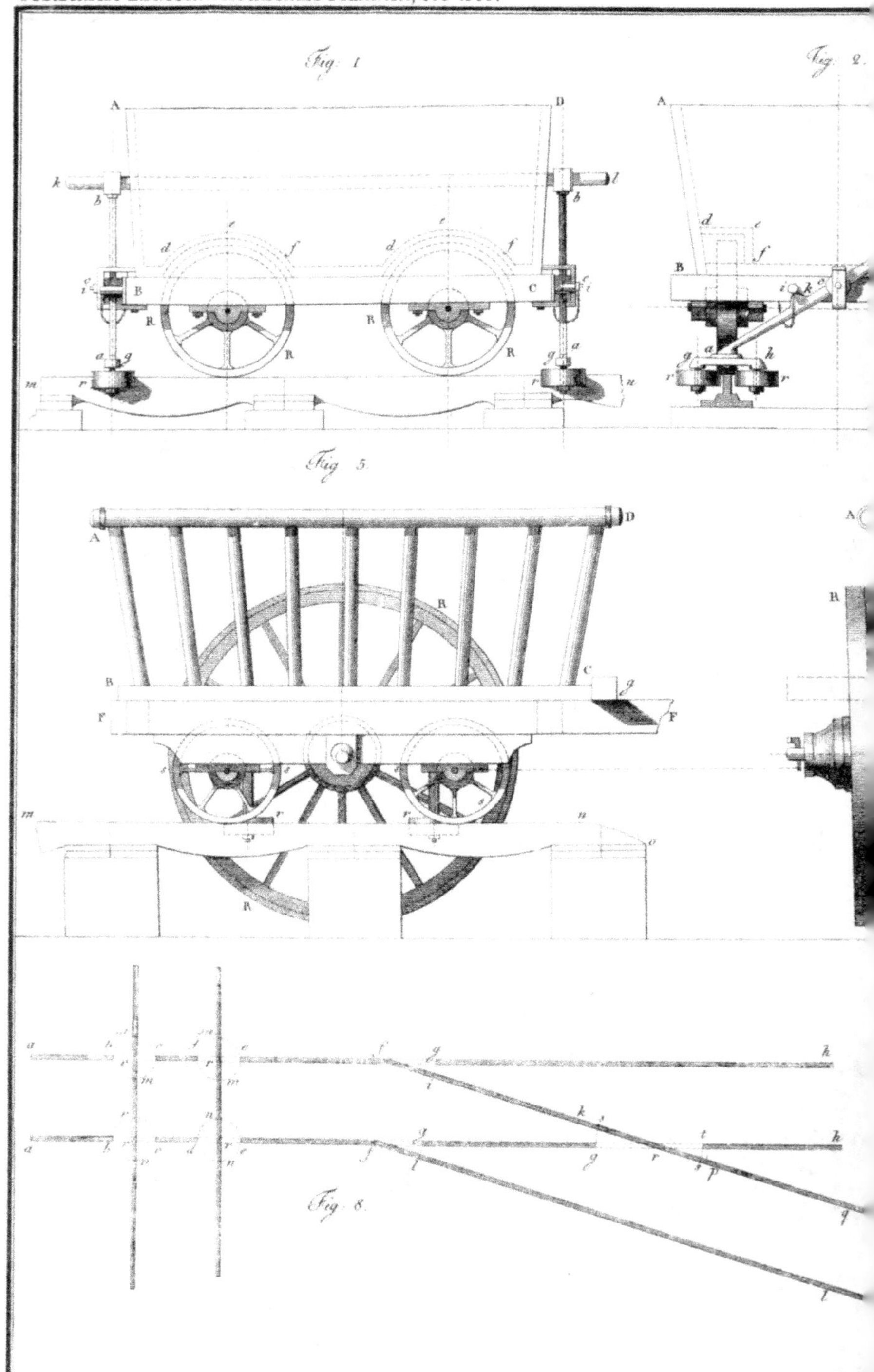

gezeichnet von J. von Baader

Graph. Kuns

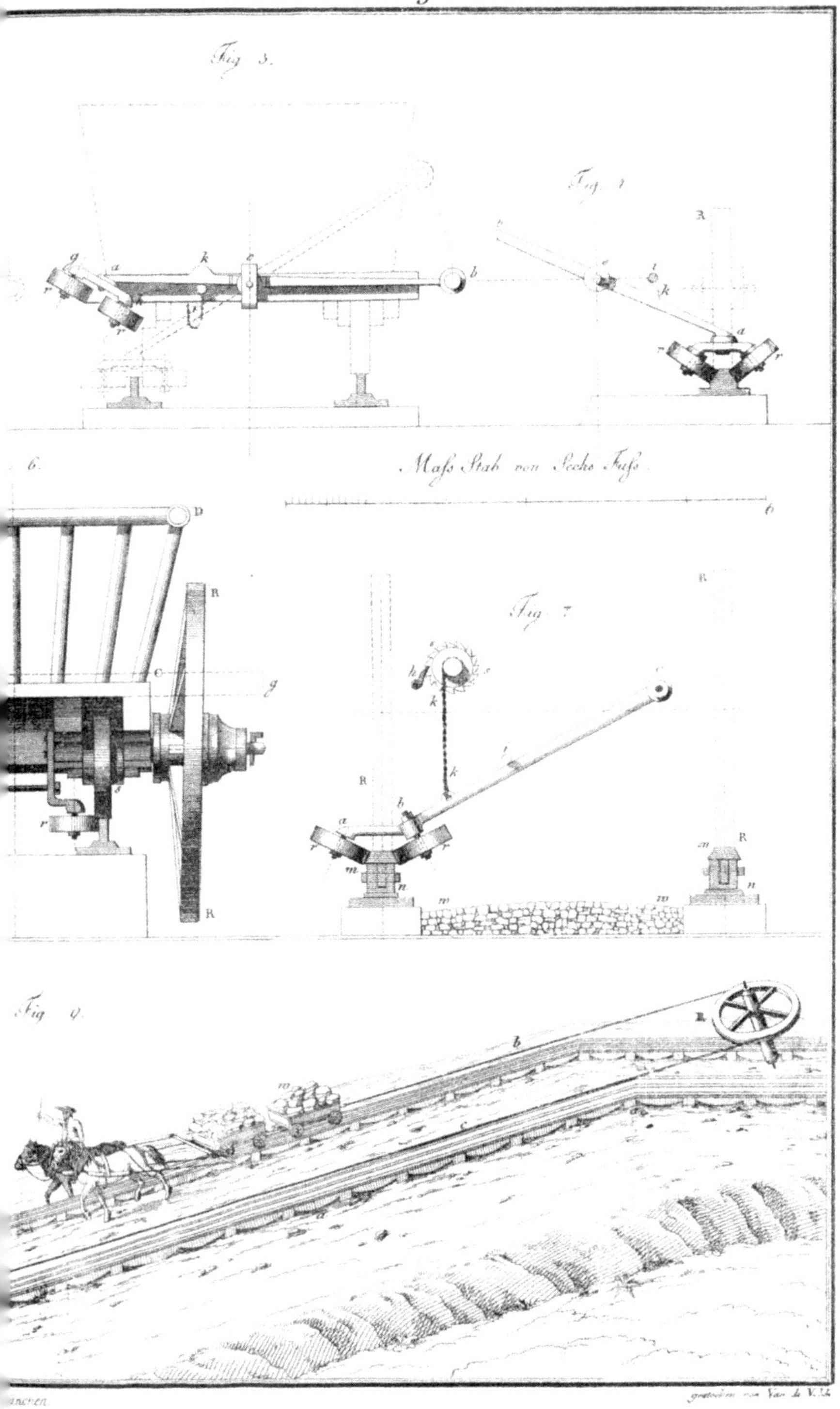
Fig. 3.
Fig. 6.
Mass Stab von Sechs Fuss.
6
Fig. 7
Fig. 9.

Graph. Ku

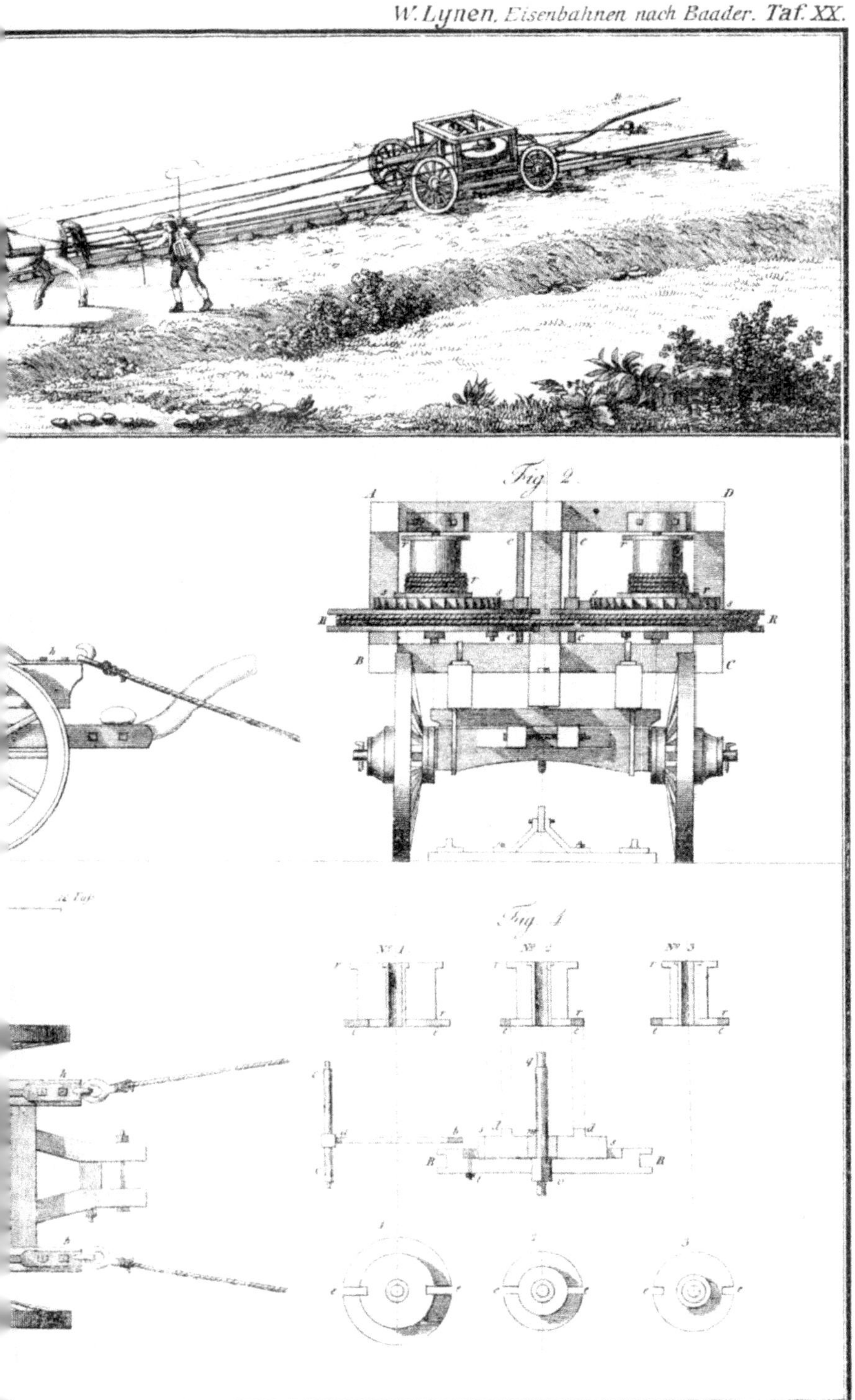

München

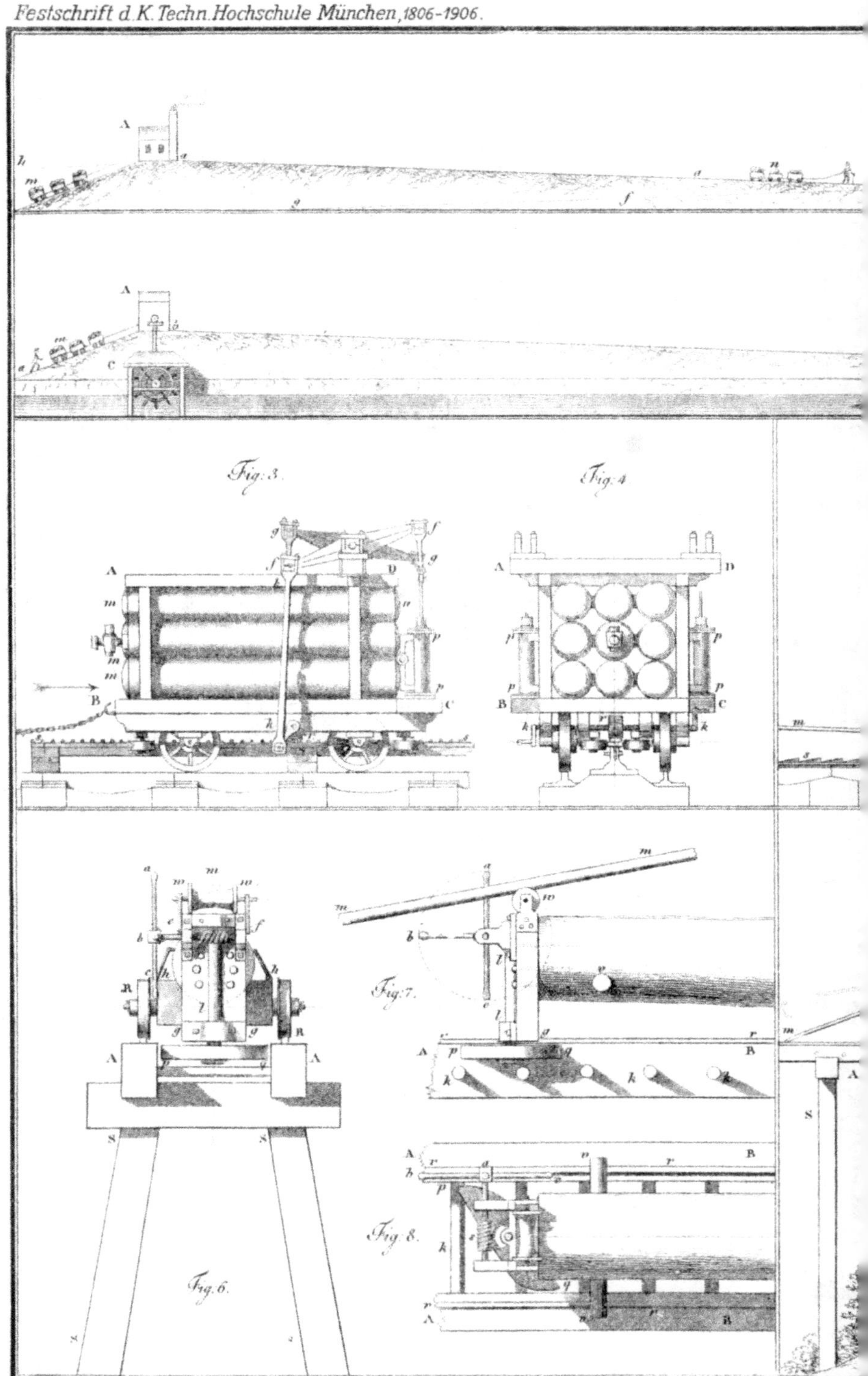

gezeichnet von J. von Baader

Graph. K

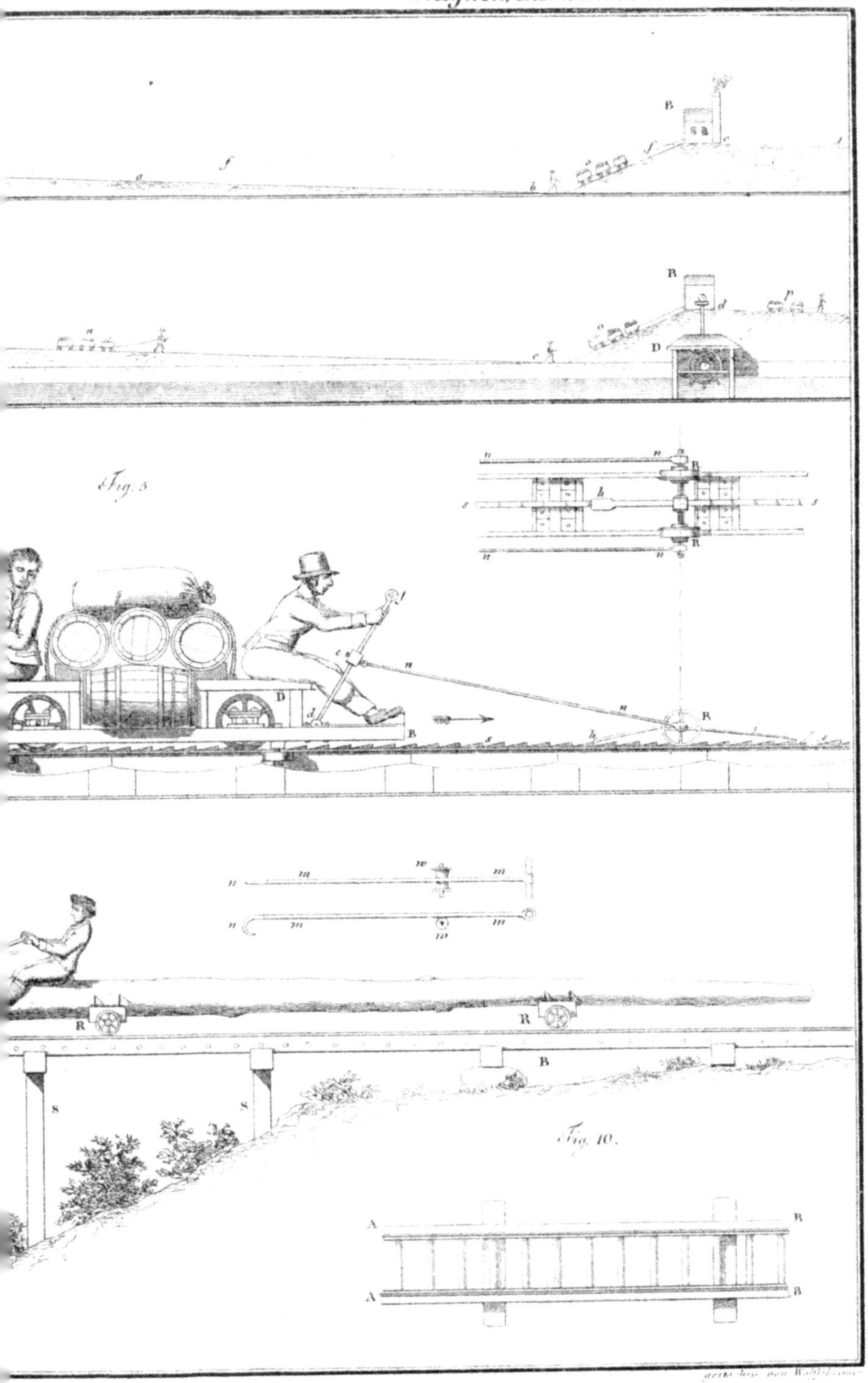
Fig. 8
Fig. 10.

Dampfzylinder einer pfälzischen Schnellzuglokomotive (1905).

Die neuen Schnellzuglokomotiven der Pfälzischen Eisenbahnen.

Von Wilhelm Lynen.

Der bayerische Maschinenbau hat von jeher damit zu kämpfen gehabt, daß der Bezug von Rohstoffen, vor allem von Kohle und Eisen, für ihn viel kostspieliger und umständlicher war als für seine Wettbewerber, welche in den durch ihre Mineralschätze bevorzugten Gegenden unseres deutschen Vaterlandes, insbesondere in Rheinland und Westfalen und in Schlesien gelegen sind.

Es ist daher ein richtiges Bestreben gewesen, daß der bayerische Maschinenbau stets entweder Arbeiten bevorzugt hat, welche eine besonders sorgfältige Ausführung hinsichtlich der Baustoffe und der Werkstättenarbeit verlangen, oder daß er seine Maschinen in solcher Ausführung baute, daß sie sich durch genaue Werkstättenarbeit, besonders guten Gang auszeichneten — kurz gesagt, daß er durch die Güte der Arbeit wettbewerbsfähig bleiben wollte.

So haben die Betriebsdampfmaschinen der Augsburger Maschinenfabrik in der Textilindustrie des Rheinlands überall festen Fuß gefaßt. Die Gasmaschinen der

Nürnberger Maschinenfabrik haben sich in Lothringen und in Westfalen, trotz des Wettbewerbs benachbarter Maschinenfabriken, eingenistet. So hat auch ferner der Lokomotivbau in Bayern von jeher eine große Bedeutung erlangt und eine führende Rolle gespielt.

Bei dem Wettbewerb um Entwürfe für die Lokomotiven der Semmering-Bahn hat die Lokomotivfabrik J. A. Maffei in München im Jahre 1854 den ersten Preis mit ihrer Lokomotive Bavaria errungen. Bei Gelegenheit der Pariser Weltausstellung im Jahre 1867 hat die damals kaum gegründete Lokomotivfabrik Krauß & Co. mit ihrer Lokomotive Nr. 1 die große goldene Medaille erstritten und seitdem ihren Ruf hoch gehalten, so daß sie im Oktober 1905 ihre fünftausendste Lokomotive abgeliefert hat. Namentlich durch die Einführung des Krauß-Helmholtzschen Drehgestells, das in mehr als 1500 Ausführungen in fast allen Erdteilen benützt wird, hat sich die Fabrik große Verdienste um die Steigerung der Sicherheit und der Leistungsfähigkeit der Lokomotiven erworben.

Zur Kennzeichnung des heutigen Standes des bayerischen Lokomotivbaues möge die Aufmerksamkeit auf die Schnellzuglokomotiven der Pfälzischen Eisenbahnen gelenkt werden, welche nicht allein in ihrer Durchbildung den Anforderungen der neuesten Zeit entsprechen, sondern sich zurzeit dadurch auszeichnen, daß sie die stärksten Lokomotiven sind, welche im europäischen Schnellzugdienst verkehren.

Bisher hatte die Lokomotivfabrik J. A. Maffei mit ihren auf den Strecken der badischen Eisenbahnen laufenden Schnellzuglokomotiven bereits diese führende Rolle gespielt; mit ihren jüngst an die Pfälzischen Eisenbahnen gelieferten Lokomotiven hat sie sich selbst überboten.

Die den Rhein entlang ziehenden Eisenbahnlinien haben eine große Bedeutung für den wichtigen Verkehr von Norddeutschland, England, Holland und Belgien nach der Schweiz und Italien. Sie haben von jeher große Anstrengungen gemacht hinsichtlich der Schnelligkeit und Bequemlichkeit der Beförderung der Fahrgäste, um den starken Strom der Reisenden, der in dieser Richtung fließt, in ihre Linien zu leiten und darin zu erhalten.

Die Pfalz bedeutet für diesen Verkehr eine bedeutende aber auch hindernisreiche Abkürzung. Das gebirgige, schluchtenreiche Land läßt sich nur unter Zulassung großer Steigungen und starker Krümmungen in den Bahnlinien durchqueren.

Die fortwährenden Steigerungen des Zuggewichtes und der Fahrgeschwindigkeiten machte die Aufrechterhaltung des Wettbewerbs mit den günstiger liegenden rechtsrheinischen Eisenbahnlinien schwieriger und verlangte den Bau besonders leistungsfähiger Lokomotiven, welche vor allem das Einlegen von Vorspannlokomotiven zur Zeit des starken Reiseverkehrs unnötig machten.

Die neuen Lokomotiven, welche seit etwa einem Jahr in angestrengtem Dienst der Pfälzischen Eisenbahnen stehen, zeichnen sich durch eine große Zahl von Eigentümlichkeiten aus, so daß es sich verlohnt, sie näher zu beschreiben und die Ergebnisse von Versuchen, die im Herbst des Jahres 1905 angestellt worden sind, zu besprechen.

Äußerlich ist die in Fig. 1 dargestellte Lokomotive dadurch gekennzeichnet, daß der Kessel hoch liegt. Dies bringt einen ruhigeren Gang mit sich, ohne daß die Standfestigkeit der Lokomotive ungenügend wird. Auch wird die Zugänglichkeit zur Maschine gefördert. Die Dampfmaschine ist als Vierzylinder-Verbundmaschine mit Rundschiebern an allen vier Zylindern ausgeführt und wird durch eine eigenartige Heusinger-Steuerung gesteuert.

Der Rahmen ist als Barrenrahmen aus Schmiedeeisen mit allseitig bearbeiteten Flächen gebaut.

Die Rauchkammertür und das Führerhaus sind nach vorn zu kegel- bzw. schneidenartigen Gebilden ausgestaltet worden, damit das Durchdringen der Luft bei den hohen Betriebsgeschwindigkeiten von 90 bis 100 km in der Stunde leichter erfolgt. Der Luftwiderstand hat bei großen Geschwindigkeiten weitaus den größten Anteil am Gesamtwiderstand der fahrenden Lokomotive, und seine Verminderung ist von besonderer Wichtigkeit.

Die Lokomotive ruht auf fünf Achsen bzw. zehn Rädern, damit das große Gewicht von 74,3 Tonnen ohne Überschreitung des gesetzlich vorgeschriebenen höchsten Raddrucks aufgenommen wird. Die beiden ersten Achsen sind in einem besonderen Drehgestell untergebracht. Auf das nächste Achsenpaar wird die Kraft der Dampfmaschine abgeleitet. Die erste der beiden großen Achsen ist die Treibachse, an welcher die — im Bilde schrägstehenden — Flügelstangen der Dampfmaschine angreifen. Die zweite Achse ist die Kuppelachse, welche zur Unterstützung der Treibachse dient und mit ihr durch die wagerechte Kuppelstange verbunden ist. Diese beiden Achsen liegen vor der Feuerkiste der Lokomotive, so daß die Feuerkiste breit, über die Räder seitlich hinausragend, gebaut und auf den Rahmen aufgestützt werden kann.

Durch diese Bauart der Feuerkiste kann der Rost kurz gehalten und dadurch der Dienst des Heizers erleichtert werden, auch kann eine gute Lagerung des Kessels erreicht werden. Hinter der Feuerkiste ist die fünfte Achse angeordnet, so daß die Lokomotive nur wenig über die Radbasis hinausragt und gefährliche Schwingungen der Lokomotive bei hohen Geschwindigkeiten vermieden werden. Um starke Krümmungen leicht durchfahren zu können, ist dieser Achse die Möglichkeit erteilt worden, sich um einige Zentimeter quer zur Lokomotive zu verschieben.

Der wichtigste Teil der Lokomotive, der Behälter, aus dem sie ihre Kraft schöpft, ist der Kessel. Es kommt darauf an, daß eine bestimmte Rostfläche ausgeführt wird, so daß auf ihr die erforderliche Kohlenmenge verbrannt werden kann. Die Lokomotiven haben eine Rostfläche von 3,8 qm erhalten, wobei die Breite 2,06 m und die Länge 1,85 m ausmacht. Dies sind die Abmessungen einer kleinen Stube.

Auf der Fläche eines Quadratmeters können infolge des Arbeitens mit künstlichem Luftzuge, der in der Rauchkammer eine Luftverdünnung von 75—100 mm Wassersäule erzeugt, bis zu 500 kg Kohlen in einer Stunde verbrannt werden. Hieraus kann man sich einen Begriff machen, welche Arbeit dem Heizer zufällt, wenn die Lokomotive mit voller Kraft die Reisenden ihrem Ziele zuführt.

Der Rost bildet den Boden einer aus Kupferblech hergestellten Kammer, der sog. Feuerkiste. Dieselbe hat eine Höhe von 1,80 m, gemessen von dem Rost bis zu ihrer Decke. Die kupferne Feuerkiste ist allseitig von Wasser umgeben. Sie steckt, wie eine Schachtel in einer anderen, in dem eisernen Feuerkistenmantel. Die einander gegenüberstehenden Wände sind durch Stehbolzen gegeneinander abgesteift, so daß der Druck des Wassers die Wände nicht ausbeulen kann. Die Fuge zwischen den beiden Kammern ist unten durch einen zwischengenieteten dicken Rahmen verschlossen. Die Wandflächen der inneren Feuerkiste sind in vorzüglichster Weise geeignet, die Wärme der über dem Rost lagernden glühenden Kohlen und der über denselben befindlichen, bis 1500° heißen Gase durch Leitung und Strahlung in sich aufzunehmen. Eine feuerberührte Fläche von 13,8 qm dem Eingang der Wärme darbietend, leiten sie etwa ein Drittel der durch Verbrennung der Kohle entstehenden Wärme in das Wasser über. Die Kessel haben eine breite und tiefe Feuerkiste. Mit dieser Form sind sehr gute Erfahrungen gemacht worden an den von der Firma Krauß & Co. gelieferten Vorgeherinnen der besprochenen Lokomotiven. Die Heizgase werden aus der Feuerkiste herausgeführt, indem von dem oberen Teil der Vorderwand derselben 285 glatte Siederohre von 54 mm lichter Weite abgehen, welche im Wasserraum des Langkessels liegen und in der Rauchkammer ausmünden. Die Siederohre haben eine feuerberührte Heizfläche von 209,2 qm.

Man kann rechnen, daß ein Lokomotivkessel bei günstigen Verhältnissen, namentlich bei hoher Fahrgeschwindigkeit und dementsprechender starker und gleich-

Fig. 1.

mäßiger Feueranfachung, 55 bis 60 kg Dampf auf den Quadratmeter Heizfläche in einer Stunde erzeugt, daß also die Lokomotive — bei einer Gesamtheizfläche von 223 qm — bei äußerster Anstrengung stündlich bis zu 13000 kg Dampf erzeugen und ihren Wasservorrat von 20 cbm im Tender in der Zeit von anderthalb Stunden verbrauchen könnte.

Die Siederohre werden nicht auf ihre ganze Länge von 4,65 m zur Dampfbildung benützt, sondern auf eine Länge von 0,87 m sind sie in einen Pielockschen Überhitzer eingebettet. Dies ist ein allseitig geschlossener Kasten von Schmiedeeisen nach Fig. 2, durch dessen Stirnwände die Siederohre dicht hindurchgesteckt sind. Der im Kessel erzeugte Dampf wird vom Dampfdom aus durch diese Kammer hindurchgeleitet, die im Innern eine Anzahl passend aufgestellter Scheidewände enthält, durch welche der Dampf gezwungen wird, in Schlangenlinien quer über die innen von den Heizgasen durchflossenen und außen von dem Wasser entblößten Siederohre hinwegzugehen, ehe er in das Rohr gelangen kann, welches ihn den Lokomotivzylindern zuführt.

Durch das Vorüberstreichen über die heißen Siederohre wird einmal die im Dampf durch das Mitreißen von Wasserblasen beim Sieden enthaltene Feuchtigkeit herausgetrocknet und außerdem wird ihm noch eine gewisse Wärme mitgeteilt, die ihn über den Sättigungszustand hinausbringt, ihn überhitzt, so daß er nicht mehr beim Auftreffen auf kältere Metallwände des Dampfzylinders Feuchtigkeit niederschlägt. Durch die richtige Wahl der Einbaustelle zwischen der Feuerkiste und der Rauchkammer kann ein bestimmter Grad der Überhitzung erreicht werden. Die erzielte Dampftemperatur beträgt durchschnittlich 290 bis 300 Grad Celsius vom Anfang der Fahrt bis zum Schluß derselben.

Der Pielock-Überhitzer hat den Vorteil, daß keine besonderen Überhitzerrohre einzubauen sind. Wenn die Lokomotive im Schuppen steht, füllt man den Überhitzerkasten mit Wasser auf, weil dadurch die Rohre im Innern desselben gegen Abrosten geschützt werden. Trotz dieser Vorsichtsmaßregel treten an den Lokomotiven der Pfälzischen Eisenbahnen Anfressungen der Siederohre auf, soweit sie vom Dampf getroffen werden, deren Ursache noch nicht aufgeklärt ist.

Die Rauchkammer, in welche die Siederohre einmünden, hat eine große Länge, damit die Heizgase in derselben ihre Geschwindigkeit mäßigen und die mitgerissene Flugasche ablagern können. Auch kann sich eine beträchtliche Menge Asche darin ansammeln, ehe sie die unteren Reihen der Siederohre abdeckt und damit unwirksam macht.

Die Rauchkammer enthält die Frischdampfleitungen zu den Hochdruckzylindern und die Abdampfleitungen von den Niederdruckzylindern, welche in ein

Blasrohr ausmünden, aus welchem der Abdampf mit großer Geschwindigkeit und in starken Wirbelungen austritt, so daß er die in der Rauchkammer befindlichen Heizgase fortreißt und zum Schornstein hinaustreibt, wodurch er eine Luftleere hinter sich erzeugt. Diese Luftleere in der Rauchkammer ist die Veranlassung, daß frische Luft von außen durch den Rost hindurchdringt und, durch die Siederohre ziehend, die Rauchkammer wieder anfüllen will.

Die Dampfmaschine ist als Verbundmaschine ausgeführt. Der Arbeitsdampf kommt nicht in einem einzigen Zylinder zur vollen Ausdehnung, sondern in einem

Fig. 2.

kleinen Zylinder dehnt er sich bis zu einer gewissen Stufe aus, wird dann in diesem Zustand aus diesem Zylinder entlassen und in einen größeren Zylinder eingefüllt, in welchem er seine Ausdehnung bis auf die Auspuffspannung vollendet.

Die Arbeitsweise mit einem Hochdruckzylinder und einem Niederdruckzylinder ist umständlicher, als wenn man den Dampf in einem einzigen Zylinder arbeiten ließe. Sie hat aber den Vorteil, daß die Temperaturschwankungen in den Metallwänden der beiden Zylinder viel geringer bei jedem Spiel der Kolben ausfallen, als wenn man den vom Kessel kommenden Dampf, der mit 15 Atmosphären

— ohne Überhitzung mit 200° C — in den Arbeitszylinder eintritt, in demselben bis auf etwa 105° C heruntersinken läßt.

Außerdem wird erreicht, daß der heiße Dampf nur mit den Wänden der Dampfkanäle, Deckel, Kolben und der Kolbenlauffläche des kleinen Hochdruckzylinders in Berührung kommt, so daß der Vorteil sich verdoppelt: die vom Frischdampf berührten Flächen sind kleiner und die Temperaturschwankungen in den Flächen sind geringer.

So wird an den Flächen von Hoch- und Niederdruckzylinder zusammen weniger Feuchtigkeit aus dem Arbeitsdampf niedergeschlagen, als wenn der Dampf in einem einzigen Zylinder arbeitete, und es wird nicht unbeträchtlich an der Dampfmenge gespart, die sonst für eine bestimmte Leistung der Lokomotive verbraucht wird.

Genau denselben Zweck der Dampfersparnis verfolgt man mit der Überhitzung des Dampfes, nur daß man hierbei auf den Dampf selbst, nicht auf seine Umgebung einwirkt. Am meisten ist die Überhitzung bei den Preußischen Staatsbahnen eingeführt, die zurzeit 217 Heißdampflokomotiven aller Art im Betrieb und 270 Stück im Bau haben.

Es besteht zwar die Möglichkeit, die Überhitzungswärme zu einem größeren Betrage in Arbeit umzuwandeln als die Wärme, welche dem Dampf bis zu seiner Sättigung zugeführt wird, doch ist dieser Vorteil nicht so sehr von Einfluß auf die Dampfersparnis als die Erscheinung, daß der überhitzte Dampf viel weniger Feuchtigkeit an den Metallwänden des Zylinders niederschlägt als der Sattdampf.

Wenn nun, wie in den Pfälzischen Lokomotiven, von beiden vorteilhaften Vorgängen richtiger Gebrauch gemacht wird, dann kann eine beträchtliche Ersparnis an Dampf und an Kohle erreicht werden.

Dies ist ganz besonders wichtig für Lokomotiven, einmal weil sie sich ihren Kohlen- und Wasservorrat selbst mitschleppen und hierzu einen Teil ihrer Kraft aufzehren müssen, dann aber auch, weil sie in ihren Abmessungen durch die vorgeschriebenen Umgrenzungslinien und das Bedürfnis nach genügender Beweglichkeit in Geleiskrümmungen eingeschränkt sind und heute in den Ausführungen an die Grenzen der zulässigen Abmessungen angekommen sind, so daß die Steigerung ihrer Leistungsfähigkeit ohne gleichzeitige Vergrößerung ihrer Abmessungen und Gewichte von der größten Wichtigkeit gegenüber den fortwährend sich steigernden Verkehrsansprüchen ist.

Es hält überaus schwer, unter gleichen Bedingungen Vergleichsfahrten mit Lokomotiven zu machen, in denen der Dampf in den verschiedenen Gebrauchsweisen arbeitet, so daß das genaue Maß der Überlegenheit der Anwendung von Verbund-

und Heißdampfwirkung über die früher allgemein übliche Zwillings-Naßdampfwirkung schwer angebbar ist. Die Pfälzischen Eisenbahnen haben noch nicht das Ergebnis ihrer Versuche festgestellt. Auf den preußischen Staatsbahnen ist vielfach eine größere Leistungsfähigkeit und Sparsamkeit der Heißdampf-Zwillingslokomotiven gegenüber Naßdampf-Zwillings- und Verbundlokomotiven festgestellt worden. Trotz geringerer Fahrzeiten erzielten die Vergleichszüge mit Heißdampflokomotiven eine Kohlenersparnis von 10 bis 25 v. H. und eine Wasserersparnis von etwa 35 v. H., die auch gegenüber Vierzylinder-Verbundlokomotiven aufrecht erhalten wurde.

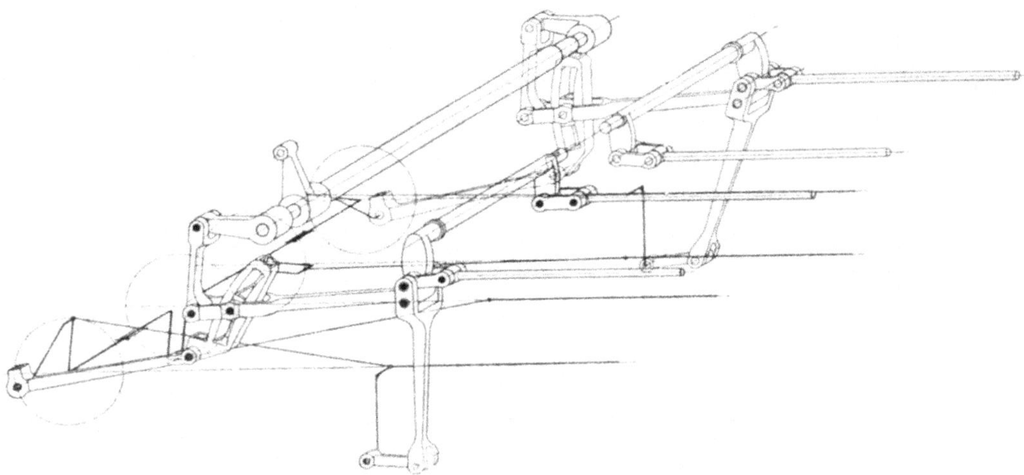

Fig. 3.

Wie die Kopfleiste zeigt, sind die vier Dampfzylinder nebeneinander angeordnet. Die zwei Hochdruckzylinder von 360 mm Durchmesser sind zu einem Stück zusammengegossen und liegen innen. Die Niederdruckzylinder von 590 mm Durchmesser sind außerhalb des Rahmens angebracht.

Dadurch ist es möglich, den Durchmesser der Niederdruckzylinder größer auszuführen, als wenn sie nach innen verlegt werden, und den Kolbenhubraum etwa 2,7 mal so groß zu machen als den des Hochdruckzylinders. Bei diesem Verhältnis sind bei gleichen Füllungen auch die Arbeiten in den beiden Zylindern annähernd gleich, und dies führt zu einer einfachen Ausbildung der Steuerung, die in Fig. 3 dargestellt ist. Nur von dem Gangwerk der beiden äußeren Zylinder werden Bewegungen abgeleitet, die auch — unter Vermittlung der kurzen Querwellen — nach den inneren Schiebern abgeleitet werden. Infolgedessen machen die beiden Schieber einer Lokomotivseite Ausschläge, die nur nach der Größe des Hubes verschieden sind; sie kommen aber zu gleicher Zeit in die gleichen Endlagen. Da die zugehörigen Kurbeln unter 180° stehen, so gelangen die Kolben zu gleicher Zeit in die entgegengesetzten Endlagen. Nun kann aber doch mit den obigen Schiebern der Arbeitsdampf nach den entgegengesetzten Zylinderseiten abgeleitet werden, wenn man ihn dem einen Schieber von der Mitte, dem anderen Schieber von außen zuführt.

Man wählt die innere Einströmung auf der Hochdruckseite, weil dann die Hochdruckschieber außen von schwach gespanntem Dampf umspült und die Stopfbüchsen der Schieberstangen leicht abzudichten sind.

Diese wesentliche Vereinfachung der Steuerung rechtfertigt die Verlegung des Hochdruckzylinders in das Innere des Rahmens, trotzdem hierbei die schweren Gangwerke der Niederdruckzylinder und die von ihnen verursachten Massenkräfte größere Hebelarme erhalten und dadurch einen etwas unruhigeren Gang der Lokomotive veranlassen. Dieser Nachteil kommt aber um so weniger in Betracht, als infolge der vier Zylinder ohnehin geringe Gegengewichte in den Lokomotivrädern angebracht sind, um den Gang der Lokomotive befriedigend zu gestalten, wie ein Blick auf die Fig. 1 erkennen läßt.

Bei der Ausbildung der Steuerungen für so hohe Umdrehungszahlen, wie sie bei den pfälzischen Lokomotiven vorkommen, ist es wichtig, daß nur geringe Schieberreibung auftritt, weil sonst die Ableitung der Wärme und die Schmierung der Schieber unüberwindliche Schwierigkeiten macht. Bei den betrachteten Lokomotiven sind daher alle Schieber als Kolbenschieber mit doppeltem Einlaß und mit doppeltem Auslaß ausgeführt.

Die Kolbenschieber verursachen geringe Reibung, sie sind aber nicht so leicht dicht zu halten wie die Flachschieber, und dies führt leicht zu Dampfverlusten. Durch gute Werkstättenarbeit, namentlich durch eine Formgebung der Schieber, welche ein Verziehen unter dem hohen Druck und den hohen Temperaturen vermeidet, durch gut gearbeitete Dichtungsringe kann der Dampfverlust eingeschränkt werden, besonders wenn im Betrieb gutes Heißdampföl zum Schmieren verwendet und durch zeitweilige Prüfung und allfallsige Nacharbeit der Dichtungszustand der Kolbenschieber gut erhalten wird.

Eine wichtige Sorge bei der Durchbildung der Schiebersteuerungen schnell laufender Lokomotiven ist die Beachtung der Massenwirkungen der Steuerungsteile. Bei der vorliegenden Steuerung sind in der Steuerwelle und in den beiden Übertragungswellen von dem außenliegenden Gangwerk nach den inneren Schiebern Bauteile eingefügt, welche unter der Schieberreibung und den Massenkräften auf

Verdrehung beansprucht werden, und welche bei den großen Längen beträchtlich nachgeben und die Dampfverteilung verschlechtern können, wenn sie nicht, wie im vorliegenden Falle, in großen Durchmessern ausgeführt und dadurch unnachgiebig gemacht werden. Die besonders stark belasteten Gewerkbolzen haben große Laufflächen und besonders geeigneten Stoff in den Buchsen erhalten.

Bei der Anordnung der Schmiergefäße, welche auf den bewegten Steuerungsteilen selbst angebracht werden müssen, weil bei den großen Fahrgeschwindigkeiten die reibenden Teile große Wärme erzeugen, wenn sie nicht ständig und reichlich geschmiert werden, ist die Wahl der richtigen Anbringungsstellen wichtig gewesen.

Fig. 4.

Die Anordnung der vier Zylinder nebeneinander gibt ein starres Ganzes, welches den Rahmen wirksam diagonal versteift, dem Kessel eine feste Stütze bietet und eine gute Verbindung zwischen der Lokomotive und dem vorderen Drehgestel ermöglicht. Die Dampfwege sind kurz, und das Ganze der Zylinder und Schieberkasten hat eine verhältnismäßig kleine äußere Oberfläche und kann gut gegen Strahlung geschützt werden, so daß die Wärme gut zusammengehalten und der Dampfverbrauch ermäßigt wird.

Diese Anordnung der vier Zylinder steht im Gegensatz zu der vorwiegend an französischen Lokomotiven ausgeführten Anordnung der Zylinder in zwei Gruppen,

System de Glehn, bei welchem die Dampfverteilung im Niederdruckzylinder beliebig gewählt werden kann gegenüber dem Hochdruckzylinder.

Die vier Dampfkolben, deren Hub 600 mm beträgt, wirken auf eine Welle ein, welche die Fig. 4 erkennen läßt. Diese Welle ist aus einem Stück Kruppschen Nickelstahl geschmiedet. Nur allerbester Baustoff ist der hohen Inanspruchnahme fähig, welche die Welle unter den gleichzeitig von den Dampfkolben und von den Stößen der Räder gegen die Schienen auftretenden Kräften auszuhalten hat.

Würde man nur eine Treibachse, keine Kuppelachse an der Lokomotive haben, so würden gleiche Kolbenkräfte nur ein Drehmoment an der Welle erzeugen, und die Wellenlager nur die am Zughaken wirkende Kraft aufzufangen haben. Die Kolbenkräfte würden dann in der Hauptsache von den Kurbelzapfen, nicht von den Wellenlagern aufgefangen werden. Die Kurbelzapfen können aber, ohne warm zu laufen, eine größere Belastung ertragen wie die Wellenlagerzapfen, weil sie mit größerer Geschwindigkeit durch die Luft geführt und dadurch besser abgekühlt werden.

So lange auf der Fahrt in ebener Strecke die Lokomotive mit der Reibung an den Treibrädern auskommt, um den Widerstand am Zughaken zu überwinden, ist dieser Vorteil auch an der ausgeführten Lokomotive mit einer Kuppelachse vorhanden und der Gang derselben ein leichter.

Sobald die Kuppelräder wesentlich an der Kraftübertragung beteiligt sind, werden die Lagerbelastungen wesentlich höher, doch bleiben sie noch eine Kleinigkeit unter den Beträgen, welche die de Glehnsche Anordnung veranlaßt.

In der Fig. 5 sind die Räder der Lokomotive so gezeichnet, als wären sie an ihrem unteren Scheitel in einem Gelenk gelagert, um auffallend zum Ausdruck zu bringen, daß für den betrachteten Augenblick diese Scheitelpunkte durch die Reibung an den Schienen festgehalten sind.

Der eigenartigste Teil der Lokomotive ist der in Fig. 6 dargestellte Rahmen, welcher den Kessel und die Dampfmaschine trägt und die Achsen der Räder aufnimmt. Er ist als sog. Barrenrahmen ausgeführt. Diese Rahmen sind auf den nordamerikanischen Bahnen ausschließlich in Gebrauch. Die Lokomotivfabrik Maffei hat der Bayerischen Staatsbahn etwa 50 Lokomotiven mit Barrenrahmen geliefert, nachdem diese Verwaltung sich im Jahre 1899 amerikanische Lokomotiven von den Baldwin Locomotive Works in Philadelphia hatte kommen lassen, um an denselben ihre Studien zu machen.

Mit der Verwendung von Barrenrahmen, welche die größte Zufriedenheit der Bayerischen Staatsbahn erlangt und auch bei den Pfälzischen Bahnen sich schnell beliebt gemacht haben, so daß auch die badische Staatsbahn bei neuen Lokomotiven Barrenrahmen bestellt hat, ist nach mehr als 40jähriger Trennung eine Wiedervereinigung von zwei Wegen erfolgt, welche zu guten Lokomotivkonstruktionen führen.

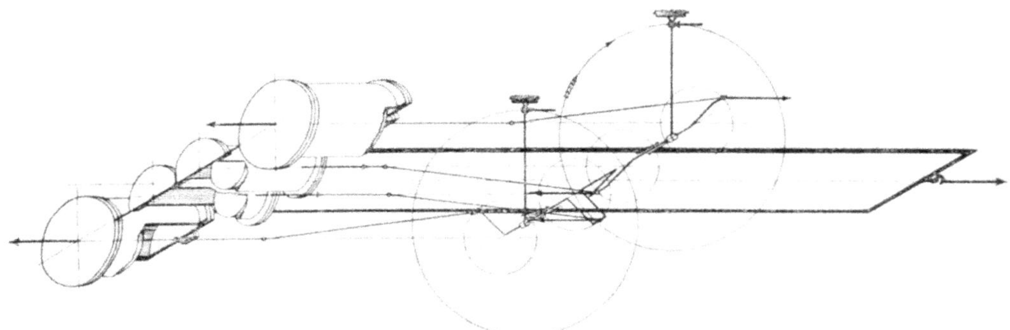

Fig. 5.

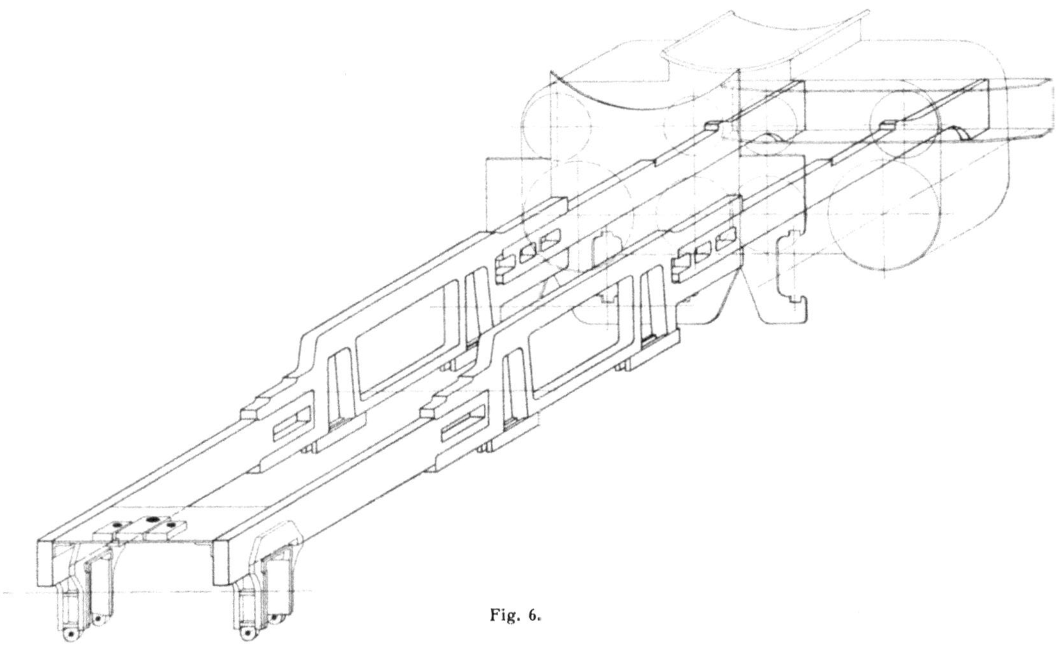

Fig. 6.

Zu Beginn des Lokomotivbaus wurden sowohl in Europa als auch in Amerika Barrenrahmen angewandt, welche in Gestalt von einfachen Gabeln um den Kessel gelegt waren, an welchen die aus Blechstücken hergestellten Achshalter befestigt wurden. Später ging man in Amerika dazu über, auch die Achshalter in Barrenstücken anzuschweißen, während man in Europa Rahmen und Achshalter aus starken Blechplatten herstellte.

Der Vorzug des Barrenrahmens liegt in der großen Übersichtlichkeit, die er bei der auf dem Geleise stehenden Lokomotive über die inneren Teile gibt. Dies ist ein für den Betrieb schwerwiegender Vorteil, besonders bei innen liegenden Dampfzylindern, da bei kurzen Aufenthaltszeiten auf Zwischenstationen eine schnelle Prüfung des Gangwerks ermöglicht wird. Die geometrisch genaue Gestalt des Rahmens macht den Zusammenbau der Lokomotive, den Anbau der tragenden und führenden Teile des Gangwerks und der Steuerung einfach und billig und gibt eine größere Genauigkeit, als sie beim Anpassen und Anprobieren an die nicht bearbeiteten Seitenflächen der Plattenrahmen erzielbar ist.

Der Nachteil des Barrenrahmens besteht in dem Vorhandensein der Schweißstellen, deren Güte und Fehlerlosigkeit nicht so ohne weiteres gewährleistet ist. Der aus vollen Blechen herausgearbeitete Plattenrahmen hat keine Schweißfugen. Ein gebrochener Plattenrahmen kann leichter wiederhergestellt werden als ein Barrenrahmen. Wenn ein Barrenrahmen unbrauchbar wird, geht eine große und teuere Werkstättenarbeit verloren.

Um eine möglichst große Sicherheit zu haben in bezug auf den Baustoff, bearbeitet die Firma Maffei die sämtlichen Flächen der Barrenrahmen, auch die inneren, an welchen keine Maschinenteile befestigt werden und welche deshalb roh bleiben könnten. Die Kosten der Bearbeitung dieser Flächen sind gewissermaßen eine Versicherungsgebühr gegen den Bruch der Rahmen. Durch sorgfältige Paketierung der Eisenblöcke, durch gute Schulung ihrer Arbeiter, durch gute Aufsicht bei der Schmiedearbeit ist es ihr gelungen, daß bis jetzt noch kein Rahmenbruch vorgekommen ist.

Der Barrenrahmen fällt teurer in der Herstellung aus als ein Plattenrahmen, weil man nicht imstande ist, so viel Rahmen gleichzeitig auf einer Werkzeugmaschine zu bearbeiten als bei Plattenrahmen, bei denen man bis zu 12 übereinandergelegte Platten gleichzeitig fräsen oder stoßen kann. Anderseits wird ein Teil dieser Mehrkosten wieder eingespart durch den leichteren Zusammenbau der Lokomotive, so daß schließlich die Kosten der ganzen Lokomotive beim Barrenrahmen nicht höher ausfallen als beim Plattenrahmen.

Der sonst bei Barrenrahmen gerügte Nachteil, daß die Querversteifungen nicht genügend ausgebildet werden können, ist bei den vorliegenden Lokomotiven nicht vorhanden. Die vier Dampfzylinder geben eine wirksame Versteifung ab, die durch eine kräftige Ausbildung des Zugkastens am hinteren Ende des Rahmens unterstützt wird. Ferner sind zwischen den Enden des Rahmens noch die Gleitbahnträger und Pendelbleche für die Abstützung des Langkessels vorgesehen, welche auch zur Versteifung des Rahmens beitragen, die bei einer etwaigen Entgleisung der Lokomotive wichtig ist.

Die Lokomotiven sind mit einer Reihe von Vorrichtungen ausgerüstet, damit der Führer die Verbrennungsvorgänge, die Schmierung der Schieber und Kolben das Anfahren und Halten leicht und sicher beherrscht.

Um das namentlich auf Bahnhöfen lästige Qualmen zu vermeiden, sind die Lokomotiven mit Rauchverbrennungsapparaten nach Staby versehen. Das Qualmen tritt ein, wenn die frisch aufgelegten Kohlen ihre leicht vergasenden Bestandteile ausstoßen und zu deren Verbrennung nicht genügend Luft in der Rauchkammer vorhanden ist. Um nun eine nach dem Aufwerfen von Kohlen genügende und mit dem Fortschreiten in der Entgasung der Kohlen abnehmende Luftmenge über dem Rost in die Feuerkiste einzutreiben, wird beim Öffnen der Feuertür selbsttätig ein besonderes Ventil geöffnet, welches so lange Kesseldampf in einen besonderen Behälter einläßt, bis die Feuertür wieder geschlossen wird. Dieser Dampf tritt nach Schluß der Feuertür durch drei Düsen in die Feuerkiste ein und reißt Luft mit sich, welche die Rauchmassen durchdringt und sie verbrennt. Je mehr der Dampf aus dem Behälter entwichen ist, desto mehr läßt die Düsenwirkung und das Lufteinblasen nach, und die Größe des Dampfbehälters ist so bemessen, daß ungefähr gleichzeitig die Entgasung der Kohlen und das Einblasen der Luft aufhören.

Während der Fahrt ist es von großer Wichtigkeit, daß die Rauchkammer breit ausgeführt und mit zwei Feuertüren versehen ist. Durch das abwechselnde Schüren gibt es immer eine gut durchgebrannte Feuerhälfte, in welcher ein gewisser Luftüberschuß vorhanden ist, so daß der aus der frisch bedeckten, schwarzen Hälfte aufsteigende Rauch zum Teil auch mit Hilfe der heißen, luftgetränkten Flammen der rotglühenden Hälfte des Feuers verbrannt wird, wodurch die Wirkung des Rauchverminderers in erwünschter Weise unterstützt wird, wenn die Kohlen in großen Mengen und in kurzen Pausen aufgeworfen werden müssen.

Zur Verminderung des Funkenauswurfs aus dem Schornstein ist ein Sturmscher Funkenfänger in die Rauchkammer eingebaut. An demselben ist die Anbringung von zwei beweglichen Gitterwänden eigentümlich, die mit Hilfe eines kleinen Dampfzylinders mit Kolben geschlossen werden, sobald Arbeitsdampf in die Schieberkasten der Lokomotive eingelassen wird.

Wenn der Dampf von den Schieberkasten abgesperrt wird — also bei Stillstand der Lokomotive im Bahnhof oder im Schuppen, oder bei einer Talfahrt — öffnen sich diese Gitterklappen von selbst, so daß der Schornsteinzug nicht mehr durch die Maschen der Gitter behindert wird. Durch den leichten Schlag, mit dem die Gitterwände beim Schließen der Klappen an ihren Sitz anprallen, tritt eine Selbstreinigung der Maschen von darin festgehaltener Asche ein, die für die Zugerzeugung erwünscht ist.

Bei der selbsttätigen Schieberschmierung, Bauart Mildenberger, ist die den vier Kolbenschiebern zugeführte Ölmenge abhängig vom Dampfdruck im Schieberkasten. Wenn die Maschine mit voller Kraft fährt, wird am stärksten geschmiert; wenn sie ohne Dampf läuft, hört die Schmierung von selbst auf. Der Dampfdruck im Schieberkasten wirkt auf einen Dampfkolben in einem besonderen Zylinder. Der Dampfkolben ist durch eine Kolbenstange direkt mit einem zweiten Kolben von kleinerem Durchmesser verbunden, der auf das Schmieröl in einem Ölzylinder preßt. Das Öl ist von den Schmierleitungen durch einen Hahn getrennt und kann nur dann in die Leitungen übertreten, wenn das von der Kulisse der Schiebersteuerung bewegte Hahnküken seine Bohrungen mit den Schmierleitungen in Verbindung setzt. Auf diese Weise wird eine sparsame und doch betriebssichere Schmierung erreicht.

Eine Besonderheit aller Verbundlokomotiven sind die sog. Anfahrvorrichtungen, welche dadurch notwendig werden, daß die Lokomotive in einer Stellung zum Halten kommen kann, in welcher einer der beiden Hochdruckkolben in einer Totlage steht, wodurch der auf ihn drückende Dampf wirkungslos ist. Der Dampfdruck auf den anderen Hochdruckkolben ist dann zu schwach, um den an der Lokomotive hängenden Zug anzuziehen.

In einem solchen Fall muß der Kesseldampf, allerdings mit verminderter Spannung, zum Druck auf die großen Niederdruckkolben gebracht werden, bis daß die Maschine in Gang gekommen ist, worauf dann die Anfahrvorrichtung abgestellt und die Verbindung des Kessels mit den Niederdruckzylindern aufgehoben wird.

Um bei nassem Wetter und glatten Schienen das sog. Schleudern der Triebräder, das Drehen ohne gleichzeitiges Fortrollen über die Schienen, zu verhüten, sind die Lokomotiven mit einem Sandstreuer ausgerüstet, welcher gestattet, trockenen Sand zwischen die Triebräder und die Schienen zu blasen, damit die Räder auch bei glatten Schienen kräftig fassen. Dieser Sand wird vermittelst einer durch Druckluft gespeisten Düse nach der Bauart Brüggemann ausgeblasen. Durch die Anwendung von Druckluft wird das Nässen und Zusammenballen des Sandes in der Sandleitung und das Vereisen der Düse im Winter verhindert.

Die Druckluft kann auch dazu benützt werden, den Sand in dem oben auf dem Kessel befindlichen Sandkasten aufzuwühlen, falls er feucht ist. Dadurch wird er schneller getrocknet.

Die in der Fahrt befindliche Lokomotive treibt einen Geschwindigkeitsmesser, Bauart Hausshälter, an, mit Hilfe dessen die Fahrgeschwindigkeit der Lokomotive durch einen Zeiger dem Lokomotivführer angezeigt und für die Betriebsaufsicht unter gleichzeitiger Angabe der Aufenthalte auf einem Papierstreifen aufgezeichnet wird. Auf diese Weise soll verhütet werden, daß der Lokomotivführer in Strecken, die mit verminderter Geschwindigkeit durchfahren werden müssen, zu schnell fährt, um etwa eine Zugverspätung einzuholen.

Zum Bremsen der Lokomotive und des angehängten Zuges ist eine Luftdruckbremse, Bauart Schleifer, auf der Lokomotive eingebaut. Diese Bremse, die in Deutschland gebaut wird, ist auf den Pfälzischen Bahnen und auch sonst in Deutschland eingeführt und ist in erfolgreichen Wettbewerb mit der aus Amerika stammenden Westinghouse-Luftdruckbremse eingetreten.

Wie bei Westinghouse drückt ein auf der Lokomotive angeordneter Luftkompressor Luft in einen Vorratsbehälter hinein, aus dem eine den ganzen Zug entlang gehende Druckluftleitung und eine Reihe von Hilfsluftbehältern gespeist werden, die in der Nähe der zu betätigenden Bremsen sind. Läßt der Lokomotivführer die Druckluft aus der Leitung ausströmen, so wird bei jeder Bremse ein sogenanntes Steuerventil so verstellt, daß die Druckluft aus den Hilfsbehältern in die zugehörigen Bremszylinder eintritt, wodurch sie den darin befindlichen Kolben verschiebt und damit die Bremsen anzieht. Läßt der Führer wieder Druckluft aus dem Vorratsbehälter in die Druckluftleitung einströmen, so wird das Steuerventil wieder zurückgebracht, wodurch die Bremsluft aus den Bremszylindern ins Freie gelassen und der zugehörige Hilfsluftbehälter wieder mit frischer Druckluft gespeist wird.

In Gefahrfällen muß die Druckluft besonders schnell aus der Leitung herausgelassen werden.

Die Steuerventile müssen so empfindlich gebaut sein, daß alle Wagen, vom ersten bis zum letzten hin, fast gleichzeitig und gleichmäßig stark gebremst werden, während die Lokomotive anfänglich etwas weniger stark gebremst wird. Dadurch kommt der ganze Zug gestreckt zur Ruhe und es werden Zerrungen der einzelnen

Zugteile gegeneinander vermieden. Die Schleifer-Bremse wird in hohem Maße den hohen Anforderungen gerecht, die an eine Luftdruckbremse gestellt werden.

Aus der Betrachtung des Baues der Lokomotive und ihrer Ausrüstung ersieht man, daß sie eine kleine in sich geschlossene Welt ist. Der anscheinend so einfache Vorgang der Fortbewegung eines Eisenbahnzuges macht wegen der großen Geschwindigkeiten und der großen bewegten Massen eine Anhäufung der scharfsinnigst erdachten Einrichtungen notwendig, um die großen Gefahren, die eintreten können, zu vermeiden.

Eine solche Lokomotive ist als ein bewunderungswürdiges Meisterwerk anzusehen: mit starker Kraft setzt sie den angehängten Zug in Bewegung, mit großer und doch leicht gezügelter Geschwindigkeit und mit zäher Ausdauer bringt sie ihn über Berg und Tal, mit unbedingter Sicherheit setzt sie die gewaltigen Massen aus der schnellsten Bewegung in Ruhe — dabei sind ihr aber enge Grenzen hinsichtlich ihrer Abmessungen gesteckt, welche die Entfaltung dieser Eigenschaften nach allen Richtungen erschweren.

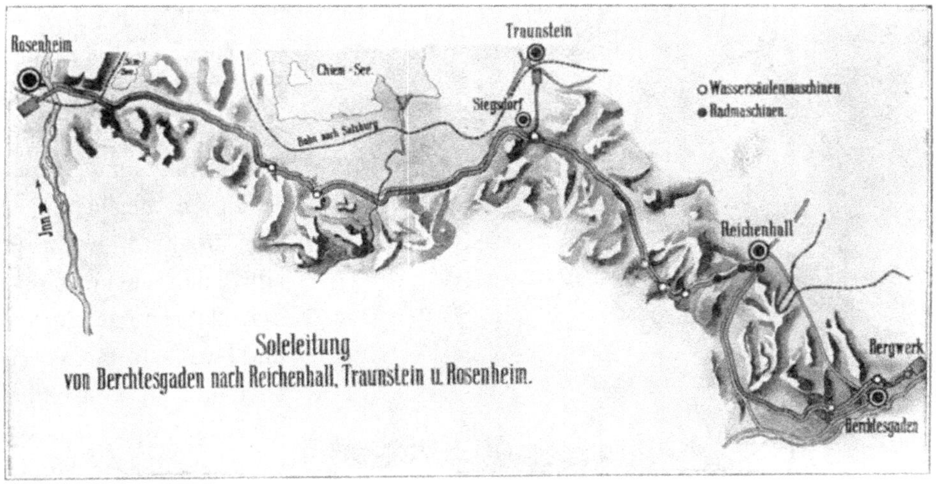

Ein Meisterwerk im Bau von Wasserkraftmaschinen.

Von Rudolf Camerer.

Wer von dem herrlich gelegenen Berchtesgaden nach Reichenhall marschiert und nicht die Straße über Hallturm entlang der neuen Bahnlinie, sondern den viel großartigeren Weg in südöstlicher Richtung durch die Ramsau einschlägt, der trifft in etwa einer Stunde nach Verlassen von Berchtesgaden bei dem Orte Ilsank auf ein Brunnhaus, in dem ein sowohl historisch als auch technisch bemerkenswertes Meisterwerk menschlichen Könnens zu sehen ist. Der Besucher wird staunen, wenn er erfährt, daß die hier aufgestellte Maschine durch Wasser, welches unter einem Druck von 112 m Wassersäule steht, in Bewegung gesetzt wird und die zu hebende Salzlösung auf eine Höhe von 356 m in ein auf dem durch seine herrliche Aussicht berühmten Söldenköpfl befindliches Reservoir drückt. Eine genau ähnlich ausgeführte, etwas kleinere Maschine dieser Art ist in dem Deutschen Museum zu München aufgestellt und in Fig. 1 wiedergegeben. Bemerkt der Beschauer schon mit Vergnügen den trotz der gewaltigen auftretenden Kräfte spielenden und fast geräuschlosen Gang, die unübertrefflich einfache Kraftübertragung von dem Treib- auf den Pumpkolben (s. Fig. 2) und die meisterhafte Anordnung der Steuerung, was

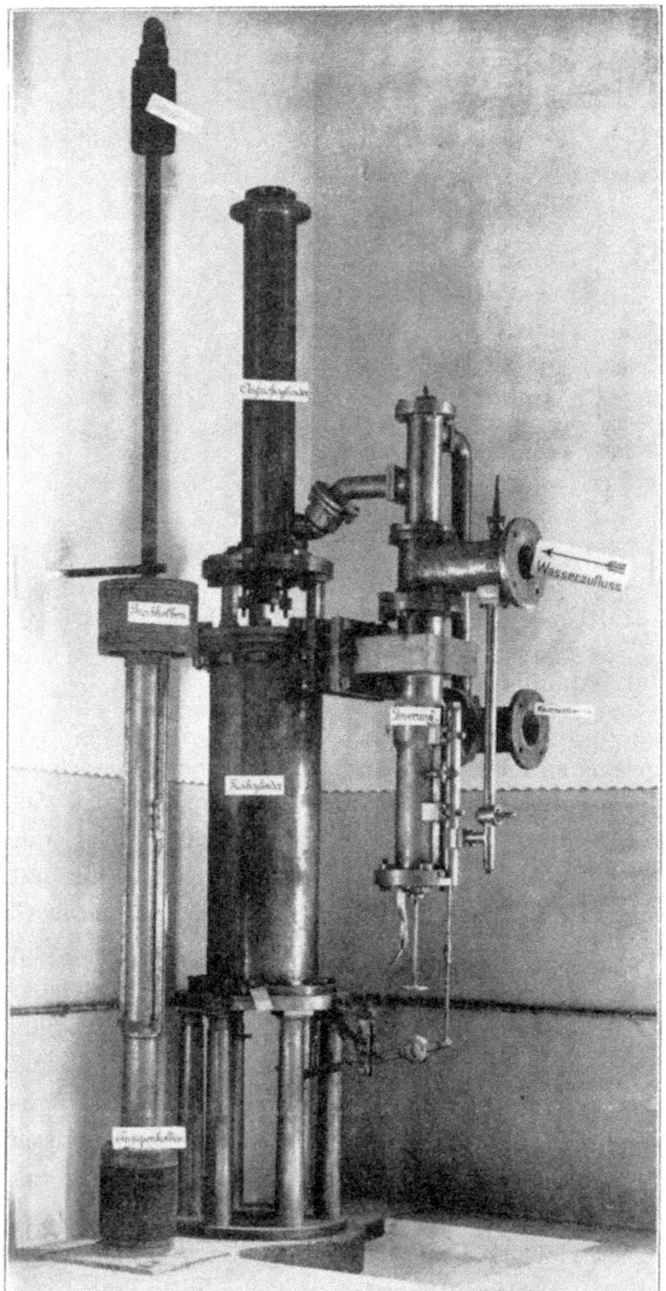

Fig. 1.

ihn glauben machen könnte hier ein Meisterwerk modernster Technik vor sich zu haben, so wächst seine Bewunderung für den genialen Schöpfer dieser Maschine aufs höchste, wenn er erfährt, daß sie vor bald hundert Jahren gebaut wurde und, was als fast einzig dastehend im Maschinenbau hervorgehoben zu werden verdient, in dieser langen Zeit unermüdlich und ohne nennenswerte Reparatur ihre gewaltige Arbeit verrichtet hat. Die Wasserhebemaschine zu Ilsank ist eine Schwestermaschine von zwölf gleichartigen Maschinen, die sämtlich dem Zwecke dienten, die Sole aus den bayerischen Salzbergwerken in Berchtesgaden und Reichenhall weiter ins Land hinein in die waldreichen Gebiete von Traunstein und schließlich bis Rosenheim fortzuleiten, da der Holzreichtum der nahegelegenen Wälder zum Eindampfen der Sole nicht ausreichte und die Transportkosten der letzteren naturgemäß viel geringer ausfallen mußten, als die des entsprechenden Heizmaterials. Es ist das Verdienst des auch an anderen Stellen dieser Festschrift rühmlichst genannten damaligen bayerischen Salinenrates Georg v. Reichenbach, das großartige Werk durchgeführt und durch seine geniale Konstruktion ermöglicht zu haben.

Die ersten dieser Maschinen wurden im Jahre 1808 in Betrieb gesetzt und förderten die Sole bis Traunstein. 1809 geschah die Fortsetzung bis Rosenheim und der glückliche Erfolg dieser neuen Anlage führte im Jahre 1817 schließlich auf die Überleitung der Sole von Berchtesgaden nach Reichenhall, wobei die zur Umgehung der damaligen österreichischen Grenze unüberwindlich scheinenden Gefällsdifferenzen insbesondere durch die hervorragendste Maschine in Ilsank in der glücklichsten Weise überwunden wurden. Der Situationsplan der Gesamtanlage zeigt sich im Titelbild, ein Dispositionsplan der Soleförderung zwischen Berchtesgaden und Reichenhall ist in Fig. 3 wiedergegeben.

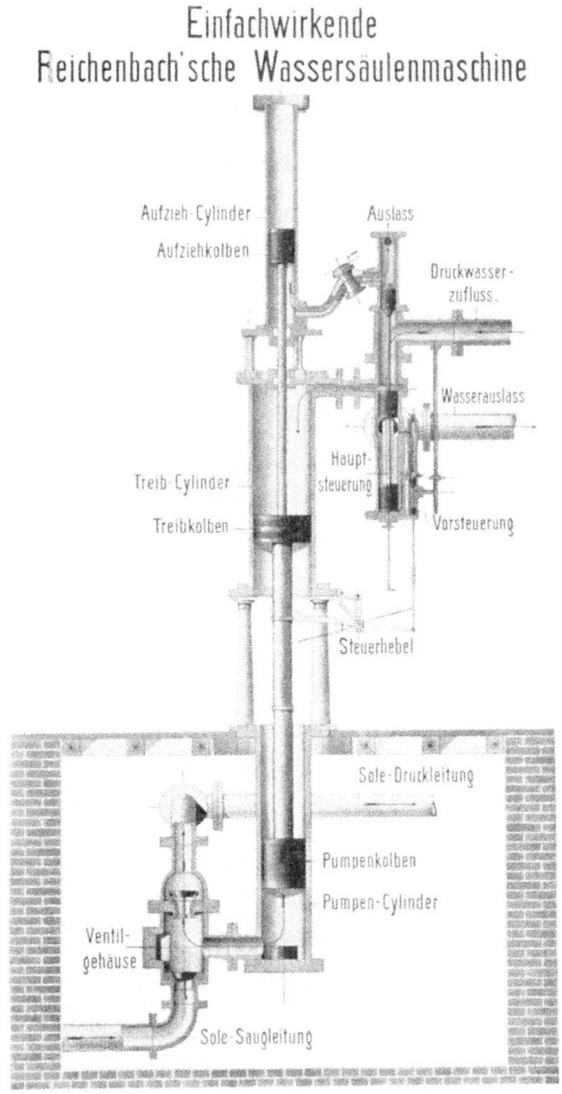

Fig. 2.

Die Wirkungsweise der Reichenbachschen Wassersäulenmaschine erhellt aus Fig. 2. Man erkennt darin an oberster Stelle den kleinen Aufziehkolben, der berufen ist, das Gewicht der anhängenden Treib- und Pumpkolben zu heben und zugleich die Sole unter Öffnung des unteren Ventils anzusaugen. Befinden sich die drei Kolben in höchster Stellung, so kommt der Druck auf den Treibkolben zur Wirkung und drückt,

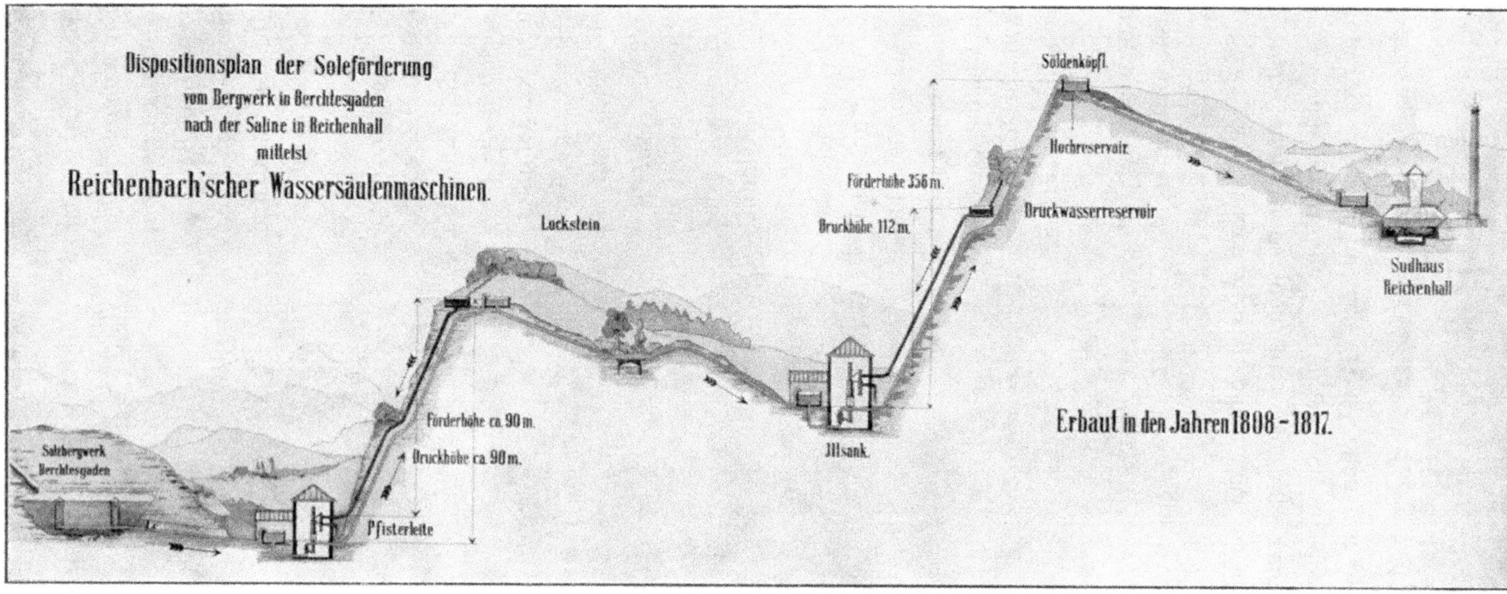
Dispositionsplan der Soleförderung
vom Bergwerk in Berchtesgaden
nach der Saline in Reichenhall
mittelst
Reichenbach'scher Wassersäulenmaschinen.
Salzbergwerk Berchtesgaden
Pfisterleite
Förderhöhe ca. 90 m.
Druckhöhe ca. 90 m.
Lockstein
Illsank.
Förderhöhe 356 m.
Druckhöhe 112 m.
Druckwasserreservoir
Söldenköpfl.
Hochreservoir.
Sudhaus Reichenhall
Erbaut in den Jahren 1808 – 1817.

vermittelt durch Kolbenstange und Pumpenkolben, die angesaugte Sole durch das obere Ventil in das Hochreservoir. Das Spiel beginnt von neuem und man erkennt, daß man es hier mit einer einfach wirkenden Wassersäulenmaschine zu tun hat. Es sei erwähnt, daß Reichenbach auch doppeltwirkende Wassersäulenmaschinen gebaut hat, sowie, daß eine kleinere Wassersäulenmaschine mit zwei seitlich vom Treibzylinder angeordneten Pumpenzylindern, die sich im Deutschen Museum befindet (Fig. 4) nach Ansicht der Museumsverwaltung gleichfalls unzweifelhaft Reichenbach zugeschrieben werden muß.

Fig. 4.

Es erübrigt noch der sinnreichen Steuerung einige Aufmerksamkeit zu schenken. Zwei an der Kolbenstange befindliche Ringe verschieben jeweils beim Ende des Hubes den Hebel zur Vorsteuerung. Die Hauptsteuerung wird durch das Druckwasser selbst in Bewegung gesetzt, welches durch den kleinen Kolbenschieber der Vorsteuerung in Verbindung mit dem Differentialkolben der Hauptsteuerung den Kolbenschieber der letzteren bewegt (s. Fig. 2). Die ganze Maschine ist aus Rotguß hergestellt und verdankt neben der sinnreichen Konstruktion auch diesem Umstand ihre hohe Lebensdauer.

Es ist erfreulich zu bemerken, daß schon zur Zeit ihrer Aufstellung die Bedeutung der neuen Schöpfung von den Zeitgenossen voll und ganz anerkannt wurde. So schreibt I. C. Jordan im Anschluß an eine 1822 nach Bayern unternommene Inspektionsreise im Archiv für Geographie, Geologie, Bergbau und Hüttenkunde (10. Band, Berlin 1837) über Reichenbach: „dessen ausgezeichnete Leistungen in der technischen Mechanik als ruhmwürdige Denkmäler seines tatkräftigen Erfindungsgeistes und zum Nutzen der Nachkommen noch lange fortbestehen werden". D'Aubisson de Voisins nennt die besprochene Wassersäulenmaschine „un gigantesque ouvrage" und Reichenbach „un homme de génie, un des plus habiles mécaniciens de notre époque". Das höchste Lob aber spendet ihm der damalige Ingénieur des mines Junker, der bei Gelegenheit der Neuanlage der Radkünste in Huelgoat in der Bretagne nach Bayern reiste, um Reichenbachs Rat einzuholen. Er schreibt in den

Annales des mines 3. série, Paris 1835: „M. de Reichenbach était organisé de la manière la plus étonnante pour les arts mécaniques." Er nennt seine Maschinen „admirables de simplicité, de perfection et de hardiesse", das Unternehmen ein „gigantesque entreprise", und fügt bei: „Je dirai seulement que tout y est parfait, et que partout, dans ces magnifiques salines, à côté des plus ingénieuses conceptions, on reconnait la sagesse, l'esprit d'ordre et de conservation qui caractérisent les Allemands et font traverser les siècles à leurs entreprises". Sein uneingeschränktes Lob, das im Munde des Ausländers doppelt bedeutungsvoll erscheinen muß, schließt mit folgenden Worten, die durch jeden Zusatz nur abgeschwächt werden könnten: „Ces innovations constituent un progrès tellement remarquable, qu'on peut dire que c'est du moment où on a pu mettre en œuvre des colonnes d'eau formidables que date l'application utile du grand et simple principe de notre immortel Pascal. M. de Reichenbach fera oublier Höell, Winterschmidt, et tous ceux qui, avant lui, ont construit, essayé ou projeté des machines de cette espèce; comme Watt, par l'emploi du condenseur, du modérateur à force centrifuge, du parallélogramme, etc., a fait oublier les Newkomen, les Savery, Papin même, et tous ceux qui se disputent la merveilleuse invention des machines à vapeur."

„A Dieu ne plaise que je veuille établir la moindre comparaison entre les services réels rendus à la société par ces deux illustres mécaniciens, ni même entre le mérite de leurs inventions; mais au moins puis-je croire que M. de Reichenbach serait devenu le Watt de sa patrie, si l'Allemagne avait été aussi avancée en industrie que l'Angleterre, et si les mêmes questions se fussent agitées à la même époque dans les deux pays.

Literaturangaben.

M. Junker, Mémoire sur les machines à colonne d'eau de la mine d'Huelgoat. Annales des mines, 3. série, Paris 1835.

D'Aubisson de Voisins, Traité d'hydraulique. Paris 1840.

Rühlmann, Allgemeine Maschinenlehre, Braunschweig 1875.

v. Lossow, Die geschichtliche Entwicklung der Technik im südlichen Bayern. Zeitschrift des Vereines deutscher Ingenieure, Jahrgang 1903. S. 1949 u. f.

Utzschneider, Fraunhofer, Reichenbach und G. Merz. (Nach einem Gemälde von Rudolf Wimmer.)

Feinmechanik in Bayern.

Von Ernst Voit.

Eine Geschichte der Feinmechanik in Bayern während des XIX. Jahrhunderts kann einen so hervorragenden Mann wie Georg Friedrich Brander in Augsburg nicht unerwähnt lassen, obwohl seine Werkstätte schon in der Mitte des vorausgehenden Jahrhunderts in voller Blüte stand und nur die späteren Erzeugnisse derselben noch in den Beginn des XIX. Jahrhunderts reichen.

Im XVIII. Jahrhundert hatten besonders englische Künstler den astronomischen Instrumenten einen hohen Grad der Vollkommenheit gegeben, so daß damals der Markt für die Feinmechanik fast ausschließlich in den Händen der Engländer lag.

In Deutschland war es nur der genannte G. F. Brander, welcher mit den Engländern nach mehrfacher Richtung in erfolgreiche Konkurrenz trat.

Brander wurde im Jahre 1713 zu Regensburg geboren, er hatte von Jugend auf eine entschiedene Neigung zur Mechanik, der er sich auch nach dem Tode seines Vaters, eines Materialhändlers, unter der Leitung geschickter Mathematiker zu Nürnberg und Altdorf, insbesondere unter Prof. Doppelmayer, widmete. Nach Augsburg übergesiedelt, begann er dort im Jahre 1734, vom Bankier v. Halder und anderen unterstützt, chirurgische und bald auch mathematische Instrumente zu fertigen. 1737 brachte er die ersten Teleskope in Deutschland zustande, und nach wenigen Jahren wetteiferten seine Kunstwerke, besonders seine geometrischen, physikalischen und astronomischen, mit den besten englischen. Selbst König Georg III. ließ für die Instrumente seines Privatobservatoriums zu Richmond-Park Brandersche Glasmikrometer (eine unserem Landsmann eigentümliche Erfindung) nach England kommen. Die ersten Höfe, Akademien und Sternwarten Deutschlands, Italiens und Frankreichs schafften sich Brandersche Instrumente an. Die Akademie zu Kopenhagen krönte im Jahre 1779 Branders Preisschrift und den dazu verfertigten Distanzmesser mit einer goldenen Medaille. Schon im Jahre 1740 ward er unter den vorteilhaftesten Anträgen nach Wien, im Jahre 1753 nach Paris und Petersburg und im Jahre 1760 nach München berufen. Er verblieb jedoch in Augsburg, wo er auch am 1. April 1783 im 71. Jahre starb und als Erben seiner Kunst seinen Schüler und Tochtermann Kaspar Hoeschel zurückließ. Die von Brander gefertigten Instrumente zeichnen sich meist durch eigentümliche, zweckmäßige Konstruktion, durch schöne Form und häufig durch künstlerische Ausschmückung aus. Zahlreiche Instrumente Branders befinden sich in der mathematisch-physikalischen Sammlung des bayerischen Staates, die nun in dem Museum von Meisterwerken ihre Aufstellung gefunden hat. Aus dem reichen Schatze dieser Sammlung ist der in nebenstehender Figur dargestellte Quadrant (Fig. 1), ferner die Luftpumpe (Fig. 2), Inklinatorium (Fig. 3) und Nivellierinstrument (Fig. 4). In den späteren Jahren, als die Firma den Namen Brander & Hoeschel angenommen, scheint Brander selbst nicht mehr vollen Einfluß auf die Werkstätte gehabt zu haben, wenigstens sind die Ausführungen von damals nicht mehr so exakt und schön wie die anfänglichen; noch weniger befriedigen die unter dem Namen Hoeschel gefertigten Instrumente. Es verflüchtigte sich auch bald der Ruhm der Augsburger Werkstätte, was mit durch die damaligen unruhigen Zeiten in Bayern bedingt sein mag.

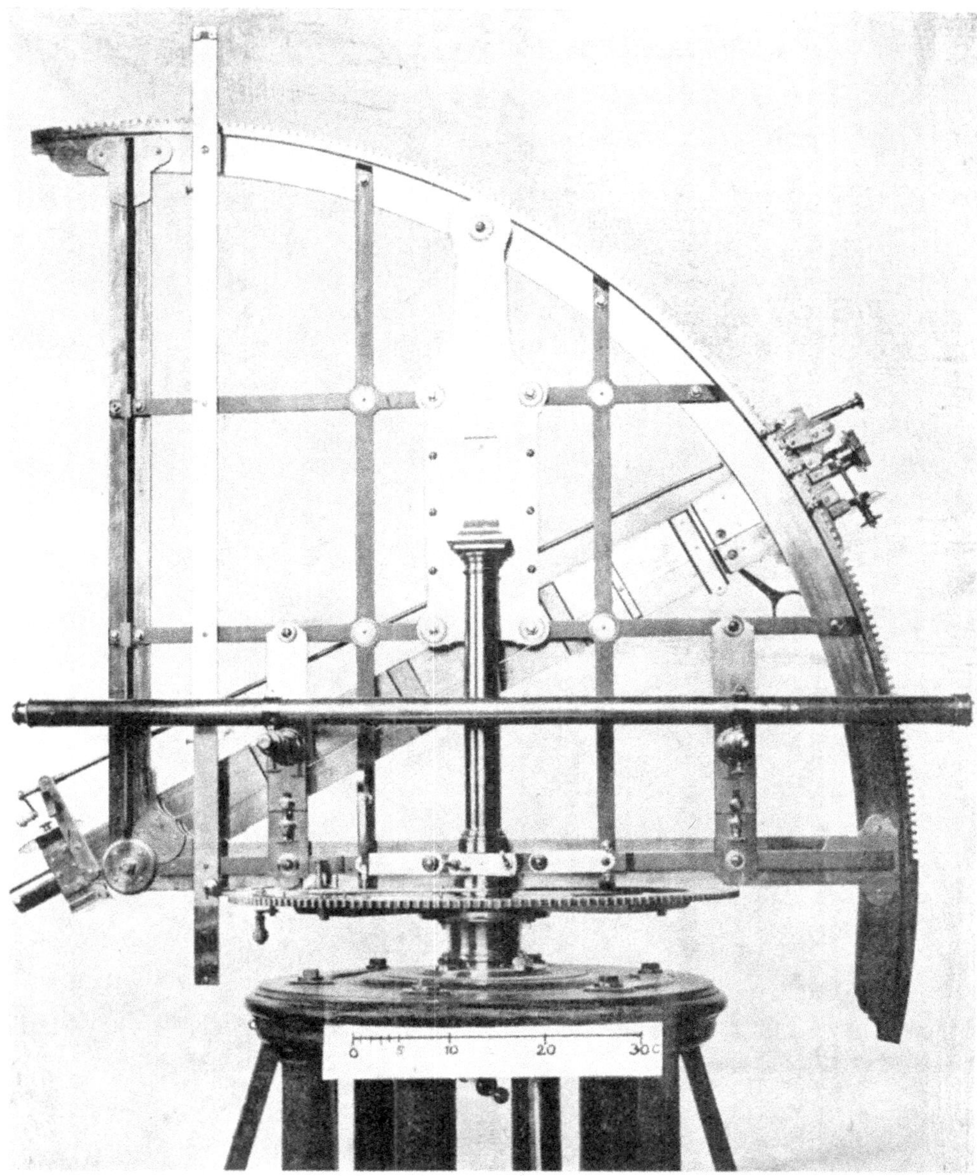

Fig. 1.

Fig. 2.

Erst mit dem Beginn des XIX. Jahrhunderts trat abermals eine Blüte der Feinmechanik in Bayern ein. Utzschneider schildert in der Lebensbeschreibung

Fig. 3.

Fraunhofers diese zweite Blütezeit mit folgenden Worten: „Als im Jahre 1801 die französische Konsularregierung zu Paris eine militärisch-topographische Karte von Bayern verlangte und der französische Oberst und Ingenieur-Geograph Bonne die Messungen wirklich begann, fehlte es an guten Meßinstrumenten. Diesem Mangel abzuhelfen, entschloß sich der bayerische Artilleriehauptmann Georg Reichenbach, solche Instrumente herzustellen. Er hatte auf Antrag Rumfords eine Unterstützung des Kurfürsten Karl Theodor zu einer Reise nach England erhalten und dort verschiedene Werkstätten zur Verfertigung mathematischer Instrumente besucht. Kurz nach seiner Rückkehr verband er sich mit dem Uhrmacher und Mechaniker Joseph Liebherr, um in München eine Werkstätte für mathematische Instrumente zu be-

Fig. 4.

gründen, und veranlaßte sodann auch Utzschneider, seinem Unternehmen beizutreten. Am 20. August 1804 wurde ein Vertrag abgeschlossen, um sofort durch das Institut Reichenbach-Utzschneider-Liebherr die Fertigung von Meßinstrumenten zu beginnen und deren Teilungen auf der neukonstruierten Reichenbach-Liebherrschen Teilmaschine (Fig. 5) anzufertigen. Nur die Gläser der Instrumente, die damals fast ausschließlich von England bezogen wurden, fehlten, da diese der Kontinentalsperre wegen nicht erhältlich waren. Utzschneider kam deshalb zu dem Entschlusse, auch das optische Glas selbst herzustellen.“ Peter Ludwig Guinand aus Brenet in Neufchâtel, welcher schon seit 1775 Versuche zur Herstellung optischen Glases gemacht hatte, mußte von der Absicht Utzschneiders Kenntnis erhalten haben, denn er sendet

Fig. 5.

am 25. Juni 1804 an Utzschneider eine Denkschrift über: „Herstellung von optischem Glas“, um dieselbe der Kgl. Bayerischen Akademie in München vorzulegen. Guinand schilderte darin seine Glasschmelzversuche, welche er in den Jahren 1775—1787 mit kleinen Proben von 3—4 Pfund, später jedoch mit solchen von 200 Pfund ausführte, und macht den Vorschlag, die Herstellung von Spiegelglas und optischem Glas in Bayern zur Einführung zu bringen. Es war dies die Veranlassung, daß Utzschneider, welcher im Jahre 1805 eine Reise unternahm, um alle in der Nähe befindlichen Glasfabriken und deren Erzeugnisse kennen zu lernen, persönlich mit Guinand in Aarau zusammentraf. Als später einige von Guinaud eingesendete Glasproben als brauchbar sich erwiesen, wohnte Utzschneider im August 1805 einer Glasschmelze in Brenet bei und veranlaßte infolge davon Guinand zur Übersiedlung nach Benediktbeuern, was auch Ende September 1805 erfolgte. Über die Tätigkeit Guinands spricht sich Utzschneider dahin aus, daß derselbe erst durch die Versuche in Benediktbeuern brauchbares Glas zu schmelzen lernte und dabei einige Glasplatten erhielt, welche zu Objektiven für die bereits geteilten Meßinstrumente des mathematisch-mechanischen Instituts verwendet werden konnten.

Als Utzschneider im Jahre 1807 in den Staatsdienst eintrat und deshalb die Glasschmelzen in Benediktbeuern nicht mehr selbst überwachen konnte, übertrug er dem schon früher als Optiker in das Mathematisch mechanische Institut aufgenommenen Fraunhofer, dessen Porträt im Titelbild (oben S. 171) wiedergegeben, auch die Aufsicht über die Glasschmelzen. Bald darauf wurde der Hauptteil der optischen Arbeiten des Münchener Institutes nach Benediktbeuern verlegt und dieser Abteilung durch die im Jahre 1809 erfolgte Gründung des optischen Institutes Utzschneider-Reichenbach-Fraunhofer eine größere Selbständigkeit verliehen. Fraunhofer gelang es rasch, Guinand in der Ausführung der Glasschmelzen zu übertreffen, so daß letzterer im Jahre 1814 Benediktbeuern verläßt und auch später, als er sich von Brenet aus im Jahre 1816 erbietet, neue Erfahrungen bezüglich der Herstellung optischen Glases in Benediktbeuern zu verwerten, von Utzschneider abgewiesen wird. Utzschneider gibt bei dieser Gelegenheit an, daß Guinand nach den in seinem Schreiben gemachten Bemerkungen auch damals mit der Glaserzeugung für optische Zwecke noch nicht im reinen war, und ferner, daß das Glas, welches unter Aufsicht Guinands in Benediktbeuern erzeugt wurde, hinter dem unter Fraunhofer hergestellten weit zurückblieb. An einer anderen Stelle schildert er die Verdienste beider sehr eingehend. „Guinand ist der erste, der eine gleichmäßige Mischung der Glasmasse während des Schmelzens durch eine mechanische Mengung ausführt, um die Bildung von Schlieren zu vermeiden. Fraunhofer hat aber mit größerer Sorgfalt die Reinheit der Rohmaterialien und die einzuhaltende Temperaturen beachtet, er hat systematische Versuche angestellt, um die Verunreinigung des Glases durch Rauch und durch die Metalle des Rührapparates sowie durch die Tiegelsubstanz zu vermeiden und die beim Einschmelzen des Glases in die Linsenform, beim Ramollieren, auftretenden optischen Fehler zu verhüten.“

Bei der Schwierigkeit, welche damals bestand, gleichmäßige und reine Rohmaterialien für die Glasbereitung zu erhalten, der nur geringen Beihilfe, welche Chemiker dem Techniker liefern konnten, und der wenig ausgebildeten Feuerungstechnik darf es noch als ein vorzügliches Resultat bezeichnet werden, daß Fraunhofer von 1811—1825 60 Flintglas- und 35 Kronglasschmelzen, also in einem Jahre durchschnittlich 6—7 Glasschmelzen von je 450—500 Pfund Gewicht abführte und dabei von den Flintglasschmelzen nahe 27 % und von den Kronglasschmelzen 29 % als vollkommen gelungen bezeichnen konnte.

Nicht allein die Herstellung des optischen Glases sondern auch die übrigen Zweige der angewandten Optik hat Fraunhofer auf ein weit höheres Niveau gehoben, als es bisher von anderen in Deutschland oder dem Auslande erreicht war. Fraunhofer verbesserte die Schleif- und Poliermaschinen, erfand Meßmethoden, um die Gestaltfehler der optischen Gläser nachzuweisen und ermöglichte es insbesondere durch Rechnung die Form fehlerfreier Linsenkombinationen festzustellen. Hauptsächlich war es die Bestimmung des Brechungs- und Farbenzerstreuungs-Vermögens verschiedener Glasarten in bezug auf die Vervollkommnung achromatischer Fernrohre, welche bahnbrechend für die rechnende Optik wurde. Diese Messungen machte Fraunhofer anfänglich mit einem einfachen theodolitartigen Instrumente, später jedoch sind dieselben mit dem in Fig. 6 wiedergegebenen trefflich konstruierten Apparat ausgeführt und damit insbesondere die in Fig. 7 gezeigte Sammlung von Glasprismen untersucht worden.

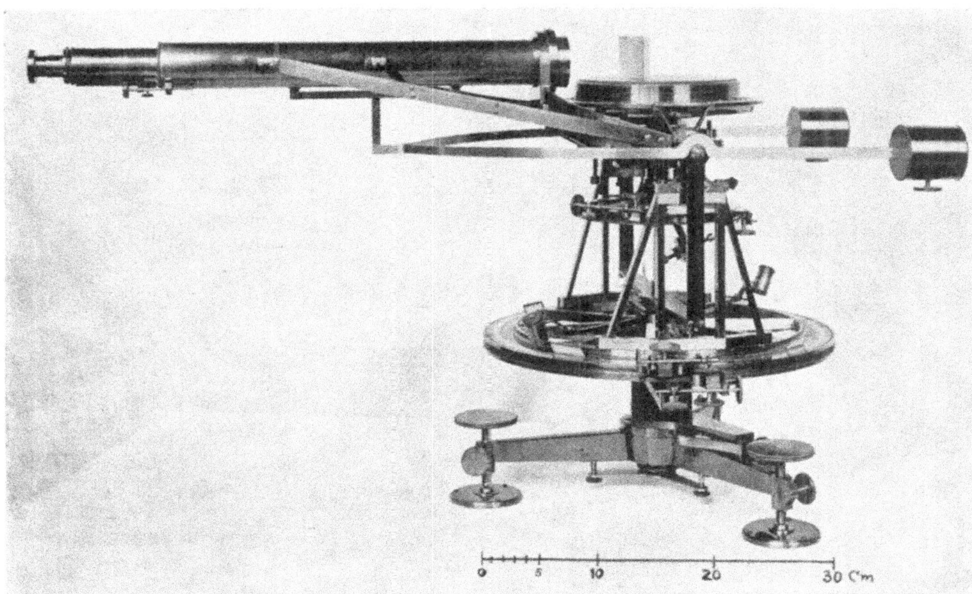

Fig. 6.

Während so die unter Fraunhofer gefertigten Instrumente hinsichtlich des optischen Teiles die Erzeugnisse aller damaligen Werkstätten im In- und Auslande weit hinter sich zurückließen, waren auch die mechanischen Teile in mustergültiger Weise ausgeführt. Nach dem Austritte Reichenbachs (1814) standen Liebherr und später Mahler der mechanischen Werkstätte vor, und zeichneten sich dieselben ins-

Fig. 7.

besondere durch hervorragende Ausführung der den astronomischen Instrumenten beigegebenen Uhren aus.

Von den vielfachen Instrumenten des Fraunhoferschen Institutes sind noch ein großes Mikroskop mit mikrometischer Verstellung des Objekttisches (Fig. 8) und ein Teleskop (Fig. 9) hier dargestellt.

Eine nur nach außen bemerkliche Änderung trat im Jahre 1819 dadurch ein, daß auch das optische Institut von Benediktbeuern wieder nach München verlegt wurde, dort mit dem mathematisch-mechanischen zu einer Anstalt, dem optischen Institute Utzschneider-Fraunhofer vereinigt und unter diesem Namen bis zum Tode Fraunhofers im Jahre 1826 fortgeführt wurde.

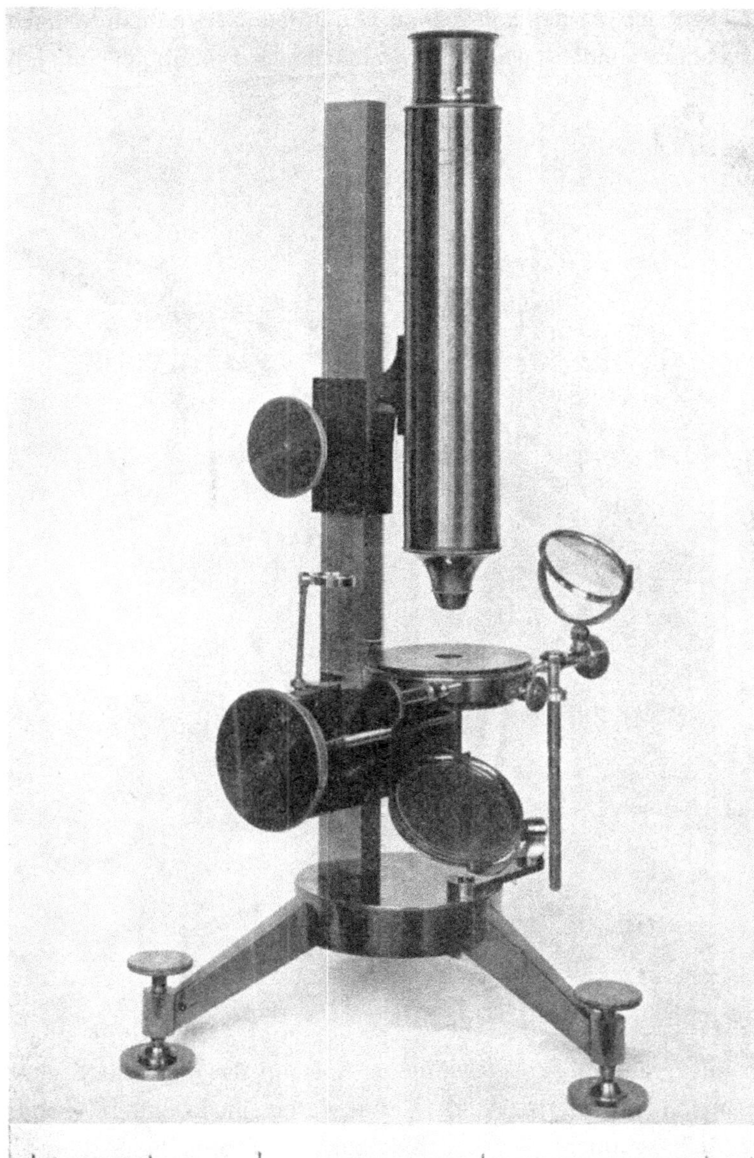

Fig. 8.

Ganz selbständig entwickelte sich die zweite mechanische Werkstätte in München. Reichenbach hatte nach seinem Austritt aus den Instituten Utzschneider-Reichenbach-Liebherr und Utzschneider-Reichenbach-Fraunhofer im Jahre 1814 in

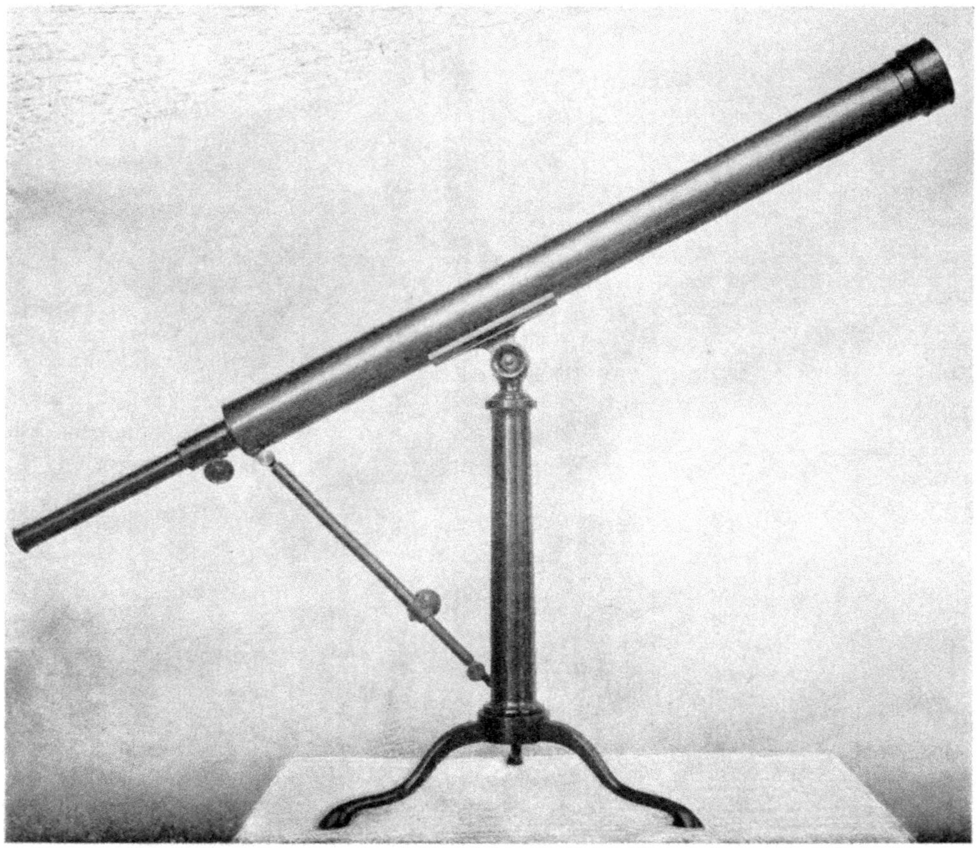

Fig. 9.

Gemeinschaft mit Traugott Ertel eine neue Anstalt, das mathematisch-mechanische Institut Reichenbach & Ertel begründet. Es waren insbesondere geodätische und astronomische Meßinstrumente, welche hier zur Ausführung kamen, und die sich wie die Erzeugnisse der Schwesteranstalt einen Weltruf erwarben.

Diese beiden Münchener Anstalten bildeten auch eine Pflanzschule für Optiker und Mechaniker, welche nicht nur in München sondern auch im Auslande befruchtend wirkten. Es sei vor allem erwähnt, daß alle älteren Fabriken von optischem Glas nachweislich direkt oder indirekt aus der Utzschneiderschen Fabrik in Benediktbeuern hervorgegangen sind. In Benediktbeuern selbst wurden nach dem Tod Fraunhofers noch zahlreiche Schmelzen von Flint- und Kronglas mit der von ihm ausgebildeten Methode abgeführt, jedoch immer nur für den Bedarf des eigenen optischen Institutes; anfänglich unter Leitung von Utzschneider, dann von Georg Merz und dessen Söhne. Guinand war, wie schon erwähnt, im Jahre 1814 nach Brenet zurückgekehrt, und zwar mit dem Gelöbnis, nicht weiter optisches Glas zu schmelzen und das Benediktbeurer Verfahren geheim zu halten. Von dieser Auflage entband ihn Utzschneider auf sein Bitten im Jahre 1816, wogegen er auf die bisher erhaltene jährliche Pension verzichtete. Bald darauf setzte dann Guinand seine Versuche zur Glasfabrikation in Locle fort. Vergeblich war er bestrebt, Verbindungen mit der französischen Regierung anzuknüpfen und ebenso sein Verfahren an die Astronomische Gesellschaft in London zu verkaufen. Guinands älterer Sohn Aimé führte noch zu Lebzeiten seines Vaters und mit dessen Beihilfe einige Schmelzen optischen Glases in Brenet aus, später verlegte dann Daguet diese Fabrikation nach Freiburg in der Schweiz. Von dem zweiten Sohn Guinands erwarb Bontemps in Gemeinschaft mit dem Optiker Lerebours, nach dem 1824 erfolgten Tod P. L. Guinands des Vaters, im Jahre 1826 die Kenntnis des Guinand-Fraunhoferschen Verfahrens. Während es Guinand jun. selbst anfänglich nicht gelungen war, gute Schmelzen zu erzielen, erhielt Bontemps in Choisy-le-Roy bald bessere Resultate; er verläßt jedoch 1848 die französische Fabrik und siedelt nach England über, wo er die Herstellung des optischen Glases in Birmingham bei Chance Brothers & Co. einführte. In Frankreich erhielt sich der Fabrikbetrieb des optischen Glases unter den Nachfolgern von Guinand und wurde von Feil, einem Enkel Guinands, in großer Ausdehnung weitergeführt.

Unter den im Utzschneider-Fraunhoferschen Institut herangebildeten Optikern sind zu erwähnen: Jos. Niggl, der sich bald selbständig machte, und Georg Merz, welcher nach dem Tode Fraunhofers den optischen Teil des Institutes leitete. Als Mechaniker zeichneten sich aus R. S. Blochmann, Jos. Liebherr und Jos. Mahler. R. S. Blochmann hatte bis 1818 die Leitung des mechanischen Teiles in dem optischen Institute zu Benediktbeuern und folgte dann einem Rufe als Kgl. Inspektor des mathematischen Salons nach Dresden. Später erwarb er sich durch Errichtung von Gasbeleuchtungsanlagen zuerst für Dresden, dann für zahlreiche Städte in Deutschland einen ausgebreiteten Ruf. Auch Liebherr, welcher bis zum Jahre 1823 die mechanischen Arbeiten im Münchener Institute geleitet hatte, beschäftigte sich nach seinem Austritte hauptsächlich mit industriellen Unternehmungen, insbesondere fertigte er Kraft- und Arbeitsmaschinen für verschiedene Fabriken von Utzschneider, Maffei und anderen. Mahler übernahm die Arbeiten Liebherrs, er führte nach dem Tode Fraunhofers das optische Institut gemeinsam mit Merz und Utzschneider weiter, und zwar bis zum Jahre 1839. Nachdem Utzschneider 1840 gestorben war, geht das optische Institut zuerst in den gemeinsamen Besitz von Merz und Mahler und nach dem Tode Mahlers im Jahre 1845 in den alleinigen Besitz von G. Merz über.

Die beiden Inhaber des mathematisch-mechanischen Institutes Reichenbach & Ertel erstreckten ihre Tätigkeit weit über den Bereich ihrer Werkstätte. Reichenbach hat sich ja durch die Herstellung der Wassersäulemaschine für die Solenleitung von Berchtesgaden nach Reichenhall und Rosenheim unverwelkliche Lorbeeren errungen und durch Erbauung verschiedener Brunnwerke, Verbesserungen der Dampfmaschine und ähnliches, die Industrie nicht allein in Bayern sondern auch im Auslande hervorragend gefördert. Als im Jahre 1816 an dem k. k. Polytechnischen Institute zu Wien eine mathematische Werkstätte eingerichtet werden sollte, wurde das Reichenbach-Ertelsche Institut mit den Vorarbeiten betraut, und Traugott Ertel begab sich im Jahre 1819 selbst nach Wien zur Instandsetzung dieser Werkstätte. Die als allgemein hervorragend anerkannte, im Jahre 1821 vollendete Einrichtung trug wesentlich dazu bei auch in Österreich ein Aufblühen der Feinmechanik hervorzurufen.

In dem Münchener mathematisch-mechanischen Institute, das schon 1820 in den alleinigen Besitz von T. Ertel übergegangen war, wurden zwar vor allem die zu einen Weltruf gelangten astronomischen und geodätischen Meßinstrumente, daneben jedoch auch mancherlei industrielle Apparate hergestellt; von letzteren seien nur Draisinen und Prägemaschinen erwähnt.

Zu weit würde es führen, von den zahlreichen Erzeugnissen der beiden genannten Institute auch nur die hervorragendsten zu schildern, es dürfte genügen, einige Aussprüche von Fachleuten über dieselben anzuführen. Mit berechtigtem Stolze schreibt der Münchener Physiker Yelin: „Nachdem das stolze Albion uns so lange seine Dollonds, Ramsdens, Birds und Troughtons als unerreichbar dargestellt hat, sind jetzt Reichenbachs Instrumente und Liebherrs Uhren aus München und Fraunhofers Achromate und Mikroskope aus Benediktbeuern die Bewunderung aller Astronomen und Physiker und die Zierden französischer und selbst englischer Sternwarten geworden.“ Der bekannte Astronom Struve sagt in einer Nachricht über die

Ankunft des Fraunhoferschen Refraktors in Dorpat: „Staunend stand ich nun vor dem herrlichen Kunstwerke, unentschieden, was mehr zu bewundern sei, die Schönheit der Formen des Ganzen und die Vollendung derselben bis ins kleinste Detail oder die Zweckmäßigkeit der Aufstellung und der so sinnreiche Mechanismus zur Bewegung oder die unvergleichliche Kunst und Präzision der Bilder.“ In einem späteren Bericht fügt Struve bei: „Daß unser Refraktor an Schärfe der Bilder alle Spiegelteleskope übertrifft, möchte keinem Zweifel unterliegen; ich glaube aber auch behaupten zu dürfen, daß der Refraktor in bezug auf die Lichtstärke eine Vergleichung selbst mit den größten Reflektoren nicht zu scheuen hat. Was die Aufstellung dieses Instrumentes betrifft, so muß sie als ein hohes Meisterwerk der Mechanik angesehen werden. Die Regelmäßigkeit der Bewegung des Instrumentes durch die Uhr ist höchst bewunderungswürdig. Was endlich den Mikrometerapparat anbetrifft, so ist die Vorzüglichkeit des Fraunhoferschen Kreismikrometers allgemein anerkannt.“

Sowohl die Fraunhofersche wie die Reichenbachsche Werkstätte, welche im ersten Viertel des XIX. Jahrhunderts unbestritten an die Spitze aller ähnlicher Unternehmungen sich gestellt hatten, behielten lange diesen hervorragenden Platz und zählen heute noch zu den leistungsfähigeren Anstalten. In das Utzschneider-Fraunhofersche Institut trat noch bei Lebzeiten von Georg Merz zuerst dessen ältester Sohn Ludwig und dann der jüngere Dr. Siegmund ein; letzterer führte dann nach dem Tode seines Vaters und Bruders die Anstalt allein weiter und übergab sie später seinem Vetter Jakob Merz. In jüngster Zeit kam das Institut durch Kauf an Paul Zschokke, den früheren Prokuristen von C. A. Steinheil Söhne. Die Reichenbach-Ertelsche Werkstätte hatte T. Ertel von 1843 an gemeinsam mit seinem Sohn Georg und von 1854 an dieser allein geleitet. Nach dem Tode Georgs 1863 wurde der jüngere Bruder Gustav Besitzer, wobei M. Röhrer als Direktor wirkte. Im Jahre 1876 übernahm endlich A. Diez die Geschäftsleitung.

Neben den beiden älteren Münchener Instituten erlangten in der letzten Hälfte des XIX. Jahrhunderts verschiedene neu entstehende Anstalten eine hohe Bedeutung, es seien davon nur einige hervorgehoben, welche dadurch sich auszeichneten, daß sie in ihrem Fache bahnbrechend wirkten.

C. A. Steinheil hatte schon 1825 begonnen, sich mit optischen Untersuchungen, insbesondere mit der Theorie der Fernrohre zu beschäftigen, auch errichtete er eine kleine Versuchswerkstätte, in welcher eine Reihe von ihm selbst konstruierter astronomischer und physikalischer Instrumente angefertigt wurden. Aber erst nach seiner im Jahre 1852 erfolgten Rückkehr von Wien nach München entschloß er sich, einer direkten Aufforderung König Max' II. nachkommend, eine optische Anstalt zu begründen. König Max hatte den Wunsch ausgesprochen, es möchte Steinheil sich bemühen, daß München die führende Stellung in der Optik behalte, welche es durch Fraunhofer sich errungen.

Im Mai 1855 eröffnete C. A. v. Steinheil eine Werkstätte in Schwabing, wobei er sofort durch seinen zweiten Sohn, Dr. A. Steinheil, unterstützt wurde. 1860 trat auch der älteste Sohn Eduard in das Geschäft und befaßte sich bis zu seinem Tode 1878 insbesondere mit den technischen Aufgaben. Bald erwarb sich die Steinheilsche Werkstätte in der Herstellung von Fernrohrobjektiven, Prismen und Planparallelgläsern der sehr genauen Ausführung wegen einen anerkannten Ruf. 1862 konstruierte C. A. Steinheil für Bunsen und Kirchhoff die für ihre bekannten Untersuchungen verwendeten Spektralapparate, welche dann in der Form, wie sie von der Steinheilschen Werkstätte ausgeführt wurden, für lange Zeit maßgebend blieben.

Unterstützt durch die von Prof. Seidel angegebenen Formeln für die genaue Berechnung des Durchganges von Lichtstrahlen durch Linsen, gelang es Dr. A. Steinheil, zahlreiche Verbesserungen in der Konstruktion von Linsen nnd Linsenkombinationen einzuführen, so z. B. ein Fernrohrobjektiv mit vorausgehender Flintglaslinse, eine aplanatische Lupe und Mikrometerokulare. Von weittragender Bedeutung waren die neu angegebenen Photographenobjektive das Periskop und der Aplanat, über welche Eder in Wien schreibt: „Vom Jahre 1865 datiert eine neue Epoche der Objektivkonstruktion; es gebührt Dr. A. Steinheil das Verdienst, das erste aplanatische symmetrische Objektiv konstruiert zu haben.“ Die beiden erwähnten Konstruktionen finden sich heute noch unter den mannigfaltigsten Namen, zum Teil mit unwesentlichen Änderungen an den meisten Photographenapparaten von mittlerem Preis über die ganze Erde verbreitet.

Die Verwendung der Photographie für verschiedene Zwecke gab Veranlassung zu den mannigfaltigen Objektivkonstruktionen; dem Weitwinkelaplanat zur Vervielfältigung von Karten, dem aplanatischen Objektiv für Himmelsphotographie, dem Gruppenaplanat und dem Gruppenantiplanet, bei welchem absichtlich zwei fehlerhafte Hälften kombiniert wurden, so daß diese gegenseitig ihre Fehler in vollkommenerer Weise aufheben, als dies sonst möglich wäre. Diese hervorragenden Leistungen von Dr. A. Steinheil veranlaßten, daß er 1887 von der Pariser Akademie als alleiniger Optiker berufen war, in der internationalen Konferenz für Himmelsphotographie die Frage der Einführung großer Objektive zur Himmelsphotographie zu beantworten; durch genaue Festlegung der Bedingungen, welche ein Objektiv für die Herstellung von Himmelskarten erfüllen muß, eröffnete Steinheil der astronomischen Beobachtung neue Wege. Von da an beschäftigte sich das Steinheilsche Institut hervorragend mit der Anfertigung großer Objektive, von denen nur die über 20 cm Öffnung Erwähnung finden sollen. Objektive mit Öffnungen von ungefähr 26 cm wurden geliefert nach Utrecht, Upsala, Leipzig, Wien, Kiel und Gent, von 33 cm Öffnung nach Potsdam und Catania, endlich von 36 cm Öffnung nach Upsala. Dr. A. Steinheil, der schon 1890 seinen Sohn Dr. Rudolf Steinheil als Teilhaber in das Institut aufgenommen hatte, starb im Jahre 1892. Von nun an leitete Dr. R. Steinheil die Werkstätte allein und befaßte sich vorerst mit der Verbesserung der Photographenobjektive und der Herstellung großer Fernrohrobjektive. In diese Zeit fällt die Berechnung des Orthostigmates, eines rasch zur Anerkennung und vielfachen Nachahmung gelangten Photographenobjektives sowie die Herstellung des Portätantiplanet und Rapidantiplanet, des Unofocal und Fernobjektivs. Von den zahlreichen für auswärtige Sternwarten gefertigten großen Objektiven sind hervorzuheben die Objektive für: Utrecht (24,4 cm Öffnung), für Kopenhagen (ein optisch wirkendes von 36 cm, ein photographisches von 20 cm Öffnung), für Treptow (68 cm Öffnung), für Bonn (optisch: 36 cm, photographisch 30 cm), für Heidelberg (32,5 cm), für Rom (38 cm), für Wien (optisch: 36 cm, photographisch: 26 cm) und für Potsdam (optisch 50 cm, photographisch 80 cm.) Die Steinheilsche Werkstätte hat somit in dem letzten Jahrzehnt fast ausschließlich die für Sternwarten Deutschlands hergestellten großen Objektiven gefertigt; nur ein Objektiv von 35,2 cm Öffnung wurde von Reinfelder nach Königsberg und ein weiteres von einer Amerikanerin für Heidelberg gestiftetes großes Objektiv aus Amerika bezogen. In der Fig. 10 ist die Maschine zur Fertigstellung eines großen Objektives dargestellt und seitlich ein Goniometer und ein Ablesefernrohr ersichtlich. Bei der Herstellung der großen Objektive war Dr. R. Steinheil veranlaßt, eine neue Arbeitsmethode einzuführen. Die auch bei der genauesten Fertigung der Linsen noch nachweisbaren Bildfehler sind davon herrührend, daß selbst bei der gegenwärtig sehr ausgebildeten Fabrikation von optischem Glas die für die großen Linsen nötigen beträchtlichen Glasmassen nicht genügend homogen werden, so daß er gezwungen war, die gute Vereinigung der Strahlen erst durch künstliche Gestaltsfehler an den Flächen herzustellen. Dr. R. Steinheil befaßt sich seit 1898 auch mit der Fabrikation von optischem Glas. Die Firma konnte seit 1901 den größten Teil des Bedarfes mit dem selbst gefertigten Glas decken. Nicht nur gewöhnliches Kron- und Flintglas, sondern alle möglichen Glassorten wurden hergestellt und schon große Objektivscheiben bis zu

30 cm Durchmesser verwendet. Kurz sei noch erwähnt, daß auch in der Konstruktion von physikalischen Instrumenten, so insbesondere der Spektralapparate, Verbesserungen in der Konstruktion eingeführt wurden.

Das physikalisch-mechanische Institut von Prof. Dr. M. Edelmann ist im Jahre 1868 gegründet. Anfänglich wurden insbesondere erdmagnetische Instrumente

Fig. 10.

nach Lamont und Beetzsche Vorlesungs- und Meßapparate hergestellt, daran schlossen sich physikalische Instrumente nach der Angabe von W. v. Bezold u. a. Schon bei den ersten Erzeugnissen der Edelmannschen Werkstätte errang sich die Einführung eigentümlicher einfacher Konstruktion und die genaue Ausführung allgemeine Anerkennung. Von jenen Instrumenten seien nur erwähnt: die Atwoodsche Fallmaschine nach Beetz, der Edelmannsche Fallapparat, der Apparat zur Bestimmung

Fig. 11.

der Wärmeausdehnungskoeffizienten und das Beetzsche Vorlesungsthermometer. Auch nach anderer Richtung erwarb sich Edelmann Verdienste, er konstruierte die verschiedensten Apparate zu medizinischen und physiologischen Zwecken, wobei er die Angaben der Professoren Rosenthal, Hermann, Örtel, Schlösser, Fr. Bezold u. a. verwirklichte. Als dann gegen das Jahr 1880 die Elektrotechnik einen raschen Aufschwung nahm, beteiligte sich Edelmann auch an der Konstruktion von Dynamomaschinen und fertigte insbesondere Innenpolmaschinen; in hervorragender Weise aber waren es Meß- und andere Präzisionsinstrumente für elektrotechnische Bestimmungen, welche in zweckmäßiger Konstruktion von dem Edelmannschen Institut angefertigt wurden. Es sei nur erwähnt, daß für die Versuche bei der im Münchener Glaspalaste 1882 abgehaltenen elektrischen Ausstellung fast alle elektrotechnischen Meßinstrumente von Edelmann geliefert wurden und dabei vielfach neue Konstruktion erhielten. Von nun an befaßte sich die Werkstätte mit der Konstruktion und Herstellung von Apparaten aus allen Zweigen der Elektrotechnik, wobei sich dieselbe in vielen Fällen auf die Angaben von Uppenborn, Friese, H. F. Weber u. a. stützte. Gleichzeitig war Edelmann bestrebt, auch die physikalischen, insbesondere elektrischen Apparate in zweckmäßiger Weise auszugestalten oder für bestimmte Verwendungen umzukonstruieren; es entstanden so zahlreiche Ausführungen insbesondere für die Professoren Ebert und E. Wiedemann.

Dank der eigenartigen sinnreichen Konstruktionen und der genauen schönen Ausführung der Edelmannschen Instrumente sind wohl alle Hochschulen der Erde, mit alleiniger Ausnahme von Frankreich, Spanien und Portugal, im Besitze von mehr oder weniger zahlreichen Instrumenten aus dem Edelmannschen Institute, insbesondere haben die hochempfindlichen Galvanometer desselben eine außerordentlich große Verbreitung gefunden. Als eine in der Edelmannschen Werkstätte zuerst erdachte Konstruktion ist die der schon 1884 hergestellten mit Stromstärke geeichten Zeigergalvanometer hervorzuheben, welche jetzt allgemein als Ampere- und Voltmeter bezeichnet werden; ferner eine im Jahre 1873 gefertigte Einrichtung, welche dann später von Anderen Bolometer benannt und von Edelmann mit einer Reihe von Verbesserungen versehen wurde; sowie endlich die schon erwähnte Innenpolmaschine.

Hauptsächlich ist bemerkenswert, daß aus Edelmanns Institut die Einrichtung fast aller erdmagnetischen Stationen, so vor allem die in Rußland, Amerika, Japan, Belgien, Schweden und Norwegen, Schweiz, Dänemark, Italien und Deutschland stammen. Das in Fig. 11 abgebildete Instrument stellt den großen erdmagnetischen

Theodolit dar, der für die neuerrichtete meteorologische und erdmagnetische Station auf dem Mount Weather U. S. erbaut wurde. Für diese Station sind in der Edelmannschen Werkstätte die sämtlichen erdmagnetischen, absoluten Meßinstrumente sowie die Variations- und Registrierapparate und in gleicher Weise auch alle Instrumente für eine neuauszustattende Station bei Kopenhagen in Arbeit.

Die Firma Michael Sendtner, Fabrik für Präzisionsinstrumente, erweiterte bald nach der Gründung im Jahre 1879 den anfänglich kleinen Wirkungskreis, indem

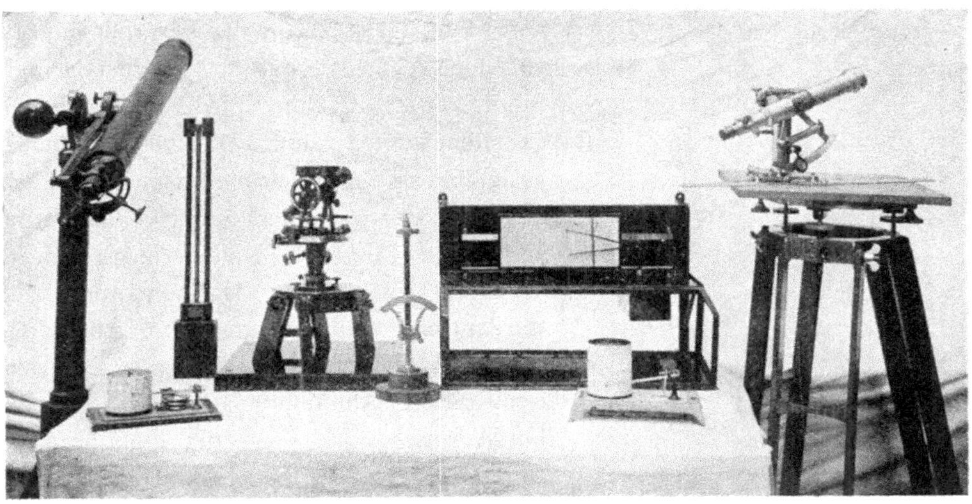

Fig. 12.

sie nach drei Richtungen ihre Tätigkeit entwickelte, nämlich in der Herstellung von astronomischen, geodätischen und registrierenden Instrumenten.

Im Jahre 1882 erhielt die Fabrik den Auftrag, für die Münchener Sternwarte den großen Refraktor des Observatoriums von 27 cm Öffnung umzubauen. Der frühere Liebherrsche Kapselregulator wurde durch einen neuen Foucaultschen Regulator ersetzt, so daß das etwa 1100 kg schwere Rohr nun mit außerordentlicher Präzision die verlangte Bewegung ausführt. Die gelungene Vollendung dieser Arbeiveranlaßte die Ausführung von 12 großen parallaktischen Fernrohrmontierungen. Besondere Erwähnung unter den gelieferten Refraktoren verdient das Instrument der Steinheilschen Privatsternwarte — von 43 cm — das für Prüfungszwecke gebaut wurde. Die Länge des Rohres ist veränderlich von 1,5 bis 6 m, so daß

Objektive von jeder innerhalb dieser Grenzen gelegenen Brennweite geprüft werden können. Entsprechend der durch die Änderung der Rohrlänge bewirkten Gewichtsänderung muß die Ausbalancierung des Systems geändert werden; zu diesem Zwecke sind die Balancegewichte unterteilt und können deshalb rasch abgenommen werden. Auch eine sehr einfache Konstruktion der Montierung von astronomischen Instrumenten für Amateure fertigte Sendtner, indem er am Okularende zwei Mikrometerschrauben anbrachte, durch welche das Fernrohr mit Hand so zu bewegen ist, daß der zu beobachtende Stern längere Zeit in Mitte des Gesichtsfeldes gehalten werden kann. Die geodätischen Instrumente sind hauptsächlich nach den Angaben des Kgl. Obergeometers K. Geyer konstruiert, so dessen Ringtisch, Nivellierinstrument und Theodolit mit rascher Horizontierung durch Cardanische Aufhängung. Die größeren Instrumente sind, um den Transport zu erleichtern, ganz in Aluminium ausgeführt. Auch für Forstvermessungen versendet die Firma viele Apparate: Winkeltrommeln mit Dosenlibellen und Boussolen, kleine Theodolite und Baumhöhenmesser. Als besondere Spezialität des Institutes ist die Fertigung von eigentümlich konstruierten Registrierapparaten hervorzuheben, hauptsächlich haben die registrierenden Thermometer in Tausenden von Exemplaren eine weite Verbreitung gefunden. In einem Rahmen aus Metall von geringem Ausdehnungskoeffizienten liegt eine spannungsfrei hergestellte Metallkomposition von hohem Ausdehnungskoeffizienten.

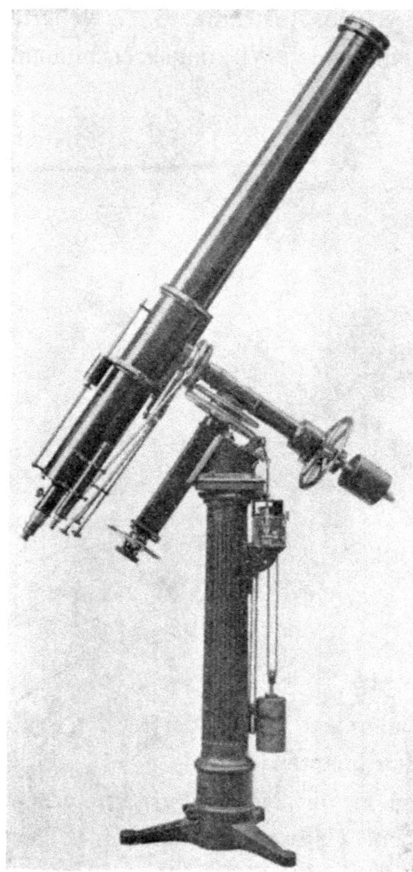

Fig. 13.

Der bei Temperaturschwankungen auftretende Längenunterschied der beiden Metalle wird von einem Hebelwerk aufgenommen und in eine rotierende Bewegung umgewandelt. Die Registrierung erfolgt auf einem mit Papier bespannten Rahmen, der in bestimmten Zeiten an dem vom Hebelwerk bewegten Schreibstift vorbeigeführt wird. Auf gleichem Konstruktionsprinzip beruhend sind die registrierenden Barometer, Hygrometer und Anemometer sowie die Fernthermometer, welche in der Sendtnerschen Fabrik zur Ausführung gelangen. Eine Sammlung der erwähnten Instrumente ist in den Fig. 12 und 13 dargestellt.

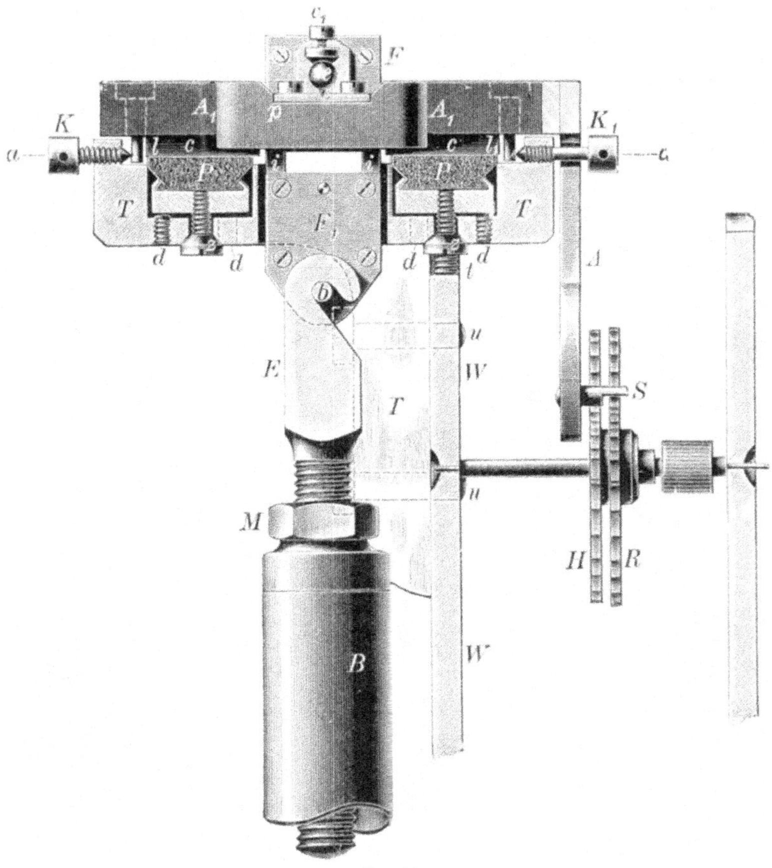

Fig. 14.

Seit dem Jahre 1841 war in Maria Rain bei Kempten durch den Mechaniker Klemens Riefler eine Werkstätte errichtet, deren Erzeugnisse, insbesondere Reißzeuge, in kurzer Zeit sowohl im In- wie im Auslande Eingang sich verschafften. Nach dem Tode des Gründers (1876) wurde das Geschäft von dessen Söhnen Siegmund, Adolf und Theodor Riefler übernommen und nahm sofort einen bedeutenden Aufschwung durch die Herstellung der Zirkel nach dem Rundsystem, welche

Dr. Siegmund Riefler konstruierte. Die Zunahme der Fabrikation machte eine Erweiterung des Betriebes notwendig, so daß die nun als Fabrik mathematischer Instrumente von Klemens Riefler in Neßelwang und München bezeichnete Werkstätte

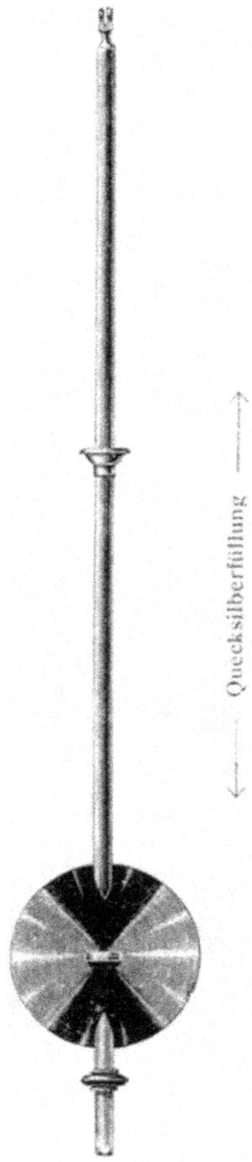

Fig. 15.

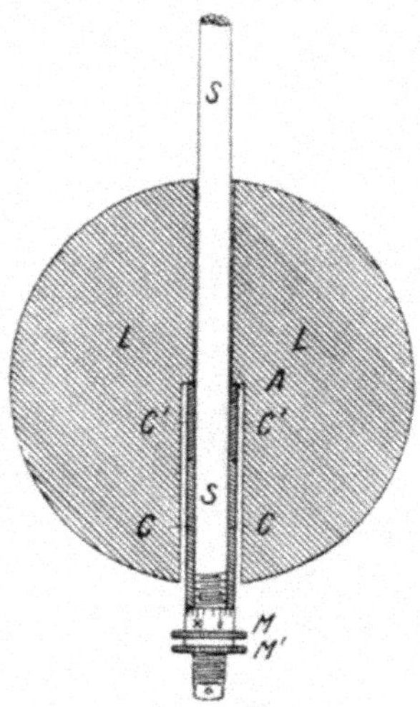

Fig. 17.

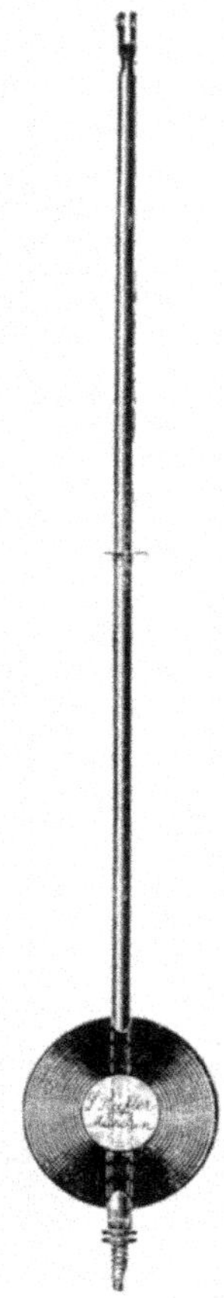

Fig. 16.

nach Neßelwang verlegt wurde, während Siegmund Riefler seinen Aufenthalt in München nahm.

Seit etwa 15 Jahren werden neben Reißzeugen und anderen für die Zwecke technischer Zeichnungen dienenden Instrumenten von der Firma die von Dr. S. Riefler angegebenen astronomischen Uhren hergestellt. Nachdem Riefler schon 1868 eine wesentlich neue Grundlage für eine vollkommen freie Hemmung geschaffen, gelang es ihm nach vielen Mühen eine konstruktive Lösung zu finden, und diese 1889 zur

Ausführung zu bringen (Fig. 14). Durch die Verwendung dieser freien Hemmung ist eine wesentlich größere Genauigkeit im Gange der Uhren erreicht. Einen weiteren Fortschritt in dieser Richtung erzielte Riefler durch die im Jahre 1891 erfolgte Einführung eines Quecksilberkompensationspendels (Fig. 15) und noch mehr durch das 1898 angegebene Nickelstahl-Kompensationspendel (Fig. 16, 17). Der mittlere, etwa noch verbleibende Kompensationsfehler dieser Pendel beträgt für 1° C nur 0,005 Sekunden täglich; doch erfordern Pendel, die in freier Luft schwingen, noch eine weitere Kompensation. Es erfolgt dies durch ein am Pendel angebrachtes Aneroid (Fig. 18), dessen oberste Dose mit einem Gewicht belastet ist, das mit der Luftdruckänderung gehoben oder gesenkt wird und dadurch die Beschleunigung des Pendels vermindert oder

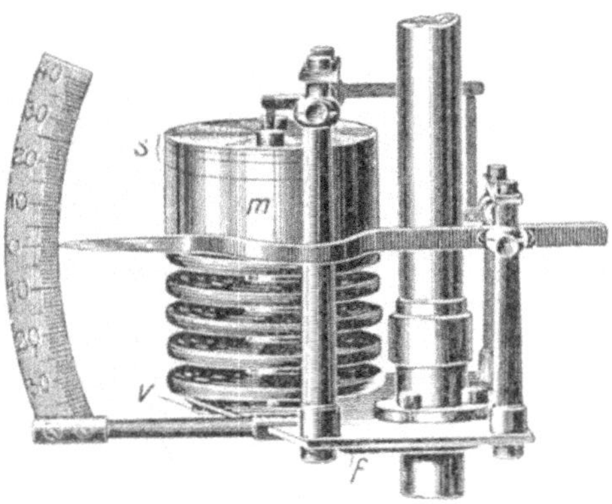

Fig. 18.

vermehrt. Vollkommen ausgeschlossen wird der Einfluß des atmosphärischen Druckes, wenn man das Pendel unter einem luftdichten Glasverschluß aufstellt (Fig. 19). Für die feine Regulierung des Uhrenganges benützt Riefler bei den in freier Luft schwingenden Pendeln Auflagegewichte und bei den unter luftdichtem Verschlusse schwingenden eine Änderung des Luftdruckes in dem das Pendel einschließenden Gehäuse. Wie weit die Genauigkeit in der Wirkung der Luftdruckkompensation gelungen ist, zeigen zweijährige Beobachtungen des Dr. C. Rödiger an einer Riefler-Uhr in der Kgl. Sternwarte zu Königsberg, welche einen meßbaren Fehler nicht nachweisen konnten, da derselbe zu 0,000 Sekunden gefunden wurde. Sollen die Uhren zur chronographischen Registrierung dienen, so sind dieselben mit elektrischen Sekundenkontakten versehen, welche am Räderwerk angebracht sind.

Eine wesentliche Verbesserung führte Riefler im Jahre 1903 ein, indem er eine elektrische Aufzugeinrichtung anbrachte (Fig. 20), wobei etwa alle 30 Sekunden ein nur 10 g schweres Gewicht aufgezogen wurde. Hierdurch wird eine wesentlich größere Gleichförmigkeit des Pendelantriebes erreicht als bisher, weil die Kraftübertragung vom fallenden Gewicht bis zum Gangrad eine mehr als hundertmal geringere

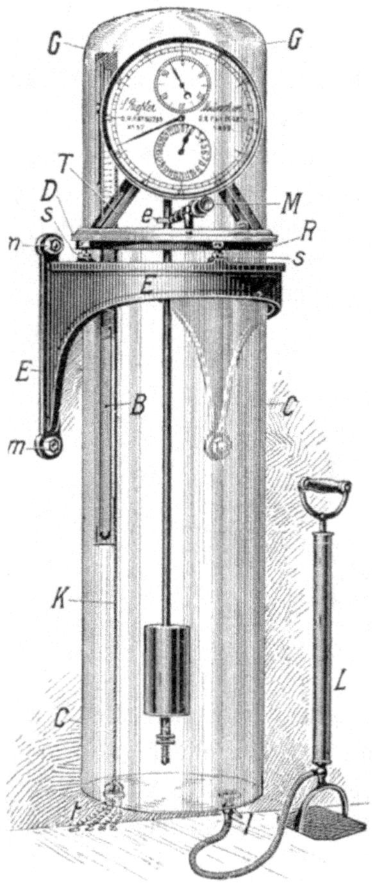

Fig. 19.

Fig. 20.

ist und die Uhr beim Aufziehen keinen Erschütterungen oder sonstigen zufälligen Störungen ausgesetzt ist.

In letzter Zeit hat Riefler an mehreren Sternwarten einheitliche Uhrenanlagen und neue elektrische Einrichtungen für den Zeitdienst ausgeführt. Die größte Ausführung dieser Art wurde im Jahre 1905 an der Kgl. Belgischen Sternwarte in Uccle aufgestellt. Diese Anlage besteht aus zwei Gruppen mit zusammen 17 Uhren, nämlich aus 8 Uhren, welche nach Sternzeit gehen, und aus 9 Uhren mit mittlerer

Zeit. Jede dieser beiden Gruppen enthält zwei Hauptuhren, eine für den Betrieb, die andere als Reserve. Von diesen Hauptuhren werden die übrigen als Nebenuhren synchronisiert. Außer diesen Nebenuhren wird von Uccle aus auch noch die 6 km entfernte Normaluhr der städtischen Uhrenzentrale in Brüssel synchronisiert. Die erste Hauptuhr betreibt ferner elektrisch noch einen Sekundenklopfer, um die Pendelschläge der Uhr deutlich hörbar zu machen, und überdies enthält die Anlage drei Chronographen.

Diese Rieflerschen Uhren sichern, wenn sie gut fundamentiert, erschütterungsfrei aufgestellt und keinen schnell verlaufenden Temperaturänderungen ausgesetzt sind, eine Gleichmäßigkeit des Ganges, wie sie früher nicht erreicht werden konnte. Nach einer von Prof. Howe untersuchten Riefleruhr, welche in der Sternwarte zu Cleveland aufgestellt ist, betrug der Maximalfehler im Tag 0,022 Sekunden und der mittlere Fehler 0,015 Sekunden; nach einer neuerlichen Beobachtungsreihe, wobei alle Störungen möglichst hintangehalten wurden, betrug der mittlere Fehler nur mehr 0,008 Sekunden. Damit ist wohl die Grenze der Ganggenauigkeit einer Uhr erreicht, die durch die kleinen Erschütterungen, welche die Erdrinde fortwährend erfährt, gesetzt ist.

Bis jetzt hat die Firma Riefler für Sternwarten und andere wissenschaftliche Institute die namhafte Zahl von 140 astronomischen Uhren, 200 Quecksilberkompensationspendeln und 700 Nickelstahlkompensationspendeln hergestellt.

Neben den vorausgehend genannten Instituten, welche sich durch bahnbrechende Arbeiten auf ihren Gebieten auszeichnen, sind sowohl in München wie an anderen Orten Bayerns noch zahlreiche optische und mechanische Werkstätten, die sich einen ausgedehnten Wirkungskreis errungen haben und durch treffliche Leistungen hervorragen. Es kann somit gesagt werden, daß die Feinmechanik Bayerns, die am Beginn des XIX. Jahrhunderts einen so mächtigen Aufschwung genommen, auch am Ende dieses Jahrhunderts auf hohem Stande sich befindet und in guter Entwicklung begriffen ist.

Literatur.

1. Kurzer Umriß der Lebensgeschichte des Herrn Dr. Joseph v. Fraunhofer von J. v. Utzschneider 1826.

2. Handschriftliche Aufzeichnungen von J. v. Utzschneider.

3. Mitteilungen von Dr. R. Steinheil, Prof. Dr. Edelmann, M. J. Sendtner und Dr. S. Riefler.

Alte Webstube. Aus: „Werkstätte der gemeinnützigsten Künste und Handwerke". Wien 1789.

Die Faserstoffindustrie (Spinnerei, Weberei, Papierfabrikation).

Von Egbert v. Hoyer.

I. Spinnerei und Weberei.

In den Landesteilen, welche das jetzige Königreich Bayern umfaßt, war von jeher Landwirtschaft und Viehwirtschaft eine Haupttätigkeit der Bevölkerung. Im innigen Zusammenhang mit dieser Tätigkeit standen die Gewerbe und Industrien, da diese wesentlich auf die Verarbeitung der Landeserzeugnisse angewiesen waren, weil die Verkehrsmittel nur in einigen seltenen Fällen die Beschaffung von Rohstoffen aus anderen Ländern gestatteten oder ermöglichten. Im allgemeinen deckten die gewerblichen Arbeiten auch nur die Bedürfnisse der nächsten Umgebung unter verhältnismäßig geringem Austausch, indem sich die Bedürfnisse größtenteils den örtlichen Gewerbeerzeugnissen unterordneten.

Nächst der Ernährung hat für den Menschen die Bekleidung die größte Bedeutung, so daß es nicht wundernehmen kann, wenn die Erzeugung von Rohstoffen zur Anfertigung von Bekleidungsstücken zu den wichtigsten Aufgaben der Landwirtschaft und die Herstellung von Stoffen zur Bekleidung zu den ersten gewerblichen Tätigkeiten gehören. Zur Gewinnung von Rohstoffen baute man Leinen — Flachs und Hanf — und züchtete Schafe, da die Fasern des Flachses, des Hanfes und der Wolle früher die einzigen in Betracht kommenden Materialien bildeten. Ursprünglieh war die Verarbeitung dieser Fasern durch Spinnen und Weben ausschließlich die Aufgabe des weiblichen Geschlechtes und der Knechte, denn der freie Deutsche entzog sich jeder gewerblichen Arbeit. Neben diesem „Hausfleiß", der nur die Deckung des eigenen Bedarfs bezweckte, entstand allmählich und klein in den Anfängen die „Hausarbeit", zuerst als Nebenarbeit für die nächst umgebende Kundschaft, nach und nach sich erweiternd und von hörigen Bauern ausgeführt, um auch die Bedürfnisse weiterer Kreise zu befriedigen.

Die einfache Art, nach welcher Flachs und Wolle gewonnen, versponnen und verwebt werden kann, war der Hauptgrund dafür, daß die Weberei lange noch Hausarbeit der Landbevölkerung blieb; zumal das Leinengewebe wurde in großen Mengen erzeugt, weil die Leinenkleidung die Regel bildete und Wollstoffe nur zu besonderen Prunkgewändern nebst den sehr kostbaren Seidengewändern dienten. Mit der Entstehung und Entwicklung der Städte, dem Anwachsen ihrer Einwohnerschaft und der Steigerung der Bedürfnisse vertauschten nach dem Vorbilde anderer bereits bestehender Gewerbe dann die ländlichen Weber das Land mit der Stadt und betrieben die Weberei als selbständiges Gewerbe in der Weise, daß sie das Garn gegen Tausch oder durch Kauf von den Landbewohnern bezogen. In den Städten Regensburg, Augsburg, Nürnberg, München kamen die Webereien mächtig in Blüte, zumal man es in der Kunst des Färbens der Gewebe schon weit gebracht und gelernt hatte, die letzteren mit kunstreichen Stickereien etc. zu veredeln. Besonders bemerkenswert ist jedoch, daß man seit dem XI. Jahrhundert den rohen Geweben aus Wolle durch die nachträgliche Behandlung des Walkens eine festere, dichtere Beschaffenheit und durch Scheren im Verein mit dem Färben ein gleichmäßigeres, schöneres Aussehen und somit einen erheblich höheren Wert zu geben vermochte. Solche veredelte Gewebe erhielten den Namen Tuch gegenüber den gewöhnlichen

Geweben, welche Loden hießen. Sie wurden von besonders ausgebildeten Webern — Tuchwebern — hergestellt, so daß man nun Leinenweber, Lodenweber oder Loderer und Tuchweber unterschied.

Im Laufe des XIV. Jahrhunderts wurden die im eigenen Lande gewonnenen Spinnstoffe Leinen und Wolle um einen neuen ausländischen Spinnstoff — die Baumwolle — vermehrt, dessen Verarbeitung später die größten Industrieanlagen ins Leben rufen sollte. Die erste Baumwolle, die nach Deutschland kam, gelangte über Venedig nach Konstanz und stammte von der Insel Cypern, auf der die Baumwollkultur eifrigst gepflegt wurde. Von den Bürgern in Konstanz hatten die Bürger der freien Reichsstadt Ulm bereits vor dem Jahre 1320 das Spinnen und Weben der Baumwolle gelernt, so daß Bürger von Konstanz und Ulm nicht nur als die ersten Baumwollspinner und -weber auf deutschem Boden, sondern in ganz Mitteleuropa zu gelten haben. Namentlich in Ulm und den umliegenden Dörfern entwickelte sich eine rege Baumwollindustrie in Verbindung mit der Leinenindustrie, indem man ein Gewebe aus Leinenkette und Baumwollgarnschuß erzeugte, das den Namen Barchent führte und Ulms Reichtum und Macht unter den Städten des Mittelalters begründete. Dadurch kam zu der Leinen-, Loden- und Tuchweberei als weitere sehr wichtige Gruppe die Barchentweberei, welche sich bald nach mehreren anderen süddeutschen Städten, vor allem nach Augsburg, Nürnberg und Hof, verbreitete und festen Sitz gewann. Von Augsburg verpflanzte sich dann 1420 die Barchentweberei nach München, wo sie mit der Leinenweberei zusammen betrieben wurde. Die nächste Folge war ein bedeutender Handel von Baumwollwaren mit Italien einerseits und mit Norddeutschland sowie England anderseits.

Der allgemeinen Zeitströmung folgend, vereinigten sich schon früh, namentlich in München, Augsburg, Nürnberg, Regensburg, die Weber zur Vertretung ihrer zunächst wirtschaftlichen Interessen zu Verbänden — Zunft, Gilde, Innung, Amt —, in welchen man die Bedingungen für die Zulassung von Meistern und Gesellen — Knappen — regelte, die Beschaffung gemeinsamer Anlagen förderte sowie günstige Absatzquellen und Absatzbedingungen usw. suchte. Dadurch entstanden z. B. für die Tuchmacher im XII. Jahrhundert gewerkschaftliche Walkmühlen, öffentliche Tuchhallen, Schauen, Braaken und Stempelungen sowie Vorschriften für die Beschaffenheit der fertigen Waren und für die Loderer und Leinenweber ähnliche Einrichtungen. — Wie streng diese Vorschriften gehandhabt wurden, geht u. a. aus der Tatsache hervor, daß nach einer Verordnung vom Jahre 1443 auch alle Bleicher und Färber bei schwerer Strafe geloben mußten, kein Stück abzugeben, „es sei denn mit dem Barchentstempel versehen", und daß 1531 ein Weber wegen Umgehung der Stempelung an den Pranger kam.

Die Wirkungen dieses Zusammenhaltens und dieser Selbstbeaufsichtigung zeigten sich in dem großen Ruf, welchen die Erzeugnisse der bayerischen Weber im Auslande, namentlich in Italien und den Nachbarländern, genossen, und in dem stetigen Wachsen des Absatzes und der Webereibetriebe. Es sei nur erwähnt, daß im Jahre 1466 die Weberzunft in Augsburg 746 Meister, im Jahre 1600 aber etwa 2900 Meister, 3500 Gesellen und überhaupt 11 000 in der Weberei beschäftigte Personen zählte, welche auf 3670 Webstühlen jährlich etwa 500 000 Stück Leinwand erzeugten. Zu den hervorragendsten Webern dieser Periode gehörte die Familie Fugger in Augsburg, welche durch die Weberei und den Handel mit Geweben den Grund zu ihrem Reichtum legte. — In München befanden sich im Jahre 1500 nur 172 Weber, dahingegen im Jahre 1618 auch schon 283 und im Jahre 1625 wurden 8000 Stück Loden zur Schau gebracht. In sämtlichen Städten und Märkten wurde die Weberei je nach Lage mehr oder weniger ausgedehnt betrieben und die Ursache eines bedeutenden Wohlstandes, da die großen Handelshäuser Fugger und Welser die Webereierzeugnisse ankauften und in den Handel brachten.

Unter solchen Verhältnissen ist es erklärlich, daß die Zunft der Weber auch auf anderen Gebieten zu großem Einfluß gelangte, den sie zunächst innerhalb der Zunft selbst zur Geltung brachte durch Abwehr alles dessen, was den Erwerb hätte beeinträchtigen können, außerhalb der Zunft aber durch Einwirkung auf die Gesetzgebung, namentlich innerhalb der Städtegerechtsamen.

Trotz dieser äußerst günstigen Lage, trotz ihrer gewonnenen Macht und erworbenen Rechte konnte die Weberzunft den von ihr vertretenen achtunggebietenden Bürgerstand der Weber ebensowenig wie die anderen Zünfte gegen große zerstörende Ereignisse schützen und stützen.

Mit der Entdeckung des Seewegs nach Ostindien und anderen Entdeckungen der Spanier und Portugiesen am Ausgang des XV. Jahrhunderts ging die gewaltige Handelsmacht Italiens an Spanien und Portugal über; infolgedessen verlor die große Handelsstraße, welche über Augsburg Norden mit Süden verband, nach und nach völlig ihre Bedeutung. Damit hörte aber auch bald der Absatz der bayerischen Weber nach Italien und den Nachbarländern auf und versiegte eine ergiebige Quelle des Wohlstandes. Doch erwuchs dem Webergewerbe durch die allgemeine große Wohlhabenheit hierfür Ersatz in den gesteigerten Bedürfnissen der Bevölkerung, so daß bis zum XVII. Jahrhundert noch von einer Blüte gesprochen werden kann.

Erst der 30jährige Krieg mit seinen Verheerungen schwächte die Kaufkraft des Volkes aufs äußerste und auf lange Zeit, und die Kämpfe mit Frankreich in der zweiten Hälfte des XVII. Jahrhunderts brachten von neuem solches Elend über Deutschland, daß ein schneller Verfall auch des Webergewerbes nicht aufzuhalten war. Während der Jahre 1618—1649 sank u. a. in München die Zahl der Webermeister von 283 auf 131, und in Augsburg war die Zahl der Webstühle von 3400 auf 500 zurückgegangen. Trotzdem 1687 die Kenntnis der Krapprotfärberei nach Augsburg gelangte, die Kunst des Kattundruckes und des Formschneidens zu großer Entwicklung kam und dem ganzen Gebiete der Weberei einen neuen großen Anstoß gab, wurde der weitere Verfall nicht gehemmt, weil andere Kulturstaaten, namentlich England, begünstigt durch die Lage am offenen Meere, anfingen, Baumwollengewebe nicht nur für den eigenen Gebrauch, sondern auch für die Ausfuhr zu erzeugen, während sie bis dahin insbesondere von Deutschland die Gewebe bezogen hatten. Hervorgerufen wurde diese Industrie in England nach der Eroberung Antwerpens 1585 durch niederländische Baumwollweber, welche nach Lancashire übersiedelten, und außerordentlich gefördert dadurch, daß englische Schiffe die Baumwolle direkt von Cypern und Smyrna holten. Außerdem waren in Holland Kattundruckereien von solcher Ausdehnung entstanden, daß von hier eine große Menge Druckkattune ausgeführt werden konnte.

Bei der dadurch immer drückender werdenden Lage des einst so blühenden und mächtigen Webergewerbes und den stetig sich mehrenden Klagen über den herrschenden Notstand blieb man nicht teilnahmslos. Die Regierung suchte durch Gesetzgebung, durch Aussetzung von Belohnungen, durch Belobigungen, durch Aneifern etc. günstig einzuwirken, besonders aber durch Einführung neuer Erwerbsquellen das Gewerbe zu heben. Schon längst waren Gewebe aus Seide in Augsburg, München und Nürnberg hergestellt, allein aus Seidengarn, das aus dem Auslande bezogen wurde. Von der Ansicht nun ausgehend, daß das südlich gelegene Bayern sich besonders gut zur Anpflanzung und Entwicklung des Maulbeerbaumes eignen müsse, setzte man hier große Hoffnungen auf die Seidenkultur; denn schon der Kurfürst Max I. (1598—1651) ließ im ganzen Lande Erkundigungen einziehen, „an welchen Orten etwa Maulbeerbäume vorhanden seien und welche Einflüsse zum Gedeihen derselben in Betracht kämen". Wegen des 30jährigen Krieges blieben diese Erkundigungen erfolglos; ebensowenig erreichte eine 1664 ins Leben getretene Gesellschaft unter Ferdinand Maria (1651—1679) das Ziel. Dahingegen entstanden unter der Regierung Max' III. im Jahre 1759 Maulbeerbaumanpflanzungen in München, Straubing,

Trausnitz, Burghausen und mehreren anderen Orten und unter Herbeiziehung erfahrener Seidenzüchter auch Seidenhäuser, welche, von einer „Seidenkommission“ geleitet, jedoch ebenfalls bald eingingen, obwohl etwa 600000 Maulbeerbäume gepflanzt waren. Eine dritte Seidenzuchtperiode begann sodann 1823 unter dem König Maximilian I. In derselben entstanden Maulbeerbaumanpflanzungen in einem Umfange von über 4 Millionen Bäumen und wurden damit 1835 so viel Seidenwürmer ernährt, daß man allein in Nürnberg 360 Pfund Kokons gewann. Die Erkenntnis, daß für eine gewinnbringende Seidenzucht weder das Klima noch die Bodenbeschaffenheit Bayerns geeignet sei, das einzige Nahrungsmittel des Seidenspinners, den Maulbeerbaum, mit genügender Zuverlässigkeit hervorzubringen, machte dann diesen Bestrebungen ein Ende. — Bei dieser Gelegenheit sei aber auch noch erwähnt, daß der Botaniker v. Schrank selbst den Anbau von Baumwolle in Bayern für tunlich erklärte, um das Spinnereigewerbe vom Auslande unabhängig zu machen.

Die auch im XVIII. Jahrhundert fortgesetzten Bestrebungen, den weiteren Verfall des Webereigewerbes zu verhüten, waren von Erfolg nicht begleitet und konnten nicht wirksam sein infolge von Begebenheiten, welche im XVIII. Jahrhundert England auf diesem Gebiete in verhältnismäßig kurzer Zeit zum ersten Industriestaate ausbildeten und eine vollständige Umgestaltung des ganzen Gewerbewesens herbeiführten, indem sie allmählich das Kleingewerbe zur Großindustrie hinüberleiteten.

Zu diesen Ereignissen gehörte in erster Linie die Erfindung der Dampfmaschine, welche zwar bereits 1698 einem englischen Bergbeamten Savery zum Heben von Wasser in Bergwerken patentiert, aber von Watt etwa 1775 zu einer solchen Ausbildung gebracht wurde, daß sie in Industriebetrieben Aufnahme und bald eine Verbreitung fand, welche sie zur herrschenden Kraftmaschine machte, da sie unabhängig von Klima und Witterung in beliebiger Größe an jedem passend erscheinenden Orte als stetige Kraftspenderin in Dienst gestellt werden kann.

Viel einschneidender für das Textilgewerbe waren jedoch die Erfindungen, welche in England zur mechanischen Verarbeitung der Baumwolle gemacht wurden. Nachdem man dort sofort nach Einführung der Baumwolle als Spinnstoff die hohe Bedeutung derselben erkannte, fing man an, sie direkt von Cypern und Smyrna zu beziehen und in der damals allein üblichen Art auf Spinnrädern zu verspinnen. Da aber diese Art der Erzeugung nur sehr wenig Garn liefern konnte, bemühte man sich, mechanische Vorrichtungen zu konstruieren, welche an Stelle der Handarbeit mit viel geringerem Zeitaufwand bedeutend größere Garnmengen hervorzubringen vermochten. Diese Bemühungen waren von außerordentlichem Erfolg und fanden vorerst eine Verwirklichung in den Spinnmaschinen von Hargreaves und Arkwright in Verbindung mit entsprechenden Vorbereitungsmaschinen. Hargreaves konstruierte 1767 eine Spinnmaschine nach dem Vorbilde der uralten Handspindel, um acht Fäden auf einmal spinnen zu können, nannte dieselbe nach seiner Tochter Jenny und vervollkommnete sie so weit, daß ein Mädchen damit gleichzeitig 120 Fäden spinnen konnte. Sie ist die Grundlage der sogenannten selbstspinnenden Maschine — Selfactor —, welche heutigentags so weit entwickelt ist, daß sie gleichzeitig 1500 Fäden spinnt. — Arkwright erfand eine Spinnmaschine nach dem Vorbilde des gewöhnlichen Spinnrades, erhielt 1769 darauf ein Patent und nannte sie Watermaschine, weil sie zuerst im großen von einem Wasserrad in Betrieb gesetzt wurde. Die weitere Ausbildung dieser Maschine gestattet jetzt die gleichzeitige Erzeugung von 400 Fäden.

Das Bestreben, die Handspinnerei durch Maschinen zu ersetzen, fand zugleich eine sehr glückliche Unterstützung, man kann wohl sagen seinen technischen Abschluß, durch die vervollkommnete Dampfmaschine, welche zuerst im Jahre 1789 als Betriebsmaschine in einer Spinnerei zu Manchester und 1790 von Arkwright selbst in Benutzung genommen wurde und sich als ein vorzügliches Mittel zur Hervorbringung der wünschenswerten großen Geschwindigkeiten erwies.

Dahingegen hielten mit den gewaltigen Fortschritten auf dem Gebiete der Baumwollspinnerei die Bemühungen, an die Stelle des gewöhnlichen Webstuhls eine Webmaschine zu setzen, nicht Schritt, da diese erst 1802 in Anwendung kommen konnte. Von Bedeutung ist nur die von Kay in Bury erfundene sogenannte Schnellschütze, welche dem Weber nicht nur eine auf das Doppelte gesteigerte Leistung, sondern auch das Weben bedeutend breiterer Stoffe ermöglicht.

Der Erfolg der Erfindungen und der Fortschritt auf dem Gebiete der Baumwollmanufaktur in England wurden noch besonders unterstützt durch den ausgedehnten Seehandel und zeigten sich vor allem in der Zunahme der Baumwolleinfuhr, die im Jahre 1750 nur 2 Millionen Pfund betrug, bis zum Schlusse des Jahrhunderts (1799) aber auf 38 Millionen Pfund stieg.

Von geringerer Bedeutung war die englische Konkurrenz auf dem Gebiete der Wollindustrie, weil Wollstoffe damals doch nur in wenigen Fällen durch Baumwollstoffe ersetzt werden konnten.

Zur Beurteilung der Lage der Leinenweberei ist zu berücksichtigen, daß nach den für die Leinenweber besonders gegebenen Vorschriften ihre Arbeitstätigkeit die

Erzeugung von Leinengeweben und Barchent- sowie Baumwollgeweben umfaßte. Infolge der englischen Konkurrenz mußte das Spinnen und Weben von Baumwolle allmählich zurückgehen und schließlich ganz eingestellt werden, so daß hauptsächlich die Tätigkeit der professionsmäßigen Leinenweber eine Einschränkung erfuhr, indem sie sich wieder auf die Herstellung von Leinwand beschränkten. In Anbetracht dessen, daß Leinengewebe für zahllose Verwendungszwecke einen großen Vorzug vor Baumwollstoffen besitzen, steigerte sich sogar die Nachfrage nach Leinwand, trotzdem dieselbe vielfach durch Baumwollstoffe verdrängt war.

Die Regierung unter dem ersten König von Bayern, Maximilian Joseph, betrachtete als eine der wichtigsten Aufgaben die Wiederaufrichtung der Gewerbe, wohl einsehend, welche hohe Bedeutung die Träger der Gewerbetätigkeit als Staatsbürger besitzen. Die ersten und Hauptmaßnahmen waren gesetzgeberischer Natur und von einem freiheitlichen Sinn getragen, indem die Zunftschranken niedergerissen, die Gewerbebetriebe durch staatliche Konzessionen ermöglicht, die zu Monopolen ausgebildeten Realrechte und die Rechte der Grundherrschaften in bezug auf Gewerbe beschränkt wurden. Wenn diesen Maßnahmen, als deren Schöpfer Montgelas zu gelten hat, auch in der nächsten Zeit der Erfolg mangelte, so muß doch auch dieser Mißerfolg zum größten Teil auf den Umstand zurückgeführt werden, daß man die technischen Fortschritte nicht genügend würdigte oder kannte. In der Tat kann der Beginn zum Besseren erst bestätigt werden von dem Augenblick an, als man sich aufraffte, die neu gewonnenen technischen Hilfsmittel sich zu nutze zu machen. In Verbindung hiermit steht allerdings die Einführung einer anderen Betriebsform, die von dem Maschinenbetrieb unzertrennlich ist und im Gegensatz zur Hausindustrie den Fabrikbetrieb bildet, der unvermeidlich zur Anwendung gelangen muß, wenn das Erzeugnis eine mehr oder weniger große Reihe von Bearbeitungsstufen zu durchlaufen hat, wie es z. B. in den Spinnereien der Fall ist.

Daher nimmt die Hebung der Textilgewerbe ihren Anfang mit der Einrichtung von fabrikmäßig betriebenen Spinnereien, aber auch wieder unter sehr schwierigen Umständen, weil es an geschulten Arbeitern fehlte und in England die Ausfuhr von Spinnmaschinen verboten war. In der Weberei dahingegen blieb die Hausindustrie noch lange bestehen, da der Betrieb eines Webstuhles sich sehr einfach gestaltet.

Eine eigene Stellung nahm bei dieser Umwandlung die Verarbeitung der Wolle und des Leinens ein. Die größte Menge der Wolle diente zur Anfertigung von gewalkten Stoffen — Tuchen —. Die Verarbeitung dieser sog. Streichwolle zu Garn ist einfach und bedarf nur einfacher Maschinen, so daß schon zu Anfang des

XIX. Jahrhunderts das Spinnen von den Tuchmachern selbst auf kleinen Spinnmaschinen mit etwa 30 Spindeln vorgenommen wurde. Das Weben erfolgte auf gewöhnlichen Webstühlen. Sehr viel schwieriger dahingegen ist das Verspinnen von Kammwolle, welche zu glatten, ungewalkten Geweben dient und wegen der besonderen Behandlung durch Kämmen den Namen erhalten hat. Erst nach Erfindung der Kämmmaschine (1830) und auf Grund langjähriger Erfahrungen auf dem Gebiete der mechanischen Baumwollspinnereien war es möglich, die Maschinen zum Verspinnen der Kammwolle zu konstruieren sowie eine Methode und ein System zur Anfertigung von Kammgarn auszubilden, so daß die mechanische Kammgarnspinnerei erst später ins Leben trat. Zu den ersten Kammgarnspinnereien in Deutschland gehört die 1836 mit 3000 Spindeln gegründete, heute mit 65 450 Feinspindeln und 180 Webstühlen arbeitende Kammgarnspinnerei in Augsburg. Die 1857 gegründete Kammgarnspinnerei in Kaiserslautern mit 96 000 Feinspindeln ist eine der größten im Deutschen Reiche.

Die Umwälzung, welche die Baumwollindustrie durch Einführung der Maschinenspinnerei und des Fabrikbetriebes erfuhr und der Baumwolle den ersten Platz unter den Webematerialien verschaffte, vollzog sich deshalb verhältnismäßig schnell, weil die uns von der Natur zum Gebrauch fertig gelieferte Baumwolle natürliche Eigenschaften besitzt, vermöge welcher sie fähig ist, zu den feinsten und schönsten Garnen mühelos versponnen zu werden, und weil es keine großen Schwierigkeiten bietet, dieselbe in erwünschter Menge und Beschaffenheit zu erhalten. Vom Leinen muß das Gegenteil gesagt werden. Der Leinenbau und die umständliche Gewinnung der Spinnfaser aus dem Baste der Pflanzen wurde fast ausschließlich von kleinen Grundbesitzern und Pächtern und nicht mit der Umsicht und Aufmerksamkeit betrieben, um ein gleichmäßiges Material in großen Mengen von solcher übereinstimmenden Beschaffenheit zu liefern, welche Grundbedingung für ein gutes Garn, besonders aber auch für das Verspinnen mittels Maschinen ist. Um die Zeit, als der Aufschwung der mechanischen Baumwollspinnerei schon unverkennbar war, trat sogar eine erhebliche Vernachlässigung der Flachsgewinnung und damit ein Schwanken in der Güte des Garnes ein, durch welches das letztere seinen guten Ruf und einen beträchtlichen Teil seines Absatzes verlor, zugleich mit dem weiteren Erfolg, daß in Bayern nur verhältnismäßig grobe Leinwand gewebt werden konnte. Einzelne hervorragende Ausnahmen bewiesen, daß hier Abhilfe gar nicht so schwierig gewesen wäre; allein alle nach dieser Richtung gegebene Aufklärung und Aufmunterung blieb nahezu erfolglos, und so kam Bayerns Leinenindustrie nicht wieder auf die Höhe, welche dieselbe naturgemäß hätte einnehmen sollen. Dazu entbrannte, nachdem man in

Irland nach Überwindung sehr großer technischer Schwierigkeiten ebenfalls mechanische Flachsspinnereien eingeführt hatte, bei uns der müßige Streit um die Frage: ob Handgespinst oder Maschinengespinst besser sei. Während dieses Streites wurde in Irland der Flachsbau gepflegt und das Flachsspinnen auf Maschinen in England derart gefördert, daß nunmehr dort aus der Einfuhr von Flachsgarn eine vierfach so große Ausfuhr geworden war.

Der Umschwung zum Besseren auf dem Gebiete der Textilindustrie begann daher mit der Einführung von mechanischen Baumwollspinnereien nach englischer Art, weil damit die Möglichkeit gewonnen wurde, dieses Garn unabhängig vom Auslande für die vorhandenen Webereien zu liefern und infolgedessen die letzteren erheblich zu vergrößern und zu vermehren. Wenn diese Unternehmungen in Bayern außerordentlich begünstigt wurden durch das Vorhandensein und die Ausnutzung der Wasserkräfte, so wurden sie anderseits wesentlich erschwert durch die Lage Bayerns außerhalb des Seeverkehrs und die damit verbundene umständliche Beschaffung der rohen Baumwolle, die fast ausschließlich über England in den europäischen Handel gelangte und bereits in sehr großen Mengen aus den Nordstaaten Amerikas stammte, die 1835 etwa 70% der Gesamteinfuhr lieferten.

Es dauerte begreiflicherweise eine geraume Zeit, bis man den Mut gewann, eine größere Anlage ins Leben zu rufen, zumal eine nach englischer Art 1809 mit 3000 Spindeln in Augsburg eingerichtete Baumwollspinnerei schon 1814 wieder einging. Allmählich aber fortschreitend änderten sich dann bei uns die Verhältnisse zugunsten großer Anlagen. Die Gründung des Deutschen Zollvereins (1828) erweiterte das Absatzgebiet und schaffte größere Beweglichkeit im Austausch; die fanatische Furcht der Handwerker, durch die Fabrikindustrie vollends vernichtet zu werden, nahm stetig ab; die Gesetzgebung befaßte sich mit der Regelung der Großbetriebsverhältnisse; die Städteverwaltungen fingen auch an, günstiger über dieselben zu denken, und die Staatsverwaltungsorgane schränkten nach Möglichkeit die Einwendungen gegen Errichtungen und Vergrößerungen ein. Vor allem waren es die neuen Verkehrsmittel der Eisenbahnen, welche auf das günstigste einwirkten, weil sie die Beschaffung des Rohmaterials wesentlich erleichterten. Unter gleichzeitiger Verwertung der großen Wasserkräfte vollzog sich dann auch in Bayern der Übergang zur Großindustrie auf dem Gebiete der Textilindustrie in einer Form und einer Weise, daß sie nunmehr eine ganz hervorragende Stellung einnimmt.

Als eine der ersten größeren Anlagen muß die mechanische Baumwollspinnerei und -weberei in Augsburg hervorgehoben werden, weil ihre Geschichte besonders geeignet ist, die Schwierigkeiten und Hindernisse zu zeigen, welche bei ihrer Gründung zu überwinden und nicht nur technischer, sondern auch örtlicher, polizeilicher und politischer Art waren, sowie ein lehrreiches Beispiel für die Vorteile solcher Anlage für die Allgemeinheit abzugeben. Nachdem zur Gründung dieser Anlage in zwölf Tagen 1200000 Gulden aufgebracht waren, erfolgte am 2. März 1837 die Eingabe um die Konzession, welche schon am 20. Juni 1837 von König Ludwig I. unter dem Ausdruck des „lebhaften Wohlgefallens über das nützliche und rühmliche Bestreben“ erteilt wurde. Mit der Stadtgemeinde dahingegen dauerten die Verhandlungen über die Ablassung von Wasserkraft, über die Herstellung der Gebäude usw. über zwei Jahre; zumal fürchtete man, einem Teile der Bevölkerung den Verdienst zu nehmen usw. Erhebliche Schwierigkeiten machte die Beschaffung des Arbeiterstandes; man mußte gelernte Spinner aus Württemberg und Elsaß zum Anlernen der Arbeiter kommen lassen usw. Am 27. August 1840 konnte der Betrieb mit 12000 Spindeln und 300 Webstühlen eröffnet werden. Im ersten Jahre lieferte diese Anlage rund 220000 kg Garn und 44000 Stück Tücher zu je 50 m Länge, welche nebenbei behufs des Bleichens, des Färbens, Bedruckens etc. einer sehr großen Zahl Menschen Arbeit und Unterhalt verschafften. Man kann diese Anlage zugleich als vorbildlich bezeichnen, denn es folgten, als sie unausgesetzt vergrößert werden mußte — sie arbeitet jetzt mit 127000 Spindeln und 2920 Webstühlen —, in Augsburg in schneller Reihenfolge eine größere Anzahl solcher Anlagen, unter welchen die Stadtbachspinnerei, gegründet 1851 mit 15000 Spindeln, deswegen besondere Erwähnung verdient, weil sie jetzt mit 144614 Spindeln die zweitgrößte Spinnerei im Deutschen Reiche ist. Schon im Jahre 1861 befanden sich in Bayern 33 Baumwollspinnereien mit 536825 Spindeln und mechanische Webereien mit 5365 Webstühlen. Ein Stillstand trat nicht mehr ein, denn Bayern verfügt 1905 über eine Baumwollindustrie mit 1578084 Spindeln und 30800 mechanischen Webstühlen und verarbeitet jährlich 300000 Ballen oder 60000000 kg Baumwolle. Im Deutschen Reiche befinden sich 8832016 Spindeln in Tätigkeit, so daß auf Bayern nahezu ein Fünftel der Baumwollindustrie des Deutschen Reiches kommt.

II. Papierfabrikation.

Das Gewerbe, welches sich mit der Erzeugung von Papier befaßt, hat aus mehreren Gründen von alters her eine eigenartige Stellung unter den Gewerben eingenommen. Zunächst ist daran zu erinnern, daß in früheren Zeiten das Papier durchaus kein allgemeiner Gebrauchsgegenstand war, sondern nur einer kleinen Zahl der Einwohnerschaft von Kulturländern als Schreibstoff diente. Infolgedessen war sein Verbrauch nicht groß und die Zahl der Anfertigungsstätten klein. Ein weiterer Grund für die eigenartige Stellung liegt in der Fabrikation selbst, die aus einer Reihe von Einzelarbeiten sich zusammensetzt, die eine solche räumliche Trennung wie z. B. Spinnen und Weben nicht zulassen, sondern vielmehr unter einer Leitung in einem ganz bestimmten Zusammenhange zu vollziehen sind, also von Anfang an einen ausgesprochenen Fabrikcharakter an sich tragen. Wir finden daher in früheren Zeiten selten eine Anhäufung von Papiermacherwerkstätten, dahingegen letztere oft von erheblicher Ausdehnung.

Unser heutiges Papier, welches mit dem früher verwendeten Schreibstoff, dem Papyrusblatte aus zusammengeklebten dünnen Schichten des Markes der sog. Papyrusstaude, nur den Namen gemein hat, besteht aus einem Blatte, das durch einen Verfilzungsprozeß aus äußerst feinen Fasern gewonnen wird. Die Erfinder dieses Papiers sind die Chinesen, welche dasselbe aus den Fasern einer Nesselart und des Papiermaulbeerbaumbastes durch ein Verfahren herstellten, das die Grundlage der Papierfabrikation geblieben ist. Durch Kriegsgefangene gelangte die Kenntnis dieses Verfahrens zu den Arabern, welche 751 n. Chr. in der von ihnen eroberten Stadt Samarkand erst aus Gräsern, später aus zerzupften Leinengeweben Papier erzeugten, das zur großen Berühmtheit wurde. Mit den Eroberungszügen der Araber verbreitete sich die Kenntnis von der Herstellung nach Westen, also insbesondere unter den Mauren und mit diesen im XI. Jahrhundert nach Spanien und Italien, wahrscheinlich auch nach Frankreich. Als Rohmaterial dienten Taue und leinene Gewebereste, nicht Baumwolle, wie früher allgemein angenommen wurde.

Zur Verwandlung dieser Rohstoffe — Hadern, Lumpen — in Papier wurden dieselben zuerst einer Sortierung nach Feinheit, Reinheit und Stoff unter gleichzeitiger Entfernung angenähter harter Stoffe und darauf einem Fäulnisprozeß unterworfen, der, unter Zerstörung vieler Verunreinigungen, eine Auflockerung der

Gewebe etc. hervorrief. Die gefaulten Hadern gelangten sodann zum Zwecke der Zerkleinerung und des Auswaschens mit Wasser unter Stampfen, welche dieselben so lange bearbeiteten, bis ein aus ganz feinen Fasern bestehender, dünner, milchiger Brei entstanden war. Aus diesem Brei bildete man Papierblätter in der Weise, daß man ein feines, in einen Rahmen eingespanntes Drahtsieb — die Form — in diesen Brei eintauchte und, mit einer dünnen Faserlage gleichmäßig bedeckt, heraushob. Dieses Blatt, von der Form genommen und getrocknet, wurde mit Stärkekleister getränkt, wieder getrocknet und endlich mit einem Zahn geglättet. Die Größe der Form bestimmte die Größe der Blätter, das Format. Den italienischen Papiermachern wird nachgerühmt, daß sie die Stampfen zum Zerkleinern, das Leimen mit tierischem Leim statt Stärke und das Wasserzeichen erfunden, sowie die Papiererzeugung auf diejenige Höhe gebracht haben, die sie durch Jahrhunderte unverändert beibehalten hat. — Schon im XII. Jahrhundert war Fabriano eine blühende Papiermacherstadt, von der aus sich diese Industrie namentlich nach Bologna, Udine, Treviso, Venedig, Genua, Salo, also bis an den Gardasee (1381), fortpflanzte.

Wenn auch nicht sicher festgestellt ist, wann die Kenntnis von der Papiererzeugung nach Deutschland gelangte, so ist doch zu vermuten, daß sie bei dem regen Verkehr mit Italien uns von den genannten Städten zuging, weil von ihnen nachgewiesenermaßen erhebliche Papiermengen nach Deutschland ausgeführt wurden. An diesem Verkehr nahm Bayern in allererster Linie teil und damit ist die weitere Vermutung gerechtfertigt, daß die ersten Papiermacherwerkstätten auf deutschem Boden in Bayern oder an Bayerns Grenzen entstanden sind. Da vom XIV. Jahrhundert an das Papier fast ausnahmslos Wasserzeichen trägt, so dienen die letzteren als wichtige Erkennungszeichen für das Alter und den Herstellungsort des Papiers. Auf Grund der nach dieser Richtung unternommenen Forschungen wird angegeben, daß das erste Papier in Kaufbeuren (1312) oder in Ravensburg (1320) oder in Au bei München (1347) gemacht sei, ohne einwandfreie Belege für diese Angaben zu erbringen. Geschichtlich und dokumentarisch fest dahingegen steht die Errichtung einer Papiermühle in Nürnberg im Jahre 1390 von Ulman Stromer mit Hilfe von drei Lombarden, die Stromer aus deren Heimat zum Bau und zur Einrichtung dieser Mühle berufen hatte, die den Namen „Gleismül", später „Hadermühle", erhielt, aber schon 1463 in eine Klingenschmiede überging. Welchen Wert man der Papierfabrikation damals beilegte, geht u. a. aus Aufzeichnungen Stromers hervor, nach welchen die Mitarbeiter schwören mußten „nymant leren noch unterweisen, noch ratt noch Hilf noch stewr dar zu geben, daz nymant, kain mulwerk zu papier mag".

Trotzdem blieb das Geheimnis nicht genügend gewahrt, denn es entstanden noch im XV. Jahrhundert zahlreiche Papiermühlen, die zum Teil noch heute bestehen. Einen großen Anstoß zu weiteren Anlagen gab naturgemäß die Erfindung der Buchdruckerkunst, so daß namentlich in Bayern infolge der günstigen Wasserverhältnisse von der letzten Hälfte des XV. Jahrhunderts an die Zahl der Papierfabriken in stetiger Zunahme sich befand.

Wie schon oben angedeutet, nahm die „Papiermacherkunst" unter den Gewerben eine eigenartige Stellung ein, die es auch mit sich brachte, daß für die „Papierer" der Anlaß fehlte, sich zu einer Zunft zusammenzuschließen. Nichtsdestoweniger übten sie zunftmäßige Gebräuche, indem z. B. der Lehrjunge zum Gesellen gesprochen wurde, der Geselle auf die Wanderschaft mußte, um das Meisterrecht zu erwerben usw. Trotzdem sie keine Zunft bildeten, hatten die Papierer einen ebenso großen Einfluß wie andere Gewerbetreibende gewonnen und sich ansehnliche Rechte und Vorteile verschafft, z. B. Lumpenprivilegien, Lumpenausfuhrverbote, das Recht, die Einwohner gegen gewisse Zahlung zur Lumpenabgabe zu zwingen.

Die Fabrikation des Papiers erfuhr zunächst eine Verbesserung durch Einführung der Pressen zum Glätten, aber eine wesentliche Betriebsänderung erst 1720 durch Einführung des Mahlwerkes - Holländer — an Stelle der Stampfen und damit eine erheblich größere Produktionsfähigkeit, da der Holländer auch die Möglichkeit bot, grobe Lumpen zu besseren Papieren zu verwenden. Mit dieser Erfindung waren aber auch die Verbesserungen auf diesem Gebiete bis zum Beginn des XIX. Jahrhunderts abgeschlossen. Ebensowenig entwickelte sich das Papiermachergewerbe sprunghaft, sondern gleichmäßig stetig in dem Maße, in welchem der Bedarf an Papier zunahm, und nur wenig eingeengt durch Privilegien und ähnliche Hindernisse. Nur die Beschaffung der Hadern in immer größeren Mengen und der gewohnten Beschaffenheit, da man nur gebleichte Leinenlumpen verarbeitete, fing an Schwierigkeiten zu bereiten, weshalb die Papierer gezwungen wurden, auch gefärbte Lumpen heranzuziehen und mühsam durch Entfärben vorzubereiten. Allmählich fanden auch Baumwollumpen Eingang und für gewisse Sorten Papier Stroh, das durch Faulen oder Kochen eine Vorbereitung erfuhr. Der Superintendent Schäfer in Regensburg bewies durch lange mühevolle Arbeit die Brauchbarkeit vieler anderen Faserstoffe, blieb aber Prophet, denn die von ihm vorgeschlagene Faser aus Holz bildet erst heutigentages das wichtigste Papierrohmaterial.

Es lag wiederum in der Eigenartigkeit des Papiermachergewerbes, daß dasselbe bei weitem nicht so schwer von den Unbilden der Zeit getroffen wurde als andere Zweige der Gewerbetätigkeit, vielmehr bei Beginn des XIX. Jahrhunderts einen hervorragenden Stand in Bayern einnahm. Es befanden sich im Königreich Bayern etwa um das Jahr 1810 im ganzen 132 Papiermühlen mit einer solchen Papierproduktion, daß nicht nur der Landesbedarf gedeckt, sondern eine erhebliche Menge ausgeführt werden konnte, trotz einer großen Konkurrenz von der Schweiz, von Holland und von England aus; die Papierfabrikation in Bayern übertraf in der Leistungsfähigkeit die übrigen deutschen Länder. Sie wurde überhaupt sehr einsichtsvoll geleitet, indem sie möglichst weitgehenden Gebrauch machte von neuen Entdeckungen und Erfindungen, wozu in erster Linie die Entdeckung der farbenzerstörenden Eigenschaft des Chlors (1774) und die Anwendung desselben zum Bleichen der Lumpen gehörte, das bald eingeführt wurde.

Mit dem Beginn des XIX. Jahrhunderts bereitet sich ein allgemeiner Umschwung auch auf diesem Industriegebiete dadurch vor, daß es nach zahlreichen Fehlversuchen, die Handarbeit des Papiermachers durch mechanische Vorrichtungen zu ersetzen, einem Franzosen Louis Robert 1799 gelungen war, eine Maschine herzustellen, bei welcher mittels einer endlosen, stetig bewegten Form aus Drahtsieb in Verbindung mit Pressen und Trockenvorrichtungen der Gedanke verwirklicht war, Papier von erheblicher Breite und beliebiger Länge — endloses Papier — zu erzeugen. Kurz darauf erfand Illig zu Erbach die Harzleimung, also das Verfahren, das Papier im Zeug zu leimen. Chlorbleiche, Papiermaschine und Harzleimung zusammen bildeten den Beginn einer neuen Betriebsmethode, die sich im Wesen bis heute nicht verändert hat, aber allein imstande ist, den ungeheuren Bedarf an Papier zu decken. Die erste Papiermaschine dieser Art fand in Deutschland 1818/19 zu Berlin Aufstellung. In Bayern wurde die erste Papiermaschine von König & Bauer in Zell bei Würzburg in den Jahren 1826 bis 1828 erbaut und in Betrieb gebracht. Papier von dieser Maschine erregte auf der Bayerischen Industrie-Ausstellung in München 1834 großes Aufsehen und besondere Anerkennung. In verhältnismäßig kurzen Zwischenräumen versahen sich nun allmählich auch die anderen Fabriken mit Maschinen und gewannen das Feld wieder, das sie vorübergehend verloren hatten, weil sie mit der Beschaffung der Maschinen säumig gewesen waren.

Mit der Einführung dieses neuen Betriebes entstand sehr bald eine wahre Lumpennot und damit ein fieberhaftes Jagen zur Auffindung von Lumpenersatzstoffen, das zu außerordentlich zahlreichen Vorschlägen Veranlassung gab. Erst 1840 entstand ausgedehnte Hilfe durch die Erfindung Kellers in Sachsen, welche darin bestand, Holz durch Schleifen auf Schleifsteinen in Papierzeug umzuwandeln. Diesem Ersatzstoff — Holzschliff — schloß sich etwa 1854 der durch einfaches Kochen von Stroh gewonnene Strohstoff an, so daß Stoffe in der Papierfabrikation eingeführt waren, die stets in genügender Menge zur Verfügung standen. Holzschliff- und Strohstofffasern treten in ihren Eigenschaften jedoch so weit hinter die Lumpenfasern zurück, daß sie nur zu Papieren von sehr kurzer Dauer Verwendung finden können. Im Jahre 1857 gelang es Houghton in England, durch Kochen in Natronlauge das Holz zu Fasern von vorzüglicher Beschaffenheit aufzuschließen, und etwa 1880 führte Mitscherlich ein Verfahren ein zur Gewinnung von Holzfasern mittels schwefliger Säure, welches in dem Sulfitstoff ein Fasermaterial liefert, das nicht mehr als Hadernersatz, sondern als vollwertiges Papiermaterial neben den Lumpenfasern zu gelten hat und voraussichtlich stets in genügender Menge zu beschaffen sein wird.

Mit der Einführung von Holzschliff und Strohstoff in der Papiererzeugung entstand aber zugleich in bezug auf die Verwendung des Papiers eine große Gefahr, indem sich bald herausstellte, daß die Verwendung dieser Stoffe auf die Festigkeit und Dauerhaftigkeit des Papiers von schädlichstem Einfluß war und die Ursache der außerordentlich großen Vergänglichkeit desselben bildete, einer Vergänglichkeit, welche schon in viel geringerem Grade bei den chemisch gewonnenen Holzfasern — Zellulose — auftritt.

Zur Abwendung der hierin liegenden, unter Umständen höchst bedeutungsvollen Gefahr wurden gleichzeitig von den technischen Hochschulen in München und Dresden auf Grund einer sehr großen Versuchsreihe nicht nur Regeln für die notwendig gewordene Papierprüfung, sondern auch Normen für die Beschaffenheit der Papiere je nach ihrer Verwendung festgestellt. Diese Arbeiten bilden die Grundlage der jetzt in den Papierprüfungsanstalten bestehenden Untersuchungsmethoden und der auch allgemein eingeführten Klassifizierung der Papiere, welche den Namen Normalpapiere führen, wenn sie den für einzelne Klassen bestimmten Vorschriften entsprechen. — Die Einführung der Papierprüfung im Verein mit der Verwendung der auf chemischem Wege gewonnenen Holzfasern — Zellulose — brachte die Papiererzeugung wieder auf gute Bahnen und in Deutschland zur hohen Blüte. An dieser wiedergewonnenen Stellung hat Bayern einen ganz erheblichen Anteil.

Nachdem in überraschend günstiger Weise die Rohstofffrage gelöst war und man gelernt hatte, diese Rohstoffe sowohl für sich als in passender Weise mit Hadern vermischt zu verarbeiten und die Papiere in Beschaffenheit und Preis den immer zahlreicher werdenden, ins ungezählte gehenden Verwendungszwecken anzupassen, haben sich in der Papierfabrikation eine Betriebsänderung und eine ganz ungeahnte Steigerung vollzogen und zwar in mehrfacher Richtung. Die früher übliche Fabrikation brachte es mit sich, daß die Papiermacher selbst die Lumpen aufkauften oder durch Sammler aufkaufen ließen, also den Stoff vom rohen Zustande an in Arbeit nahmen. Dieser Gewohnheit, die allerdings später durch den abgetrennten Lumpenhandel eine gewisse Einschränkung und Vereinfachung nach sich zog, ist es hauptsächlich zuzuschreiben, daß die Papierfabrikanten die Erzeugung der Ersatzstoffe aus Stroh, Holz usw. selbst in die Hand nahmen, so daß jetzt noch vielfach mit den Papierfabriken, wenn auch räumlich getrennt, Anlagen zur Herstellung von Holzschliff, Holzzellulose usw. verbunden sind. Daneben aber entstanden zahlreiche Einzelanlagen, zum Teil in gewaltigen Ausdehnungen, nur zur Erzeugung dieser Stoffe, um sie auf dem Handelswege den Papierfabriken zu liefern. Zur Beurteilung der jetzigen Ausdehnung der Papierfabrikation sind deshalb diese Anlagen nicht außer acht zu lassen. Besonders aber steigerte sich die Produktion mit der Zunahme der Leistungsfähigkeit der Papiermaschine. Vor 100 Jahren verarbeitete eine Papierfabrik mit 2 Schöpfbütten und 20—24 Arbeitern durchschnittlich täglich 200 kg Lumpen und erzeugte daraus etwa 16 Ries oder rund 8000 Bogen (Schreibformat) Papier, so daß auf einen Schöpfer 4000 Bogen kommen. Die Jahresproduktion belief sich daher auf 30000 kg Papier. In einer jetzigen Papierfabrik mit einer Papiermaschine werden täglich etwa 7000 kg, also jährlich bei 300 Arbeitstagen 2100000 kg Papier, also das 70fache erzeugt. Eine von Füllner in Warmbrunn gebaute Papiermaschine auf der Pariser Ausstellung 1899 lieferte in einer Minute eine Papierbahn von 1,6 m Breite und 80 m Länge, welche zerschnitten 1200 Bogen gibt. Die 10stündige Tagesleistung dieser Maschine beziffert sich demnach auf 720000 Bogen gegen 4000 Bogen eines Papierschöpfers.

Der Anteil, den die jetzige Papierfabrikation im Königreich Bayern an der Gesamtproduktion in Deutschland nimmt, ist dadurch gekennzeichnet, daß derselbe fast genau dem Bevölkerungsverhältnis entspricht. In Bayern stehen nämlich 54 Papierfabriken mit 151 Papiermaschinen im Betriebe gegenüber 490 Papierfabriken mit 1555 Papiermaschinen im Deutschen Reiche.

Badische Anilin- und Sodafabrik Ludwigshafen a. Rh. 1906.

Die chemische Industrie Bayerns zu Anfang des XIX. und zu Anfang des XX. Jahrhunderts.

Von Gustav Schultz.

Die chemische Industrie Bayerns stand zu Anfang des XIX. Jahrhunderts auf einer sehr niedrigen Stufe; dies nimmt nicht wunder, da in jener Zeit überall die wissenschaftliche und technische Chemie trotz einer Fülle von im Laufe der Jahrhunderte gemachten Beobachtungen in den Kinderschuhen steckten. Man darf sich nur daran erinnern, daß erst zu Ende des XVIII. Jahrhunderts durch Lavoisier die Wage als wissenschaftliches Instrument bei chemischen Experimenten zur Anwendung gelangte und daß erst zu dieser Zeit durch Watt die Dampfmaschine erfunden wurde. Soweit man daher in jener Zeit von einer chemischen Industrie überhaupt sprechen kann, war diese nur auf kleine Betriebe beschränkt, welche entweder aus Hausindustrien oder Apotheken hervorgegangen waren.

Immerhin ist es bemerkenswert, daß im Jahre 1806 in Bayern bereits vier chemische Betriebe existierten, welche heute noch bestehen, nämlich die chemische

Fabrik von W. C. Fickentscher in Markt-Redwitz, die Farbenfabriken von Michael Huber in München und Gademann in Schweinfurt und das staatliche Potéewerk in Bodenmais.

Wolfgang Kaspar Fickentscher war von Haus aus Apotheker. Er gründete in Markt-Redwitz im Jahre 1788 eine Fabrik zur Herstellung von Chemikalien und pharmazeutischen Präparaten, besonders von Phosphor, Salpetersäure, Benzoësäure und rotem Quecksilberpräzipitat. Die Fabrik, welche später durch Errichtung einer Glashütte und einer Schwefelsäurefabrik eine erhebliche Erweiterung erfuhr, war bis 1890 in den Händen der Familie Fickentscher. Ihre Hauptartikel sind auch heute noch Quecksilberpräparate, wovon allerdings jetzt wöchentlich fast soviel wie jährlich zur Zeit des Gründers fabriziert wird, außerdem Flußsäure, Fluorpräparate, Brechweinstein und andere für Glaswerke und Färbereien gebrauchte Chemikalien.

Die Fabrik von Michael Huber in München wurde im Jahre 1780 von Georg Huber gegründet. Schon vor dieser Zeit war die Farbenbereitung in der Familie Huber als Hausindustrie betrieben worden. Die von Georg Huber aus Cochenille hergestellten Karmine und Karminlacke (Münchener Lacke) verschafften der Firma bald einen Weltruf. Später wurde die Fabrikation von echten Krapplacken zuerst aus der Krappwurzel, dann aus künstlichem Alizarin in einer bisher unübertroffenen Güte aufgenommen. Die Fabrik hat sich dann, den Fortschritten in der Farbentechnik folgend, durch Einfügung neuer Farben, welche besonders zum Buch- und Steindruck dienen, immer mehr erweitert und zu der heutigen Höhe entwickelt.

Die Farbenfabrik von Gademann & Co. in Schweinfurt wurde 1792 gegründet. Sie fabriziert Lithopone, Bleiweiß, Buntfarben für Anstrich und Schweinfurtergrün.

Weit älter als die genannten drei Firmen sind die staatlichen Werke von Bodenmais, welche sog. Potée (im wesentlichen Eisenoxyd), dann aber auch Eisenvitriol und kupfervitriolhaltigen Eisenvitriol (Kronenvitriol) liefern. Der kurfürstliche wirkliche Berg- und Münzrat und ehemalige Professor bei der herzoglichen marianischen Landesakademie Mathias Flurl, welcher in seiner Beschreibung der Gebirge von Bayern und der oberen Pfalz (1792) ein prächtiges, anschauliches Bild von dem Zustande damaliger, mit dem Bergbau zusammenhängender, technischer Werke liefert, hat Bodenmais und seinen eigenartigen Mineralien einige Kapitel gewidmet. In diesen erwähnt er zunächst, daß in früheren Zeiten um Bodenmais mehrere Eisenhammerwerke existierten, welche später eingingen. Im XVI. Jahrhundert wurde von Herzog Wilhelm zu besserer Verwertung des dort vorhandenen Eisenkieses eine Vitriolhütte angelegt, welche abwechselnd im Besitze von Fürsten und Privatpersonen durch Rösten und Verwittern der Kiese und Weiterverarbeitung des Kiesstaubes Eisenrot, Vitriole und Alaun lieferte. Zur Zeit von Flurl existierte in Bodenmais die wohl auch im Jahre 1806 noch vorhandene Vitriolölbrennerei, in welcher Vitriolöl (Nordhäuser Schwefelsäure) in irdenen Kolben aus Eisenvitriol hergestellt wurde. Das Eisenrot diente schon damals wie heute nicht allein als Anstrichfarbe, sondern auch als Schleifmittel für Spiegelscheiben.

Wenn man nun die heutige chemische Industrie Bayerns betrachtet, so ergibt sich, daß sie sich überall da kräftig entwickelt hat, wo durch ein Zusammentreffen mehrerer Umstände, wie Lage an schiffbaren Flüssen, billige Kohlen oder Wasserkräfte und Unternehmungsgeist, günstige Verhältnisse geschaffen sind.

Dies trifft in erster Linie für Ludwigshafen a. Rh. und namentlich für die dort befindliche Badische Anilin- und Sodafabrik zu, welche trotz ihrer Bezeichnung „Badische" mit Ausnahme der ausländischen Filialen auf bayerischem Boden liegt. Da dieses industrielle Unternehmen zugleich die größte chemische Fabrik der Erde ist, so mag es gestattet sein, zunächst sich mit ihr zu beschäftigen. Die Fabrik stellt in erster Linie künstliche Farben aus Steinkohlenteer dar. Diese Industrie wurde bekanntlich durch das allgemeine Aufblühen der Chemie unter Liebig, die Forschungen A. W. Hofmanns und die genialen Spekulationen Aug. Kekulés vorbereitet. Nachdem 1856 in England der erste Anilinfarbstoff, das heute noch in beschränktem Maße dargestellte Mauveïn, und kurze Zeit darauf in Frankreich das viel wichtigere Fuchsin erfunden war, wurde die Fabrikation von Anilinfarben in Deutschland aufgenommen und gelangte hier zu außerordentlicher Entfaltung. Unter den 70 Teerfarbenfabriken der Erde befinden sich 23 deutsche, darunter die größten Fabriken dieser Art.

Die im Jahre 1865 von dem ehemaligen Goldschmied Friedrich Engelhorn gegründete Badische Anilin- und Sodafabrik beschäftigt heute in Ludwigshafen gegen 200 Chemiker, über 100 Ingenieure, an 600 kaufmännische Beamte und 7500 Arbeiter. Der Grundbesitz der Fabrik beträgt 220 ha. Davon sind 368000 qm mit 450 Fabrikgebäuden, 656 Arbeiter- und 108 Beamtenwohnungen überbaut. Die Fabrik stellt, wie erwähnt, künstliche organische Farbstoffe aller Art aus Steinkohlenteer her, darunter viele eigener Erfindung und den durch die Arbeiten A. v. Baeyers vorbereiteten künstlichen Indigo. Außerdem gewinnt sie alle zur Herstellung dieser Farbstoffe notwendigen Hilfs- und Zwischenprodukte, dazu die Erzeugnisse der Soda-, Schwefelsäure- und Chlorindustrie. Begünstigt war die schnelle Entwicklung des

Etablissements durch seine vorteilhafte Lage am Rhein gegenüber der alten Fabrikstadt Mannheim. Es ist daher in der Lage, auf dem Wasserwege Kohlen und Pyrit zuzuführen und die Erzeugnisse fortzuschaffen. Das Ein- und Ausladen geschieht mit sechs Dampfkranen. Für das Fortbringen der Schwefelsäure ist ein eigenes Transportschiff mit einer Ladefähigkeit von 600 t vorhanden. Der innere Verkehr in der Fabrik wird auf einem 52 km langen normalspurigen Schienennetz mit 273 Drehscheiben und 508 eigenen Eisenbahnwagen bewerkstelligt. Dieses Eisenbahnnetz ist an die Pfälzische Eisenbahn angeschlossen. Der Konsum an Kohlen beträgt ca. 355000 t im Jahre. Damit werden 140 Dampfkessel mit 23000 qm Heizfläche beheizt. Der erzeugte Dampf treibt 355 Dampfmaschinen mit 21620 PS. Der Wasserkonsum ist jährlich 41 Mill. cbm, der Eisverbrauch 18 Mill. kg. Eine eigene Gasanstalt liefert ca. 25,3 Mill. cbm Gas zur Beleuchtung und Heizung. Außerdem sind 12 Dampfdynamomaschinen mit zusammen 9000 PS vorhanden, welche den elektrischen Strom für elektrolytische Betriebe, 320 Elektromotoren und eine Beleuchtungsanlage mit 1104 Bogenlampen und 15800 Glühlampen erzeugen. Die Fabrik besitzt außerdem ausgedehnte Werkstätten für Neuinstallationen und Reparaturen sowie für die Herstellung von Emballagen, welche für den Versand ihrer Fabrikate dienen. Für die Sicherung vor Feuersgefahr ist durch eine gut geschulte Feuerwehr, 29 Dampfspritzen, 810 Hydranten und 18,2 km Schläuche gesorgt. Die Fabrik hat in einsichtsvoller Weise durch großartige Wohlfahrtseinrichtungen aller Art für das Wohl ihrer Beamten und Arbeiter gesorgt. Die Errichtung der Badischen Anilin- und Sodafabrik in Ludwigshafen hat auf die Entwicklung dieser Stadt den größten Einfluß ausgeübt und wesentlich dazu beigetragen, daß die Zahl ihrer Einwohner im Laufe von 50 Jahren von 1500 auf 71000 gestiegen ist. Die Fabrik zahlt jährlich an ihre Arbeiter 9 Mill. Mark und gegen $4^1/_3$ Mill. Mark an Handwerker und Lieferanten in Ludwigshafen.

Die Errichtung der Fabrik ist aber auch auf die Entwicklung anderer Zweige der chemischen Industrie in Ludwigshafen nicht ohne Einfluß geblieben, zumal teils vor ihr schon bestehende, teils nach ihr dort gegründete chemische Fabriken sich der Produkte der Badischen Anilin- und Sodafabrik zur Weiterverarbeitung bedienen. Vor der Gründung der Badischen Anilin- und Sodafabrik existierten in Ludwigshafen bereits drei heute noch bestehende chemische Fabriken, nämlich Joh. A. Benckiser (gegr. 1822), Gebrüder Giulini (gegr. 1851) und die Düngerfabrik von Michel & Co. (gegr. 1864). Die erste dieser drei Fabriken betreibt mit 200 Arbeitern die Herstellung von Weinsteinsäure, Pottasche, Schwefelsäure, Salzsäure, Chlorkalium, Kaliumsulfat und Natriumbisulfat. Die Gebrüder Giulini stellen mit 560 Arbeitern Tonerdepräparate, Mineralsäuren und Superphosphat dar. Die Düngerfabrik von Michel & Co. verwendet die Abfallschwefelsäuren der Anilinfabrikation zur Superphosphatherstellung. Zur Verwendung von Salzsäure der Badischen Anilin- und Sodafabrik wurde 1871 die chemische Fabrik für Leim und Dünger von Zimmermann gegründet, welche Leimpräparate, phosphorsauren Kalk und Knochenfett herstellt. Ferner sind in Ludwigshafen noch hervorzuheben die Fabrik chemisch-technischer und pharmazeutischer Präparate von Knoll & Co. (gegr. 1886) und die chemische Fabrik von Dr. Fritz Raschig (gegr. 1891). Erstere stellt meistens synthetische Heilmittel eigener Erfindung her; sie begann mit dem Codein. Dr. Raschig fabriziert in großem Maßstab Karbolsäure (täglich 5000 kg) und Kresole für Desinfektion, Arzneimittel, Salicylsäure und Sprengstoffe.

Als weitere Zentren für die chemische Industrie Bayerns sind die Städte Nürnberg, Augsburg, Schweinfurt zu erwähnen.

In dem sehr betriebsamen Nürnberg und der Nachbarstadt Fürth und Umgegend befindet sich eine größere Anzahl chemischer Betriebe aller Art.

Bemerkenswert und geradezu charakteristisch für diese Gegend sind die zahlreichen Bleistift- und Bronzefarbenfabriken. Letztere haben neuerdings zu den früher nur aus Zink und Kupfer hergestellten Farben auch das Aluminium aufgenommen, welches staubförmig nicht allein als Farbe, sondern auch als kräftiges Reaktionsmittel bei der Herstellung des Thermits nach dem Verfahren von Goldschmidt zur Anwendung kommt. Von sonstigen Betrieben sind die Schwefelsäure- und Salpetersäurefabrik von Schuy und die Aktiengesellschaft für Petroleumindustrie in Doos zu erwähnen. Letztere verarbeitet Rohbenzin rumänischer, galizischer und holländisch-indischer Herkunft nach Reinigung und fraktionierter Destillation auf Petroleumäther, Gasolin, Gasöl, Automobilbenzin, Motorbenzin und Benzin für chemische Wäschereien und Lackfabriken.

Ferner ist die Zelluloidindustrie in Nürnberg-Fürth hervorzuheben. Von größeren Mineralfarbenfabriken ist die Firma Papst & Lambrecht erwähnenswert. Außerdem findet sich in Nürnberg eine Fabrikationsstelle der Vereinigten Ultramarinfabriken vormals Leverkus, Zeltner & Cons.

In Augsburg ist der Sitz der Aktiengesellschaft Union in Augsburg, welche in ihren Fabriken in Augsburg, Aalen (Württemberg), Deggendorf, Habelschwerdt, Kempten und Linz a. d. Donau besonders Zündwaren fabriziert. Die

Ausdehnung dieser Betriebe wird dadurch gekennzeichnet, daß 1500 Arbeiter in ihnen beschäftigt sind.

In der Nähe von Augsburg befindet sich das den Höchster Farbwerken vorm. Meister Lucius & Brüning gehörige Werk Gersthofen, welches im Anschluß an die dortigen Elektrizitätswerke errichtet ist. Letztere liefern gegenwärtig 3000 PS Gleichstrom und 2500 PS Drehstrom, von welchen ca. 2000 PS an der Verbrauchsstelle in Gleichstrom transformiert, die übrigen ca. 500 PS zum Antrieb von Motoren und zur Beleuchtung verbraucht werden. Der Gleichstrom dient zur elektrolytischen Regeneration von schwefelsaurem Chrom auf Chromsäure, zur elektrolytischen Zersetzung von Chlornatrium für die Gewinnung von Chlor und Ätznatron und zur Darstellung von Natrium. Die erhaltene Chromsäure dient zur Herstellung von Anthrachinon aus Anthrazen für Alizarin und von Phtalsäure aus Naphtalin. Das Chlor wird auf Chloressigsäure verarbeitet, das Natrium dient zur Darstellung von Natriumamid für künstlichen Indigo. In der Fabrik sind 5 Chemiker, 2 Ingenieure und ca. 250 Arbeiter beschäftigt.

Außerdem befindet sich bei Augsburg die Chemische Fabrik Pfersee-Augsburg, Dr. v. Rad (gegr. 1874), welche für die zahlreichen Betriebe der Textilindustriestadt Augsburg chemische Präparate für Färberei und Druckerei liefert.

Schweinfurt und Umgegend sind besonders als Zentrum für Mineralfarben und Lackfarben bemerkenswert. Außer der bereits oben erwähnten alten Fabrik von Gademann & Cie. befindet sich dort eine nicht viel jüngere Fabrik, nämlich die 1808 gegründete Farben- und Bleiweißfabrik von W. Sattler. Außerdem sind die Farbenfabrik von Th. Wirsing (gegr. 1833) und die Fabrikationsstelle der Vereinigten Ultramarinfabriken vorm. Leverkus, Zettner & Consorten in Oberndorf-Schweinfurt zu nennen.

Die Firma Sattler brachte zuerst das von ihrem Gründer erfundene schöne Schweinfurtergrün in den Handel, dessen Giftigkeit leider eine allgemeine Anwendung nicht gestattet. Während es als Leimfarbe verboten ist, findet es als Anstrichfarbe mit Öl noch viel Anwendung und geht namentlich nach dem Ausland.

In Schweinfurt befindet sich außerdem noch eine Fabrikationsstelle der Vereinigten chemischen Fabriken in Schweinfurt, welche Essigsäure, Essigessenz, Eisessig, Fruchtäther, Äther aller Art und den heute viel verwendeten Zaponlack herstellt.

Von sonstigen chemischen Fabriken Bayerns mögen mit Übergehung zahlreicher Fabriken von Seifen, Mineralwässern, künstlichen Düngemitteln und Leim, ferner von den Gasanstalten der Städte noch folgende hervorgehoben sein.

Zur Ausnützung der Wasserkräfte des Lech ist in Lechbruck eine Kalziumkarbidfabrik angelegt.

In München ist die große Gummiwarenfabrik von Metzeler & Co. zu erwähnen, welche 500 Arbeiter beschäftigt.

In Pasing befindet sich eine Filiale der Berliner Aktiengesellschaft für Teer- und Erdölindustrie, welche den aus München und benachbarten Städten bezogenen Steinkohlenteer und Ölgasteer auf verschiedene Teerprodukte verarbeitet. Sie hat eine Zeitlang auch das in Tegernsee vorkommende Erdöl destilliert.

Schließlich mögen noch die Bayerische Aktiengesellschaft für chemische und landwirtschaftlich-chemische Fabrikate in Heufeld bei Aibling und die chemische Fabrik Sulzbach in der Oberpfalz erwähnt sein. Erstere fabriziert Mineralsäuren, Eisenvitriol, Alaun, Chlorzink und Leim, letztere gewinnt namentlich pharmazeutische Präparate. Zur besseren Verwertung des bayerischen Torfes ist neuerdings in Beuerberg eine Torfdestillationsanlage nach dem System Ziegler errichtet worden.

Aus dem vorstehenden geht hervor, daß die chemische Industrie Bayerns sich namentlich in der Pfalz entwickelt hat, wo besonders günstige Umstände in Ludwigshafen eine großartige Ausdehnung bewirkten. In dem rechtsrheinischen Bayern liegen die Verhältnisse für die Entwicklung chemischer Betriebe weniger gut. Es fehlt hier vor allem an billigen Verkehrsmitteln und billigen Kohlen. Anlegung neuer Wasserstraßen, eine bessere und rationellere Ausnützung der Bodenschätze, namentlich der Kohlen- und Torflager, Verwertung der reichlich vorhandenen Wasserkräfte und ein regeres Interesse der Bevölkerung für die chemische Industrie würden einen Aufschwung ermöglichen.

Glashütte im Bayer. Wald (gez. von Max Bernuth).

Über die Glasindustrie Bayerns vor 100 Jahren und in der Gegenwart.

Von Gustav Schultz.

Die erste Herstellung des Glases ist, soweit man dessen Geschichte nachgehen kann, den Ägyptern zuzuschreiben, welche es bereits 2000 Jahre v. Chr. kannten und in der Anfertigung von Glaswaren ziemlich weit waren.

Sodann ging die Glasmacherkunst nach den Ländern des Mittelmeeres, zu den Phöniziern und dann zu den Römern über und gelangte hier zu großer Blüte. Charakteristisch für diese Periode der Glasindustrie ist, daß die Gläser vorwiegend zu Luxuszwecken, wenig zu Bedürfnissen des täglichen Lebens, gar nicht für Zwecke der Beobachtungswissenschaft hergestellt wurden. Es gab daher im Altertum nur vorwiegend Hohlglas, Zierglas, Glasperlen, Mosaik und auch schon künstliche Edelsteine, dagegen war den Alten der allgemeine Gebrauch des Tafelglases (Fensterscheiben und Spiegelglas) und das optische Glas unbekannt.

Von Rom wanderte die Glasindustrie zunächst nach Byzanz und von dort nach Venedig, in welcher Stadt sie im Mittelalter zu einer außerordentlichen Entfaltung gelangte. Nach Deutschland wurde die Kunst durch die Römer gebracht und hier im Altertum und Mittelalter am Rhein ausgeübt. Im Mittelalter wurde sie überdies vielfach in den Klöstern zum Zwecke der Herstellung gemalter Kirchenfenster getrieben. Dies gilt für Bayern speziell für das Kloster Tegernsee. Es wird berichtet, daß ein Graf Arnold im Jahre 999 diesem Kloster Glasfenster schenkte, welche von eigens dazu unterrichteten Angehörigen des Klosters ausgeführt waren. Dankend hebt Gozbert, der Abt des Klosters, in einem Schreiben an den Grafen Arnold diese Schenkung hervor, in dem er seiner Freude darüber Ausdruck gibt, daß die goldhaarige Sonne jetzt durch die Fenster scheinen könne, welche so lange mit alten Tüchern verstopft gewesen seien.

Gegen Ende des Mittelalters trat die Glasmacherei aus den Mauern der Klöster heraus und siedelte sich in Wäldern bei größeren Städten, namentlich bei Nürnberg und Augsburg, an. Mit dem Verschwinden der Wälder in der Nähe der Städte drang sie dann immer tiefer in die entfernt liegenden Wälder ein, in welchen sie für die Fabrikation des Glases den nötigen Brennstoff und die aus Holzasche hergestellte Pottasche fand.

In jener Zeit entstanden im Fichtelgebirge, in Oberfranken und im Bayerischen Wald, teilweise unter venezianischem und französischem Einfluß, zahlreiche Glashütten, von welchen die in der Mitte des XVI. Jahrhunderts errichteten Hütten der Familie Poschinger in Buchenau, Frauenau und Oberzwieselau noch heute existieren.

Wenn wir nun den Zustand der Glasindustrie, wie er vor 100 Jahren in Bayern war, betrachten, so ist in erster Linie Nürnberg nicht allein als Zentrum der Spiegel- und Brillenfabrikation, sondern auch als Haupthandelsplatz der gesamten Glaswaren zu erwähnen. Freilich wurde die Entwicklung der Industrie in der damals freien Reichsstadt durch starre Magistrats- und Innungsbestimmungen sehr gehemmt. Es existierten in Nürnberg sieben Spiegelfabriken, welche das meistens von auswärts bezogene Spiegelglas mit mechanischen Vorrichtungen, welche durch das Wasser der Pegnitz getrieben wurden, schliffen und mit Potée polierten. Der Spiegelbelag wurde als Hausindustrie betrieben und erfolgte mit Zinnamalgam, seltener mit Bleiamalgam.

Ähnliche Verhältnisse bestanden in dem benachbarten Fürth, welches damals bekanntlich zu dem in preußischem Besitz befindlichen Fürstentum Ansbach gehörte. Für die Glasindustrie des letzteren und des ebenfalls preußischen Fürstentums Bayreuth hat ihr damaliger Verwalter Hardenberg viel getan. Seinen Bestrebungen ist es besonders zu verdanken, daß in den beiden Fürstentümern neue Glashütten entstanden, welche besonders für den Export nach dem Auslande arbeiteten. Die Hauptartikel waren Spiegel, Glasbrillen, Perlen und Knöpfe, welche über Hamburg, Amsterdam, Frankfurt und Leipzig nach England und Frankreich und von dort vielfach nach Afrika gingen, um dann als Tauschartikel bei dem Sklavenhandel zu dienen. Ein anderer Teil der Waren ging über Italien und Spanien nach Ost- und Westindien.

Der Totalwert der Fabrikation in den beiden Fürstentümern betrug gegen Ende des XVIII. Jahrhunderts an 250000 fl., der Wert der exportierten Ware allein an 200000 fl.

In Altbayern hingegen stand die Glasindustrie auf einer weniger hohen Stufe. Man produzierte nicht so viel und nicht so gutes Glas wie auf den benachbarten böhmischen Werken. Der Wert der fabrizierten Waren betrug ca. 50000 fl.; davon gingen für ca. 35000 fl. Waren ins „Ausland“, d. h. wohl meistens in die Städte Nürnberg und Fürth.

Die wesentlichen Veränderungen, welche die Glasindustrie im allgemeinen und somit auch die Bayerns in den letzten 100 Jahren erlitten hat, sind kurz folgende.

Wie oben erwähnt, erfolgte die Anlage der Hütten in den Wäldern, um das Holz als Brennstoff und die Holzasche in Form von Pottasche als Flußmittel zu verwenden.

Naturgemäß trat mit der Abnahme der Wälder eine Steigerung der Holzpreise ein, so daß man sich genötigt sah, an Stelle des Holzes andere Brennstoffe zu verwenden.

Dies geschah schon frühzeitig in der Rheinpfalz, wo man die Steinkohle schon lange in der Glasfabrikation verwendete, als im rechtsrheinischen Bayern noch ausschließlich mit Holz gearbeitet wurde. Aber auch in den rechtsrheinischen Hütten war man im Laufe des vorigen Jahrhunderts genötigt, zu Torf und böhmischer Braunkohle überzugehen, welche jetzt fast ausschließlich oder neben Holz zur Verwendung kommen. Die Einführung der Gasfeuerung — besonders durch Friedrich Siemens — hat die Anwendung dieser beiden Brennstoffe ermöglicht. An Stelle der Hafenöfen sind heute vielfach Wannenöfen getreten, in welchen Glassätze für Massenfabrikation verschmolzen werden.

Die teuere Pottasche hat schon zu Anfang des vorigen Jahrhunderts teilweise der Soda und dem Sulfat weichen müssen.

Im übrigen gehört das Glasmachergewerbe zu den konservativen Industrien. Es hängt an alten Traditionen und Neuerungen führen sich schwer ein. Das liegt teilweise an dem Arbeiterpersonal, welches sich meistens aus Familien rekrutiert, in welchen das Gewerbe seit Jahrhunderten betrieben wird.

Es existieren in Bayern heute 51 Glasfabriken, von welchen 24 Tafel- und Spiegelglas, 23 Hohlglas und 4 Glasperlen fabrizieren.

Nürnberg und Fürth sind noch heute ein Zentrum der deutschen Spiegelglasfabrikation. Das Belegen der Spiegel erfolgt aber heute nicht mehr im Hause mit dem ungesunden Zinnamalgam, sondern fabrikmäßig mit Silber.

Die Herstellung des Tafel- und Spiegelglases erfolgt sowohl nach dem rheinischen Verfahren (Walzenglas) als auch nach dem böhmischen Verfahren (Kegelglas).

Die Herstellung von Kunstglas steht auf der Höhe; gegossenes Glas (für Oberlicht und Ladenfenster) und Mondglas werden in Bayern nicht fabriziert. Das moderne, von Amerika stammende, streifige Kathedralglas wird jetzt auch in bayerischen Hütten neben dem einfarbigen bunten Antikglas hergestellt.

Auf die einzelnen Kreise verteilen sich die Glasfabriken wie folgt. Es existieren in:

Oberfanken	12	Glaswerke
Oberpfalz	17	„
Niederbayern	12	„
Oberbayern	2	„
Mittelfranken	4	„
Unterfranken	1	„
Rheinpfalz	3	„

zusammen 51 Glaswerke.

Zum Schluß sei noch bemerkt, daß München ein Hauptsitz für die Glasmalerei ist und daß neuerdings in Zwiesel eine Fachschule für das Glasgewerbe errichtet wurde.

Alte Töpferwerkstatt. Aus: „Werkstätte der gemeinnützigsten Künste und Handwerke". Wien 1789.

Die Tonindustrie Bayerns in den Jahren 1806 und 1906.

Von Gustav Schultz.

Die Industrie des Tons gehört zu den ältesten Gewerbetätigkeiten. Im Orient zuerst und dann später in den Ländern des Mittelmeeres zu größerer Entwicklung und künstlerischer Blüte gebracht, dann durch Kriege und Völkerwanderungen in Verfall geraten, gelangte sie zunächst wieder durch die Araber nach Spanien (Majorka). Sie kam dann später nach Italien und von dort nach Deutschland. Zu Anfang des XVI. Jahrhunderts wurden z. B. in Nürnberg schöne Majolikaarbeiten, namentlich Öfen hergestellt. In anderen Gegenden Deutschlands war besonders von der Mitte des XV. bis in die erste Hälfte des XVII. Jahrhunderts die Steingutindustrie in Blüte.

Dagegen wurde die Herstellung des schon seit vielen Jahrhunderten in China fabrizierten Porzellans erst 1709 durch den Apotheker Johann Friedrich Böttcher wieder erfunden. Die erste deutsche Porzellanfabrik wurde 1710 auf der

15*

Albrechtsburg in Meißen angelegt. Durch Bestechung, Flucht und sogar Entführung dortiger eingeweihter Arbeiter gelangte das Geheimnis der Porzellanfabrikation nach anderen deutschen Städten und führte zu der Errichtung einer größeren Anzahl von Porzellanfabriken unter anderen in Wien, Höchst, Fürstenberg a. W. und auch der ersten bayerischen Fabrik in Nymphenburg. In München hatte bereits 1747 der Hafner Niedermaier in der Au die ersten Versuche zur Herstellung von Porzellan, aber mit wenig Erfolg, angestellt. Erst als der Kurfürst Maximilian sich der Sache annahm und den Obermünzmeister Grafen von Haimhausen mit der Oberaufsicht betraute, gelang es mit Unterstützung des von Wien stammenden Arbeiters Ringler im Jahre 1756 in Nymphenburg ein schönes und dauerhaftes Porzellan herzustellen. Als Ausgangsmaterialien dienten damals Porzellanerde, Quarzgeschiebe aus dem Inn und gebrannter Gipsstein von Kochel. Zur Herstellung der Masse wurden die einzelnen Materialien gemahlen, gemischt, mit den Füßen abgeknetet und in einem Gewölbe bis zum Gebrauch aufbewahrt. Die günstige Wirkung des übrigens in China längst beobachteten Faulens der Masse war also schon damals auch bei uns bekannt. Das Formen geschah bei runden Gegenständen auf der Töpferscheibe, bei ovalen Gegenständen, Figuren und Gruppen in Gipsformen. Im übrigen geschah das Fertigstellen des Porzellans im wesentlichen wie heute. Die getrockneten Gegenstände wurden in Kapseln verglüht, dann mit einer Glasur aus Porzellanscherben und Gips glasiert, nach dem Trocknen gereinigt und in Kapseln durch Holzfeuerung hart gebrannt. Der größte Teil der Waren wurde nach vorheriger Sortierung in Feingut, Mittelgut und Ausschuß weiß verkauft. Auf Bestellung wurden jedoch auch bemalte Gegenstände hergestellt, von welchen die blauen unter der Glasur, die übrigen auf der Glasur bemalt waren. Die Farben bestanden aus Gold, Silber, Eisen-, Kupfer-, Kobalt- und Spießglanzpräparaten, wurden mit Terpentinöl aufgetragen und in tönernen Muffeln eingebrannt.

Außer der Nymphenburger Ware erlangten die (seit 1760) in Frankenthal in der Pfalz und die in Anspach fabrizierten Porzellane größere Bedeutung.

Es existierte im Jahre 1806 auch schon die im Jahre 1780 gegründete, heute noch bestehende Porzellanfabrik von Eduard Liebmann in Schney-Lichtenfels. 1807 wurde die Fabrik von Greiner & Co. in Schaumburg errichtet.

Die weitere Entwicklung der Porzellanindustrie Bayerns, welche namentlich in den letzten 25 Jahren einen außergewöhnlichen Aufschwung genommen hat, ist teils auf günstige örtliche Verhältnisse, teils auf wesentliche maschinelle Verbesserungen, teils auf die erweiterte Anwendung des Porzellans, teils auf die allgemeine

Verbesserung der wirtschaftlichen Lage und den dadurch hervorgerufenen Luxus zurückzuführen. Alles dieses gilt natürlich auch für den Aufschwung der deutschen Porzellanindustrie im allgemeinen. Es mag hier nur darauf hingewiesen werden, daß allein die Vereinigung deutscher Porzellanfabriken zur Hebung der Porzellanindustrie Fabriken in sich vereinigt, welche insgesamt 400 Öfen in Tätigkeit haben.

Das rasche Aufblühen der gesamten Porzellanindustrie hat naturgemäß eine scharfe Konkurrenz, welche der oben genannte Verein auf ein gesundes Maß zurückzuführen bestrebt ist, gezeitigt und eine Spezialisierung der einzelnen Betriebe herbeigeführt. So ist es denn gekommen, daß einige Etablissements nur billige Dutzendware, besonders nach dem Gußverfahren, liefern und namentlich für den Export nach Amerika arbeiten. In anderen werden z. B. Pfeifenköpfe für die ganze Welt und Isolierartikel für elektrische Anlagen fabriziert, andere stellen dickes Hotelgeschirr her. Es ist nicht zu leugnen, daß die künstlerische und koloristische Ausführung unter diesen Umständen gelitten hat — z. B. erfolgt die Dekoration meistens mit Abziehbildern — und daß infolgedessen Bildhauer, Zeichner und Maler für das Porzellanfach rar werden. Immerhin ist in den letzten Jahren eine erfreuliche Verbesserung nach dieser Richtung auch in Bayern zu verzeichnen, nachdem durch das Vorgehen der Porzellanmanufakturen in Charlottenburg, Meißen, Kopenhagen und Sèvres nacheiferungswürdige Vorbilder vorhanden sind. Besonders ist man in Oberfranken seit einiger Zeit mit Erfolg bemüht, feine Tafelservice und gediegene Gebrauchsporzellane von großer Widerstandsfähigkeit gegen mechanische Angriffe und Temperaturwechsel, von schöner Form und künstlerischer Bemalung herzustellen. Die große Widerstandsfähigkeit wird durch den großen Tongehalt und die dadurch bedingte hohe Garbrenntemperatur bewirkt. Derartige Fabrikate haben sich bereits unter dem Namen „Bayerische Ware“ den Markt gegenüber der Thüringer und schlesischen Fabrikation erobert und beginnen auch gegen die französische Produktion vorzudringen.

Überhaupt hat die heutige bayerische Porzellanfabrikation sich besonders in Oberfranken festgesetzt und kräftig entwickelt. Dies ist auf Thüringer Einflüsse und auf die günstige örtliche Lage zurückzuführen.

Wenn auch Feldspat und Quarz im wesentlichen aus Schweden und Norwegen eingeführt werden müssen, so ist doch der Hauptbestandteil der Porzellanmasse, der Kaolin und die Kohle, in dem benachbarten Böhmen in unerschöpflicher Menge vorhanden. Kapseltone für hochfeuerfeste Kapseln finden sich meist in der Nähe in der Oberpfalz, Formen- und Modellgipse kommen aus Thüringen.

Von den 46 bayerischen Porzellanfabriken finden sich 34 in Oberfranken, und zwar in den Orten: Arzberg, Bayreuth, Burggrub, Hausen, Hochstadt, Hohenberg, Kronach, Küps, Markleuthen, Marktredwitz, Moschendorf, Oberkotzau, Rehau, Schauberg, Schney-Lichtenfels, Schlottenhof, Schönwald, Schwarzenbach, Selb, Tirschenreuth, Waldsassen, Weiden, Wiesau und Wunsiedel.

In dem übrigen Bayern hat die Porzellanindustrie nur vereinzelt Platz gefunden. In der Oberpfalz befinden sich 5 Fabriken in Hirschau, Mitterteich und Vohenstrauß. Die ehrwürdige Nymphenburger Anlage bei München hat, nachdem sie lange Zeit wenig Wertvolles geliefert hat, neuerdings einen großen Aufschwung genommen und beginnt sich ihre frühere Bedeutung wieder zu erobern. Die seit 1840 bestehende vielseitige Porzellanfabrik in Passau, welche nicht allein Porzellan, sondern auch Steingut, Majoliken, feuerfestes Kochgeschirr und Bronzewaren herstellt, hat vor einigen Jahren die Modelle der früheren alten Porzellanfabrik von Höchst erworben und fertigt danach die originellen Figuren jenes längst eingegangenen Etablissements an. Mittelfranken ist durch 2 Etablissements in Lauf und Weißenau, die Rheinpfalz durch 3 Fabriken in Albersweiler, Ingenheim-Appenhofen und Grünstadt vertreten.

Während nun in den obengenannten Porzellanfabriken Hartporzellan mit dichtem Scherben aus reinem Kaolin, reinem Quarz und reinem Feldspat hergestellt wird, kommen für diejenigen Tonwaren, welche den Namen Fayence oder Majolika führen, minder reine Materialien zur Anwendung. Diese Waren werden weniger hoch als das Hartporzellan gebrannt und haben daher einen porösen, saugenden Scherben. Zu ihrer Bereitung dient statt des Kaolins meistens der sog. plastische Ton, d. h. Ton von sekundärer Lagerstätte.

Wie bereits oben erwähnt wurde, ist die bayerische Steingutfabrikation einige Jahrhunderte alt. Manche der ursprünglichen Fabriken sind eingegangen; zwei heute bestehende existierten aber schon zu Anfang des XIX. Jahrhunderts, nämlich die in der Mitte des XVIII. Jahrhunderts gegründete Fabrik von Eduard Kick in Amberg, welche seit ihrer Gründung oft die Besitzer wechselte, und die 1802 gegründete Steingutfabrik Grünstadt in der Rheinpfalz. Erstere hat in der letzten Zeit eine größere Ausdehnung erhalten und beschäftigt zurzeit ca. 200 Personen. Sie bezieht ihr Rohmaterial teils aus eigenen Gruben teils aus Norwegen, Sachsen und Baden. Von ihr wird viel Exportware namentlich für Serbien und Rumänien, welche dem Geschmack jener Länder entsprechend eigenartig dekoriert ist, angefertigt. Die Grünstädter Fabrik stellt weiße und dekorierte Gebrauchsgegenstände und Einlegeplatten her. Weitere Steingutfabriken finden sich in Hirschau, Schwarzenfeld, Freising und Rothenkirchen, von welchen die letztere auch Vasen und Jardinieren herstellt.

Dem modernen Verlangen nach größerer künstlerischer Ausgestaltung der Wohnräume folgend haben sich in den letzten Jahren viele Künstler der Keramik zugewendet und teils ältere Muster nachgeahmt, teils neue originelle keramische Kunstgegenstände geschaffen. Auch in Bayern sind einige Kunsttöpfereien entstanden, welche auf diesem Gebiete bereits Beachtenswertes geschaffen haben. Zu erwähnen ist besonders die artistische Fayencefabrik v. J. v. Schwarz in Nürnberg, welche seit der Mitte des XIX. Jahrhunderts besteht. Die Münchener Firma von J. J. Scharvogel in München fabriziert künstlerische Waren aus Steinzeug.

Die Fabrikation von Öfen läßt sich in Bayern weit zurück verfolgen und es gibt heute noch einige Firmen, welche bereits zu Anfang des XVIII. Jahrhunderts existierten. Ein derartiges altes Etablissement ist die Ofen- und Tonwarenfabrik in Bayreuth, welche seit $2^1/_2$ Jahrhunderten in Händen der Familie Seiler ist. Diese Firma wurde 1653 von Christof Seiler in Creussen gegründet, welcher dort die berühmten Creussener Krüge herstellte. Das Geheimnis der Fabrikation dieser Ware ist später verloren gegangen. Eine etwas jüngere Firma ist die von J. F. P. Hausleiter in Nürnberg, welche seit dem Jahre 1728 besteht.

Außer den genannten Fabriken, welche Hartporzellan und Steingutwaren herstellen, gibt es in Bayern zahlreiche Töpfereien, Ziegeleien, Röhren-, Dachplatten-, Schamotte- und Trottoirplatten-Fabriken, welche in allen Kreisen des Landes sich finden. Bayern ist reich an Ton und Lehm aller Art.

Die Fabrikation der gewöhnlichen Ziegelware wird heute in viel rationellerer Weise und in ausgedehnterem Maßstabe als früher betrieben. Zu Anfang des XIX. Jahrhunderts wurden die herzustellenden Gegenstände nur durch Handarbeit geformt und dann nach dem Trocknen im Freien in primitiven Feldöfen durch Holzfeuer gebrannt. An Stelle der Handarbeit ist jetzt meistens Maschinenformerei getreten, verbunden mit modernen Transport- und Trockeneinrichtungen. An Stelle der Feldöfen sind Ringöfen getreten. Als Brennstoff dient Kohle.

Für die Ausbildung der besseren Handwerker hat der bayerische Staat durch Errichtung einer keramischen Schule in Landshut gesorgt. Außerdem ist an die Kunstgewerbeschule in München eine keramische Abteilung für die Modelleure und Maler angegliedert.

Modernes Sudhaus.

Das Brauwesen.

Von Carl Lintner.

Die Bierbrauerei gewann in Bayern erst seit Anfang des XVI. Jahrhunderts allgemeinere Bedeutung, als mit der Zunahme der Bevölkerung die Weinproduktion nicht mehr ausreichte und die Braukunst namentlich durch die zahlreichen Klöster gefördert wurde.

Von erheblichem Einfluß auf die Entwicklung der Bierbrauerei ist von jeher die Gesetzgebung gewesen, welche sich auf die Herstellung des Bieres, den Verkehr mit Bier und die Kontrolle über beide erstreckte. In bezug auf die Herstellung des Bieres wurde in der bayerischen Landesverordnung von 1516 eine Bestimmung erlassen, welche für den Charakter, ja für den Weltruf des bayerischen Bieres bis auf unsere Tage grundlegend geworden war, nämlich die Bestimmung, daß zur

Bereitung des Bieres nur Gerste, Hopfen und Wasser gebraucht werden soll. Diese die Verwendung von Malzsurrogaten ausschließende Verordnung lebt heute noch fort im § 7 des bayerischen Malzaufschlaggesetzes. Von nicht geringerer Bedeutung für die Zukunft des bayerischen Bieres ist ferner eine im Jahre 1553 erlassene Bestimmung geworden, die sich im wesentlichen unverändert bis 1850 erhalten hat, bis sie infolge der Vervollkommnung der Technik überflüssig geworden war. Danach durfte nur in den Wintermonaten von Michaeli bis Georgi gebraut werden. Die Gründe für diese Maßnahme waren hygienischer und wirtschaftlicher Natur. Bei dem damals rein handwerksmäßigen Betriebe der Brauerei konnte man in der warmen Jahreszeit weder gutes Malz noch gutes Bier erzeugen. Es sollte daher einerseits das Publikum vor den gesundheitsschädigenden Folgen eines mißratenen Bieres geschützt und anderseits eine unnütze Verschwendung von Getreide verhindert werden. Die Brauer aber waren genötigt, auf die Herstellung des Sommerbieres besondere Sorgfalt zu verwenden, es stärker einzubrauen und kühl zu lagern. Damit war der Anstoß zur bayerischen Lagerbierbrauerei gegeben, deren Erzeugnis den Ruf des bayerischen Bieres begründete.

Im Anfange des XIX. Jahrhunderts hatte die Bierbrauerei in Bayern einen derartigen Aufschwung genommen, daß sie Rudhardt als das Haupt- und Nationalgewerbe bezeichnen konnte. Die Entwicklung der Bierbrauerei erfolgte bisher auf rein empirischer Grundlage, d. i. auf Grund von Erfahrungen, welche sich dem beobachtenden Praktiker gewissermaßen von selbst aufdrängten. Diese Erfahrungen führten schließlich zu bestimmten Regeln, welche den Praktiker befähigten, auch ohne wissenschaftliche Kenntnis ein befriedigendes Resultat zu erzielen; allein der tiefere Grund, warum er so und nicht anders verfuhr, der ursächliche Zusammenhang der Erscheinungen mußte ihm natürlich verborgen bleiben, und so haftete allen Operationen eine nicht zu beseitigende Unsicherheit an. Hierin Wandel zu schaffen vermochte nur die Wissenschaft, die planmäßig forschende Tätigkeit, welche sich der bewährten Methoden der Naturwissenschaften bedient. Sie gewann ungefähr vom dritten Dezennium des vorigen Jahrhunderts an Einfluß auf das Brauwesen und nun setzte eine Entwicklung ein, welche, gefördert durch die Verbesserung der Verkehrsverhältnisse und gesetzgeberische Maßnahmen, die Brauerei vom handwerksmäßigen Betriebe zur zielbewußten Industrie emporführte.

Zunächst war es die Königliche Akademie der Wissenschaften, welche sich auf Ersuchen der Regierung mit Fragen der Bierbrauerei beschäftigte. Man begann Verfahren zur Analyse des Bieres auszuarbeiten, von denen hier die hallymetrische

Methode des Oberbergrats Dr. Johann Nep. Fuchs (1833), sowie die optische Bierprobe von Prof. Steinheil (1843) zu nennen sind. Überaus wertvolle Anregungen gingen von dem epochemachenden Werke über Gärungschemie des Prager Technologen J. Balling aus (1845). Man begann zu messen und zu wägen und sich Rechenschaft zu geben von den Ausbeuteverhältnissen. Eine höchst ersprießliche Tätigkeit für die Hebung der Brauerei entfaltete in München Cajetan von Kaiser. Geboren 1803 als Sohn eines kurfürstlichen Brauereiverwaltungsbeamten, widmete er sich, durch äußere Verhältnisse zum vorzeitigen Abbruch seiner Gymnasialstudien genötigt, der Pharmazie. 1827 war er Professor am Lyzeum in Landshut, 1834 wurde er an die Polytechnische Schule in München berufen, 1849 wurde er zum Honorarprofessor und 1851 zum Professor für Technologie an der Universität München ernannt, 1868 erfolgte seine Ernennung zum ordentlichen Professor am neu errichteten Polytechnikum, und zwar für angewandte Chemie mit Berücksichtigung der Theorie der Bierbrauerei. Nur drei Jahre wirkte er an der jungen Hochschule. 1871 starb er, tiefbetrauert von seinen Freunden, Schülern und Kollegen.

Schon im Jahre 1837 hat Kaiser auf Ansuchen wißbegieriger junger Brauer eine Reihe von Vorlesungen gehalten, in welchen er die in das Fach der Bierbrauerei einschlägigen Lehren der Landwirtschaft, Physik und Chemie in leicht faßlicher Weise behandelte. Diese Vorträge, welche eine verdiente Berühmtheit erlangten, wurden von ihm alljährlich bis zum Jahre 1869/70 von anfangs November bis Ende Februar in wöchentlich sechs Stunden gehalten. Sie wurden in der Folge von mehr als 1000 Hörern aus dem In- und Auslande besucht. So verbreitete sich die Kenntnis der bayerischen Bierbrauerei nach allen bierbrauenden Ländern.

Ohne gründliche Kenntnisse im praktischen Brauereibetriebe wäre die erfolgreiche Lehrtätigkeit Kaisers nicht möglich gewesen. Diese erwarb er sich teils im Kgl. Hofbrauhaus, welches, 1589 von Herzog Wilhelm V. dem Frommen gegründet, schon bei Beginn des Jahrhunderts zu einem ansehnlichen Betriebe herangewachsen war, teils im Verkehr mit dem um die Förderung der bayerischen Brauerei hochverdienten Besitzer der Spatenbrauerei, dem 1891 verstorbenen Kommerzienrat Gabriel Sedlmayr. Im Jahre 1845—46 machte Kaiser wochenlang Studien in der Spatenbrauerei, und nicht weniger als 300 seiner Schüler konnten sich dort mit dem praktischen Betrieb vertraut machen.

Im Jahre 1833 hatte Gabriel Sedlmayr mit seinem Freunde Dreher aus Wien England bereist, wo sich das Brauwesen bereits auf einer hohen Stufe der Entwicklung befand. Die Eindrücke dieser Reise, welche sich in der Folge so bedeutungsvoll für die Entwicklung der Spatenbrauerei und damit der bayerischen Brauindustrie überhaupt erwiesen hat, schildert Gabriel Sedlmayr in einem interessanten Briefe, den er als 70jähriger Greis an Professor Dr. G. Holzner schrieb:

„Um nun Ihre Wißbegierde zu befriedigen", schrieb er, „will ich etwas umständlicher sein und Ihnen erzählen, daß wir in England alles neu und ganz anders fanden als bei uns, was man nur begreifen kann, wenn man weiß, daß in den 30er Jahren unsere Brauerei noch sehr empirisch, wenn auch mitunter mit gutem Erfolge betrieben wurde.

„Vor allem bei der Mälzerei waren es dort die langsame Art des Keimungsprozesses, die sorgfältige Beobachtung des Vorrückens des Blattkeimes mit kurzem Wurzelkeim als Erkennungszeichen der Reife des Malzes, dann der langsame Darrprozeß und endlich die vorzügliche Güte des auf diesem Wege erzielten Malzes, welche uns in Erstaunen setzten und welches Verfahren bei unserer Rückkehr goldene Früchte trug, daher auch allmählich Gemeingut wurde. Man darf wohl behaupten, daß die Adoptierung des englischen Mälzungsverfahrens, welches Dreher sogleich nach seiner Geschäftsübernahme im Jahre 1836 mit Energie einführte, wesentlich zu seinen kolossalen Erfolgen beitrug. Ich selbst konnte wegen der damals herrschenden Malznot nur beschränkten Gebrauch davon machen.

„Im Sudverfahren fiel uns, abgesehen von der Infusionsmethode, vorzugsweise die strenge Einhaltung der Zuckerbildungstheorie, die ich im Winter vorher in Berlin kennen lernte, auf, ebenso die große Ausbeute aus dem Malz, zum Teil hervorgebracht durch das rationelle Auswaschen der Trebern, eine Manipulation, welche in jener Zeit in unseren Brauereien noch sehr vernachlässigt wurde.

„Die Berechnung der Ausbeute, von der wir vorher keinen Begriff hatten, wurde uns freilich erst klar, als wir später den Gebrauch des Saccharometers kennen lernten, der in den englischen Brauereien schon eine große Rolle spielte. Bei uns kannte man damals bloß die sogenannten Bierwagen, die nur geeigenschaftet waren, die Leute über den Gehalt des Bieres irre zu führen; hie und da gebrauchte man sie auch zur Ermittelung der Schwere der ablaufenden Würzen von dem Maischbottich, was allerdings einen annähernden Anhaltspunkt für den Gehalt gab.

„Daraus ergibt sich, daß die rationelle Anwendung des Aräometers, hier Saccharometers, bei uns nicht bekannt war, und es war uns wie das Licht der aufgehenden Sonne, als wir in den Gebrauch und in das Wesen desselben eingeweiht wurden. Es wurden nun Bücher angeschafft und das Studium des Saccharometers fleißig gepflogen, wobei es uns überraschte und unerklärlich vorkam, daß dort schon im vorigen Jahrhundert durch Richardson die praktische Anwendung desselben auf wissenschaftlicher Grundlage bekannt war, ohne daß in diesem langen Zeitraum ein Lichtstrahl zu uns nach Deutschland drang.

„Ich brauche Ihnen nun nicht auseinanderzusetzen, mit wie ganz anderen Augen wir von jetzt an den Gärungsprozeß und dessen Behandlung betrachteten, wie wir, nach Hause gekommen, die Nutzanwendung davon machten und wie infolge davon bei unserer Untergärung die Eisverwendung Eingang fand.

„Außer diesen drei wesentlichen Punkten der Brauerei lenkten wir unsere Aufmerksamkeit auf den maschinellen Teil und andere Einrichtungen, wovon besonders die eisernen Kühlschiffe zu bemerken sind, deren Einführung mir viele Vorwürfe von Professor Kaiser eintrug, weil er sie für schädlich hielt, aber er überzeugte sich bald von den Vorteilen derselben."

Neben Gabriel Sedlmayr machten sich von seinen Münchener Fachgenossen Brei, Pschorr, Schmederer, Joseph Sedlmayr, Wagner, Zacherl u. a. um die Entwicklung ihres Gewerbes verdient.

In Bayern wurde 1840 in der Zacherlbrauerei zum erstenmal eine Dampfmaschine für den Betrieb des Maischwerks aufgestellt und das Kochen der Maischen und Würzen mit Dampf versucht. Der Erfolg war indessen kein befriedigender. Das Kochen mit Dampf wurde wieder aufgegeben. Die Versuche mit der Antriebmaschine setzte Gabriel Sedlmayr fort und führte sie 1846 zum erwünschten Ziele.

Der Dampfbetrieb brach sich nun rasch Bahn und zu Anfang der 60er Jahre waren bereits die meisten großen und mittleren Brauereien Bayerns mit der neuen Einrichtung versehen.

Nun traten auch Fabriken auf den Plan, welche für die verschiedensten Zwecke des vielgestaltigen Brauwesens geeignete Maschinen bauten.

Die moderne Kältetechnik, heute eine bedeutsame Spezialindustrie, welche auf verschiedenen Gebieten des wirtschaftlichen Lebens segensreich wirkt, fand den Boden für ihr Wachstum auf dem Gebiete der Bierbrauerei. Durch niedrige Gärtemperatur und kalte Lagerung, ursprünglich in Felsenkellern, später in mit Eis gekühlten Räumen, erzielte man haltbare wohlschmeckende Biere, die sich großer Beliebtheit erfreuten. Schließlich machte sich in den großen Brauereien das Bedürfnis geltend, unabhängig von der Winterkälte über niedrige Temperaturen zu verfügen. Diesem Bedürfnis kam die Konstruktion leistungsfähiger Kältemaschinen entgegen. Die erste Maschine dieser Art war die Lindesche Ammoniakkompressionsmaschine, welche 1873 in der Spatenbrauerei in München aufgestellt wurde und deren Leistungen die jeder früher bekannt gewordenen Maschine um mehr als das Doppelte übertraf.

Von ausschlaggebender Bedeutung für die Entwickelung der Bierbrauerei erwies sich ferner das brautechnische Unterrichtswesen, das in der Folge an der Landwirtschaftlichen Zentralschule (jetzt Akademie für Landwirtschaft und Brauerei) in Weihenstephan eine Pflegestätte fand. Schon 1804, als von Max Schönleutner das Landwirtschaftliche Lehrinstitut in Weihenstephan ins Leben gerufen wurde, bestand die Absicht, die Schüler in den landwirtschaftlichen Nebengewerben, besonders in der Brauerei, auszubilden. Inwieweit diese Absicht verwirklicht wurde, ist nicht mehr festzustellen. Erst 1846 scheint der brautechnische Unterricht eine gewisse Bedeutung erlangt zu haben. Eine feste Organisation erhielt er aber erst 1865 unter Direktor Wentz auf Anregung des Professors Lintner, nachdem schon früher auf dieses Ziel gerichtete Bestrebungen des um Weihenstephan hochverdienten Direktors Helferich ohne Erfolg geblieben waren.

Zum brautechnischen Unterricht wurden nach dem Statut junge Leute zugelassen, welche ein Alter von 18 Jahren erreicht hatten und neben entsprechender Schulbildung eine zweijährige Praxis nachweisen konnten. Die Oberleitung des Brauereikursus führte Direktor Wentz. Die Vorlesungen und Übungen hielten Professor Lintner und der 1868 an die Technische Hochschule berufene Professor für Baukunde und Mathemathik Döhlemann. Um die Hebung der brautechnischen Abteilung hat sich insbesondere auch Professor Dr. Georg Holzner (seit 1869) verdient gemacht. Die Brauwissenschaft verdankt ihm und seinem Freunde Lermer ein monumentales Werk über die Anatomie der Gerste. Auf der von Lintner und Holzner geschaffenen Grundlage hat sich die Weihenstephaner Schule weiter entwickelt. Unter der Leitung des Direktors Dr. Vogel und des Abteilungsvorstehers Professor Ganzenmüller behauptet sie heute, durch die Liberalität der Kgl. Staatsregierung mit allen neueren Hilfsmitteln des Unterrichts und der Forschung ausgestattet, eine hervorragende Stellung unter den Fachschulen.

Eine weitere Phase in der Entwicklung der Bestrebungen, die Früchte wissenschaftlicher Forschung dem Brauwesen nutzbar zu machen, bedeutet die Gründung von Versuchsstationen. Die erste Station dieser Art entstand in München 1876 auf einen Vorschlag Lintners auf dem 3. Deutschen Brauertag in Frankfurt a. M. Der Zweck der Station sollte sein der Ausbau der wissenschaftlichen Grundlagen des Brauwesens durch systematische Forschungen, sowie daneben im Interesse der

Mitglieder die Ausführung von Untersuchungen der Rohmaterialien, Wasser, Gerste, Hopfen, Hefe, der Brennmaterialien, der Würze und des fertigen Bieres, ferner Prüfung und Vermittlung der in der Praxis benutzten Instrumente, Saccharometer, Thermometer etc., endlich Begutachtungen über Störungen im Betriebe, soweit sie in den Bereich der Aufgaben der Station fallen. Unter dem Vorsitze von Gabriel Sedlmayr, dem Besitzer der Brauerei zum Franziskanerkeller (Leistbräu) in München, kam ein Verein zustande, welcher die Mittel zur Gründung der Station zur Verfügung stellte. Bereits im September 1876 konnte diese unter der Bezeichnung „Wissenschaftliche Station für Brauerei in München" ihre Tätigkeit in dem Laboratorium des Privatgelehrten Dr. Karl Reischauer aufnehmen, der, mit Lintner eng befreundet, schon vorher Forschungen auf dem Gebiete der Brauerei gepflogen. Reischauer verbesserte die Untersuchungsmethoden für Gerste, Malz und Bier und förderte mit seinen Schülern und Assistenten die Brauwissenschaft in jeglicher Weise. Doch allzubald sollte seinem Wirken ein Ziel gesetzt werden. Er starb im März 1877. Sein Nachfolger wurde der damalige Assistent Lintners, Louis Aubry. Er setzte unterstützt von seinen getreuen Mitarbeitern Dr. Brand und Dr. Will das Werk Reischauers und Lintners erfolgreich fort. 1881 konnte die Station ein eigenes Heim an der Ohlmüllerstraße beziehen, das mehrfach erweitert und umgestaltet heute noch ihren Zwecken dient. Dem Verein, an dessen Spitze seit seiner Gründung ununterbrochen Kommerzienrat Gabriel Sedlmayr steht, gehören zumeist Großbrauereien des In- und Auslandes an.

Im Jahre 1888 wurden von der Kgl. Staatsregierung die namentlich den Interessen der Klein- und Mittelbrauer dienenden Stationen in Memmingen (heute unter Leitung Direktor Vogels in Weihenstephan) und Nürnberg (heute in Verbindung mit dem Bayerischen Gewerbemuseum) subventioniert. Im gleichen Jahre wurde an der Technischen Hochschule in München ein Lehrstuhl für Gärungsgewerbe bzw. landwirtschaftliche Gewerbe errichtet. Um die Ergebnisse der wissenschaftlichen Forschung und wertvolle Erfahrungen aus der Praxis weiteren Kreisen zugänglich zu machen, gründete Lintner 1866 eine Zeitschrift, den „Bayerischen Bierbrauer", die seit 1876 unter dem Titel „Zeitschrift für das gesamte Brauwesen" bei R. Oldenbourg in München erscheint. Die „Allgemeine Brauer- und Hopfenzeitung" in Nürnberg, ursprünglich hauptsächlich ein Handelsblatt, erweiterte ihr Programm und dehnte es auf alle Verhältnisse des Brauereibetriebes aus. Die Stationen Memmingen (Weihenstephan) und Nürnberg wandten sich ebenfalls mit periodischen Schriften (Klein- und Mittelbrauer, Bayerisches Brauerjournal) an ihre

Mitglieder. So ergießt sich heute ein breiter Strom der Belehrung nach allen Richtungen des weitverzweigten Gebietes.

Der Einfluß der Wissenschaft auf das Brauwesen fand in neuester Zeit seine Krönung in der Einrichtung von Brauereibetriebslaboratorien. Der fachwissenschaftlich gebildete Chemiker hielt seinen Einzug in die Brauerei nicht, um die Chemie ins Bier zu tragen, wie früher unverständigerweise zuweilen angenommen wurde, sondern um das Bier mit den modernen Hilfsmitteln chemischer und mikroskopischer Forschung auf seinem natürlichen Werdegang zu verfolgen, seine rationelle Herstellung zu überwachen und es vor Unfällen, die ihm durch die Infektionen mit fremden Gärungsorganismen drohen, zu bewahren. In München ging die Aktienbrauerei zum Löwenbräu (1896) mit der Einrichtung eines Betriebslaboratoriums voran. Es ist nur eine Frage der Zeit, daß alle größeren Brauereien mit Betriebslaboratorien ausgestattet sein werden. Der chemisch-biologischen Kontrolle gesellt sich die maschinen- und feuerungstechnische zu. Der Maschineningenieur findet in der Brauerei ein lohnendes Feld für seine Tätigkeit.

Es sei nun gestattet, einen kurzen Blick auf die technischen Verhältnisse der Brauerei zu werfen, so wie sie sich heute gestaltet haben.

Wasser. Die lange Zeit herrschende Meinung, daß das Wasser von ausschlaggebender Bedeutung für die Beschaffenheit des Bieres ist, wird als irrig erkannt. Im allgemeinen ist jedes gute Trinkwasser auch ein gutes Brauwasser. Das Wasser muß technisch rein sein. Es darf nicht durch Zuflüsse aus Fabriken oder dem menschlichen Haushalt verunreinigt sein und keine — in natürlichen Wässern selten vorkommende — Bestandteile enthalten, welche den Keimungs-, Maisch- und Gärungsprozeß ungünstig beeinflussen. Es muß frei von Pilzkeimen sein, welche in Würze und Bier sich entwickeln und der Hefe Widerstand leisten können. Zur chemischen Analyse des Wassers tritt die mikroskopisch-biologische.

Gerste. Wie vor 100 Jahren ist heute noch die Gerste das hauptsächlichste Rohmaterial der Bierbrauerei. Die Beurteilung nach äußeren Merkmalen wird ergänzt durch die chemische Analyse (Wasser-, Extrakt-, Stärke-, Eiweiß- etc. Bestimmung). Der wertvollste Bestandteil ist das Extrakt liefernde Stärkemehl. Der Eiweißgehalt soll ein gewisses Maß (11 %) nicht wesentlich überschreiten. Eiweißreiche Gersten lassen sich schwierig verarbeiten und liefern extraktarme Malze. Eine wesentliche Eigenschaft der Braugerste ist die Keimfähigkeit. Gute Braugerste soll 95 % keimfähige Körner enthalten. Die Merkmale guter Braugersten werden präzisiert und die Landwirtschaft zur Kultur solcher Gersten angeregt.

Der bayerische Gerstenbau vermag den Bedarf der Brauerei nicht mehr zu decken. Die Einfuhr ausländischer Gersten, hauptsächlich österreichisch-ungarischer Herkunft, ist die Folge.

Hopfen. Die Beurteilung des Hopfens geschieht heute noch vorzugsweise nach empirischen Merkmalen; doch hat die wissenschaftliche Forschung manche Aufklärung über die wertvollen Hopfenbestandteile gebracht. Das Aroma des Hopfens rührt von ätherischen Ölen her, die Bitterstoffe werden als stickstofffreie Körper aus der Klasse der aliphatischen Terpene erkannt.

Aus bescheidenen Anfängen, welche nicht ausreichten für den heimischen Bedarf, hat sich der bayerische Hopfenbau zu einem Umfange entwickelt, daß heute sehr bedeutende Mengen für den Export zur Verfügung stehen.

Die Kultur, Ernte und Aufbewahrung des Hopfens wird vielfach verbessert.

Der bayerische Spalter und Holledauer Hopfen sind gesuchte Marken auf dem Weltmarkt.

Mälzerei. Die Gerste wird in der Brauerei sorgfältig von Staub und Unkrautsamen, halben und verletzten Körnern gereinigt und sortiert. Putz- und Sortiermaschinen werden eingestellt. Der Lagerung wird besondere Aufmerksamkeit zugewendet.

Die Keimung der Gerste wird als ein biologischer Vorgang erkannt, bei welchem der embryonale Blatt- und Wurzelkeim auf Kosten der im Mehlkörper aufgespeicherten Nährstoffe wachsen.

Die zum Wachstum des Keimlings erforderliche Energie liefert die Oxydation des Stärkemehls zu Kohlensäure und Wasser. Dadurch ist die Keimung mit einem Verlust an wertvoller Substanz verbunden. Die Zellverbände des Mehlkörpers werden gelockert. Tiefgreifende Veränderungen gehen im Bestande der Eiweißkörper vor sich. Enzyme werden gebildet, darunter in erster Linie die Diastase, welche beim Maischprozeß die Umwandlung von Stärke in Zucker zu vollziehen hat. Die Kunst des Mälzers hat die Erzeugung eines gut aufgelösten Malzes bei möglichst geringem Substanzverlust zum Ziele. Durch sorgfältige Regulierung der Temperatur- und Feuchtigkeitsverhältnisse, verbunden mit Luftzufuhr, wird dieses Ziel erreicht.

Die Tennenmälzerei ist zurzeit noch die herrschende, doch sind die Bestrebungen, die Mälzerei mechanisch zu gestalten, in den Systemen der mechanisch-pneumatischen Mälzerei (Galland, Saladin u. a.) nicht ohne Erfolg geblieben.

Das Darren. Das Darren ist kein einfacher Trocknungsprozeß, bei dem es lediglich darauf ankommt, dem Malze das Wasser möglichst rasch zu entziehen.

Es spielen sich enzymatische Vorgänge ab, welche für die Aromabildung von Bedeutung sind. Durch das Darren wird in erster Linie der Charakter des Malzes und damit auch der des Bieres bestimmt. Temperatur und Zeit in Verbindung mit den Ventilationsverhältnissen sind die bestimmenden Faktoren.

Im Anfange des Jahrhunderts hat man in Bayern noch allgemein Rauchdarren, bei welchen die von der Feuerung abziehenden Rauchgase das Grünmalz durchdringen und ihm einen brenzlichen Geschmack verleihen.

Die erste Heißluftdarre wird 1818 von Gabriel Sedlmayr, dem Vater des obengenannten Besitzers der Spatenbrauerei, eingeführt. Letzterer führt wesentliche Verbesserungen auf Grund seiner Erfahrungen in England durch. Im Laufe der Zeit entstehen zahlreiche Konstruktionen für die Erzeugung dunkler und heller Malze. In Bayern findet besonders die Reischldarre große Verbreitung.

Das Darrmalz wird durch Maschinen entkeimt und in Kasten oder in Silos gelagert. Mit der zunehmenden Ausdehnung des Betriebes kann in vielen Brauereien die Mälzerei nicht Schritt halten. Das führt zur Entstehung von Malzfabriken. Durch den Bezug von Kaufmalz in den Brauereien erlangt die Malzanalyse hervorragende Bedeutung.

Das Brauen. Das Malz wird vor der weiteren Verarbeitung durch Putz- und Poliermaschinen gereinigt. Zur Zerkleinerung wurde das Malz ehedem auf öffentliche Mühlen gebracht. Heute hat man in den Brauereien Walzenmühlen, welche mit automatischen Meßapparaten zur Feststellung der Hektolitermenge für die Steuerkontrolle versehen sind.

Das zerkleinerte Malz (Schrot) wird mit Wasser gemischt auf höhere Temperatur gebracht zur Gewinnung der Würze (Maischen).

Die bis in das dritte Dezennium des vorigen Jahrhunderts noch allgemein verbreitete Anschauung, daß der Zucker der Bierwürze bei der Malzbereitung gebildet und beim Maischen lediglich ausgelaugt werde, wird als irrig erkannt. Beim Maischprozeß wirkt ein Enzym, die Diastase, Zucker und Dextrin bildend auf das Stärkemehl. Enzyme sind eiweißähnliche Substanzen, welche bei der Stoffumwandlung im Pflanzen- und Tierkörper eine wichtige Rolle spielen. Die moderne Enzymforschung wurzelt in der Brauwissenschaft. Den Zucker, welcher aus dem Malze entsteht, hält man anfangs für Traubenzucker, bis er als eine besondere Zuckerart (Maltose oder Malzzucker) erkannt wird.

Die Temperaturverhältnisse sind von entscheidendem Einfluß auf den Verlauf der Zuckerbildung. Das bayerische Dickmaischverfahren wird ausgebildet und verbreitet sich fast auf dem ganzen Kontinent. An Stelle des hölzernen Maischbottichs, in welchem die Maische mittels des Maischscheits durch Menschenkraft durchgerührt wird, tritt der eiserne Bottich mit mechanischem Rührwerk, welches durch Motoren bewegt wird.

Zur Trennung der süßen Flüssigkeit (Würze) von den festen Bestandteilen der Maische (Trebern) wird der Läuterbottich erfunden. Das doppelte Sudwerk entsteht, zusammengesetzt aus Maischbottich und Maischkessel, Läuterbottich und Würzekessel.

Die Gesamtmenge der in der Würze sich vorfindenden, aus dem Malze in Lösung gegangenen Bestandteile bezeichnet man als Extrakt. Die Extraktausbeute ist durch die Fortschritte in der Malzbereitung beim Maischen und Abläutern stetig gewachsen. Heute dürfte man mit einer Ausbeute, welche der im Laboratorium erzielten ziemlich nahe kommt, an der Grenze des Erreichbaren angekommen sein. Balling führt eine Extraktausbeute von 58% als eine normale an. Heute kommen Ausbeuten von 70% und mehr vom Zentner Malz vor.

Die klare Würze wird mit Hopfen gekocht. Den wichtigsten Fortschritt in dieser Phase des Betriebes bedeutet die Dampfkochung, welche auch für das Kochen der Maische an Stelle des Heizens mit direktem Feuer tritt. Sie gestattet eine Ersparnis von Brennmaterial und vor allem eine beim Maischen ins Gewicht fallende leichte und sichere Regulierung der Temperatur.

Die gekochte, vom Hopfen durch Abseihen befreite Würze wird gekühlt. An Stelle des aus Eichenholzbohlen gefügten Kühlstockes tritt das eiserne Kühlschiff in Verbindung mit besonderen Kühlapparaten (Kasten-, Batterie-, Berieselungskühler). Beim Kühlen spielen der Zutritt von Sauerstoff und damit verbundene Oxydationsvorgänge eine wichtige Rolle. Das Kühlschiff wird durch geschlossene Kühlapparate mit Lüftungsvorrichtungen ersetzt.

Die Gärung. Die gekühlte Würze wird mit Hefe in Gärung versetzt. Von der Natur der Hefe hatte man vor 100 Jahren noch keine Ahnung. Noch 1830 definiert Hermbstädt die Hefe als eine mit vieler Kohlenstoffsäure verunreinigte Verbindung von Kleber, Schleimzucker, Gummi und mehligen Stoffen. Ihre pflanzliche Natur als niederer Pilz wird durch Schwann in Deutschland (1837) und Cagniard Latour in Frankreich (1838) unabhängig voneinander erkannt. Pasteur bestätigt diese Tatsache und weist nach, daß die verschiedenen bekannten Gärungen durch verschiedene Mikroorganismen erregt werden. Er verlangt, daß die Bierhefe rein, d. h.

frei von anderen Gärungserregern (Bakterien, Schimmelpilzen) sei, welche schädliche Nebengärungen erregen.

Die Biergärung ist zu Anfang bis Mitte des vorigen Jahrhunderts fast ausschließlich eine bei 15—20° verlaufende Obergärung. Die Hefe geht dabei teils nach oben, teils setzt sie sich ab. Zur Obergärung wird nur die oben sich abscheidende Oberhefe verwendet. Allmählich lernt man die Vorteile niedriger Temperatur bei der Gärung und Lagerung für die Erzeugung haltbarer Biere kennen. Die Untergärung bildet sich heraus, bei der die Hefe sich zu Boden setzt. Man lernt Ober- und Unterhefe als besondere Arten unterscheiden.

Die bedeutendste Reform auf dem Gebiete der Gärung wird 1884 durch den dänischen Gelehrten Emil Christian Hansen angebahnt. In Deutschland ist es die Wissenschaftliche Station für Brauerei in München, welche ihr zuerst Eingang in die Praxis verschafft. Hansen findet, daß die Bierhefe meist aus einem Gemenge verschiedener Hefepilze besteht, unter denen gelegentlich auch solche vorkommen, welche einen schlechten Einfluß auf die Beschaffenheit des Bieres ausüben, indem sie Trübung oder bitteren und widerlichen Geschmack, mit einem Wort Bierkrankheiten hervorrufen. Es sind das wilde Hefen, welche in der Natur vorzugsweise auf süßen Früchten vorkommen und gelegentlich in die Brauerei verweht werden. Aber auch die normale, nützliche, den Gärungsprozeß auslösende Kulturhefe ist nicht gleichartig. Es gibt verschiedene Rassen, hoch und niedrig vergärende, rasch und langsam klärende, mehr oder weniger Bukettstoffe erzeugende Hefen. Zu diesem für die gesamte Gärungsindustrie hochbedeutsamen Ergebnis gelangt Hansen auf dem Wege sinnreicher Methoden zur Reinzüchtung und biologischen Analyse der Hefe. Zur Reinzüchtung muß man von einer einzigen Zelle ausgehen. Nur so hat man die Gewißheit zu einer gleichartigen Anstellhefe zu gelangen. Die Vermehrung der Hefe geht so rasch vor sich, daß man in wenigen Wochen eine Nachkommenschaft erzielt, groß genug, um damit Bierwürze im praktischen Betriebe anstellen zu können. Hansen begründet so sein System der Hefereinzucht, welches in der berühmten Jacobsenschen Brauerei in Altkarlsberg bei Kopenhagen die praktische Probe glänzend besteht. Eine bisher unbekannte Sicherheit erlangt dadurch der Betrieb der Gärung. Die Brauerei ist imstande, die für ihre Verhältnisse passende Hefe auszuwählen. Sie schützt sich mit der Reinhefe vor Bierkrankheiten. Eine der ersten Anlagen nach Hansens System wird in der Kgl. Staatsbrauerei Weihenstephan eingerichtet.

Im Gefolge der Reinzucht bürgert sich in den Brauereien eine auf wissenschaftlicher Basis ruhende Reinlichkeitspflege ein.

Die Untergärung ist jetzt die herrschende. Die auf dem Wege der Obergärung hergestellten Biere besitzen nur mehr eine gewisse lokale Bedeutung (Weißbier). Die Konsumreife erlangt das Bier bei der Nachgärung im Lagerkeller. Hier tritt nun besonders der Segen der Kältetechnik in die Erscheinung, welche es ermöglicht, die Keller auch während der heißen Jahreszeit auf einer Temperatur von nahe an 0^{0} zu halten. Man ist nun imstande, jahraus jahrein Bier von der günstigsten Lagerzeit herzustellen. An Stelle des Abfüllens von Hand mittels Leder- oder Darmschlauches auf die Transportfässer treten Abfüllapparate mit Gegendruck, welche das Entweichen der so wertvollen, im Biere nur locker gebundenen Kohlensäure verhindern. Den steigernden Anforderungen an die Klarheit kommen Filtrierapparate entgegen.

Durch das Pasteurisieren — Erhitzen auf $50-60^{0}$ in Flaschen, neuerdings auch in Fässern — wird dem Biere eine Haltbarkeit verliehen, welche den Transport in die entferntesten Gegenden der Erde gestattet. Dem Export auf weniger große Entfernungen dienen besonders eingerichtete Eisenbahnwaggons. —

Aus der Fülle der Errungenschaften, welche das Jahrhundert auf dem Gebiete der Brauerei gezeitigt hat, konnten nur einige wenige mit flüchtigen Strichen herausgehoben werden.

Auf die einschneidende Bedeutung, welche steuer-, gewerbe- und verkehrspolitische Maßnahmen auf die Entwicklung der Brauerei ausgeübt haben, konnte nicht einmal andeutungsweise eingegangen werden. Bezüglich dieser Verhältnisse sei auf das treffliche Werk Emil Struves verwiesen: „Die Entwicklung des bayerischen Braugewerbes im neunzehnten Jahrhundert. Leipzig 1893.“

Das jedoch soll nicht unerwähnt bleiben, daß das bayerische System der Besteuerung des Malzes mit ausdrücklichem Surrogatverbot einen durchaus günstigen Einfluß auf die technische Entwicklung des Gewerbes ausgeübt hat.

Wenn sich das bayerische Bier heute einen Weltruf errungen hat, so verdankt es diesen Erfolg in erster Linie seinen vortrefflichen Eigenschaften.

Mit seinem niedrigen Alkoholgehalt (3,5 % Gew.), seinem Gehalt an leichtverdaulichen Kohlehydraten, Eiweißstoffen und Nährsalzen (5—7 %), der prickelnden Kohlensäure und den milden, würzenden Bestandteilen (Hopfen- und Malzaroma) stellt es bei billigem Preise ein Genußmittel dar, welches sich wie kein anderes als Volksgetränk eignet, ein Genußmittel, für das es bis heute keinen Ersatz gibt.

Ein Ruhmestitel der bayerischen Bierbrauerei ist es endlich, daß die Entwicklung des gewaltigen deutschen Brauwesens von Bayern ausgegangen ist.

Mit einer Produktion von 70 Mill. hl steht Deutschland heute an der Spitze aller bierbrauenden Länder.

Der Herstellungswert der deutschen Biererzeugung ist gegenwärtig auf 910 Mill. M. zu veranschlagen. Der Gesamtwert der verbrauchten, der heimischen Landwirtschaft entnommenen Rohstoffe beträgt 310 Mill. M., der Wert der an die Landwirtschaft abgegebenen nutzbaren Abfallstoffe 45 Mill. M., somit der Gesamtwert des Austausches mit der heimischen Landwirtschaft 355 Mill. M.

Diese Zahlen mögen einigermaßen die hohe volkswirtschaftliche Bedeutung der modernen Brauerei illustrieren.

Schließlich noch einige Angaben über die Bierproduktion in Bayern:

Im Jahre 1903 wurden gewonnen 17360000 hl Bier. Die Einfuhr betrug 6900 hl, die Ausfuhr 2588000 hl, der mutmaßliche Verbrauch 14841000 hl, auf den Kopf der Bevölkerung 231,9 Liter.

Die Gesamteinnahme an Steuer belief sich auf 33854000 M. auf den Kopf der Bevölkerung 5,29 M.

Im Jahre 1807/8 dagegen war die Bierproduktion, in heutigem Maße ausgedrückt, 3730958 hl (E. Struve).

Es ist in der Tat eine glänzende Entwicklung, auf welche die bayerische Brauindustrie bei der Jahrhundertfeier des Königreichs zurückblicken kann. Möge ihr eine ebenso glückliche Zukunft beschieden sein.

Literatur.

Struve E., Die Entwicklung des bayerischen Braugewerbes im 19. Jahrhundert. Leipzig 1893.

Vogel A., Zur Erinnerung an Kajetan v. Kaiser. München 1872.

Holzner G., Mitteilungen über den verstorbenen Gabriel Sedlmayr. Zeitschr. f. das ges. Brauwesen 1892.

Steuert L., Die Kgl. Akademie Weihenstephan und ihre Vorgeschichte. Berlin 1905.

Aubry L., Festschrift zur Feier des 25jährigen Bestehens der wissenschaftlichen Station für Brauerei in München. München 1901.

Radierung von Ferd. Kobell.

Der Zustand der bayerischen Landwirtschaft vor 100 Jahren im allgemeinen.

Von Carl Kraus.

Um den Zustand der bayerischen Landwirtschaft um die Wende des XIX. Jahrhunderts zutreffend zu würdigen, ist es notwendig, an die Verhältnisse der nächst vorausgegangenen Zeiten anzuknüpfen.

Die Verwüstungen des Dreißigjährigen Krieges hatten die heimische Landwirtschaft auf lange Zeit zurückgeworfen. Als man begonnen hatte, die Brandstätten wieder aufzubauen und die verwüsteten Ländereien neu zu kultivieren und zu besiedeln, brachten der spanische und später der österreichische Erbfolgekrieg neue Rückschläge. Noch lange Jahre hindurch mußten sich die Bestrebungen zur Verbesserung der Landeskultur in erster Linie auf den Wiederanbau der im Laufe der Zeit verödeten Gründe und auf die Wiederbesiedelung der verlassenen Güterkomplexe richten.

Wie schon Kurfürst Maximilian I. sich bemüht hatte, die zugrunde gerichtete bayerische Landwirtschaft wieder emporzubringen, so waren seine Nachfolger im gleichen Sinn tätig. Das erste Kulturmandat vom 30. Juli 1723 wies auf die Notwendigkeit des Anbaues und der Verbesserung der vielen öden Gründe hin und verordnete Maßnahmen der Abhilfe. Dies Mandat scheint aber ziemlich wirkungslos geblieben zu sein. In einem neuen landesherrlichen Kulturbefehl vom 24. März 1762, vom Kurfürsten Maximilian III. Joseph erlassen, wird abermals beklagt, daß noch ein so großer Teil des Landes in Öde und Unfruchtbarkeit liege. Wir begegnen in diesen und weiteren sich anschließenden Mandaten schon einer erweiterten Auffassung von den Zielen der Landeskultur; von der Anforderung der bloßen Bebauung öden Landes war man zu der der bestmöglichen Benutzung vorgeschritten, es machen sich schon die Ideen der in Deutschland mehr und mehr um sich greifenden Bestrebungen geltend, die Bodenerzeugung durch Anbau der Brache, Futterproduktion auf dem Ackerlande und Verbesserung der Wiesen zu heben, durch Beschränkung der Weide und Einführung der Stallfütterung dem Düngermangel abzuhelfen und eine bessere Viehhaltung zu erreichen. Auch auf die Teilung der öden Gemeindegründe, die Zertrümmerung zu großer Güter, die Zusammenlegung zerstreuten Grundbesitzes und ähnliches sollte hingewirkt, Pferde- und Schafzucht sollten gehoben werden. Für jene Gerichtsbezirke, deren Untertanen sich durch Urbarmachungen, Verbesserungen des schon bestehenden Feldbaues, Anbau der Brache (besonders mit Klee), Veredlung der Pferde- und Schafzucht usw. auszeichnen würden, wurden Prämien ausgesetzt, die Klöster- und Hofmarksherren und insbesondere die Pfarrer wurden ermahnt, dem gemeinen Mann mit belehrendem und ermunterndem Beispiel voranzugehen. Für den landwirtschaftlichen Fortschritt waren auch die physikalisch-ökonomischen Gesellschaften tätig, die damals zu entstehen begannen, jene in Altötting (später nach Burghausen verlegt) und die kurpfälzische ökonomische Sozietät in Kaiserslautern (1769).

Waren aber auch in einzelnen Gegenden und Wirtschaften Fortschritte unverkennbar, so wollte es doch in den folgenden Jahrzehnten mit dem Aufblühen der Landeskultur in ihrer Gesamtheit in den damaligen bayerischen Gebietsteilen nicht recht vorwärts gehen. Als Gründe dafür, daß alle Anordnungen und Anregungen den erhofften Erfolg nicht hatten, werden angegeben: „Die mißlichen Rechtsverhältnisse der Grundbesitzungen, die zu geringe Bevölkerung des Landes, Untätigkeit und Teilnahmslosigkeit der nicht genug kontrollierten Vollzugsbeamten, der Eigennutz der Großbegüterten, welche durch die Urbarmachung der nach den Verheerungen der Kriege okkupierten Weidebezirke von ihrem Nutzen nichts verlieren wollten, Halsstarrigkeit und Widerspenstigkeit einzelner. Das Volk schien für das Gute, welches ihm der Landesfürst bereiten wollte, noch nicht empfänglich genug, und die Art, wie man auf das Volk einzuwirken pflegte, war nicht geeignet, diese Empfänglichkeit zu erhöhen. Man schrieb gesetzlich auch das Kleinste vor, im Schwarme der verschiedenartigen Gebote erstickten die meisten derselben durch eigenes Übermaß, die besseren gingen neben den schlechteren in Vergessenheit, und die zuviel wollten, erreichten das wenigste."

Die Langsamkeit des Fortschrittes kann sonach nicht wundernehmen. Hängt die ländliche Bevölkerung überhaupt mit großer Zähigkeit am Herkommen und an gewohnten Auffassungen, so mußte damals das Widerstreben um so größer sein, als recht viel auf einmal und in vieler Hinsicht mehr verlangt wurde, als die Überzahl der bäuerlichen Wirtschaften geistig und wirtschaftlich zu leisten vermochte. „Jahrhunderte hindurch waren sich die Bauern gänzlich selbst überlassen gewesen, unsicher im Genusse des Erworbenen, im Betrieb und Besitz aufs äußerste beschränkt, schwer bedrückt durch Lasten aller Art, in Unwissenheit versunken. Hinter den verlangten Verbesserungen konnten sie zum guten Teil wieder neue Bedrückungen und höhere Auflagen vermuten. Die üblen agrarrechtlichen Verhältnisse, welche schon die Kameralisten als das größte Hindernis des landwirtschaftlichen Aufschwunges gekennzeichnet und bekämpft hatten, bestanden zum größten Teil noch in der früheren Weise fort. Hatten auch erleuchtete Fürsten und Staatsmänner diese Hemmungsgründe richtig erkannt, so dauerte es naturgemäß lange, bis der Erkenntnis Abhilfe folgte; ebenso verstrich lange Zeit, bis die Bauern selbst soweit vorwärts geschritten waren, um von den sich ihnen allmählich eröffnenden Vorteilen entsprechenden Nutzen ziehen zu können."

Kurfürst Karl Theodor setzte die Bemühungen seiner Vorfahren, die Landeskultur zu heben, energisch fort. Er suchte die Überzeugung von der Notwendigkeit der Einführung besserer Wirtschaftssysteme mit stärkerem Futter-, besonders Kleebau, mit vermehrter Viehhaltung und Stallfütterung auch in Altbayern zur allgemeineren Anerkennung und Verbreitung zu bringen, Neuerungen, mit welchen in der Pfalz schon die besten Erfolge erzielt worden waren. Auf die Abstellung der zu großen Hegung des Wildes und der „Jägerexzesse" wurde Bedacht genommen. Mehrere weitere ökonomische Gesellschaften entstanden. Eine solche gründete Graf Anton von Törring-Seefeld in der Herrschaft Seefeld 1789 und in Nürnberg bildete sich der

1792 bestätigte Verein „Gesellschaft zur Beförderung der vaterländischen Industrie", welcher den Zweck der Hebung des Landbaues mitverfolgte.

Aber die schon erwähnten Hindernisse landwirtschaftlichen Fortschrittes wirkten noch immer in einem Maße nachteilig ein, daß die erwarteten Verbesserungen in dem nötigen Umfange nicht recht zustande kommen wollten. Zeichneten sich einzelne Gemeinden durch Fortschritte in der Kultivierung aus, so bestand in anderen hartnäckiger Widerstand. So wird für die Münchener Gegend angegeben, daß die Gemeinheitsteilungen sehr selten und schwierig waren. „In Schwabing ließen die Bauern auf den ersten Geometer, der dort ankam, einen wilden Stier los, und der Kommission schwor man Mord und Tod." Eine offizielle Erklärung vom Jahre 1800 sagt, daß noch so viele unbebaute Gründe vorhanden seien und die alten Weidenschaftsverhältnisse noch in großem Umfange fortbestünden. Einsichtige Schriftsteller weisen auf die mißlichen Verhältnisse hin. Durch die herrschende Wirtschaftsweise mit gemeinschaftlichem Weidegang auf den Brachäckern sei der klügere Landwirt gehindert, freien Gebrauch von seinen Äckern zu machen. Brachhaltung bestehe ungeachtet der wohltätigen Landesverordnungen noch beinahe in allen Gegenden des Reiches. Die Dorfbewohner seien so sehr für den Weidegang eingenommen, daß einzelne Mitglieder denselben nicht abschaffen könnten, ohne den Haß und sogar die Verfolgung der übrigen auf sich zu laden. Aber nicht nur Weiden und Brachfelder lägen unbebaut, sondern man könne annehmen, daß auch der vierte Teil der Winter- und Sommerfelder unbebaut bleibe und verunkraute. So lange die Kulturgesetze und Verordnungen bei den Dorfgemeinden nicht auf zweckmäßige Art in Ausübung gesetzt würden, so lange werde kein Edikt vermögen, Bayerns Heiden in fruchtbare Ländereien zu verwandeln. Dazu komme, daß es auf dem Lande Beamte, Schullehrer und Seelsorger gebe, welche den Verordnungen bei weitem nicht nachkämen, vielmehr den Landwirt noch in seinem Schlendrian bestärkten und Männer, die sich außer dieser Sphäre gesetzt, bei der Gemeinde verächtlich machten. Durch die Frondienste seien die Landbewohner von der rechten Kultur und Bearbeitung ihrer eigenen Gründe abgehalten, während den großen Gütern selbst diese Fronarbeit mehr zum Schaden als zum Nutzen gereiche. Die Unsicherheit des Eigentums bewirke Mutlosigkeit, drücke den Fleiß herab und das Bestreben zu Verbesserungen. In gleicher Richtung wirke ungemessene Verteilung von Geld- und Naturalentrichtungen, übermäßige Größe derselben und auch das Übermaß der Bedrückung durch die Jagdgerechtigkeiten und die großen Wildschäden. Auch die Schädlichkeit der großen Zahl der Feiertage auf dem Lande wird betont. Die Verordnungen über Abstellung überflüssiger Feiertage seien beim gemeinen Landwirte bisher immer ohne Erfolg gewesen. Ferner bestehe ein Mangel an den notwendigen Kenntnissen des Feldbaues und der landwirtschaftlichen Verbesserungen. Allerdings würden auch die besten und verbreitetsten Kenntnisse doch unnütz sein, so lange die Hindernisse fortbestünden, welche den emsigen Landwirt abhielten, von seinen Kenntnissen Gebrauch zu machen.

Ein übles Bild von den landwirtschaftlichen Verhältnissen in Oberbayern gibt ein Schriftsteller im Jahre 1792, der fast die Hälfte von Oberbayern zu Fuß durchwandert hatte. „Die Wohnstuben der Bauern waren meist niedere, elende, baufällige Löcher. Fast an den meisten Orten, aber besonders 3—4 Stunden im Umkreis von München drückt den Landmann alle mögliche Not, Kummer und Elend. Oft ist in einem großen Dorfe kaum einer in einer guten mittelmäßigen Lage. Ihre Gebäude sind schlecht unterhalten, viele so baufällig, daß man kaum ohne Furcht hineingehen kann. Ihr Vieh ist klein, mager (denn im Winter bekommt es nur Stroh zu fressen), und überdies steht es in gar keinem Verhältnisse mit der überflüssigen Menge der Äcker. Von dem Vieh hat der Bauer ein ganzes Jahr durch wenig oder gar keine Losung. Ochsen hält er nicht, die doch in jedem Betracht für ihn besser als Pferde wären, daher weiß man auch von keiner Mästung etwas. Nur ein und das andere Kalb, die, weil ihre Mütter klein und schwach sind, auch wenig gelten, kann er verkaufen. Schweine fand ich an vielen Orten gar nicht und so auch wenige Schafe. Die Klagen der hiesigen (sc. Münchener) braven Metzger über Mangel des Viehs bezweifelte ich vorher immer, nun finde ich sie ganz begründet und bin durchgehends der Meinung, daß, wenn keine Vorkehrung und Unterstützung für den Landbau beizeiten getroffen werde, in kurzer Zeit das Pfund Fleisch 12—15 Kreuzer (ca. 34—43 Pf.!) gelten muß. Was die Feldgründe anbelangt, so sind sie äußerst schlecht und kaum zur Hälfte angebaut. Aus Mangel an Vieh kann der Bauer seine Äcker mit Dünger nicht begailen und jetzt um so weniger, weil ihm der Viehtrieb, aber besonders die Holzstreue sehr erschwert wird; dadurch erhält er an vielen Orten nicht einmal dreifachen Samen mit der Aussaat zurück. Die Wiesgründe haben sie meistens in den 3—4 Stunden entlegenen, nassen, sauren Mösern, an deren Abzapfung und Trockenlegung noch lange nicht gedacht werden kann. Dieser Mangel an Heu wird immer bestehen, weil ihn niemand beherzigt, nirgends dem Bauern mit Beispielen vorangegangen wird und er ohne Anleitung nichts unternimmt und an den meisten Orten schon so sehr herabgesunken ist, daß er ohne Unterstützung nichts unternehmen kann. Ich traf auf meiner Wanderschaft viele Bauern an, die mir offenherzig gestunden, daß sie sich zu vielen Zeiten des Jahres den Himmel nicht kaufen könnten, wenn er auch einen Kreuzer gelte. Kaum ist das Getreide reif, so muß er, um seine darauf gemachten Schulden, damit er die Abgaben und Ehehalten hat bezahlen können, abführen zu können, nun alles zum Verkauf auf die Schranne führen. Kaum kommt das Frühjahr, so muß er dann selbst wieder Haber und Gerste zum Anbau und Korn zur Speise kaufen. Daher ist in einigen Orten das Sprichwort entstanden, die Bauern fahren das ganze Jahr auf die Schranne, d. h. im Herbst und Winter verkaufen und im Frühjahr kaufen sie wieder Getreide. Ein Hauptübelstand drückt auch den Landwirt noch, das ist Mangel an Ehehalten und Arbeitern. Mit diesen muß er äußerst gelinde umgehen und sie sozusagen auf den Händen herumtragen und obendrein noch sehr teuer bezahlen. Ein mittelmäßiger Knecht fordert 40 bis 45 Gulden Jahreslohn, ein, auch zwei Paar Schuhe, zwei Hemden und eine grobe Leinwand zu einer Hose.[1]) Wenn ihn der Bauer manchmal scharf anfährt und seine Arbeit fordert, so läuft der Knecht der Stadt zu, wird wohl Hausknecht oder Tagwerker oder geht zum Militär und verschreit den Bauern so, daß er nicht leicht wieder einen Knecht in seine Dienste bekommt. Die nämliche Beschaffenheit hat es mit den Mägden. Ein neuer Meier nimmt meist eine große Quantität Schulden von seinem Vorfahrer, überläßt wieder viele seinem Nachfolger und so zahlen oft Kindeskinder noch an den Schulden ihrer Großväter. Man klagt in der Stadt über Teuerung der Viktualien und weiß und untersucht die Ursachen nicht, die lediglich in vernachlässigter Ackerkultur und der damit notwendig verbundenen Viehzucht zu sehen ist.“ Die gute alte Zeit!

Die Bewirtschaftung der Ökonomie des Klosters Weihenstephan beschreibt Schönleutner folgendermaßen. Das Ackersystem war die in der Gegend ausschließlich herrschende Dreifelderwirtschaft mit reiner Brache, welche in den späteren Jahren etwas Klee enthielt. Die Brache wurde nach der landesüblichen Weise behandelt. Zu Ende Mai oder Anfang Juni wurden die Stoppeln des Sommerfeldes umgepflügt; anfangs Juli folgte die zweite und in der letzten Hälfte des August die dritte Furche. In der Mitte oder Ende des September wurde mit der vierten Furche der Samen des Wintergetreides aufgesät und eingeeggt. Bei der Bearbeitung des Brachfeldes klebte man so wie bei der Saatfurche an den Vorurteilen des gemeinen Mannes, welcher sein Feld nicht nach Bedarf oder der günstigen Witterung, sondern nach den Tagen gewisser Heiligen oder gewisser Wochen zu bearbeiten pflegte. Bei dieser Art der Brachbearbeitung, welche noch dazu oft schlecht war, wurde der Zweck der reinen Brache, Vertilgung des Unkrautes und Lockerung des Bodens, schlecht erreicht. Die Tiefe der Krume erreichte im Durchschnitt wohl nicht 3 Zoll (etwa $7^1/_3$ cm). Der Düngerhaufen war mager und klein, er reichte in keinem Jahr hin, die Hälfte des Brachlandes zu düngen. Soweit dasselbe Dünger erhielt, baute man Winterweizen, das nichtgedüngte Land trug Winterroggen; im Weizenfeld folgte Gerste, im Roggenfeld Haber. Ein Teil des Ackerlandes wurde durch Roßfrondienste bestellt, welchen es an gutem Willen und an Kräften gleichermaßen fehlte. Sie pflügten das Land nicht, sondern kratzten es nur oberflächlich weg, der Boden verwilderte, die Äcker waren voll Unkraut, vorzüglich mit einem ungeheuren Wust von Quecken angefüllt und die Kleeäcker waren die verwildertsten. So wie die Bearbeitung und Düngung war auch die Ernte gering. Man gewann im Durchschnitt für Winter- und Sommergetreide nie mehr als sechsfache Ausbeute. Dies war aber nur bei sehr fruchtbaren Feldern der Fall, in mittelmäßigen Jahren kam der Ertrag eher unter als über den fünffachen Samen zu stehen. Die Wiesen waren schlecht besorgt, an ihre Düngung war nicht zu denken. Sie gaben nur für wenige Jahre so viel Heu und Grummet, als für das Arbeitsvieh und einen geringen Teil des Jungviehs erforderlich war. Das Melkvieh erhielt im Winter nicht das geringste von den Wiesen.

Man wird ja wohl vermeiden müssen, obige Stimmungsbilder so aufzufassen, als ob nicht auch Güter besserer Betriebsweise in Bayern vorhanden gewesen wären. Es fehlte nicht an tüchtigen Landwirten, welche sich sowohl die vielfachen wertvollen praktischen Erfahrungen zunutze machten, die aus alter Zeit überkommen waren, wie jene, welche das XVIII. Jahrhundert hinzugebracht hatte. Schönleutner sagt hierüber, daß damals schon in verschiedenen Gegenden Bayerns Beispiele fortgeschrittener Bewirtschaftung anzutreffen gewesen seien, und daß auch die Dreifelderwirtschaft selbst als das verbreitetste System öfter in abweichender Form gehandhabt werde, so wie es den örtlichen Verhältnissen und Bedürfnissen entspreche. Namentlich seien Beispiele einer von der landesüblichen abweichenden und wohl berechneten Wirtschaftsweise auf adeligen Gütern, in Ackerbau treibenden Städten und Märkten und auch auf arrondierten Bauerngütern anzutreffen, aber freilich in zu beschränktem Umfange, als daß hieraus ein bemerkbarer Unterschied für die Produktion des ganzen Landes hervorgehen könnte. Es fehle weniger an Fleiß als daran, daß die meisten Landwirte nach Urahnenweise handelten und an Gewohnheiten und Schlendrian klebten.

Um auch Beispiele besserer Wirtschaftsweise namhaft zu machen, so waren in der Gegend von Alt- und Neuötting und Burghausen schon verhältnismäßig frühzeitig die Brachen teils mit Klee, teils Buchweizen, Kartoffeln usw. bebaut, die Felder wurden mit Hilfe der eingeführten Stallfütterung reichlich gedüngt. Schon um die Zeit der Entstehung der Burghausener Gesellschaft war der Kleebau in jenen Gegenden bekannt. Die Gesellschaft war für Wirtschaftsverbesserungen und namentlich für weitere Verbreitung des Kleebaues lange vor Schubart tätig. „Gehen wir nur einige Schritte aus den Toren von Burghausen, sogleich wird man große weite Felder antreffen, die niemals brachliegend gelassen werden. Man sieht auf diesen die schönsten Früchte wachsen. Derlei Beispiele kann ich auch noch von der Gegend von Kelheim, einigen Orten an der Isar, besonders zwischen Landau und Osterhofen, um die Gegend von Wörth und fast in allen sog. Schwaiggütern um Reyspach und mehr anderen Orten anführen" (v. Hoppenbichl 1772). Vom Rentamt Burghausen wird schon 1781 behauptet, daß die Gemeindeweiden sehr selten seien und das Vieh in der Regel im Stall bleibe. Die nämliche Wirtschaft war an beiden Ufern des Inns und in dem Winkel zwischen Inn und Salzach, in der Gegend des Rottals, sowie überhaupt in dem Winkel zwischen Inn und Donau vorhanden. „Glücklich wäre Bayerns Kultur, wenn das in jenen Gegenden Bestehende das allgemein Herrschende wäre". Aber andere Gegenden Bayerns zogen von diesen Beispielen keinen Nutzen und in geringer Entfernung von Burghausen, schon in der Umgebung von Landshut, stritt man noch lange über die Möglichkeit und Nützlichkeit des Brachanbaues. In der Pfalz war der Kleebau auch schon lange eingeführt, die Hauptverbreitung trifft hier auf die zweite Hälfte des XVIII. Jahrhunderts, unter besonderer Mitwirkung der Sozietät in Kaiserslautern.

Eine verbesserte Dreifelderwirtschaft hatten schon lange die Bauern im Pegnitzkreise. Die Äcker waren in zwei Klassen geteilt, in bessere und schlechtere. Bei der Einteilung war sowohl auf die Lage und die Bodenbeschaffenheit als auch auf die Nähe oder Entfernung Rücksicht genommen. Die besseren nannte man Schmalsaatfelder, die schlechteren Brachäcker. Erstere wurden alle drei Jahre gut gedüngt und mit Kraut, Kohlrüben oder Kartoffeln bebaut und fleißig von Unkraut gesäubert. Im nächsten Jahre folgte Gerste, welche nach dem Unterpflügen sorgfältig übereggt wurde. Gewöhnlich gab diese Frucht eine sehr reiche Ernte. Nach ihr wurde ohne Verzug die Stoppel untergeackert und in diese je nach der Bodenbeschaffenheit Korn oder Dinkel gesät. Nach der Ernte des Wintergetreides wurde sofort wieder die Stoppel umgepflügt und Rübsamen oder Roggen, auch Hafer oder Wicken und Erbsen eingesät. Die Rüben gaben bei guter Herbstwitterung noch eine recht gute Ernte und gutes Viehfutter für die ersten Monate des Winters. War Roggen gesät, so erhielt man im April bis Mai des folgenden Jahres eine ergiebige Fütterung, darauf wurde gedüngt und das Feld mit Kartoffeln oder Kraut usw. bepflanzt. Waren in die Wintergetreidestoppel Wicken etc. gesät gewesen, so gab das noch im späten Herbste Grünfutter, das Winterfutter konnte solange geschont werden, als noch kein Schnee die Felder bedeckte. Das war gewiß eine sehr intensive Bodenbenützung, mit guter Stellung der Gerste in der Fruchtfolge, mit Stoppel- und Zwischenfruchtbau[2]), wie er für die meisten Gegenden Deutschlands erst eine Errungenschaft der Neuzeit bildet oder auch da noch kaum Eingang gefunden hat, wo er mit Vorteil betrieben werden könnte. Die Wiesen waren durchaus zweimähdig und wurden, wo nicht alle Jahre, so doch gewiß alle drei Jahre gedüngt. Das geringere Land oder die Brachäcker wurden in dortiger Gegend allerdings sehr extensiv behandelt.

In Gegenden, wo sich von altersher um Städte herum umfangreicher feldmäßiger Gartenbau entwickelt hatte, blieb das Beispiel intensiver Kultur nicht ohne Einfluß auf die benachbarte Landwirtschaft. So wird die Gegend um Bamberg als eine Lage höchster Kultur, mit meilenweiten Gemüseanlagen, vielen Gewürz- und Arzneipflanzen, mit Wein-, Hopfen- und blühendem Obstbau, mit Getreidebau in Zweifelderwirtschaft beschrieben. Die Bewirtschaftung war auf den besseren Teilen des Landes eine freie, unter Anbau derjenigen Gewächse, welche augenblicklich den höchsten Gewinn brachten. Die sich nächstanschließenden, besonders größeren Wirtschaften, welche sich mehr mit Getreidebau und Viehzucht befaßten, hatten keine Brache mehr. Teils waren es Fruchtwechselwirtschaften mit Kleebau, teils hatte man noch viel besömmerte Brache, baute aber im Brachschlag viel Handelsgewächse. Da die eigentliche Landwirtschaft im Bezirke des überwiegend gärtnerischen Betriebes für den eigenen Bedarf Genügendes nicht erzeugte, so wurde das Fehlende durch den sich anschließenden Kreis von Gutsbetrieben ergänzt. Nach den vorliegenden Beschreibungen scheint eine große Mannigfaltigkeit der Wirtschaftsweise sich entwickelt zu haben, welche auf intensive Bodenbenützung hinauslief und weit abstach von der primitiven Landwirtschaft, welche noch in weiten Gegenden Bayerns herrschte. Auch in Franken selbst bestand neben dem alten intensiven Handelsgewächsbau die Dreifelderwirtschaft in alter Form noch lange in das XIX. Jahrhundert hinein fort und der Kleebau nahm daselbst erst von etwa 1810 an überhand.

Im ganzen war um die Wende des XVIII. Jahrhunderts in der bayerischen Landwirtschaft noch das meiste und dringlichste zu beschaffen. In der Herbeiführung besserer Zustände hat die bayerische Landwirtschaft dem ersten König überaus viel zu verdanken. Trotz der Schwierigkeit der Zeitverhältnisse war

Maximilian Joseph von Anfang an bemüht, die Landwirtschaft emporzubringen. Seine besondere Aufmerksamkeit widmete er dem Vollzug der schon bestehenden Kulturverordnungen, insoweit diese den Bedürfnissen der neuen Zeit noch entsprachen; er erkannte die Notwendigkeit, dem Grundbesitz mehr freie Hand und größere Sicherheit im Genusse des Besitzes zu verschaffen. 1799 wurde eine Generallandesdirektion geschaffen, mit sieben Sektionen oder Deputationen, davon eine für Kultur-, Forst- und Bauwesen. Diese Deputation hatte als Oberbehörde die Kulturverordnungen in Vollzug zu setzen und den Gang der Vollzugsarbeiten zu leiten. Eine große Menge neuer Verordnungen trat ins Leben, bestimmt, die Kultur mit verschiedenen Maßnahmen zu heben und die Kulturverbesserungen zu erleichtern. Es begann ein heftiger Kampf um weitere Ausdehnung des Kulturlandes, Regelung der Weideverhältnisse, Förderung der Kulturfreiheit, Aufhebung der Gebundenheit der Bauerngüter und Zertrümmerung allzu großer Gutskomplexe; neben der Zertrümmerung wurde im Bedarfsfalle die Zusammenlegung zerstreuter Gutsteile mit Nachdruck betrieben. „Alles Übel stammt von der Weide, hebt daher die Brache auf, teilt die öden Gründe unter die Dorfbewohner, damit sie selbe kultivieren und im Stall dem Vieh gutes Futter reichen; verbessert die Wiesen, erweitert und veredelt die Viehzucht.“ — „Frei ward dem Landwirt der Betrieb seiner Wirtschaft eröffnet und das von dem früheren Zustande der Barbarei noch übrige Weiden- und Hirtenwesen verbannt und der rationellen Landwirtschaft der Eingang überall eröffnet. Mit dem größtenteils bezweckten Brachanbau in mehreren Gegenden und Einführung der Stallfütterung verschwanden von selbst die so lästigen und kostspieligen Zäune und Falltore, welche alle Straßen verbarrikadierten, sie waren auf einmal wie vom Donner niedergeschmettert. Aus kümmerlichen einmähdigen Wiesen gingen zwei- und dreimähdige mit Bewässerungen hervor, eine Menge überflüssiger Waldungen verwandelte sich in schöne Fluren, Hopfen- und Obstgärten. Viele der zu großen Bauernhöfe zertrümmerten sich. Teilen, Ansiedeln und Kultivieren, Stallfütterung, freies Eigentum und freie Kultur waren die Losungsworte, die von allen Ecken Bayerns erschallten.“ — „Die sog. Klein- und Leerhäusler wurden durch den neuen Besitztum von gleichheitlich abgeteiltem Gemeindeeigentum auf freies Eigentum und fünfundzwanzigjährige Zehentfreiheit selbst Landwirte. Eine Menge neuer Häuser waren in allen Gegenden zu schauen und damit eine neue Bevölkerung. Eine wahre Kulturwut ergriff alle Gemüter; und so sehr auch Vorurteile, Justizbehörden und die damaligen Stände dagegen kämpften, so konnte doch nichts der hohen Tätigkeit und Vollzugskraft besagter Deputation widerstehen.“ So äußerte sich v. Hazzi, der Leiter dieser

Deputation, verschiedenen Orts, wohl in etwas optimistischer Weise. Aber es ist anzuerkennen, daß die Deputation unter seiner Leitung eine umfassende Tätigkeit ausübte. In der Zeit von 1799 bis 1805 wurden in Altbayern 1765 Teilungen von Öden und Gemeindegründen vorgenommen, 21230 Tagwerk einmähdige Wiesen zu zweimähdigen gemacht, 47903 Tagwerk Brachfelder angebaut, 872 Güterkomplexe aufgelöst, 753 Güter arrondiert, 1511 neue Wohnungen erbaut. In Schwaben wurden 1803 bis 1806 34791 Tagwerk Öden und Gemeindegründe geteilt, 778 Tagwerk Güterkomplexe aufgelöst, 2457 Tagwerk Wiesen verbessert und 8539 Tagwerk Brachfelder angebaut. Man berechnete daraus einen jährlichen Zuwachs am Nationalvermögen von fünf Millionen im Getreidebau, einer halben Million im verbesserten Futterbau und zwei Millionen im Brachanbau.

Hat der bayerischen Landwirtschaft jener Zeit diese hervorragende Tätigkeit vielen Fortschritt gebracht, so ging es auch nicht ohne Übergriffe und Mißgriffe mit nachteiligen Folgen ab. Mußten die tiefeinschneidenden Maßregeln schon an sich auf vielseitigen heftigen Widerstand und auf Schwierigkeiten verschiedener Art stoßen, um so mehr als bei den Teilungen die kleinen Leute besondere Berücksichtigung finden sollten, so boten die Überschreitungen erst recht Anlaß zu starker Opposition. Man wies auch darauf hin, daß man bei der Anordnung und radikalen Durchführung allgemeiner Maßnahmen nach gleichmäßigem System vorsichtig sein müsse, daß es nicht zweckmäßig sei, alles das, was man zum neuen System gehörig erachtete, wirklich in jedem Falle durchzuführen, daß man doch mehr spezialisieren müsse. Es war mehrseitig zum Bewußtsein gekommen, daß doch die Einführung der Stallfütterung mit Aufhebung der Weiden und Brachen eine so einschneidende und für den einzelnen Wirtschafter mit so großen Schwierigkeiten verbundene Sache sei, daß diese Neuerung erst allmählich bewerkstelligt werden könne und die Voraussetzungen hierfür verschiedenfach noch nicht vorhanden seien. Mangel an Arbeitskräften, um die erweiterte Kulturfläche zu bestellen, Mangel am nötigen Kapital zur Einführung der Verbesserungen und anderes, nicht zum mindesten auch Mangel an Kenntnissen, wie die verlangten Wirtschaftsänderungen am zweckmäßigsten einzurichten seien, das waren nicht auf einmal zu überwindende Hindernisse, ganz abgesehen davon, daß die Zweckmäßigkeit der Aufhebung der Brache auch durch örtliche und klimatische Verhältnisse beeinflußt war. Ferner wurde auf die Schwierigkeiten hingewiesen, welche das Gesinde der Stallfütterung in vielen Gegenden entgegensetzte. „Ehehalten sind meistenteils die eigensinnigsten, unwürdigsten, allen Vorstellungen und Zurechtweisungen boshaft widerstrebenden Geschöpfe. Dem Gesinde wird bald das öftere Ausmisten des Stalles, bald das viele Grasmähen und Grastragen nicht anständig sein.“ Man konnte auch recht wohl örtlich an Modifikationen des Systems denken, mit beschränkter Stallfütterung, Benützung verfügbarer guter Weiden und anderen Abweichungen, unbeschadet der entsprechenden Ausdehnung des Futterbaues auf dem Acker und der Vermehrung der Viehbestände. Mußte sich doch auch schließlich die Fruchtwechselwirtschaft die verschiedensten lokalen Abänderungen gefallen lassen.

Obiges bezieht sich zunächst auf die älteren bayerischen Gebietsteile; in den jüngeren war die Kulturgesetzgebung ihre besonderen Wege gegangen.

Die Generallandesdirektion wurde 1808 wieder aufgehoben. Von da ab wurde es mit dem Vollzug der Kulturmaßnahmen unter dem Einflusse von Verordnungen wieder ruhiger, welche die Durchführung an reger begrenzte Voraussetzungen knüpften und auch berechtigten Bedenken mehr Spielraum ließen.

Von der größten Bedeutung für den landwirtschaftlichen Fortschritt war, daß der Landesfürst das größte Gewicht auf die Hebung des Bildungsstandes legte, um die große Masse der ländlichen Bevölkerung der Aufnahme der Verfügungen zugänglicher zu machen. „Dem Anbau des Bodens geht besser der Anbau des Geistes voraus.“ Die Einsicht von der Notwendigkeit einer Belehrung der Bauern geht schon weiter zurück. Unter den Hindernissen des Aufschwunges der Landeskultur findet man erwähnt, daß in den Landschulen der Jugend nicht das geringste vom Landbau gesagt werde. Die nämliche Beschaffenheit habe es in den lateinischen Schulen, weshalb die Geistlichen nicht einmal mit einer Theorie versehen ihre Pfarrhöfe anträten, bei denen meistens große Ökonomien seien. Die Bauern hätten jemanden vonnöten, der ihnen vom Ackerbau aufgeklärten und praktischen Unterricht gebe, an Sonn- und Feiertagen nach dem Gottesdienst. Man regte damals sogar sehr drastische Mittel der Abhilfe an, die Einführung einer landwirtschaftlichen Aufsicht, bestehend aus den oberen Kreisbeamten unter Beigabe eines Unterkommissärs, welchem die Privatwirtschaftsbeamten untergeordnet wären, um in den verschiedenen Zeiten der Feldarbeiten, Ernte usw. den in ihren Aufsichtskreisen enthaltenen Feldbau und andere landwirtschaftliche Verrichtungen nachzusehen und die nachlässigen Landwirte durch augenblickliche Vorkehrungen zur Kultur anzuhalten. In der Pfalz habe man die Feldschauer, Peltzmeister, im Württembergischen Feldstützler, welche in Eid und Pflicht genommen würden, genaue Aufsicht über die Bestellung der Felder usw. zu haben. Sie hätten in ihrem Bezirke die Arbeiter zu beobachten, die Fleißigen zu belohnen, die Nachlässigen zur Arbeit anzuhalten, die Unwissenden zu belehren und mit wohlgeordneten und vernünftigen Ursachen zu bereden zu suchen.

Der landwirtschaftliche Unterricht an der 1801 nach Landshut verlegten Universität konnte für den vorliegenden Zweck nicht in Betracht kommen. Der Unterricht durfte sich auch nicht bloß auf die Theorie beschränken, sondern es kam vor allem auf die Errichtung von Musterwirtschaften an, um dem „gemeinen Landwirt“ Gelegenheit zu geben, das Beispiel zu finden, wie er seinen Betrieb gemäß den neuen Anforderungen einzurichten habe. Es ist ja begreiflich, daß es, wie schon oben angedeutet, den Bauern nicht so leicht fallen mußte, die scharfen Eingriffe in die seitherige Wirtschaftsweise durch Änderungen des Wirtschaftssystems auszugleichen. Hatte der Bauer bisher für sein Vieh aus den gemeinschaftlichen Hutplätzen eine wenn auch meist sehr kärgliche Nahrung ziehen können, so mußte er nach Verteilung der Gründe sein Augenmerk auf den Futtergewächsbau richten. Er stand vor der Aufgabe, den Futterbau mit dem Getreidebau in gehörige Vereinigung zu bringen und die Futtergewächse so unterzubringen, daß sie das Land, anstatt es auszusaugen oder unrein zu machen, rein erhalten und verbessern konnten. Der Bauer hatte auch die Kultur verschiedener Gewächse erst kennen zu lernen, was nur allmählich und an der Hand des Beispieles geschehen konnte. Es kam oft vor, daß strebsame Bauern, welche ihre Brachfelder anbauten und den Anregungen folgten, dies so anfingen, daß sie zu großem Schaden kamen, was andere abschreckte. Auch die Kleefütterung, welcher vielfach Nachteile nachgesagt wurden, mußte erst gelernt werden.

Auf den Unterricht im Landbau zielte schon die Maßnahme ab, daß bei den Teilungen der Gemeindegründe jeder Schule ein Landanteil zugewiesen werden mußte. 1803 wurde die Ökonomie des aufgehobenen Benediktinerklosters Weihenstephan zur Musterwirtschaft auszubilden begonnen und in Verbindung mit der dorthin verlegten Forstschule eine Professur für Landwirtschaft errichtet. Hier wirkte Schönleutner, ein Schüler Thaers. Die Musterwirtschaft in Weihenstephan sollte verbesserter Betriebsweise Eingang und Verbreitung verschaffen und die Bauern belehren, wie sie sich in ihrem Betriebe den neuen Verhältnissen anzupassen hätten. Schönleutner vermittelte den Eintritt Bayerns in die Thaerschen Reformen in vorzüglicher Weise und die Weihenstephaner Wirtschaft (und später jene in Schleißheim) spielte eine wichtige Rolle bei der Verbreitung besserer Wirtschaftsart besonders in den altbayerischen Provinzen. Sie trug wesentlich dazu bei, die Fruchtwechselwirtschaft (damals auch vielfach rheinische Wirtschaft genannt), gegen welche viele Bedenken laut wurden, und mit ihr Stallfütterung und Kleebau zur Anerkennung in weiteren Kreisen zu bringen und ein richtiges Verständnis von ihr zu verbreiten. Verschiedene andere Güter, welche den Verbesserungsanregungen gefolgt waren, wirkten in gleicher Weise und in zunehmender Zahl durch ihr Beispiel förderlich auf die bäuerlichen Wirtschaften ein.

War auch der Zustand der Landwirtschaft in Bayern vor beiläufig hundert Jahren im Vergleich mit dem der Jetztzeit ein recht mangelhafter, so geht doch aus obigen Darlegungen hervor, daß die damalige Zeit keine landwirtschaftlich tatenlose gewesen ist, vielmehr war es eine hochgradig bewegte Zeit angestrengter Arbeit zur Hebung der Landeskultur. Waren ferner auch schon im Laufe des XVIII. Jahrhunderts anerkennenswerte Bestrebungen und Ansätze zu Verbesserungen zutage getreten: weitergehende praktische Erfolge und wenn auch zunächst vielfach unvollkommene Verwirklichungen des Angestrebten über das Land hin waren doch erst der Zeit um die Wende des XVIII. Jahrhunderts vorbehalten. Damals waren die drückendsten Fesseln zu lösen, welche dem Aufschwung der Landwirtschaft entgegenstanden. Dabei hatte man Schwierigkeiten vor sich, welche in vieler Hinsicht wohl weit größer waren als jene, denen spätere Bestrebungen begegneten, nachdem einmal in die altherkömmlichen Zustände Bresche zu legen begonnen war. Die energische Tätigkeit jener Zeiten ist um so bemerkenswerter, wenn man an die gleichzeitigen kriegerischen Unruhen denkt, welche das Land bedrückten und das Aufkommen besserer Zustände erschwerten. Die damaligen Bestrebungen dürfen sonach in keiner Weise unterschätzt werden, da damals der erste Grund zur neueren Entwicklung der Landwirtschaft in Bayern gelegt worden ist.

In der folgenden Zeit wurde mit allem Eifer an der Verbesserung der Landwirtschaft in Bayern weitergearbeitet. Zum Hauptträger des landwirtschaftlichen Fortschrittes wurde der Landwirtschaftliche Verein in Bayern, dessen Satzungen am 9. Oktober 1810 die königliche Genehmigung erhalten hatten. Der Verein erfreute sich von Anfang an der Interessenahme des königlichen Hauses. 1811 übernahm der König selbst das Protektorat, die Königlichen Hoheiten Kronprinz Ludwig und Prinz Karl traten als ordentliche Mitglieder dem Verein bei. 1828 übernahm König Ludwig I. das Protektorat, Kronprinz Maximilian wurde Mitglied des Vereins, 1842 übernahm er die Vorstandschaft. Diese rege und dem landwirtschaftlichen Fortschritt in Bayern äußerst förderliche Anteilnahme seitens des königlichen Hauses besteht bis in unsere Tage fort, wo Seine Königliche Hoheit der Prinzregent Protektor des Vereins und Seine Königliche Hoheit Prinz Ludwig Ehrenpräsident des bayerischen Landwirtschaftsrates ist.

Verein und Staatsregierung entfalteten eine rührige Tätigkeit auf allen Gebieten der Landwirtschaft. Die zunehmende Hebung der allgemeinen volkswirtschaftlichen Zustände, die Verbesserung der Verkehrs- und Absatzverhältnisse trugen neben der fortschreitenden Abbröckelung noch bestehender Hemmnisse der freien Bodenbenützung und freien wirtschaftlichen Tätigkeit zum Fortschritte bei, ebenso die Wirksamkeit so vieler, im Interesse der Landwirtschaft nach und nach begründeter staatlicher Institutionen. Wie durch den Fortgang der landwirtschaftlichen Gesetzgebung mehr und mehr die Voraussetzungen besserer Kultur geschaffen wurden, so hob sich auch die landwirtschaftliche Technik, und die Verbreitung besserer Kenntnisse durch die Entwicklung des landwirtschaftlichen Unterrichtswesens fand mehr und mehr Beachtung. An die Stelle der vor hundert Jahren weit in der Überzahl befindlichen Betriebe mit extensivster Bodenbenützung und kümmerlicher Viehhaltung sind Betriebe mit beträchtlich gesteigerter Bodenproduktion und beträchtlich gesteigerter Erzeugung von Vieh und Viehprodukten getreten; an Stelle primitiver technischer Gebarung begegnen wir einer fortgeschrittenen landwirtschaftlichen Technik, unter Anwendung der vielfachen Hilfsmittel der Kultur, welche die neuere und neueste Zeit der Landwirtschaft verfügbar gemacht hat. Erstrecken sich auch diese Fortschritte nicht gleichmäßig auf alle Betriebe und bleibt fortgesetzt noch Vieles zu bessern, so ist die Landeskultur und landwirtschaftliche Produktion im ganzen im Verlaufe des verflossenen Jahrhunderts auf eine unvergleichlich höhere Stufe der Entwicklung gelangt, es ist das Jahrhundert Bayerns als Königreich der bayerischen Landwirtschaft zum größten Segen geworden. Die Denkschriften vom Jahre 1860, 1890, 1897 und 1903, welche die landwirtschaftliche Entwicklung von 1810 an eingehend beleuchten, sind rühmliche Denkmäler für den landwirtschaftlichen Fortschritt in Bayern wie für alle Kräfte, welche an dem Werke mitgeschafft haben.

Dorf Peiß b. München. Aquarell von Wilh. v. Kobell.

Acker- und Pflanzenbau in Bayern vor 100 Jahren.

Von Carl Kraus.

Angesichts der in vorausgehender Darstellung gekennzeichneten landwirtschaftlichen Verhältnisse in Bayern vor 100 Jahren darf ein besonders entwickelter Zustand der Technik der Ackerkultur nicht erwartet werden. Verbesserungen begannen sich erst vereinzelt einzubürgern, während im großen ganzen nach altherkömmlicher Weise verfahren wurde. Da sich die bayerische Landwirtschaft zunächst aus dem Gröbsten herauszuarbeiten hatte, konnte auf eine besondere Interessenahme weiterer Kreise der Landwirtschaft an der Verbreitung technischer Verbesserungen vorerst kaum gerechnet, die Bestrebungen zur Schaffung fester Grundlagen besserer Wirtschaftsweise durften gegen technische Verbesserungen im einzelnen nicht zurückgesetzt werden. Man findet allerdings die Ansicht ausgesprochen, daß, so lange im größten Teil Bayerns die freie Bewegung des Landwirts durch gutsherrliche Rechte, Zehentpflicht, Mißverhältnis der Ausdehnung des Besitzes zur Größe des Betriebskapitals usw. gehemmt sei, man besser tue, anstatt auf Änderungen im herkömmlichen

Wirtschaftssystem auf Verbesserungen im einzelnen, z. B. durch bessere Bearbeitung des Bodens, sorgfältige Sammlung und Benützung des Düngers, Anbau von Handelsgewächsen, Obstbau, Veredlung des Viehstandes usw., einzuwirken. Aber unbeschadet der Nützlichkeit derartiger Verbesserungen liegt auf der Hand, daß erst eine von Grund aus richtig aufgebaute Wirtschaft von den technischen Verbesserungen vollen Nutzen ziehen kann oder diese überhaupt erst durchzuführen imstande ist. Da eine eingehende und annähernd vollständige Behandlung der damaligen Acker- und Pflanzenkultur an dieser Stelle nicht möglich ist, beschränkt sich die folgende Darstellung darauf, Einzelnes herauszugreifen, was zur beiläufigen Kennzeichnung der Verhältnisse vor 100 Jahren dienen mag.

Ein bedeutsamer Maßstab zur Beurteilung des Zustandes des Ackerbaues ist die Bodenbearbeitung. Wie sie damals im allgemeinen gehandhabt wurde, läßt sich aus Wirtschaftsbeschreibungen ersehen; sie war nach jetzigen Begriffen überwiegend eine mangelhafte. Als Regel galt viermalige Ackerung der Brache, vielfach wurde aber, besonders auf großen Bauerngütern, nur zweimal, höchstens dreimal gepflügt. Die übliche Ackerungstiefe war vier Zoll (etwa 10,5 cm), aber auch diese geringe Tiefe scheint oft nicht eingehalten worden zu sein. Daneben gab es allerdings besser bewirtschaftete Höfe mit sorgfältigerer Bodenbearbeitung, bei fleißiger Anwendung konnte auch mit einfachen Geräten Gutes geleistet werden. Im größten Umfange herrschte die Bifangkultur mit schmalen Beeten, über deren Unzweckmäßigkeit in Lagen, wo nicht Neigung, Bodenbeschaffenheit und Wasserverhältnisse zur Beibehaltung nötigten, schon damals vielerseits geklagt wurde. In Anwendung stand der allgemein verbreitete alte Landpflug mit hölzernem Streichbrett, im Alpenlande hatte man Wechselpflüge verschiedener Bauart und teilweise von verhältnismäßig hoher Ausbildung; besonders ist hier der sog. Leitenpflug zu erwähnen. Wechselpflüge waren auch in der Pfalz eingeführt. Von Eggen waren verschiedene Originalformen vorhanden, darunter namentlich solche, welche dem Bifangbau angepaßt waren.

Die Einführung verbesserter landwirtschaftlicher Geräte und Maschinen stand in den allerersten Anfängen. Hierfür war besonders Schönleutner bei dem 1803 begründeten staatlichen Musterbetriebe in Weihenstephan tätig. Noch als er sich in Celle bei Thaer aufgehalten hatte, war vom Kurfürsten der Befehl erteilt worden, daß bei Thaer Modelle der verbesserten Ackerbauwerkzeuge bestellt und in München und Augsburg aufgestellt werden sollten. Als 1810 der Landwirtschaftliche Verein entstanden war, bildete die Einführung und Verbreitung besserer

Ackergeräte und landwirtschaftlicher Maschinen den Gegenstand seiner besonderen Aufmerksamkeit. Der Verein hat auf diesem Gebiete sehr viel geleistet und seine Tätigkeit war namentlich in den ersten Jahrzehnten seines Bestehens insoferne von besonderer Wichtigkeit, als damals eine Industrie landwirtschaftlicher Geräte und Maschinen in Bayern nicht bestand und die Neuheiten von auswärts zu beschaffen waren, zum Unterschiede von der Jetztzeit, wo jedem Landwirte im entferntesten Dorfe alles leicht zugänglich gemacht ist und früher ungekannte oder nur vereinzelt vorhandene Geräte und Maschinen zur weiteren Verbreitung gekommen sind. Übrigens begannen vor etwa 100 Jahren überhaupt erst verschiedene Neukonstruktionen in größerer Anzahl auf dem Markte zu erscheinen und praktisch brauchbare Form anzunehmen.

Es ist aber bemerkenswert, daß bayerische Erfindungen im landwirtschaftlichen Maschinenwesen schon aus früher Zeit bekannt sind. Versuche mit Dreschmaschinen tauchten sehr früh auf. Der „Müller zu Unterbruck“ hatte 1786 ein von ihm selbst gefertigtes Modell einer Dreschmaschine aufgestellt, welche durch Wasser getrieben wurde. Die Mitteilung hierüber fügt bei, daß schon früher eine solche Maschine aufgestellt gewesen, aber von Obrigkeitswegen ruiniert worden sei. Der Schwerpunkt der Fabrikation von Dreschmaschinen lag im bayerischen Gebirge, wo im Inn- und Salzachkreise schon 1780 Dreschstampfen mit beweglicher Tenne (ca. 200 Gulden kostend) vorhanden waren.[3]) Um 1810 waren sie sehr häufig im bayerischen Oberlande. Noch J. v. Baader arbeitete an ihrer Verbesserung. 1803 erfand Ziller im Salzburgischen eine neue Säemaschine, welche noch 1815 und darüber hinaus zu verbreiten gesucht wurde. 1810 erfand Wall in Bernried eine Handsäemaschine und 1803 J. Sailer in Jetzendorf einen Gipsstreukasten. Interessant ist die Erfindung von Dr. Prantl zu Ottobeuren 1817, bestehend in einem Instrument wie ein Haspel, um den sich ein Seil schlang, an das der Pflug befestigt wurde. Durch Umdrehen des Haspels wurde der Pflug weitergezogen. Verfertiger war J. Spies. „Hätte man die Lokomobile an die Stelle des Haspels gestellt, so war der Dampfpflug nach Fowler nahezu fertig.“ Fowler selbst konstruierte 1848 einen Drainpflug, von dem angegeben wird, daß er die Grundlage für die späterhin entstehenden Dampfpflüge bildete. Der Apparat wurde durch ein starkes Hanfseil mittels eines Göpels in Bewegung gesetzt. Der Göpel wurde dann durch eine Lokomobile, das Hanfseil durch ein Drahtseil ersetzt. So ließen sich noch verschiedene bayerische Erfindungen und Verbesserungen landwirtschaftlicher Geräte und Maschinen aus früherer Zeit namhaft machen.

Der Feldbau stand, wie aus dem Früheren hervorgeht, in der Hauptsache im Zeichen der Dreifelderwirtschaft, so weit sich nicht aus besonderen natürlichen

Verhältnissen heraus eigenartige Formen der Wirtschaft entwickelt hatten, wie die Egartenwirtschaft im Alpenvorlande. Von Wichtigkeit waren damals die Umfriedigungen der Äcker und auch teilweise der Wiesen. Die Sektion der Kameralwissenschaften bei der Universität Landshut stellte 1807 die Preisfrage: „Sind Befriedigungen der Äcker oder auch der Wiesen zu einer guten Landwirtschaft notwendig, und im Falle, daß sie es sind, wie müssen sie eingerichtet werden, damit sie sowohl zweckdienlich als auch in anderer Hinsicht am wenigsten schädlich sind?" Der Bearbeiter erklärte sie für notwendig überall da, wo die Landwirte nur zum Teil mit dem Anbau der Brache vorgegangen seien, um die bebauten Felder gegen den Vieheintrieb derjenigen zu sichern, welche noch immer den Weidegang beibehalten hätten. Auch der Wildstand mache Befriedigungen unerläßlich. Auf Gütern mit vorgeschrittener Bewirtschaftung begann man die Hecken um die Felder energisch auszurotten.

Unter den Kulturen stand an Wichtigkeit wie von jeher der Getreidebau obenan. Man baute die alteinheimischen Sorten, von denen beim Weizen solche mit Grannen und ohne Grannen, mit weißen und braunen Ähren unterschieden werden. Dinkel wurde in viel größerem Umfange gebaut als gegenwärtig, auch in Gegenden, aus denen er jetzt ganz verschwunden ist. In manchen Gegenden säte man Gemenge von Dinkel mit Roggen. Einzelne Landwirte interessierten sich auch schon für Anbau und Einführung ausländischer Getreide. Von Gerste baute man Winter- und Sommergerste, zwei- und vierzeilige. Da die letztere besser scheffle, so sei sie mehr in Gebrauch, während es sich bekanntlich gegenwärtig umgekehrt verhält. Daß sich Gerstenbau und Kleeeinsaat meistens miteinander nicht vertragen, war wohl bekannt. Um den Klee zurückzuhalten, wird empfohlen, ihn erst zu säen, wenn die Gerste wenigstens fingerlang heran gewachsen sei und sich auszubreiten beginne. Ferner wußte man, daß die Gerste gut bearbeitete und gedüngte Mittelböden verlange, daß gewöhnlich frühe Saat vorzuziehen sei. In einer Schrift vom Jahre 1804 wird gesagt, daß in Franken die beste Gerste um Schweinfurt wachse und in Schwaben im Ries um Nördlingen, Gegenden, welche bekanntlich auch jetzt noch hervorragende Gerstenbaubezirke sind. Vom „Habern" glaubte man vielfach, daß ihm nur das schlechteste Erdreich gewidmet werden dürfe, gewöhnlich werde auch zu Hafer nur einmal geackert und der Samen nicht selten eingeschmiert, daher seien denn auch die Ernten und die Frucht schlecht. Einsichtige Landwirte wußten aber, daß sich bessere Bestellung des Hafers recht wohl lohne. In Franken wurde gewöhnlicher gelber Rispen- und türkischer Fahnenhafer gebaut.

Vielfach wird gerügt, daß in altem Schlendrian sowohl bei den Bauern wie auch meistenteils bei den Herrschaften viel zu dick gesät werde. „Viele meinen, wenn sie recht dick aussäen, werden sie auch recht viel einzuschneiden haben. Aber ein kluger Landmann muß schon beim Pflügen seine wirtschaftlichen Bemerkungen machen, ob der Acker gut, mittelmäßig oder schlecht sei, und nach der Beschaffenheit wird er dann die angemessene Aussaat vornehmen. Auf guten Grundstücken muß dünner gesät werden, weil sich die Pflanzen stärker entwickeln. Ein übersäter Acker gibt dünne, schwache Halme mit schwachen Ähren, er lagert sich. Man soll erfahrene Sämänner aufstellen. Aber man überläßt dies künstliche Geschäft den Händen unerfahrener Mägde oder wohl gar Kindern, welche ihre Sache vollkommen gut zu machen glauben, wenn sie recht dick säen. Man sollte das richtige Maß durch genaue, oft wiederholte Versuche zu bestimmen suchen." Als Mittel gegen Brand war Einkalken des Weizens bekannt, und später, schon seit 1812, wurde Beizung mit Kupfervitriol empfohlen und angewandt. Übrigens wurde vielfach vorjährige Frucht zur Aussaat verwendet.

Die Angaben über die Erträge der Getreide gehen bedeutend auseinander. Die Vergleichungen sind durch die mancherlei Maße und Gewichte erschwert, welche damals üblich waren und einen Autor 1804 zu dem Ausrufe veranlaßten: „Wird denn wohl nicht auch einmal für Deutschland die Zeit kommen, wo der ärgerliche Wirrwarr, der bei den in unzähliger, veränderlicher Gestalt erscheinenden trockenen und flüssigen Maßen herrscht, beseitigt werden wird?" Meistens sind die Kornerträge nach dem Vielfachen der Aussaat angegeben, was natürlich an Unbestimmtheiten leidet. Als Landesdurchschnitt wird im allgemeinen für die Dreifelderwirtschaft der fünf- bis sechsfache Kornertrag angenommen, nach Abzug des Saatgutes etwa zwei Scheffel Korn vom Tagwerk oder beiläufig 6 Zentner, gegen einen Durchschnitt von etwa 9,6 Zentner für die Jahre 1897—1902. In den fruchtbarsten Lagen waren die Erträge bedeutend höher; so wird für die Straubinger Gegend der 12—15fache Ertrag (im Durchschnitt war er wohl 10—12fach) angegeben. Nach den Aufstellungen v. Reiders würden sich als Schwankungen je nach Bodenbeschaffenheit berechnen: für Weizen 7—20, Roggen 5—23, Gerste 5—21, Hafer 4—18 Zentner vom Tagwerk. Die Erträge der besten Böden würden sonach hinter den derzeitigen nicht zurückgestanden sein. Für das Gut Laufzorn bei München werden nach alten Rechnungen folgende Erträge für 1802 angegeben: Weizen 1 Scheffel 4 Metzen, Roggen 1 Scheffel 2 Metzen, Gerste 1 Scheffel 4,6 Metzen, Hafer 3 Scheffel 1,6 Metzen. Dagegen war der Durchschnitt für 1862—72 für Weizen und Roggen je 3,

Gerste und Hafer je 5 Scheffel, so daß die Erträge 1802 gegenüber den späteren einer Mißernte entsprechen würden.

Die Volumgewichte waren zu Anfang des XIX. Jahrhunderts durchschnittlich niedriger als gegenwärtig. Es wog vor 100 Jahren 1 hl im Durchschnitt (berechnet nach den Angaben v. Reiders bzw. nach dem landwirtschaftlichen Kalender von Mentzel und Lengerke) kg:

Winterweizen	75,1 bzw. 77	Gerste . .	60,1 bzw. 64
Winterroggen	67,5 „ 72	Hafer . . .	43,1 „ 46

Wie es sich mit dem Fortgang in der Verbreitung des Kleebaues als des wichtigsten Fortschrittes im Feldbau im XVIII. und zu Anfang des XIX. Jahrhunderts verhielt, wurde schon vorausgehend erwähnt und darauf hingewiesen, daß sich der Kleebau in manchen Gegenden verhältnismäßig früh verbreitete, in anderen sehr zögernd. Von sonstigen Futtergewächsen wurde die Luzerne zu Anfang des XIX. Jahrhunderts besonders in der Pfalz und in Franken gebaut. Manche Landwirte am Main protestierten gegen ihren Anbau, weil die Pflanze wegen der starken Wurzeln ein Feldverderber sei. Die Esparsette wußte man in Bayern zeitig zu würdigen. Nach Oberbayern (Schleißheim) brachte sie Schönleutner. Wie man damals Verschiedenes probierte, so wurde 1804 seitens der Regierung ein Versuch mit Spergel eingeleitet, dem man Aufnahme verschaffen wollte. Die Versuche scheinen der Verbreitung nicht günstig gewesen zu sein, was nicht wunder nehmen kann. Daß in einzelnen Gegenden Stoppelfruchtbau zu Futterzwecken betrieben wurde, ist schon früher hervorgehoben.

Die Verbreitung der Kartoffeln vollzog sich in Bayern später als in anderen deutschen Ländern, obwohl vielerseits für den Kartoffelbau agitiert wurde. „Die meisten Einwohner der Städte, welche wegen der Teuerung der anderen Lebensmittel so kümmerlich leben müssen, würden mit dem größten Eifer und dem wärmsten Danke diese Wurzeln unter ihre Nahrung aufnehmen, die sie nur deswegen verachten, weil sie noch zu selten und zu hoch im Preise sind. Möchten die Landleute auf diesen Umstand mehr Rücksicht nehmen, so würden sie auf die zweckmäßigste Art ihr eigenes Interesse und zugleich jenes der Bewohner der Städte und Flecken befördern. Noch eine nicht unbedeutende Ursache, welche die Bauern zur Aufnahme der Erdäpfel bewegen sollte, ist die Gattung der Nahrung, die sie ihrem Gesinde geben; diese besteht meistenteils in unverdaulichen Mehlspeisen, die in dem Magen überlästige Blähungen verursachen, welche allen Eifer zur Handarbeit beim Gesinde erkälten. Der Erdapfel wäre ein sehr zweckmäßiges Mittel, diesem Übelstande abzuhelfen" (1795). Die Kartoffeln waren wohl am frühesten in die Pfalz gekommen, aus dieser kamen sie ins westliche Franken und aus der Oberpfalz nach Altbayern und Oberfranken. Die mit Kurfürst Karl Theodor nach München übergesiedelten Pfälzer trugen zur Verbreitung in Bayern bei. Die langsame Einführung in Altbayern mag mit der Vorliebe der Bevölkerung für Mehlkost zusammengehangen haben. Vielfach fehlte es auch an den Kenntnissen, wie der Anbau zu bewerkstelligen sei. Es gebe zwar schon einzelne Landwirte, welche den Kartoffelbau ziemlich im großen betrieben; andere aber bauten zwar Kartoffeln, sie seien aber mit diesem Bau zu wenig bekannt, als daß sie den Vorteil erhielten, der sich bei ordentlicher Behandlung erwarten ließe; wieder andere würden gerne Kartoffeln bauen, wüßten aber nicht, was man dabei zu beobachten habe (1800). Noch 1813 war der landwirtschaftliche Verein veranlaßt, durch unentgeltliche Verteilung von Saatgut nebst Anweisung zum Anbau und zur Benützung zur Kartoffelkultur anzuregen. Die teuren Jahre 1816 und 1817 waren der Verbreitung des Kartoffelbaues in Bayern ganz besonders förderlich.

Die Kartoffeln waren vor 100 Jahren ziemlich teuer, entsprechend der starken Nachfrage bei geringer Produktion. Ein Kartoffelbauer unweit München verkaufte 1799 das Viertel um 40 Kreuzer, den Scheffel um 9 Gulden 20 Kreuzer, sonach den Zentner um etwa 4 M. 50 Pf. 1802 kostete ein Scheffel in München 7—8 Gulden 48 Kreuzer; 1871 war der Durchschnittspreis 4 Gulden. Von Sorten werden 1795 elf unterschieden, mit dem Beifügen, daß man die Zahl der Sorten leicht auf 60 bringen könne, wenn man kleine Unterschiede für Sortenunterschiede halte. In einer Schrift vom Jahre 1795 werden zwei Sorten als die hauptsächlichen angegeben: eine große weiße mit roten Flecken inwendig, als die fruchtbarste am meisten gebaut und auf den Märkten am gemeinsten; dann eine lange rote, inwendig mit einem roten Kreis gezeichnete, besser als die vorige, aber weniger fruchtbar. Ferner werden gute rote und polnische Kartoffeln unterschieden; von ersteren gelte der Scheffel 4 Gulden 30 Kreuzer, von letzteren nur 3 Gulden 30 Kreuzer, weil sie weniger schmackhaft seien (1800). Trotz des höheren Ertrags (60 Scheffel vom Tagwerk gegen 36 bei den roten[4]) wird vom Anbau der polnischen Sorte abgeraten, weil diese nebst dem üblen Geschmack mehr wäßrige und weniger mehlige Teile als andere Sorten enthalte. Man scheint also auch Sorten als Speisekartoffeln gebaut zu haben, deren Geschmack nicht eben hervorragend war, was der Verbreitung des Konsums nicht gerade nützlich gewesen sein wird.

Man hat damals auch schon Versuche darüber angestellt, ob besser große oder kleine, ganze oder in mehrere Stücke zerschnittene große Knollen zur Saat verwendet würden. „Die Versuche geschickter Landwirte erbrachten den Beweis, daß am besten große Kartoffeln ausgesteckt würden.“ Man wußte auch schon, daß das Abschneiden des Krautes zu Futter, solange dasselbe noch grün ist, schädlich wirkt.

Waren Getreide, Futtergewächse und Kartoffeln diejenigen Früchte, welche für weitaus die meisten Wirtschaften in erster Linie in Betracht zu ziehen waren, so widmete man aber auch besondere Aufmerksamkeit dem Handelsgewächsbau. Einerseits wollte man schon bekannte und eingeführte Kulturen ausdehnen, anderseits machte man alle möglichen Neuheiten zum Gegenstande der Empfehlung. Hierüber sei nur folgendes erwähnt.

Dem Hopfenbau, welcher in mehreren Gegenden des Königreiches schon seit langer Zeit betrieben wurde, führten die Verteilung der Gemeindegründe und die Regelung der Zehentpflichtigkeit weitere Flächen zu. Bei der Empfehlung der Erweiterung des Anbaues wies man auf die niederen Getreidepreise hin, welche mit sich brächten, daß der Bauer im Falle einer glücklichen Ernte sein Los mehr zu bejammern als sich dessen zu freuen habe, sowie darauf, daß für Hopfen noch viel Geld ins Ausland gehe. J. B. Herrmann berechnet für das Jahr 1792 in den Rentämtern des Herzogtums Bayern München, Landshut, Straubing und Burghausen eine Jahresproduktion von 2388000 Eimer Bier und einen Hopfenverbrauch von 11645 Zentner zu 100 Gulden = 1164500 Gulden. Nach einstimmigem Urteil würden davon im eigentlichen Bayern nur ein Drittel gebaut, zwei Drittel vom Auslande eingeführt, also müßten 776333 Gulden bar auswandern. Ein Haupthemmnis der Ausbreitung des Hopfenbaues sei, daß besonders für die Sommerbiere vorzugsweise böhmische Hopfen gekauft würden, in der Meinung, er sei besser. Der inländische stehe deshalb niedriger im Preise und wegen des unvorteilhaften Absatzes sei sogar der Hopfen in manchen Gegenden wieder herausgehauen worden. Durch die an Bayern gekommenen Hopfenländer in Franken und Schwaben könne zwar dem Bedürfnisse größtenteils gesteuert werden. „Aber man beherzige den bisherigen Handel dieser Länder ins Ausland und die dafür eingebrachten Summen. Man lasse den in den Spalter Gegenden erbauten Hopfen nur immer möglich seinen längst gewohnten Weg über den Rhein ferner wandern, auf welchem er als eine so schöne und sichere jährliche Geldquelle wieder zurückfloß.“

Der Tabakbau, der in der Ansbach-Nürnberger Gegend und in der Pfalz schon länger blühte, wollte mit aller Macht auch in Altbayern eingeführt werden. Schon 1788 sollte nach Anordnung der Regierung Tabak in die Brachfelder gebaut werden. „Das Resultat des ganzen beschränkte sich aber auf einen voluminösen Aktenstoß“. Dem Anbau standen Mangel an Dünger und Arbeitskräften, Verwendung der Brache zur Weide u. a. entgegen. Man wollte übrigens den Tabakbau auch auf klimatisch hierfür ungeeignete Gegenden ausgedehnt wissen. Ein Freiherr von Manteufel baute in den 80er Jahren in München (Au) und auf seinem drei Stunden entfernten Gute Tabak, „den man rauchte“. Kommerzienrat Fleischmann ließ die Sache nicht ruhen, sondern arbeitete energisch an der Verbreitung des Tabakbaues. Er erhielt ein Privilegium zur Errichtnng der ersten Rauchtabakfabrik im Lande.[5]) Aber es entstanden Schwierigkeiten, zum Teil wegen zu hoher Akzise, zum Teil und hauptsächlich durch die von Seite Ansbachs und Nürnbergs verhängte Tabakblättersperre. Es erwies sich dadurch als notwendig, das Produkt im Lande selbst anzubauen.

Ein starker Anlauf wurde ferner zur Einführung des Zuckerrübenbaues gemacht. Als Gemüsepflanze war die Zuckerrübe schon seit alter Zeit gartenmäßig gebaut und in den fränkischen Provinzen war die Bereitung eines Syrups aus dem Saft uralt. Nachdem Achard nach langjährigen Vorarbeiten 1802 in Niederschlesien die erste Zuckerfabrik eingerichtet hatte, bemühte sich J. N. v. Grauvogl um die Einführung der Zuckerrübenkultur in Bayern. Er erhielt 1808 die Konzession zur Errichtung einer Rübenzuckerfabrik und zwar in Augsburg. v. Grauvogl hob in der Agitation für den Zuckerrübenbau den nämlichen Umstand hervor, welcher zugunsten der Ausdehnung des Hopfenbaues angezogen wurde, daß nämlich der Wert des Getreides auf ein Drittel desjenigen gesunken sei, den es noch vor wenigen Jahren gegolten habe. Die Landleute seien nun in größter Verlegenheit, und mancher sei in bitteres Elend geraten, weil der Wert ihrer Güter im nämlichen Verhältnisse gefallen sei. Bei den jetzigen niederen Getreidepreisen finde der Bauer kaum mehr den Ersatz seiner Baukosten, viel weniger einen hinreichenden Lohn seiner Arbeit, und eine unselige Folge davon sei, daß er manches schöne Stück Land gar unbebaut liegen lasse. Es gebe aber manche Bedürfnisse, die zum Nachteil des Privat- und Nationalwohlstandes mit teurem Gelde aus dem Auslande geholt würden, während die für den Getreidebau entbehrlichen und besonders die brachliegenden Felder dazu verwendet werden könnten. Eine vorzügliche Aufmerksamkeit verdienten die zuckerstoffenthaltenden Pflanzen, besonders die Runkelrüben. Die Runkelrübenerzeugung werde sehr vorteilhaft auf die so sehr verarmten Landstädte hinwirken. Offenbar seien dem Lande zu viele Kräfte entzogen worden, welche bei den gesunkenen städtischen Gewerben durch diese keine Beschäftigung mehr finden könnten; durch diesen neuen Anbau würden die Kräfte zu einer neuen Nahrungsquelle hingeleitet. — Der Zuckerrübenbau erstreckte sich auf die Umgegend von Augsburg. 1809 waren 40, 1810 70 Tagwerk damit bebaut. Man wußte die Bedeutung dieser Kultur für die Verbesserung des ganzen Feldbaues wohl zu schätzen. „Der Ackerbau würde dadurch sehr gewinnen, indem die Felder durch den Anbau der Rübe sicher verbessert werden, wovon man sich in der Umgebung von Augsburg überzeugen kann. Wer die Äcker vor dem Gögginger Tor und mehr gegen die Wertach hin vor vier Jahren gesehen hat und sie gegenwärtig betrachtet, wie sie durch den unermüdeten Fleiß des ersten Unternehmers einer vaterländischen Zuckerfabrik in Süddeutschland, des Herrn v. Grauvogl, geworden sind, der sollte nicht glauben, daß es dieselben sind." Man stellte auch schon Düngungsversuche an, und um den Samen der richtigen Sorte zu verbreiten, erklärte sich die Fabrik bereit, Rübsamen das Pfund um 36 Kreuzer abzugeben und bis zur Abrechnung bei den Rübenlieferungen zu borgen. Als Mittelertrag rechnete man 120 Zentner Rüben vom Tagwerk; für einen Zentner zahlte die Fabrik 40 Kreuzer, also etwa 1,14 M. Auch auf die Nebennutzungen des Zuckerrübenbaues wurde hingewiesen. Darunter ist die namhaft gemacht, daß die gelb gewordenen Blätter ein gesundes Tabaksurrogat gäben. Ein Tagwerk könne 3—4 Zentner Surrogat liefern, zur Zeit sei 1 Zentner davon bei 10 Gulden wert.

Surrogatfragen und der Anbau von Gewächsen, welche ausländische Produkte entbehrlich zu machen geeignet sein möchten, erschienen damals überhaupt sehr wichtig, besonders unter dem Einflusse der Kontinentalsperre, man wollte aber auch den Geldabfluß für eine Reihe von Produkten durch deren Bezug aus dem Auslande hintanhalten. Außer den Rübenblättern empfahl man als „Tabak" nach dem Vorgange der k. Akademie in Schweden die Kartoffelblätter und „zog sie sogar dem Tabak vor" (1813). Eine Schrift vom Jahre 1806 beschreibt nicht weniger als 42 Kaffeesurrogate „als Beitrag, sich und seinem Vaterlande jährlich eine große Summe Geldes zu erhalten". Diesen Empfehlungen reihten sich jene der Kultur von Saflor, Sonnenblume, Mohn, Erdmandel usw. an, welche verschiedenenorts versuchsweise angebaut wurden.

Näher lag die Pflege des Obstbaues, der in verschiedenen Gegenden, besonders in Unterfranken und in der Pfalz, schon alten Datums war. Die Regierung verordnete verschiedene Maßnahmen zur Förderung. So sollten alle Landstraßen mit Fruchtbäumen besetzt und von jedem „angehenden Brautpaar" ein paar Obstbäume in der Gemeinde angepflanzt werden. Die Einrichtung von Industriegärten (Schulgärten) mit Obstbaumkulturen zur Unterweisung der ländlichen Jugend wurde angeordnet und auf die Mitwirkung der Geistlichen und Volksschullehrer Bedacht genommen. Baumschulen und Obstbauvereine entstanden, jährliche Obstbaufeste wurden abgehalten. Aber man machte auch die Erfahrung, daß aus Mangel an Kenntnissen im Obstbau Hunderte von ausgepflanzten Bäumen kümmerten oder wieder eingingen. Um dem Mangel an Kenntnissen abzuhelfen, wurden populäre Schriften verfaßt und verbreitet.

Die obigen skizzenhaften Darlegungen werden ersehen lassen, daß man vor 100 Jahren vielerseits ernstlich bemüht war, die bayerische Landwirtschaft hinsichtlich des Pflanzenbaues zu verbessern und mit Neuem zu bereichern. Diese Bestrebungen verdienen gewiß alle Anerkennung; es darf aber nicht außer acht gelassen werden, daß verschiedenes von dieser Tätigkeit eine mehr als lokale oder vorübergehende Bedeutung nicht zu gewinnen vermochte und unter den damaligen Zuständen der großen Masse der Landwirtschaft keine solche, welche für die hauptsächliche Landesproduktion entscheidend werden konnte. Es ist begreiflich, daß verschiedenes, damals mit allem Enthusiasmus gepflegte wieder in den Hintergrund trat oder erst geraume Zeit später wieder Beachtung gefunden hat. Es handelte sich in vielem um erste Anfänge und Anregungen, während praktisch der Schwerpunkt bei der Verbesserung der Wirtschaftsbetriebe im ganzen und, was die Ackerkultur anbelangt, bei der vermehrten Benutzung der Brache namentlich durch stärkeren Futterbau gelegen war, als unentbehrliche Voraussetzung, um die Viehhaltung erweitern, mehr Mist erzeugen, die Felder besser düngen und dann auch tiefer bearbeiten, die herkömmlichen Früchte zu bessern Erträgen bringen zu können. Auch der Wiesenbau bedurfte noch der gründlichsten Verbesserung. Naturgemäß konnten sich die Bemühungen, diese grundlegenden Dinge in großem Umfange im Lande zu bereinigen, nur langsam verwirklichen, und so konnte auch nur allmählich der Boden zur Aufnahme weitergehender technischer Verbesserungen und anspruchsvollerer Kulturen vorbereitet werden.

Für die fernere Entwicklung des Acker- und Pflanzenbaues in Bayern gilt das nämliche, was am Schlusse des vorausgehenden Abschnittes in betreff der Entwicklung der Landwirtschaft überhaupt gesagt worden ist. Erblicken wir jetzt, wenn auch immer noch nicht allenthalben, mit guten Ackergeräten sorgfältig bearbeitete, wohlgedüngte und besäte Getreidefluren, sind Klee und Kartoffeln und andere Gewächse längst zum unentbehrlichen Gemeingute unserer Landwirtschaft geworden, hat eine entwickelte Acker- und Wiesenkultur in den meisten Gegenden mehr und mehr um sich gegriffen, finden wir jetzt so viele Güter mit mustergültigem, auf der Höhe der Zeit stehendem Acker- und Wiesenbau: so möchte man sich die Verhältnisse einer

Zeit schwer vorstellen können, in der jetzt als unentbehrlich Erkanntes noch lange nicht in Übung stand, sei es, daß die Verhältnisse selbst oder daß irrtümliche Anschauungen, auch Abneigung und Widerstand der nächsten Interessenten entgegen waren. Gleichwohl steht auch der Ackerbau der Jetztzeit auf den Schultern jener Zeiten, in welchen die ersten Grundlagen des Fortschritts mühsam zu gewinnen waren. Und manches von dem, was damals schon als richtig erkannt war und zur Durchführung gebracht werden wollte, ist gegenwärtig noch nicht in befriedigendem Maße verwirklicht.

---

[1]) Auf dem Gute Laufzorn bei München hatte ein Ökonomieknecht 1801 einen Lohn von 54 Gulden 24 Kreuzer, eine Kuhdirn von 26-33 Gulden; 1872 betrugen diese Löhne schon 106 Gulden 42 Kreuzer, bzw. 54 Gulden 42 Kreuzer.

[2]) Anbau in die Stoppel war auch sonst hier und da in Übung. So wurde in der Wiesentheider Gegend 1783 in einem Vergleich der Gemeinde Geesdorf mit den Besitzern des Schafhutrechts auf den Markungen von Geesdorf und Untersambach der ersteren Gemeinde zugestanden, daß jeder Besitzer eines ganzen Hofes vier Morgen Halmrüben (Kohlrüben), der Besitzer eines halben Hofes aber $2^1/_2$ Morgen derselben in der abgeernteten Winterflur anbauen dürfe. Der Kleebau wurde durch den nämlichen Vergleich für einen Teil der Felder ermöglicht. (Mitteilungen und Umfragen zur bayerischen Volkskunde 1902 Nr. 1: Die schmalen Ackerbeete in der Wiesent heider Gegend von K. Spiegel.)

[3]) Sie wurden um 1 Gulden bis 1 Gulden 30 Kreuzer pro Tag verpachtet, auch auf Gemeindekosten angeschafft. Mit einem Pferd und zwei Arbeitern wurden täglich drei Scheffel gedroschen.

[4]) Anderweitig wird nach Versuchen der Ertrag auf durchschnittlich 25 Scheffel vom Tagwerk angegeben. Das wären rund 56 hl oder etwa 87 Zentner (gegenwärtige Durchschnittserträge 56—73 hl, 86—120 Zentner).

[5]) 1787 in der Au bei München, 1792 nach Landshut verlegt.

Literatur zu den zwei vorausgehenden Abhandlungen.

Vorbemerkung. Während die landwirtschaftlichen Verhältnisse in Bayern für die Zeit von 1810 ab in den 1860, 1890, 1897 und 1903 erschienenen amtlichen Denkschriften eingehend systematisch beschrieben sind, liegt eine solche Bearbeitung für die vorausgegangene Zeit nicht vor. Genügt das Material auch, um im großen ganzen ein Bild von den landwirtschaftlichen Zuständen und den brennenden großen Fragen zu entwerfen, wie in der ersten Abhandlung skizziert, so ist es lückenhaft hinsichtlich der Betriebseinzelheiten, deren Kenntnis zur Bearbeitung der zweiten Abhandlung erforderlich ist. Man ist hier darauf angewiesen, mit recht zerstreutem Material sich zu behelfen, welches aber auch über vieles zureichende Aufschlüsse nicht gibt. Hauptsächlich sind es die nachfolgend benannten Schriften, denen Notizen entnommen werden konnten.

P. J. Schmid. Praktische Abhandlungen von dem Ackerbau in Schwaben. 1791. — J. N. Knott. Praktische Grundsätze des Acker-, Wiesen- und Futterkräuterbaues. München 1792. — A. Th. zu K. und Ofellus als Verteidiger der Brache. Abhandlung über die Brache oder der lateinische Wirt in Bayern. Nürnberg 1794. — Parmentier. Abhandlungen über die ökonomischen Eigenschaften der Erdäpfel. Augsburg 1795. — Fleischmann. Gründlicher Unterricht zum Tabakbau in Bayern. München 1796. — P. Dallingers Beherzigung, die Erdmandel anzubauen und zu gebrauchen. Augsburg 1799. — P. Dallinger. Über die Kultur und Benützung der Sonnenblume und der Weberkarde. Eichstätt 1800. — P. Dallingers Nachrichten über Saflor- und Waukultur. Ingolstadt 1800. — Anleitung zum Kartoffel- oder Erdäpfelbau. München 1800. — L. Ch. v. Feilitzsch. Ökonomisch-praktische Bemerkungen über den Ackerbau. Hof 1800. — v. Hazzi. Über das Rechtliche und Gemeinnützige bei Kultur und Abteilung der Weiden- und Gemeindewaldungen in Bayern 1802. — G. Freih. v. Aretin. Wie kann Bayern durch die Landwirtschaft in den besten Wohlstand gebracht werden? 1802. — Geiger. Die Obstbaumzucht. München 1804. — J. B. Fischer. Über den Anbau ausländischer Getreide und einiger anderer nutzbarer Gewächse in Deutschland. Nürnberg 1804. — B. Laubender. Der Kaffee und seine bis jetzt bekannten 42 Surrogate. Nürnberg und Altdorf 1806. — Schönleutner. Nachrichten über die Kgl. landwirtschaftliche Schule zu Weihenstephan etc. 1807. — M. Hornsteiner. Gekrönte Beantwortung der von der Kgl. Sektion der Kameralwissenschaften vorgelegten Preisfrage: „Sind Befriedigungen der Äcker oder auch der Wiesen zu einer guten Landwirtschaft notwendig, und im Falle sie es sind, wie müssen sie eingerichtet werden, damit sie sowohl zweckdienlich als auch in anderer Hinsicht am wenigsten schädlich sind?“ Landshut 1807. — J. V. P. Z. A. R. St. K.

Meine Erfahrungen über den Kleebau. Ulm 1807. — Die Obstbaumpflanzung, eines der einfachsten und sichersten Mittel zur Linderung des Kriegselendes. Augsburg 1808. — H. v. N. zu A. Bemerkungen über die Hindernisse, welche der Aufnahme der Landeskultur entgegenstehen. München 1809. — J. N. v. Grauvogl. Anleitung zum Bau der Runkelrübe als Zuckerpflanze. Augsburg 1809. — v. Grauvogl. Über die Zuckerfabrikation in Bayern. Nürnberg 1810. — J. B. Herrmann. Vollständige und gemeinfaßliche Belehrung über den Hopfenbau, besonders in Bayern. Nürnberg 1810. — J. B. Fischer. Auf vierzehnjährige Erfahrungen und Beobachtungen begründete Anweisung zum Anbau ausländischer Getreidearten etc. Crailsheim 1810. — Anweisung zur Vierfelderwirtschaft. Nürnberg 1810. — Fromme Wünsche eines Landwirts in Bayern 1810. — A. S. Kurze Anweisung zum Anbau des Mohns und Zubereitung des Mohnöls. 1811. — K. W. Juch. Die europäische Zuckerfabrikation aus Runkelrüben. Augsburg 1811. — G. Freih. v. Aretin. Zeitbedürfnisse mit besonderer Rücksicht auf Bayern. Augsburg 1820. — J. E. v. Reider. Die landwirtschaftlichen Verhältnisse berechnet für das Königreich Bayern. Hersbruck 1819. — J. E. v. Reider. Bambergs Gartenbau als die höchste Kultur des Grund und Bodens in Deutschland. Leipzig 1821. — G. J. Zur Geschichte des Tabakbaues in Bayern. Neue Jahrbücher der Landw. in Bayern. 1826. — G. A. Die wichtigste Angelegenheit des bayerischen Staates in Rücksicht auf Landeskultur. Neue Jahrbücher etc. 1826. — Fr. A-l-r. Historische Rückblicke auf die Landeskultur im Königreich Bayern. München 1828. — L. W. Medicus. Zur Geschichte des künstlichen Futterbaues. Nürnberg 1829. - v. Hazzi. Über das 25jährige Wirken des landwirtschaftlichen Vereins in Bayern. 1835. — C. Fraas. Geschichte der Landwirtschaft. 1852. — Chr. Langethal. Geschichte der teutschen Landwirtschaft. Bd. IV. 1856. — Die Landwirtschaft in Bayern. Denkschrift zur Feier des 50jährigen Bestandes des landwirtschaftlichen Vereins in Bayern 1860. – Die bayerische Landwirtschaft in den letzten 10 Jahren. München 1872. (Festgabe für die Mitglieder der XXIII. Versammlung Deutscher Land- und Forstwirte.) — Die Landwirtschaft in Bayern. Denkschrift 1890. — Die Maßnahmen auf dem Gebiete der landwirtschaftlichen Verwaltung in Bayern. Denkschrift 1897 und 1903. — G. Graf. Die Kultur des Hopfens in Bayern. Zeitschrift für das gesamte Brauwesen und Mitteilungen des Deutschen Hopfenbauvereins 1904. — F. H. Wismüller. Geschichte der Teilung der Gemeindeländereien in Bayern 1904. — L. Steuert. Die Kgl. Bayer. Akademie in Weihenstephan und ihre Vorgeschichte. 1905. — G. Holzner. Der landwirtschaftliche Unterricht in Weihenstephan und Schleißheim von 1804—1840. 1905.

Schloß Emming b. Landsberg. Aquarell von Wilh. v. Kobell.

Landwirtschaftliche Tierproduktion.

Von Emil Pott.

In den ersten Jahren des vorigen Jahrhunderts erfreute sich die landwirtschaftliche Tierzucht und Tierhaltung — von der Pferdezucht, soweit dieselbe der Gewinnung von Luxus- und Kriegspferden diente, abgesehen — keiner besonderen Pflege. Die landwirtschaftliche Tierproduktion war, trotz der dem Futterbau überwiegend günstigen Boden- und Klimaverhältnisse, von untergeordneter Bedeutung. Auch in Gegenden und Wirtschaften mit größeren Viehbeständen wurde die Gewinnung von Tieren und tierischen Produkten nicht nach gewerblichen Grundsätzen betrieben. Die Tierzucht und die Tierhaltung galten — die Alpengebiete nicht ausgenommen — als notwendige Übel, um den für den Feldbau erforderlichen Dünger, um Arbeitstiere und tierische Produkte (Fleisch, Fett, Milch, Wolle, Häute etc.), die letzteren hauptsächlich für den Haushalt, zu gewinnen. Das gehaltene Nutz- und Schlachtvieh war von wenig schönen und zum Teil auch wenig zweckmäßigen Formen. Es war fleischarm und überhaupt von um so geringerer Leistungsfähigkeit, als es in primitivster Weise aufgezogen, dürftig gefüttert wurde, und weil man ihm keine hohen Leistungen abverlangte. Man glaubte damals noch, daß das den Tieren gereichte Futter gewissermaßen eine Veredlung durch die Umwandlung in Dünger erfahre, und war deshalb oft geradezu bemüht, die Tiere möglichst dürftig zu füttern. Die Grundsätze der tierischen Ernährung, die Beziehungen zwischen Fütterung und Leistung waren noch völlig unbekannt. Die ersten sehr unvollkommenen chemischen Futteruntersuchungen wurden erst zu Beginn des vorigen Jahrhunderts versucht. Eine gewisse Sorgfalt in Haltung und Ernährung wurde meistens nur den Pferden und vorübergehend den in Bayern zu Anfang des vorigen Jahrhunderts eingeführten feinen spanischen Merinoschafen gewidmet. Bei diesen wie auch bei anderen Wollschafen fand man indessen alsbald, daß eine mehr oder weniger reichliche Fütterung keine bemerkbare Steigerung des Wollwuchses hervorrufe, daß sogar die feinsten Wollen bei dürftiger Strohfütterung gewonnen würden. Diese Beobachtung schien die damals bei der Ernährung anderen Nutzviehes — Pferde und Masttiere ausgenommen — geltenden Grundsätze nur zu bestätigen. Im übrigen war freilich die alsbald in vielen Teilen Deutschlands eine höchste Blütezeit erreichende Merinozucht durch das zu derselben erforderliche genaueste Studium des Individuums gerade für die tierzüchterische Entwicklung des deutschen Landwirtes eine unübertreffliche Schulung. Aus den hervorragendsten deutschen und österreichischen Wollzüchtern sind nach dem Niedergange der Edelwollzucht die besten Rinder- und Schweinezüchter geworden.

Für unsere Viehzucht und Viehhaltung im allgemeinen erfolgte erst mit der verbesserten Pflege der Wiesen und Weiden sowie durch die allgemeine Einführung des Kleebaues und anderer Futterkulturen, besonders auch des Rüben- und Kartoffelbaues, ferner durch das Aufblühen der Branntweinbrennerei, das Fortschreiten der Brauindustrie und der dadurch ermöglichten intensiveren Stallfütterung und verbesserten Aufzucht des Jungviehes eine Ära des Aufschwunges. Das war nach einer vorübergehenden Stagnation infolge Aufhebung der im Jahre 1799 errichteten General-Landesdirektion im zweiten Dezennium des vorigen Jahrhunderts. Zu verdanken ist dieser Aufschwung auch noch dem nach Beendigung der napoleonischen Kriege vermehrten Bedarf von landwirtschaftlichen Haustieren und tierischen Produkten, der 1809 erschienenen rationellen Landwirtschaft Albrecht Thaers und in Bayern ganz besonders der bahnbrechenden Tätigkeit des im Jahre 1810 unter dem allerhöchsten Protektorat Seiner Majestät des Königs Maximilian

Joseph gegründeten Landwirtschaftlichen Vereins. Dieser Verein, welchem fortgesetzt die weitgehendste Fürsorge und Mitarbeit der Mitglieder des allerhöchsten Königshauses und des hohen Staatsministeriums des Innern zuteil wurde, welcher nun schon seit über 36 Jahren unter dem Ehrenpräsidium Sr. Kgl. Hoheit des Prinzen Ludwig von Bayern arbeitet, ließ schon vom Jahre 1811 angefangen ein Wochenblatt erscheinen, regte u. a. nicht bloß Futterbauversuche, sondern auch eine sorgfältigere Züchtung und Haltung des Nutz- und Arbeitsviehes an. Das Tier-Ausstellungswesen erhielt durch das zum ersten Male im Jahre 1810 veranstaltete Zentrallandwirtschafts-(Oktober-)Fest in München sowie durch die Einführung von Kreislandwirtschaftsfesten und Bezirksfesten eine zielbewußte, von Jahr zu Jahr vervollkommnete Organisation. Es wurden bei den mit diesen Festen verbundenen Ausstellungen für hervorragende Leistungen Preise verteilt. Ferner wurden Kongresse und Versammlungen behufs Hebung der Tierzucht veranstaltet, Reisestipendien, Preise für die Abfassung guter Druckschriften über Tierzucht etc. verteilt und die letzteren in vielen Tausenden Exemplaren im Lande verbreitet. Gerade zur rechten Zeit erhielt man durch die epochemachenden Arbeiten unseres großen Justus Liebig zum ersten Male eine anschauliche Vorstellung vom tierischen Ernährungsprozeß. Die Liebigsche Schrift „Die Tierchemie oder die organische Chemie in ihrer Anwendung auf Physiologie und Pathologie“, im Jahre 1843 erschienen, bewirkte einen Aufschwung der gesamten biologischen Wissenschaften, durch welchen die Lehre von der Fütterung der Nutz- und Arbeitstiere die bedeutsamsten Anregungen empfing. Kaum ein Jahr später erschienen die ersten Schriften Darwins, welche an die schon im Jahre 1809 veröffentlichte, damals kaum beachtete „Philosophie zoologique“ von Lamarck anknüpften und eine förmliche Umwälzung auf dem Gebiete der organischen Naturwissenschaften hervorriefen. Im wesentlichen beherrscht die Darwinsche Selektionstheorie bis heute die gesamte moderne Tierzuchtlehre. Sie hat in durchschlagender Weise zur Aufklärung der Tierzüchter und zum erfolgreichen Zusammenarbeiten derselben behufs Erreichung gemeinsamer Ziele beigetragen. Unsere hohe Regierung und der Landwirtschaftliche Verein waren ohne Unterlaß bemüht, die Errungenschaften der naturwissenschaftlichen Forschungen auch der landwirtschaftlichen Tierzucht dienstbar zu machen; sie errichteten landwirtschaftliche, tierärztliche etc. Schulen, landwirtschaftliche Versuchsstationen, organisierten einen landwirtschaftlichen Wanderunterricht, begünstigten die Gründung tierzüchterischer Spezialvereine. Schon in den 40er und 50er Jahren des vorigen Jahrhunderts entstanden Vereine für Pferdezucht, Fischzucht, Bienenzucht, Versicherung gegen Schaden an Pferden und Rindern, tierärztliche u. a. Vereine, die sämtlich an der Förderung der landwirtschaftlichen Tierzucht in schätzenswerter Weise mitgewirkt haben. Besonderer Fürsorge erfreuten sich zunächst fortgesetzt die Organisation der Landespferdezucht im Zusammenhang mit dem schon im XVIII. Jahrhundert errichteten Landgestüt (s. u.), die Hebung der Rindviehzucht, der Schafzucht, die Einführung der künstlichen Fischzucht und die Verbesserung des Futterbaues. Von größtem Einflusse auf die gedeihliche Weiterentwicklung der Tierzucht war die gesetzgeberische Tätigkeit des Staates.

Hervorzuheben sind:

das Gesetz vom 4. Juni 1848 über die Aufhebung der standes- und gutsherrlichen Gerichtsbarkeit, dann die Aufhebung, Fixierung und Ablösung von Grundlasten;

die am 28. Mai 1852 erschienenen Gesetze über die Benutzung des Wassers, über Be- und Entwässerungsunternehmungen zum Zwecke der Bodenkultur, über den Uferschutz und den Schutz gegen Überschwemmungen sowie das Nachtragsgesetz vom 15. April 1875, welches auch die unterirdische Zu- und Ableitung des Wassers behufs Be- oder Entwässerung regelt;

das Gesetz über die Gewährleistung bei Viehveräußerung vom 26. März 1859 — später (s. u.) vervollständigt;

die Allerhöchste Entschließung vom 10. Mai 1860, betr. Freigebung des Viehhandels;

das Gesetz, die Zusammenlegung der Grundstücke betr., vom 10. November 1861, später durch das Flurbereinigungsgesetz vom 29. Mai 1886 (mit Vollzugsvorschriften vom 29. Mai 1889) ersetzt.

Auf die zur Hebung einzelner Tierzuchtzweige getroffenen Maßnahmen im speziellen Teil zurückkommend, seien hier nur noch, als von allgemeiner Bedeutung und von großem Einfluß auf die Entwicklung der Landestierzucht, erwähnt:

Die Allerhöchste Verordnung, Maßregeln gegen die Rinderpest betr., vom 6. Dezember 1866, an deren Stelle unterm 3. Juli 1867 eine neue Verordnung trat, die dann wieder mit dem Jahre 1872 durch ein Reichsgesetz abgelöst wurde. Die hierzu erlassenen zahlreichen Instruktionen etc. des Kgl. Staatsministeriums können angedeutet, nicht aufgezählt werden.

Die Allerhöchste Verordnung über Maßregeln gegen ansteckende Viehkrankheiten vom 15. Juni 1867, durch die Reichsgesetze bzw. das bayerische Ausführungsgesetz, Vollzugsverordnungen etc. vom 23. Juni 1880, vom 24. Februar, 21., 23. und 24. März 1881 über die Abwehr und Unterdrückung von Viehseuchen ersetzt. Nach den bezüglichen Bestimmungen wird für die auf polizeiliche Anordnung getöteten Tiere von der Staatskasse Ersatz geleistet. In letzterer Beziehung muß außerdem auf das Gesetz vom 26. Mai 1892, betr. Entschädigung der Viehverluste infolge von Milzbrand, verwiesen werden.

Auch zahlreiche Artikel des Polizeistrafgesetzbuches vom 26. Dezember 1871 (XI. Hauptstück) und die vom Staatsministerium des Kgl. Hauses und des Äußern unterm 2. September 1879 erlassenen Bestimmungen über die Verladung und Beförderung von lebenden Tieren auf Eisenbahnen bilden denkwürdige Stationen auf dem mühevollen Wege, welchen die Kgl. Staatsregierung beging, um der landwirtschaftlichen Tierzucht fördernd beizustehen. Die Lage der bayerischen wie der gesamten deutschen Landwirtschaft und auch die der Tierproduktion hatte sich zudem durch das Anwachsen der ausländischen Konkurrenz und durch die gesteigerten Arbeitslöhne, Arbeitermangel etc. in den letzten Dezennien des vorigen Jahrhunderts immer schwieriger gestaltet. Bedeutende Errungenschaften waren und sind in Anbetracht der angedeuteten schwierigen Verhältnisse die besonders in den 70er Jahren angebahnte Errichtung von Genossenschaften behufs Vermittlung des billigen Bezuges von allerlei Gebrauchsartikeln, auch Futterpflanzensamen und Futtermitteln, in neuester Zeit fortgesetzt von der Bayerischen Zentral-Darlehenskasse, von zahlreichen bayerischen landwirtschaftlichen Bezirksvereinen sowie von der Deutschen Landwirtschaftsgesellschaft in Berlin. Das gleiche bezweckten früher und zum Teil heute noch der im Jahre 1893 gegründete Landesverband landwirtschaftlicher Darlehenskassenvereine, der Verband mittelfränkischer Darlehenskassenvereine und andere Verbände, wie auch die zahlreichen Konsumvereine der in großer Zahl errichteten An- und Verkaufsgenossenschaften und der christlichen Bauernvereine.

Als denkwürdige Taten reihen sich an:

die Gründung der staatlichen Hagelversicherungsanstalt durch Gesetz vom 13. Februar 1884 und der Landeskulturrentenanstalt zur Gewährung von Darlehen für Bodenmeliorationen durch das Gesetz vom 21. April 1884;

das Viehseuchenübereinkommen zwischen dem Deutschen Reich und Österreich-Ungarn vom 6. Dezember 1891, welches indessen durch die neuesten Handelsverträge mit Österreich-Ungarn wesentlich abgeändert worden ist;

die am 25. Juni 1892 erlassenen oberpolizeilichen Vorschriften und Ministerialentschließungen vom 12. Februar und 16. Dezember 1895 behufs Bekämpfung der Tuberkulose beim Rinde; ferner die Erlassung von oberpolizeilichen Vorschriften zur Bekämpfung der Schweineseuchen in den Jahren 1895 und 1896; das Margarinegesetz vom 15. Juni 1897 und die bezügliche Ministerialentschließung vom 14. Mai 1898;

das Gesetz vom 12. Mai 1898, durch welches für gewerbsmäßige Viehhändler und deren Gehilfen ortspolizeiliche Vorschriften über Geschäftsführung und Dienstleistung erlassen werden können, und eine Entschließung des Staatsministeriums des Innern vom 19. Januar 1898, durch welche eine amtstierärztliche Beaufsichtigung der Viehhandelsbetriebe und Einstellstallungen angeordnet wird.

Ein höchst bedeutsames Ereignis in der Geschichte der bayerischen Viehzucht ist auch die durch Gesetz vom 11. Mai 1896 bewirkte Gründung einer Bayerischen Landesviehversicherungsanstalt, die schon am 1. November des gleichen Jahres eröffnet wurde. Bis dahin hatten in Bayern nur örtliche Viehversicherungsvereine auf genossenschaftlicher Grundlage sowie ein größerer pfälzischer Verein in Speyer bestanden. Außerdem gab es nur außerhalb Bayerns größere Viehversicherungsgesellschaften in Stuttgart, Dresden, Berlin und Kassel, die in Bayern zugelassen waren. Dem im Lande bestehenden Bedürfnis nach einer völlig befriedigenden Versicherung gegen Viehschäden durch Unglücksfälle vermochten die bestehenden Organisationen nicht zu genügen. Die wohltätigen Wirkungen der gegründeten Landesanstalt auf die weitere Entwicklung der Viehzucht sind unschätzbar. Wenige Tage nach einem erlittenen Viehverlust erhält der Versicherte seine Entschädigung durch Postanweisung zugemittelt. Die Versicherung erstreckte sich anfänglich nur auf Rinder und Ziegen, mit Gesetz vom 15. April bzw. seit 1. November 1900 auch auf Pferde. Die Beiträge betrugen bisher im Jahresdurchschnitt für Rinder und Ziegen nur ca. 1,21 % der beitragspflichtigen Versicherungssumme. Es ist somit auch den Wenigbegüterten der Beitritt zu den Ortsviehversicherungsvereinen, auf welche sich die Landesanstalt stützt, möglich. Die bestehenden Privatversicherungsgesellschaften vermögen den Versicherten nicht annähernd ebenso günstige Versicherungsbedingungen zu bieten. Vollständig getrennt von der Vieh- (Rinder- und Ziegen-) Versicherung ist die sonst auf denselben Prinzipien beruhende Pferdeversicherung. An Beiträgen wurden hier im Jahresdurchschnitt nur 2,07 % der Versicherungssumme bezahlt. Der Erfolg der Landesanstalt ist hocherfreulich. Andere Staaten dürfen Bayern um seine ebenso vortrefflich organisierte als geleitete Anstalt beneiden. Damit sind aber jene Maßnahmen, welche in bemerkenswerter Weise zum Aufblühen der bayerischen Viehzucht beigetragen haben, nicht erschöpft. Zu registrieren sind in letzterer Beziehung noch:

die Gründung der Bayerischen Landwirtschaftsbank am 1. April 1897;

die Neuregelung der Viehgewährschaft, betr. der Hauptmängel und Gewährfristen beim Viehhandel, mit dem 1. Januar 1900;

mit dem 1. November 1892, dem 1. April 1899, resp. 10. Oktober 1899 etc. Tariferleichterungen auf den bayerischen Eisenbahnen für allerlei tierische Produkte und Futtermittel; seit August 1896, resp. 1. April 1903 auch Frachtermäßigungen für Zucht- resp. Weidevieh und Kälber;

seit dem 3. Juni 1900 ein neues Schlachtvieh- und Fleischbeschaugesetz;

seit dem 25. Dezember 1902 durch Zolltarifgesetz eine Erhöhung der Einfuhrzölle für Tiere sowie Fleisch, Felle, Molkereiprodukte etc., welcher eine weitere Erhöhung der Zollsätze für Tiere und tierische Produkte, dagegen bedingungsweise Herabsetzung in einzelnen Fällen anläßlich des Abschlusses neuer Handelsverträge durch das Reich im Jahre 1905 folgte.

Zu verzeichnen sind endlich auch die vom Staatsministerium des Innern getroffenen einheitlichen Anordnungen über das seuchenpolizeiliche Vorgehen bei Geflügelseuchen und die in Notjahren seitens des genannten Ministeriums vielen Landwirten der betroffenen Kreise gewährten sehr namhaften unverzinslichen Vorschüsse zur Beschaffung von Futter, Streu und Saatgut sowie das seitens der Forstabteilung des Kgl. Finanzministeriums bezeigte Entgegenkommen bezüglich Abgabe von Waldstreu und Waldgras.

In Anbetracht so weitgehender Fürsorge ist es fast selbstverständlich, daß die landwirtschaftliche Tierzucht und Tierhaltung, zudem begünstigt durch die gemachten bedeutenden Fortschritte auf allen Gebieten der Naturwissenschaft und Technik, durch die fortgesetzte Zunahme der Bevölkerung und deren gesteigerte Konsumtionskraft infolge vermehrter Kultur und allgemein erhöhten Wohlstandes, seit 100 Jahren beträchtliche Vergrößerung und Verbesserung aufweisen können.

Die Bestände von den vier Haupthaustierarten der Landwirtschaft bezifferten sich nach den vorliegenden amtlichen Publikationen:

Jahr	Pferde	Rinder	Schafe	Schweine
1810 [1])	294 073	1 889 244	1 038 086	515 285
1833	333 228	2 420 630	1 398 590	777 111
1840	349 685	2 635 294	1 906 589	842 521
1854	347 930	2 635 568	1 234 156	495 816
1863	380 108	3 185 882	2 058 638	926 522
1873	350 867	3 066 263	1 342 190	872 098
1883	356 316	3 037 098	1 178 270	1 038 344
1892	369 035	3 337 978	968 414	1 358 744
1897	376 757	3 419 421	905 916	1 412 579
1900	386 642	3 469 163	760 428	1 757 156
1904	400 948	3 505 887	680 099	1 857 647

Nach der vorstehenden Übersicht hat sich von 1810—1904
der Stand der Pferde um über 36 %
" " " Rinder " " 85 "
" " " Schweine " 260 "

gemehrt. Zurückgegangen, und zwar um ca. 37 %, ist nur die Zahl der gehaltenen Schafe — aus Gründen, auf die wir gelegentlich zurückkommen werden. Von 1840—1854 war überhaupt ein vorübergehender Rückgang in den Viehständen bemerkbar. Am meisten wurden davon die Schafe und die Schweine betroffen, wenig oder gar nicht, resp. nur in einzelnen Regierungsbezirken die Pferde und das Rindvieh, während sich auffälligerweise der Ziegenstand, von dem später noch die Rede sein wird, in einzelnen Regierungsbezirken beträchtlich vermehrte. Als Hauptursache dieser Standesveränderungen darf wohl das am 28. Mai 1852 erlassene Gesetz über die Ausübung und Ablösung des Weiderechtes auf fremdem Grund und Boden angesehen werden. Die gemachten Rückschritte wurden aber, wie die Standesübersichten zeigen, alsbald wieder eingeholt. Einen ganz sicheren Vergleich lassen freilich die obigen Zahlen nicht zu, da die Erhebungen in den betreffenden Jahren nicht zur gleichen Jahreszeit erfolgten, die

[1]) resp. 1818.

älteren Ziffern überdies zum Teil auf Schätzungen beruhen. Außerdem ist besonders zu berücksichtigen, daß die in den letzten Dezennien gezüchteten und gehaltenen Tiere zum Teil durch vermehrte Größe und vollere Formen, zum Teil wohl auch durch gesteigerte sonstige Leistungen bedeutend höhere Werte repräsentierten als in älterer Zeit. Eine Wertsteigerung der in neuerer Zeit gehaltenen Tiere ist überdies durch die in den letzten Dezennien beträchtlich gestiegenen Preise für alle Kategorien von Tieren sowie für die meisten tierischen Produkte nachweisbar. Immer aber überwog der Zahl und dem Werte nach die Rindviehhaltung die der anderen landwirtschaftlichen Haupthaustierarten beträchtlich, und es betrug z. B.

im Jahr	der Gesamtwert des Rindviehes		
1883	561 756 373 ℳ	oder 70,6 %	des
1900	757 152 324 ℳ	oder 69,0 %	

Gesamtwertes der gehaltenen Pferde, Rinder, Schafe, Schweine und Ziegen überhaupt.

Wir wenden uns nach dem Vorausgeschickten der Entwicklung und dem jetzigen Stande der Zucht und Haltung unserer wichtigsten landwirtschaftlichen Haustiere im besonderen zu.

Pferde.

Seit alter Zeit widmeten Bayerns Fürsten der Pferdezucht die größte Fürsorge. Auch die Regierungsbehörden und unsere Volksvertretung bewiesen auf diesem Gebiete großen Eifer. Bayerns Boden- und Klimaverhältnisse sind der Pferdezucht im allgemeinen nicht ungünstig. Ungünstig sind dagegen die Besitzverhältnisse gestaltet, da im großen ganzen Mangel an ausgedehnten Pferdeweiden besteht. Die Pferdezucht wird überwiegend von bäuerlichen Grundbesitzern betrieben. Der Bauer berücksichtigt meistens in erster Linie die Arbeitstüchtigkeit seiner Pferde und ist überdies selten in der Lage, kostspielige warmblütige Pferde zu halten. Für die Zucht warmblütiger Pferde in größerem Umfange fehlen um so mehr die erforderlichen Voraussetzungen, als die Bevölkerung auch in überwiegendem Maße mehr Neigung und Talent zur Kaltblutzucht als zur Haltung und Aufzucht warmblütiger Pferde besitzt. Dazu kommt, daß warmblütige (Halbblut-) Fohlen u. dgl. erst mit ca. 3 Jahren gut verkäuflich, Kaltblutfohlen dagegen schon nach dem Absetzen um lohnende Preise veräußerbar sind oder aber bei weiterer Aufzucht schon nach 2 Jahren zu leichter Arbeit Verwendung finden können. Der Züchter erzielt also mit dem Kaltblut einen rascheren Kapitalumsatz und eine lohnendere Verzinsung. Wir sehen deshalb, daß sogar trotz der pferdezüchterischen Traditionen der Rheinpfalz daselbst die Halbblutzucht abgenommen und nur die Zucht schwerer Pferde Fortschritte gemacht hat, oder daß in anderen Gegenden die Zucht überhaupt zurückgegangen ist, obgleich sich die Pferdehaltung überall vermehrt hat. Absolut am größten ist die Pferdezucht in Oberbayern, am dichtesten, also relativ am höchsten und auch am wertvollsten ist aber der Pferdestand in Niederbayern.

Gestütsmeister C. W. Ammon beschrieb in seinem i. J. 1829 erschienenen Buche über die Verbesserung und Veredelung der Landespferdezucht etc. das „bayerische Landpferd“, wie es trotz verschiedener Größe und Beschaffenheit zu Beginn des vorigen Jahrhunderts war, folgendermaßen: Lang, fest gebaut, nicht sonderlich ansehnlich, ziemlich schwerer Kopf, kurzer Hals, breite Brust, Rücken etwas ausgeschweift, Leib gesenkt, Kreuz oft abschüssig, Schweifansatz tief, Beine kräftig, Fesseln kurz, oft kuhhessig, Gang nicht leicht, Trab etc. nicht schnell, als Arbeitspferde genügsam, ausdauernd und geduldig. Wesentlich anders beschaffen war und ist das sog. Feldmochinger Pferd im Dachauer Moos, ein kleines, unansehnliches, genügsames Tier ausgesprochen orientalischer Abkunft, das jetzt im Aussterben begriffen ist. An besseren Reit- und Wagenpferden herrschte zu Beginn unserer Berichtsperiode entschiedener Mangel. Der Bedarf an Militärpferden konnte im Lande nicht gedeckt werden. Es wurden aber auch gerade zu Beginn des vorigen Jahrhunderts im Lande in einzelnen Gestüten (s. u.) ganz vorzügliche Pferde gezüchtet. In neuerer Zeit hat nicht allein die Zahl der gehaltenen Pferde zugenommen, sondern werden auch in zunehmender Zahl gute, leistungsfähige Zugpferde (Norier) und schwere Wagenpferde produziert, die im Auslande — z. B. in der Schweiz — sehr geschätzt sind. Eigentliche bayerische Pferdeschläge sind freilich nicht geschaffen worden. Man unterscheidet laut Ministerialentschließung vom 20. Mai 1856 aber im Lande vier Zuchtrichtungen, nämlich

I. einen leichten Reitschlag, am meisten und besten in der Rheinpfalz, Schwaben-Neuburg und in Mittelfranken zu finden;

II. einen großen und starken Reit-, aber leichteren Wagenschlag („Mittelschlag“), am besten in Niederbayern und Mittelfranken vertreten;

III. einen starken, kräftigen Wagenschlag, am meisten und besten in Niederbayern (Rottal und Umgebung von Straubing) und im oberbayerischen Vorgebirgsland sowie auch in der Pfalz zu treffen;

IV. einen schweren Fracht- und Fuhrmannsschlag, außer in Oberbayern in allen Landesteilen zunehmend bevorzugt.

Mit der offiziellen Feststellung dieser Zuchtrichtungen wurde in Bayern erfreulicherweise die Leistungszucht proklamiert, und besonders der dieser Feststellung entsprechenden Organisation unserer Landespferdezucht ist es zuzuschreiben, daß unsere Pferdezucht überhaupt Fortschritte gemacht hat und fernerhin solche erzielen wird.

Die erste systematische Organisation der Landespferdezucht in Verbindung mit dem sogenannten „Landgestüte" erfolgte am 18. Juni 1818. Zunächst wurden nur im Kgl. Hofmarstall Hengste aufgestellt und gelegentlich auf 23 Beschälstationen verteilt. Erst später wurden zu demselben Zweck besondere Landgestütshöfe in München (jetzt in Erding), Landshut, Augsburg, Ansbach und Zweibrücken errichtet. Der Zweck des Landgestütes war und ist, unter Berücksichtigung der besonderen lokalen Verhältnisse Beschälstationen zu unterhalten, Zuchtbezirke zu gründen, in Vollzug des Körgesetzes vom 26. März 1881 durch Beaufsichtigung des Privatbeschälwesens, Verteilung von Preisen für gute Leistungen in der Pferdezucht sowie durch Subventionen an Vereine die Pferdezucht zu verbreiten und zu verbessern und besonders auch die Zucht von Militärpferden zu befördern. Früher dem Kgl. Oberststallmeisterstab unterstellt, untersteht das Landgestüt seit 1844 dem Staatsminister des Innern. Die Organisation des Landgestütes wurde durch Allerhöchste Verordnungen vom 16. September 1873, 8. Juni 1890 und 1. Juli 1890 neugeregelt. Seitdem erstreckt sich seine Tätigkeit auf das ganze Königreich und besteht dasselbe aus dem eigentlichen Landgestüt und den „Stammgestüten".

Neben dem Landgestüt und völlig unabhängig davon wurde übrigens auch in den ersten Dezennien des vorigen Jahrhunderts ein Armeegestüt in Schwaig-Anger unterhalten. Im Jahre 1826 aufgehoben und 1840 neu errichtet, gingen aus demselben die jetzigen Militär-Fohlenhöfe (Remontedepots) in Benediktbeuern, Steingaden, Achselschwang, Fürstenfeldbruck und Schleißheim, die aber nur Aufzuchtanstalten sind, hervor. Das wiedererrichtete Armeegestüt in Schwaig-Anger ging im Jahre 1843 an das Landgestüt über und wurde dann im Jahre 1864 als Stammgestüt nach

Achselschwang verlegt. Als solches züchtet dasselbe große Wagen- und starke Reitpferde und kreuzte es mit den verschiedensten Zuchttypen. Immerhin gingen aus diesen Kreuzungsversuchen gut gezogene Hengste für die Landeszucht hervor. Außerdem wurden in Achselschwang mit der Aufzucht kaltblütiger Fohlen (großenteils Norier) gute Erfolge erzielt. In einem Vorwerk stellt das Stammgestüt auch Beschäler zur allgemeinen Benutzung auf.

Ein zweites Stammgestüt, welches wie Achselschwang die Hauptaufgabe hat, gute Beschäler für die Landeszucht zu liefern, besteht seit dem 20. März 1890, und zwar als Kgl. Land- und Stammgestüt in Zweibrücken. Gezüchtet wird daselbst jetzt vorwiegend mit englischem und arabischem Blut. Es befindet sich in den wesentlich erweiterten, mit bedeutendem Grundbesitz verbundenen, zum Teil neugebauten Gestütshöfen des im XVIII. Jahrhundert von Herzog Christian IV. gegründeten, einst weltberühmten Gestüts Zweibrücken. Von den Franzosen im Jahre 1793 nach Rozières überführt, gelang es im Jahre 1806, wenigstens einen Teil dieser arabisch-englischen Zucht (Fig 1) zurückzugewinnen. Im Jahre 1814 wieder ausgeplündert, kamen die Zweibrücker Pferde teils nach Frankreich, teils nach Neustadt a. d. Dosse. Es bedurfte der größten Anstrengungen, dieses Gestüt, dessen Produkte mit Vorliebe vom großen Napoleon und dessen Generalen geritten wurden, wieder auf seinen jetzigen Bestand zu bringen. Immerhin übt Zweibrücken als Stamm- wie als Landgestüt heute noch einen günstigen Einfluß auf die Pfälzer Landeszucht aus, während andere, auch einst berühmte bayerische „Stammgestüte", wie das frühere kurfürstliche in Schleißheim und das markgräfliche in Triesdorf, aufgehört haben zu bestehen. Die Triesdorfer Gestütspferde und Fohlen wurden schon im Jahre 1799 nach Trakehnen gebracht. Der Versuch, in Triesdorf im Jahre 1807 mit polnischen Pferden ein sog. wildes Gestüt zu begründen, wurde schon 1809 wieder aufgegeben.

Zweifellos hat unser Landgestüt unsere Pferdezucht vor allem dadurch aufs beste gefördert, daß es immer mit Erfolg bestrebt war, gut geeignete Beschälhengste bereitzustellen, und daß schon vom Jahre 1818 angefangen in Bayern überhaupt nur solche Zuchthengste zur öffentlichen Benutzung aufgestellt werden durften, welche von einer besonderen Kommission als zuchttauglich erklärt worden waren. Diese sog. Approbation wurde zwar in Bayern rechts d. Rh. im Jahre 1874 aufgehoben, aber am 26. März 1881 durch das bereits erwähnte Körgesetz ersetzt. Auch durch dieses Körgesetz wurde die Verwendung ungeeigneter Hengste zur Landeszucht unmöglich gemacht. Durch weitere Verordnungen etc. vom 17. Juli 1880,

1. Dezember 1881, 17. Januar 1882 und 2. November 1884 wurde sodann das vom Landgestüt durchgeführte Prämiierungswesen fest organisiert und das früher allgemein übliche Herumziehen mit Zuchthengsten untersagt bzw. nur ausnahmsweise gestattet.

Die Zahl der vom Landgestüt errichteten und mit Hengsten beschickten Beschälstationen ist nun im ganzen Königreich im Jahre 1905 auf 124 gestiegen und es deckten auf diesen Stationen 493 Hengste 21 883 Stuten, während im gleichen

Fig. 1.

Hengste Zweibrückener Zucht aus dem Gestüte La Rozières bei Nancy.

Jahr von 372 angekörten Privathengsten 20 395 Stuten belegt worden sind. Die Zahl der angekörten Privathengste hat sich auch vermehrt. Vor allem hat aber in neuerer Zeit die Zahl der schweren Hengste und der gedeckten schweren Stuten erheblich zugenommen. Die angekörten warmblütigen Privathengste und die von diesen gedeckten Stuten zeigen dagegen in den letzten Jahren eine auffallende Verminderung. Für die eingangs gekennzeichneten allgemeinen Pferdezuchtverhältnisse in Bayern darf die Zunahme der Kaltblutzucht auf Kosten der Warmblutzucht wohl als symptomatisch bezeichnet werden. Nicht weniger die Tatsache, daß die unermüdlichen Maßnahmen der Landgestütsverwaltung etc. zur Förderung der Zucht von Militärremonten von Jahr zu Jahr auf größere Schwierigkeiten stoßen.

Zur Förderung der Landespferdezucht haben übrigens außer dem Landgestüt und den Stammgestüten noch wesentlich beigetragen die Kgl. Hofgestüte und verschiedene Privatgestüte.

Die Hofgestüte Rohrenfeld, gegründet 1517, und Bergstetten, gegründet 1816, züchteten früher teils Wagen-, teils Reitpferde verschiedener Blutmischung. In Rohrenfeld ist jetzt nur die Nachzucht von Bergstetten aufgestellt und Bergstetten dient vorwiegend zur Deckung des Pferdebedarfes des vorzüglichen Kgl. Hofmarstalles in München, züchtet aber in neuester Zeit auch englisches Vollblut. Von den Hofgestüten wurden bis zum Jahre 1859 mehr als 300 starke edle Halbblutbeschäler an das Landgestüt abgegeben und es wurde außerdem in hochherziger Weise gestattet, daß die Hofgestütshengste bessere Privatstuten decken. Viele Tausende von Stuten wurden durch Hofgestütshengste belegt und die Nachzucht der letzteren behauptete bei den Landes-Preisverteilungen stets ein gewisses Übergewicht.

Von erfolgreichen Privatgestüten, die allerdings großenteils Voll- und Halbblut züchten, sind zu nennen:

Leutstetten, im Besitz Sr. Königl. Hoheit des Prinzen Ludwig von Bayern.
Ludwigsfeld, „ des Obersten von Lutz. (Züchtet auch Kaltblut.)
Kanzlerhof, „ „ Rittmeisters Graf Drechsel.
Deutenhofen, „ „ Rittmeisters von Stetten.
Sonnenhausen, „ „ Freiherrn von Büsing-Orville.
Puchhof, „ „ Reichsrates Dr. v. Lang u. des Dr. A. v. Schmieder.
Schönburg, „ „ Grafen Arco-Zinneberg. (Züchtet auch Belgier.)
Höfling, „ „ Fürsten von Thurn und Taxis.
Rentweinsdorf, „ „ Freiherrn von Rotenhahn.
Steppberg, „ „ Reichsrates Grafen Moy.
Dennenlohe, „ „ Freiherrn von Süßkind.
St. Gilla, „ „ Grafen Lerchenfeld-Köfering.
Vornbach, „ „ Freiherrn von Schätzler.

An der Weiterentwicklung der bayerischen Pferdezucht sind ferner durch Verbesserung der Aufzucht, Ankäufe, Verlosungen, Beschaffung von gutem Zuchtmaterial, Veranstaltung von Rennen, Gewährung von Rennpreisen etc. in hervorragender Weise beteiligt: die im Lande bestehenden Pferdezuchtvereine, von welchen an erster Stelle der im Jahre 1882 gegründete Verein zur Förderung der Pferdezucht in München genannt werden muß. Dieser Verein veranstaltet auch seit dem Jahre 1883 alljährlich im April einen mit Prämiierungen und einer Verlosung verbundenen großen Pferdemarkt in München, der eine vortreffliche Absatzgelegenheit für die im Lande gezüchteten Pferde bildet und auch zum Ankauf von Remonten benützt wird. Die erzielten Umsätze betrugen in den letzten Jahren i. M. über $1^1/_2$ Mill. Mark und haben, weil auch viele auswärtige gute Pferde auf diesen Markt kommen, in um so höherem Maße anregend auf die Landeszucht gewirkt. Außer dem genannten entwickeln noch der Pferdezuchtverein für Niederbayern, der Verein zur Förderung der Traberzucht in Bayern, der Pferdezuchtverein der Pfalz, der Verein zur Hebung der Pferdezucht im Sulz- und Schwarzbachtale (Freystadt), der Pferdezuchtverein in Schwaben und Neuburg u. a. eine erfolgreiche Tätigkeit. Dieser, sowie der Mitwirkung mehrerer Remontenzuchtvereine und dem „Gauverband Donautal", ferner den beiden Münchener Rennvereinen und den Pfälzer Rennvereinen u. a. ist es wohl mit zu danken, daß die Zucht von Militärremonten trotz der bestehenden ungünstigen Verhältnisse doch erfreuliche Fortschritte gemacht hat. Den meisten der genannten Vereine fließen aber auch beträchtliche Zuschüsse aus Staats-, Kreis- und Distriktsmitteln zu, den Remontevereinen werden ferner aus den Kgl. Remontedepots Zuchtstuten unter dem Selbstkostenpreis geliefert, besondere Fohlenprämien gewährt und, wenn sie keine eigenen Hengste haben, Landgestütshengste zur Verfügung gestellt.

Zur Förderung der Zucht von Arbeits- bzw. Zugpferden haben wieder besondere Vereine und Genossenschaften in verdienstvoller Weise beigetragen, wie die Pferdezuchtgenossenschaft Garmisch, der Gauverband der Pferdezüchter des Bez. Vilsbiburg, die Pferdezuchtvereine Südpfalz in Billigheim, in Gerolzhofen, Tückelhausen, die Weidegenossenschaft Übersee, die Vorderpfälzische Pferdezuchtgenossenschaft Pfalzau u. a. Die letzteren Vereine beschaffen vor allem geeignetes männliches und weibliches Zuchtmaterial und erstreben teils die Verbreitung der Zucht von norischen (Pinzgauer), teils von rheinisch-belgischen und dänischen Pferden.

Außer einer staatlichen Fohlenaufzuchtanstalt in Stiller-Hof, die errichtet wurde, um die Weideaufzucht in musterhafter Weise durchzuführen, haben auch die Pferdezucht-Vereine und einzelne Gutsbesitzer zahlreiche Fohlenweiden etc. gegründet, durch welche die Fohlenaufzucht wesentliche Fortschritte gemacht hat. Diese Fohlenaufzuchtanstalten genießen besondere Unterstützungen seitens der Landesgestütsverwaltung, und einzelne derselben (Freystadt, Windsbach, Uffenheim, Strüth,

Lochau, Schwarzenbach) werden auch vom Kgl. Kriegsministerium mit Zuschüssen bedacht.

Die bayerische Vollblut- und die Halbblutzucht, am meisten aber die Zucht von Zugpferden (Fig. 2) und mittelschweren Wagen- und Reitpferden haben erhebliche Fortschritte gemacht. Man konnte sich davon sowohl auf den letztjährigen Pferdemärkten zu München, Mühldorf, Moosburg, Erding und Vilsbiburg als auch auf den in München abgehaltenen Ausstellungen der Deutschen Landwirtschaftsgesellschaft überzeugen. Es ist demgemäß — trotz der schwierigen Produktionsverhältnisse, die sich durch die beständig zunehmende Verwandlung von Weide in Ackerland

Fig. 2.
Typus des modernen norischen Pferdes.

und durch die bescheidenen Remontepreise in den letzten Jahren eher verschlechtert als verbessert haben — die Zahl der als Remonten gekauften Pferde im Steigen, und die Landgestütsverwaltung vermag in zunehmendem Maße ihren Bedarf an Hengsten im Lande selbst zu decken. Die Ergebnisse der Ankörung haben sich, obgleich in den letzten Dezennien streng und strenger durchgeführt, sogar mehr als verdoppelt. In Bezug auf die Produktion schwerer Zugpferde, für welche, wie gesagt, die Produktionsverhältnisse günstiger liegen, ist mit Sicherheit anzunehmen, daß Bayern sich in absehbarer Zeit den hervorragendsten deutschen und außerdeutschen Zuchtgebieten gleich leistungsfähig erweisen wird. Es ist dies um so erfreulicher, als der Bedarf an schweren Pferden in Bayern ein bedeutender ist und bis heute viele schwere Pferde importiert werden müssen. —

Da eine befriedigende Pferdehaltung nicht ohne entsprechenden Hufbeschlag denkbar ist, möge noch als hocherfreulich konstatiert werden, daß durch die fortgesetzten Bemühungen der Regierung resp. der tierärztlichen Hochschule in München, der errichteten Hufbeschlagschulen, der aufgestellten Wanderlehrer und Tierärzte, auch hier unter Mitwirkung des Bayerischen landwirtschaftlichen Vereins das Hufbeschlagsgewerbe in neuerer Zeit ersichtliche Fortschritte gemacht hat. Es ist nun das Verständnis für eine entsprechende Hufpflege und guten Beschlag in weitere Kreise gedrungen und besteht nicht mehr wie früher ein erheblicher Mangel an tüchtigen Hufschmieden. Wesentlich dazu beigetragen hat auch, daß durch Gesetz vom 1. März 1884 der Betrieb des Hufbeschlaggewerbes von einem Prüfungszeugnis abhängig gemacht wird. In jeder Kreishauptstadt werden die Prüfungen durch besondere Kommissionen abgehalten. Der Besuch der Hufbeschlagschulen, von denen jetzt sieben bestehen, wird durch Stipendien aus Staats-, Kreis- und Distriksfonds nach Möglichkeit erleichtert.

Rinder.

In den bayerischen Alpengegenden erfreut sich das Rind seit längerer Zeit besserer Pflege und Fütterung als in den nicht gebirgigen Teilen des Landes. In jenen hatte auch, wie in großen Teilen aller Alpenländer, die Landwirtschaft weniger durch den verheerenden 30jährigen Krieg und durch die folgenden Feldzüge zu leiden. Das Rind war in den Alpengegenden neben dem Schaf seit alter Zeit das Objekt besserer wirtschaftlicher Fürsorge, wenn man sich auch bei der Haltung und Zucht desselben, wie zum Teil heute noch, mit den einfachsten Mitteln begnügte. Gehalten und gezüchtet wurden im ersten Dezennium des XIX. Jahrhunderts in den Alpengegenden teils kurzköpfiges Vieh der sogenannten Duxer und Zillertaler Schläge, teils aus diesen und ähnlichem Vieh durch Kreuzung mit Fleckvieh des Frontosustypus hervorgegangene sogenannte Pinzgauer und Übertäurer sowie verwandtes Vieh mit mehr oder weniger Frontosusblut, welches letztere später einen geradezu umgestaltenden Einfluß auf einen großen Teil der Rinderzucht in Süd- und Mitteldeutschland ausübte. In einzelnen Bezirken gab es indessen zu Beginn des vorigen Jahrhunderts in Bayern auch Grau- und Braunvieh des Brachycerostypus, und zwar besonders im Algäu, wo der Kulturboden seit ältester Zeit in hervorragendem Maße zur Viehzucht und Viehhaltung diente. Im übrigen fand sich in Bayern zu Beginn des vorigen Jahrhunderts neben sogenanntem Rotvieh des Kurzkopftypus vorwiegend mehr oder weniger verkreuztes (Fig. 3), recht unansehnliches Rotvieh (Blässen und Scheckvieh), selten einfärbiges Rindvieh mit podolischem und wohl außerdem mit Brachyceros-Blut oder von noch bunterer Blutmischung vor.

Unsere jetzt so berühmte Miesbach-Simmentaler Zucht ist aus Zillertalern, Duxern, Pinzgauern und Inntaler Braunvieh, die noch in den ersten Dezennien des vorigen Jahrhunderts in der Miesbach-Tegernseer Gegend gehalten und miteinander gekreuzt wurden, hervorgegangen, indem das vorhandene, großenteils mischblütige Zuchtmaterial konsequent mit Berner Oberländer Vieh resp. mit Simmentalern durchgekreuzt wurde. Diese Veredlungskreuzungen erfolgten vornehmlich, und zwar etwa von der Mitte der 40er Jahre des vorigen Jahrhunderts angefangen, durch die Initiative Seiner Kgl. Hoheit des Prinzen Karl von Bayern. Die so entstandenen Miesbach-Simmentaler (Fig. 4) bleiben heute hinter den Original-Simmentalern an Schönheit und Leistung nicht zurück, übertreffen dieselben oft in bezug auf Größe, Schwere und Gesundheit.

Fig. 3.

Typus des Rotviehes in den ersten Dezennien des 19. Jahrhunderts.

Das Algäuer Vieh war früher unter mittelgroß, aber kräftig gebaut, weißgrau oder auch gelbbraun gefärbt. Mit der allgemeinen Einführung der Käsefabrikation und dem Aufblühen des Käsehandels in Dörfern und Märkten wurde die Züchtung dieses Viehes auf große Milcherträge gerichtet. Durch die Einfuhr von Vieh anderer Brachycerosschläge (Montavoner, Bregenzwälder, Oberinntaler, und Schweizer Braunvieh) haben die Algäuer, hauptsächlich in der zweiten Hälfte des vorigen Jahrhunderts, ebenfalls einen bedeutsamen Umwandlungs- und Veredlungsprozeß durchgemacht. Man unterschied früher einen größeren und einen kleineren Schlag, betrachtete außerdem als besondere Schläge die Nesselwanger und das Dietmannsrieder Vieh. Diese Unterscheidungen sind kaum noch berechtigt Das moderne Algäuer Vieh ist allmählich in den mittleren bis großen Schweizer Braunviehtypus übergegangen und ist betreffs Leistung und Schönheit den besten

Fig. 4.

Moderner Simmenthaler Stier.

Original-Schwyzern mehr oder weniger gleichzustellen. In einer Beziehung ist das bayerische Algäu allen anderen Zuchtgebieten voran, insofern nämlich, als daselbst seit Jahren zahlreiche Zuchtkühe methodischen Probemelkungen unterzogen werden.

Bedeutende züchterische Erfolge sind ferner mit den folgenden bayerischen Landschlägen erzielt worden:

Bayreuther Schecken, ein durch Veredlungskreuzung, erst mit Ansbacher (s. u.), später mit Berner resp. Simmentaler Stieren, aus Vogtländer Rotvieh u. dgl. hervorgegangener Schlag, von hervorragendem Ruf durch seine leistungsfähigen Zugochsen, auch ergiebiges Mastvieh liefernd.

Das fränkische Vieh, auch durch Kreuzungen entstanden, denen ursprünglich ein dem Spessarter, Rhön- und Vogelsberger Vieh ähnliches Rotvieh als Unterlage diente. Gekreuzt wurde mit Frontosusblut resp. mit württembergischem Landvieh, mit Niederungsrindern, zum Teil auch mit Grauvieh (Algäuer, Schwyzer). Man unterschied früher, zum Teil auch heute noch, viele Unterschläge (Scheinfelder, Aischgründer oder Steigerwälder, obere Mainländer, Schweinfurter, Ochsenfurter, Itz- und Baunachsgründer, Ellinger etc.), die indessen in neuerer Zeit mehr und mehr zu einem gut gebauten, konformen Schlag mit guter Mastfähigkeit verschmelzen, der nach wie vor hervorragend gute Zugochsen liefert. Der jetzige Stand der hoffentlich bald zu einem Schlag vereinigten Frankenviehunterschläge ist auf inzüchtlichem Wege erreicht worden und bezeugt ohne Frage einen sehr anerkennenswerten züchterischen Aufschwung.

Das Glan- und Donnersberger Vieh ist auch ursprünglich aus Rotvieh hervorgegangen, das mit Alpenfleckvieh, auch mit einfärbigem Württemberger Landvieh, vorübergehend außerdem mit Niederungs- und mit Grauvieh durchgekreuzt worden ist. Um so anerkennenswerter ist auch hier die erzielte züchterische Leistung; besonders das eigentliche Glanvieh, dessen Heimat, wie die der alten Donnersberger, die Pfalz ist, repräsentiert einen der konformsten bayerischen Schläge. Die frühere Unterscheidung von Glan- und Donnersberger Vieh ist offiziell aufgegeben worden.

Die Vogtländer, identisch mit dem Sechsämter, Weidaer und Stifter Vieh, sind wohl als Reste des alten primigenen Rotviehs, wie es einst in ganz Mitteleuropa zu finden gewesen, zu betrachten. Dieses Vieh ist im letzten Jahrhundert ebenfalls züchterisch sehr verbessert worden. Es wurde zwar wiederholt mit Zillertalern, in neuerer Zeit auch mit englischen Devons durchgekreuzt, wodurch die Vogtländer indessen bezüglich ihrer charakteristischen morphologischen Beschaffenheit wenig oder gar nicht verändert worden sind, da die nun fast ausgestorbenen Zillertaler im wesentlichen mit ihnen eines Stammes waren und auch die Devons nichts anderes als eine Zucht der roten Kurzkopfrasse sind. Körperbau und Arbeitstüchtigkeit sind bei diesem Schlage wesentlich vervollkommnet worden und auch in der Milchleistung, wozu dieses Vieh mit seinem Reichtum an großen Fettkügelchen in der Milch besondere Anlagen zu besitzen scheint, sind Fortschritte zu verzeichnen.

Der Pinzgauer Schlag, eigentlich ein österreichischer Gebirgsschlag, aber auch über einen ansehnlichen Teil Bayerns verbreitet, steht den Vogtländern insoferne nahe, als er durch Kreuzung von Kurzköpfen mit Frontosusrindern entstanden ist. Er reiht sich heute auch den bessergezüchteten mitteleuropäischen Landschlägen an, indem er leistungsfähigste Zugochsen, sehr gutes Fleischvieh und in neuerer Zeit mitunter auch ganz gute Milchkühe liefert.

Die Ansbach-Triesdorfer, durch vielfache Kreuzungen von primigenem Rotvieh, resp. sogenannten Blässen, mit Holländern und Berner Fleckvieh entstanden; außerdem haben in den 30er Jahren des vorigen Jahrhunderts noch Einkreuzungen von Mürztalern und Algäuern, später auch von Breitenburgern (Kühe!) stattgefunden. Sie bilden eine gewisse Verschmelzung des Niederungs- und Gebirgstypus, wobei indessen doch der letztere dominiert. Auch dieser Schlag, dem einst das nunmehr in den Frontosustypus übergegangene Vieh der schwäbischen Ries nahestand, liefert vor allem gutes Zugvieh. Er hat sich auch in seinen sonstigen Leistungen im allgemeinen sehr gebessert.

Eine stattliche Reihe spezifisch bayerischer, dem Boden, Klima und den Wirtschaftsverhältnissen gut angepaßter Viehschläge, die sich noch durch die Aufzählung einzelner anderer, zum Teil auch gut vorwärtsgekommener Spezialitäten verlängern ließe — ich nenne nur die genügsamen, wegen ihres schmackhaften Fleisches beliebten Kelheimer, Vogelsberger, das Rhön-, Spessartvieh, ferner noch die Murnau-Werdenfelser — ist also jetzt im Lande vorhanden. Ihre gegen früher wesentlich verbesserte Beschaffenheit ist vornehmlich den methodischen Bemühungen der Regierung und der bestehenden Vereine zu danken, die Rindviehzucht den verschiedenen landwirtschaftlichen Betriebsformen etc. anzupassen und für dieselben möglichst nutzbar zu machen.

Zu einem gemeinsamen Zusammenwirken der Züchter mit einheitlichen Zielen und dadurch zu entschiedenen Erfolgen führten vor allem die von den landwirtschaftlichen Kreis- und Bezirkskomitees seit 1875 mit großen Geldopfern auf genossenschaftlicher Grundlage errichteten Zuchtvereine und Stammzuchtbezirke. Erst durch diese Vereinigungen wurde die Bildung großer, zusammenhängender Zuchtgebiete angebahnt, welche den Vorteil der reichen Auswahl guten Zuchtmaterials darbieten und den Viehhandel wesentlich erleichtern. Daß diese Vorteile dem in Bayern vorherrschenden Mittel- und Kleinbesitz besonders zustatten kommen, ist um so erfreulicher. Wertvolle Vorarbeiten zu der jetzt in ihrer Grundlage abgeschlossenen Organisation unserer Rindviehzucht waren die mit Beginn der zweiten Hälfte des vorigen Jahrhunderts durchgeführten Feststellungen der wichtigsten Rindviehschläge des Landes und die schon im Juni 1851 erfolgte erste Organisation der Zuchtbullenverteilung. Weitere bedeutungsvolle Schritte waren in der Pfalz eine am 17. Februar 1855 erlassene Regierungsverordnung über die Anschaffung und Unterhaltung der Zuchtstiere in den Gemeinden, sowie die Kgl. Allerhöchste Verordnung vom 4. Mai 1857 in betreff Hebung der Rindviehzucht in den Gemeinden diesseits des Rheins. Das starke Anwachsen des Rindviehstandes, wie es die Viehzählung vom Jahre 1863 ergab, ist wohl mit auf diese Verordnungen und die durch dieselben veranlaßten Zuchtbullenvisitationen zurückzuführen. Von durchschlagender Wirkung für die qualitative Hebung der Rinderzucht waren jedoch erst das Gesetz vom 5. April 1888 und die Allerhöchste Verordnung vom 16. Juni 1888, die Haltung und Körung der Zuchtstiere betreffend, wodurch die Bildung großer einheitlicher Zuchtgebiete und Stammzuchtbezirke, nämlich in erster Linie die Gründung von Zuchtstiergenossenschaften, Musterzuchtstationen, Zuchtvereinen u. dgl. am wirksamsten befördert wurde.

Die gebildeten Stammzuchtbezirke begnügten sich nicht allein mit der inzüchtlichen Veredelung und der Beförderung des Absatzes ihres Viehschlages. Erforderlichenfalls wurde auch, wie bereits oben angedeutet, durch Veredelungskreuzung mit eingeführtem höher gezüchteten Vieh eine raschere Verbesserung des einheimischen Viehs angestrebt und erreicht. Die von einer Kommission als geeignet erkannten Zuchttiere werden gezeichnet (markiert) und in ein Stammzuchtregister eingetragen.

Musterzuchtstationen wurden speziell in Unterfranken für das Frankenvieh bei hervorragenden Züchtern etc. errichtet.

Zuchtstiergenossenschaften bestehen in größerer Zahl seit dem Jahre 1870. Im Jahre 1905 zählte man 633. Sie verdrängen erfreulicherweise mehr und mehr die früher übliche, sichere Zuchtfortschritte geradezu erschwerende Turnushaltung der Zuchtbullen. Die letztere wie auch die Überlassung der Stierhaltung an den Mindestnehmenden bestehen freilich immer noch fort. In manchen Gemeinden gibt es auch noch dingliche Verpflichtungen zur Haltung von männlichen Zuchttieren, die aber nun auf Ansuchen der Verpflichteten unter Gewährung beträchtlicher Zuschüsse aus öffentlichen Fonds nach Möglichkeit abgelöst werden. Die Zuchtstiergenossenschaften kommen besonders den mittleren und kleineren Züchtern zustatten, die auf andere Weise nicht in die Lage versetzt werden können, mit wirklich guten Stieren zu züchten. Sie bilden eines der wirksamsten Förderungsmittel der Landeszucht, vorausgesetzt, daß eine wirklich sachgemäße Ankörung der Zuchttiere erfolgt, zu welchem Behufe übrigens die tierärztlichen Kosten der Ankörung auf die Staatskasse übernommen werden. Außerdem werden bedürftigen Gemeinden und Genossenschaften für die Beschaffung und Haltung guter Zuchtbullen, eventuell sogar zum Ankauf von Weiden, Zuschüsse aus öffentlichen Fonds geleistet.

Die größeren Züchtervereinigungen umfassen mehrere Ortschaften oder ganze Verwaltungsbezirke und streben außer der Beschaffung guter Stiere eine zweckentsprechende Auswahl der weiblichen Tiere und eine Verbesserung der Aufzucht bzw. die Einrichtung von Zuchtstationen, Jungviehweiden, Laufställen, Tummelplätzen, gute Pflege der Weiden, Veranstaltung von Tierschauen, Zuchtviehmärkten, Prämiierungen etc. an. In Gegenden, wo die Zucht eines bestimmten Schlages bereits zu einer gewissen Höhe gediehen ist, haben sich die lokalen und anderen kleineren Zuchtvereine, mit ihnen in neuerer Zeit auch die Zuchtstiergenossenschaften, zu größeren Zuchtverbänden und Herdbuchgesellschaften vereinigt, welche mit statutarisch festgelegten Zuchtzielen arbeiten und über die Beschaffenheit und Abstammung der anerkannt guten Zuchttiere besondere Zuchtbücher führen. Die größeren Zuchtvereinigungen sind besonderen Zuchtinspektoren unterstellt, welche die technische Leitung (Körung, Revisionen, Ankauf und Vermittlung von Zuchtvieh, Kennzeichnung der Nachzucht, Vorbereitung und Durchführung von Tierschauen und Zuchtviehmärkten, Überwachung der errichteten Aufzuchtstationen, Jungviehweiden), ferner die Register- und Zuchtbuchführung, die geschäftliche Korrespondenz, die Kontrolle über die Ausführung der Verbandsbeschlüsse und Verwendung der öffentlichen Zuschüsse besorgen, auch Vorträge halten, überhaupt beratend und belehrend wirken.

Zu verzeichnen sind die folgenden größeren Zuchtvereinigungen, welche aus Staatsmitteln und aus Kreisfonds bedeutende Zuschüsse erhalten:

1. Zuchtverband für oberbayerisches Alpenfleckvieh, Sitz Miesbach, gegründet 1892, Zweck: Hochzucht von Simmentalern; besitzt eine eigene Aufzuchtstation, veranstaltet gutbesuchte Zuchtviehmärkte, exportiert bereits viel Zuchtvieh, vermag aber der starken Nachfrage nach Kühen und Kalbinnen nicht annähernd zu entsprechen.
2. Algäuer Herdebuchgesellschaft, Sitz Immenstadt, gegründet 1893, Zweck: Hochzucht von Braunvieh; hat vier gepachtete Alpen behufs Aufzucht, veranstaltet Probemelkungen mit Prämiierung, Melkkurse, eine jährliche Herdbuchschau, besuchte Zuchtbullenmärkte, importiert viel Schwyzer Vieh, während auf den belebten Viehmärkten in Sonthofen, Immenstadt und Oberstaufen etc. auch viel anderes importiertes Braunvieh u. dgl., besonders Kühe, gehandelt wird. Zahlreiche selbstgezüchtete Bullen und Kühe werden in das Ausland geliefert.

3. Verband der Reinzucht des Pinzgauer Rindes in Oberbayern, Sitz Traunstein, gegründet 1896, Zweck: Hochzucht des Pinzgauer Rindes; hat eine Bullenaufzuchtstation und für die Sömmerung weiblicher Tiere vier Verbandsalpen, sowie eine Geschäftsstelle für Vermittlung von Zucht- und Nutzvieh. Import aus dem Pinzgau ganz unbedeutend.

4. Zuchtverband für das schwäbische Fleckvieh, Sitz Donauwörth, gegründet 1897, veredelt mit Alpenfleckvieh und importiert einstweilen viele Original-Simmentaler, sowie weibliches Zuchtmaterial aus Baden und Württemberg, gibt aber auch bereits viel gutes Zuchtvieh ab; hat eine Verbandsweide, veranstaltet Zuchtbullenmärkte etc.

5. Zuchtverband für gelbes Frankenvieh, Abteilung Mittelfranken, Sitz Gunzenhausen, gegründet 1897, umfaßte ursprünglich die Züchter des einfarbigen gelben Frankenviehs der betreffenden Teile der Regierungs-Bezirke Ober-, Mittel- und Unterfranken. Zweck: Erhaltung und Verbesserung des gelben Frankenviehs; hat zwei Zuchtstationen, 1 Jungviehweide, Tummelplätze, 1 Bullenaufzuchtstation, 1 Geschäftsstelle zur Vermittlung des Bezuges von Zugochsen. Hat besonders große Fortschritte in der Ochsenzucht gemacht, die zur Wohlhabenheit vieler mittelfränkischer Gemeinden wesentlich beigetragen hat. Importiert viel Zuchtmaterial aus Unterfranken.

6. Zuchtverband für gelbes Frankenvieh, Abteilung Unterfranken, Sitz Würzburg, gegründet 1899. Verfolgt dieselben Ziele wie der vorige. Hat 1 Jungviehweide, Tummelplätze und 1 Aufzuchtstation. Veranstaltet Erhebungen über Milchleistungen. Verkauft viel Zuchtvieh.

7. Zuchtverband für gelbes Frankenvieh, Abteilung Oberfranken, Sitz Bamberg, bis 1. Juli 1900 mit der Abteilung für Mittelfranken vereinigt. Entfaltet eine rege Tätigkeit, hat aber der Scheckviehzucht in Oberfranken gegenüber bisher wenig an Terrain gewonnen. Importiert viel Zuchtvieh aus Unterfranken.

8. Zuchtverband für Glan-Donnersberger Vieh, Sitz Kaiserslautern, gegründet 1898. Betreibt mit Erfolg die Konsolidierung und Verbesserung des Glan-Donnersberger Schlages, hat 2 Aufzuchtstationen und eine Jungviehweide. Verkauft viel Zuchtvieh nach der Rheinprovinz, Hessen, Sachsen, Hannover etc.

9. Zuchtverband des bayerischen Rotviehs, Sitz Weiden, gegründet 1898, erstrebt die Verbesserung der Leistungen und des Absatzes des Vogtländer Schlages, kreuzt zu diesem Behufe gelegentlich mit englischen Devonstieren, kämpft mit manchen Schwierigkeiten, besonders mit der Teilnahmslosigkeit vieler Züchter und gegen den Import böhmischen Landviehs. Hat eine Aufzuchtstation und 1 Jungviehweide.

10. Herdbuchgesellschaft für Bayreuther Scheckvieh, Sitz Bayreuth, gegründet 1898, befördert die Scheckviehzucht in Oberfranken, importiert zu diesem Behufe Simmentaler, gewinnt an Ausbreitung, verkauft schon viel gutes Zuchtvieh.

11. Zuchtverband für Fleckvieh in Mittelfranken, Sitz Ansbach, gegründet 1898, erstrebt die Erhaltung und Verbesserung des Ansbach-Triesdorfer Schlages, führt aber auch Simmentaler Blut zu, um mittelgroßes Fleckvieh zu züchten. Hält Zuchtbullenmärkte ab.

12. Zuchtverband für Fleckvieh in der Pfalz, Sitz Landau, gegründet 1899, züchtet Simmentaler, führt viele Original-Simmentaler, auch oberbadisches und unterelsäßisches Fleckvieh ein, macht sich aber mehr und mehr unabhängig.

13. Zuchtverband für Fleckvieh in Niederbayern, Sitz Landshut, gegründet 1898, veredelt mit Miesbach-Simmentalern, oberbadischen und württembergischen Simmentalern und führt zu diesem Behufe männliches und weibliches Zuchtmaterial ein. Eine Jungviehweide und eine Aufzuchtstation sollen errichtet werden.

14. Zuchtverband für einfarbiges Gebirgsvieh in Oberbayern, Sitz Weilheim, gegründet 1901, veredelt großenteils mit Schweizer Braunvieh. Hat 5 Genossenschaftsweiden, die in nächster Zeit noch vermehrt werden sollen.

15. Zuchtverband für Fleckvieh in Unterfranken, Sitz Aschaffenburg, gegründet 1901, veredelt mit Miesbach-Simmentalern und Original-Simmentalern, benützt die Aufzuchtstation und Jungviehweide des Zuchtverbandes für Frankenvieh (Abt. U.-Fr.) in Pilsterhof, hat eigene Tummelplätze.

16. Zuchtverband für oberbayerisches Fleckvieh im Flachlande, Sitz Mühldorf, gegründet 1904. Veredelt mit Alpenfleckvieh, befindet sich noch im ersten Entwicklungsstadium.

17. Kelheimer Zuchtviehverband, Sitz Weiden, gegründet 1904, bezweckt die Erhaltung und Verbesserung des Kelheimer Schlages.

18. Zuchtverband für Fleckvieh in der Oberpfalz, Sitz Weiden, gegründet 1904, befindet sich in der ersten Entwicklung, berechtigt aber in einzelnen der Fleckviehzucht günstigen Bezirken zu den schönsten Hoffnungen. Veredelt mit Miesbach-Simmentalern.

Es gibt übrigens in Bayern noch eine größere Zahl von Zuchtgenossenschaften und Zuchtstiergenossenschaften, die sich den obigen Verbänden nicht angeschlossen haben, da sie selbständige Zuchtziele verfolgen. So z. B. die Shorthorn-Zuchtgenossenschaft Bruch-Sickinger Höhe in der Pfalz und eine solche von einfarbigem Alpenvieh in Nürnberg und Umgebung. Diese selbständigen Züchtervereinigungen genießen Unterstützungen durch die betreffenden landwirtschaftlichen Bezirkskomitees. Die letzteren sorgen außerdem in vielen Fällen direkt für die Beschaffung besten Zuchtmaterials, welches mit bedeutenden Nachlässen an Züchter abgegeben wird.

In Anbetracht der nicht gerade einfachen Organisation der Landesrinderzucht sah sich das Kgl. Staatsministerium des Innern veranlaßt, schon im Jahre 1894 einen Landesinspektor für Tierzucht zu bestellen, welchem die vorerwähnten Zuchtinspektoren unterstellt sind und der in Gemeinschaft mit den letzteren darauf hinzuwirken hat, daß die gesamte Landesviehzucht, also nicht bloß die Rinder-, sondern auch die Schaf-, Schweine- und Ziegenzucht etc. durch planvolle Verbesserung gefördert werden. Der Landesinspektor hat besonders auch die Bildung von Züchtervereinigungen anzuregen, den Vollzug der Seuchengesetze zu beobachten, den Viehhandel zu überwachen und über die Viehzuchtverhältnisse der Nachbarländer zu berichten. Ein wertvoller Mitarbeiter für den Landesinspektor ist der Konsulent für Milchwirtschaft, als welcher seit 1. Juli 1898 ein Fachmann ins Staatsministerium des Innern berufen worden ist.

Zur Vermehrung der Rindviehzucht und besonders der Rindviehhaltung zu verschiedenen Zwecken haben endlich noch besonders beigetragen die allgemeine Einführung der Sommerstallfütterung, die Entwicklung der Torfstreuindustrie, das Aufblühen der Futtermittelindustrie wie auch der Branntwein- und Brauindustrie, welche letzteren bezüglich ihrer als Futtermittel zu verwertenden Abfälle vor allem für die Rindviehhaltung in Betracht kommen. Auch die Entwicklung der Molkereiindustrie hat die Vermehrung der Rindviehhaltung im allgemeinen sehr günstig beeinflußt, während im übrigen die unausgesetzten Bemühungen der Behörden und Vereine, aufklärend und belehrend in bezug auf rationelle Aufzucht, verbesserte Hautpflege, richtiges Zulassen der Kalbinnen, nicht übermäßige Beanspruchung der Zuchtstiere etc. zu wirken, eine rationellere Durchführung der Zucht veranlaßt haben. Die systematische Durchführung von Alpeninspektionen in den Gebirgsgegenden ist besonders der Verbesserung der Alpenviehzucht zustatten gekommen; durch die Aufstellung eines Konsulenten für landwirtschaftliches Bauwesen haben die Bestrebungen zur Verbesserung der landwirtschaftlichen Stallbauten im Interesse der Viehzucht ebenfalls die vielversprechendste Förderung erfahren.

Die früher nur spärlich bewilligten Beiträge aus öffentlichen Fonds zur Hebung der Rindviehzucht sind mit der neuzeitlichen Organisation der letzteren zu einer ganz bedeutenden Höhe angewachsen, wie sie unter gleichen Verhältnissen bisher nur in wenigen anderen Ländern erreicht worden ist. Während im Jahre 1876 zum erstenmal in das Staatsbudget 40 000 M. zur Förderung der Rindviehzucht eingestellt worden sind, war dieser Betrag im Jahre 1902 bereits ein zehnfacher und betrug im Jahre 1904 485 000 M. Insgesamt wurden aber aus Zentral-, Kreis-, Distriktsfonds und aus Mitteln der landwirtschaftlichen Kreis- und Bezirksausschüsse zur Hebung der Rindviehzucht in den letzten Jahren verausgabt:

1903 : 729 842 M. 1904 : 766 929 M.

Diese reichen Mittel finden vornehmlich für die Errichtung und Unterhaltung der Zuchtvereine, Zuchtgenossenschaften, Zuchtstationen, behufs Unterstützung beim Ankauf von Zuchttieren und für Prämiierungen Verwendung. Die letzteren werden nach einem wohlorganisierten System bewirkt und kommen nicht bloß für Tiere, sondern auch für mustergültige Stallungen, Düngerstätten etc. zur Durchführung.

Die Beschickung von Ausstellungen, Tierschauen u. dgl. wird dadurch erleichtert, daß die Kosten des Eisenbahntransportes entweder ganz von den betreffenden Ausstellungen bestritten werden oder bedeutend ermäßigt sind; für Platzmiete bei den Ausstellungen wird nichts berechnet und die Fütterungskosten der Tiere werden im wesentlichen von den betreffenden Unternehmungen getragen. Durch die vom Kgl. Staatsministerium des Innern unterm 26. September 1898 erlassenen Grundbestimmungen für die Durchführung der Rinderschauen ist nun auch diesbezüglich ein einheitliches, zweckdienliches Vorgehen im ganzen Lande gewährleistet.

Welchen fördernden Einfluß die Bildung großer einheitlicher Zuchtgebiete gehabt, bezeugen zufolge der Beteiligung der Zuchtverbände mit ausgesuchten Sammlungen von Zuchttieren besonders die anläßlich des Oktoberfestes in München abgehaltenen bayerischen Landesviehausstellungen, sowie die alljährlich veranstalteten Kreis- und Bezirkstierschauen, die vielen Zuchtviehmärkte, Jungvieh- und Zuchtviehprämiierungen. Die gemachten großen Fortschritte kann man außerdem auf den wohlorganisierten Viehmärkten wahrnehmen. Man sieht auf den letzteren nicht mehr wie früher ein buntes Gemisch aller möglichen Viehformen und -farben, sondern in überwiegender Weise ganz bestimmte Schläge, wodurch der Viehhandel wesentlich begünstigt wird. Charakteristisch ist auch, daß die größeren Viehmärkte stark angewachsen sind, während die kleineren zurückgehen oder ganz einschlafen. Die Zersplitterung des Handels durch die große Zahl kleinerer Märkte hat also abgenommen. Dagegen blüht leider immer noch der Hausierhandel, welcher zur Verbreitung von Seuchen beiträgt und deshalb zu scharfen Kontrollbestimmungen in betreff des Gesundheitszustandes der Tiere Veranlassung gab, außerdem zeitweise ganz verboten worden ist.

Von großer Bedeutung ist der Münchener und Nürnberger Schlachtviehverkehr, an dem sich auch viel importiertes Vieh beteiligt. Zur Erleichterung des Schlachtviehverkaufes auf dem Münchener Markte wurde mit Unterstützung des Staatsministeriums des Innern im Jahre 1897 eine Geschäftsstelle für Schlachtviehverkehrsvermittlung errichtet, die aber in den ersten Jahren ihres Bestehens für Großvieh leider wenig benützt wurde. Bemerkenswert ist auch die Errichtung von Viehmarktkassen in München und Nürnberg. Die vielbenützte Münchener Kasse ist ein Verein, der für Mitglieder die Zahlung von Vieh vermittelt; sie besteht seit dem 1. Januar 1903 und ist nun auch mit einer Schlachtviehversicherung verbunden. Die Nürnberger Kasse, recte Viehmarktbank, ist eine eingetragene Genossenschaft mit unbeschränkter Haftung, besteht seit dem 1. Juli 1903, erfreut sich auch großer Beliebtheit, hat nun auch eine Filiale in Fürth und eine Geschäftsstelle für Viehverkauf. Auch in Augsburg soll eine Geschäftsstelle für Viehverkauf errichtet werden. Mit dem Erfolg, bessere Verkaufsresultate zu erzielen, hat ferner der Landwirtschaftliche Verband für Schwaben im Algäu den genossenschaftlichen Absatz von Kälbern mit Hilfe der Zentraldarlehenskasse landwirtschaftlicher Darlehenskassenvereine in München auf dem Münchener Markt eingeführt.

Bedeutende Viehmärkte werden außer in Oberbayern besonders in Niederbayern, Oberfranken, Mittelfranken, Unterfranken und Schwaben abgehalten, und unser gesamtes Viehmarktwesen erfreut sich nicht nur einer guten Organisation, sondern auch, was sehr wesentlich ist, einer guten Marktpolizei und amtstierärztlichen Aufsicht. Die Staatsregierung hat zu dem bezüglichen Reichsgesetz vom 23. Juni 1880 (s. o.) noch unterm 8. Juni 1884 besondere Vollzugsbestimmungen erlassen. Durch Entschließungen des Ministeriums des Innern vom 17. Oktober 1900 und 14. August 1903 wurde auch besonders darauf hingewirkt, die Einführung des Handels nach Lebendgewicht zu verallgemeinern, Viehwagen aufzustellen und verläßliche Preisnotierungen auf einheitlicher Grundlage zu veranlassen.

Gründlich geregelt ist jetzt auch der Grenzverkehr mit Österreich und anderen Ländern. Die Rindereinfuhr ist erfreulicherweise zurückgegangen. Die Grenzbezirke selbst machen sich nun allmählich unabhängiger vom Auslande, indem sie mehr züchten und hauptsächlich dadurch, daß man eben besser züchten gelernt hat. Im großen ganzen hat dagegen, nach der Verkehrsstatistik für die bayerischen Eisenbahnen zu urteilen, der Rindviehverkehr in den letzten Dezennien enorm zugenommen und hat sich vornehmlich die Ausfuhr nach Norddeutschland, Württemberg, Baden, Elsaß-Lothringen und in die Rheinländer stark vermehrt. Sogar in die deutschen überseeischen Kolonien und nach Nordamerika hat Bayern Zuchtvieh geliefert. Unsere Rindviehzucht und Rindviehhaltung befand sich also in den letzten 100 Jahren und bewegt sich besonders in den letzten 30 Jahren nach allen in Betracht kommenden Richtungen in aufsteigenden Linien.

Schafe.

Bayerns Schafzucht stand zu Anfang des vorigen Jahrhunderts auf niedriger Stufe. Es fehlten freilich auch in Bayern größere Güter, die durch ihre Boden- und Betriebsverhältnisse auf eine umfangreiche Schafzucht angewiesen gewesen wären. Außerdem hat die Fabrikation feinerer Wollstoffe in Bayern nie in größerem Umfange stattgefunden. Früher wurden nur und jetzt noch in überwiegender Zahl sog. Zaupel- (Fig. 5) und Bergschafe, unter den letzteren auch solche mit Bergamaskerblut, sowie schlichtwollige Landschafe (Rhönschafe u. dgl.) gehalten. Den unverdrossenen Bemühungen der Regierung ist es zu danken, daß besonders seit dem Jahre 1808 durch Gründung von Merinostammzuchten auf den Staatsgütern Schleißheim, Weihenstephan, Fürstenried und Waldbrunn bei Würzburg die

Edelwollzucht eingeführt wurde. Schleißheim hat zwar die ersten Merinos schon im Jahre 1802 erhalten. Eine Elektoralzucht größeren Umfanges wurde aber erst im Jahre 1808 begonnen, um von derselben im Jahre 1832 teilweise, später ganz zur Bastardzucht (s. u.) überzugehen. Zur Verbreitung der Merinozucht wurden viele Hundert von Merinoböcken teils unentgeltlich, teils zu billigen Preisen an die Schafzüchter abgegeben oder zur Zucht ausgeliehen. Auch die einst rühmlichst bekannten Stammherden der Grafen v. Arco-Steppberg in Tagmersheim, Seinsheim zu Schafhöfen und des Barons v. Pöllnitz zu Frankenberg haben zur Einführung der Edelwollzucht mitbeigetragen.

Fig. 5.
Bayerische Zaupelschafe.

Von besonderen Maßregeln zur Förderung der Schafzucht ist noch zu berichten: Gegen die Einschleppung der Räudekrankheit etc. wurden schon am 27. April 1835 und in den Jahren 1848, 1850 und 1851 Verordnungen erlassen und die vorgeschriebenen periodischen Visitationen auf Staatskosten übernommen. Diese Verordnungen wurden noch durch eine weitere betreffs Viehkrankheiten vom 15. Juni 1867 sowie durch das Reichsgesetz über die Abwehr und Unterdrückung von Viehseuchen bzw. durch eine Instruktion hierzu vom 24. Februar 1881 ergänzt. In den Jahren 1863, 1864 und 1869 errichtete man eigene Schäferschulen in Thüngen für Unterfranken, in Triesdorf für Mittelfranken, in Schleißheim für Oberbayern. An der Kreisackerbauschule Triesdorf werden jetzt noch dreiwöchentliche Schäferlehrkurse abgehalten. Im Jahre 1876 wurde eine Landesschafschau in Schweinfurt veranstaltet und bei derselben bedeutende Geldpreise, Medaillen und

Diplome verteilt. Es werden auch Zuchtwiddermärkte mit Prämiierungen abgehalten. Immerhin waren und sind die öffentlichen Mittel, welche zur Förderung der Schafzucht aufgewendet wurden, gering. Im ganzen Lande besteht auch nur eine genossenschaftliche Organisation zur Förderung der Schafzucht, nämlich in Burgbernheim (Mittelfranken) für Frankenschafe.

Vor allem fehlte aber das allgemeine Interesse für die Edelwollzucht, mangelten auch im Lande entsprechende Absatzgelegenheiten für edle Wollen, so daß die Produktion der letzteren in Bayern nicht dauernd Fuß zu fassen vermochte. Nach einem vorübergehenden Rückgang der Schafhaltung überhaupt infolge des Weidegesetzes vom 28. Mai 1852, dem ein um so größerer, aber auch nur vorübergehender Aufschwung folgte, ging es mit der bayerischen Schafzucht abwärts. Als der europäischen Wollproduktion durch das Aufblühen der Baumwollindustrie, der Shoddyfabrikation und besonders durch die Einfuhr billiger australischer, südamerikanischer und kapländischer Merinowollen von den 1860er Jahren angefangen eine unüberwindliche Konkurrenz erwuchs, war um so weniger daran zu denken, auf die Verbreitung der Edelwollzucht in Bayern hinzuwirken. Der letzteren standen auch die veränderten Kleidermoden im Wege. Der Bedarf an jahrelang haltbaren Tuchstoffen ist mehr und mehr zurückgegangen. Man verlangt und trägt jetzt womöglich in jeder Saison einen neuen, billigen Anzug.

Die seit den 1860er Jahren im Mittel um mehr als 100% gesunkenen Wollpreise haben zwar in den letzten Jahren, da man auch in Australien und in Südamerika mehr und mehr zur Fleischschafzucht behufs Fleischexport vermittelst Eisschiffen übergegangen ist, wieder angezogen. Auf eine neue Blütezeit der Edelwollzucht, wie sie einst Preußen und Österreich erlebt haben, ist indessen vorerst nicht zu rechnen; sie ist späterhin bestenfalls auch nur für solche Länder denkbar, in denen die Landwirtschaft in extensivster Weise betrieben werden muß. Nur die Fleischschafzucht wird in Zukunft auch in intensiven Wirtschaftsbetrieben einen Platz finden und behaupten können, da das hochgezüchtete Fleischschaf, wie wir in England und in Frankreich sehen, dazu berufen ist, an der Deckung des steigenden Fleischbedarfes eines Kulturvolkes in hervorragendem Grade teilzunehmen. Es hat auch in Bayern an Versuchen nicht gefehlt, hochgezüchtete englische Fleischschafe (Leicesters, Southdowns, Shropshiredowns) zu Kreuzungszwecken zu verwenden, und erst in neuester Zeit hat man auf größeren Gütern erfolgreiche Versuche durchgeführt, Frankenschafe durch Kreuzung mit englischen Hampshiredowns in frühreifere, fleischreichere und fleischbessere Mastschafe umzuzüchten. Zu verzeichnen ist noch, daß der Ankauf guter Zuchtböcke aus bewährten Zuchten durch die landwirtschaftlichen Kreisausschüsse vermittelt oder dazu erhebliche Zuschüsse in den betreffenden Bezirken gelegentlich gewährt worden sind.

Als erfreulichste Ergebnisse der besprochenen Bemühungen von Behörden und Vereinen im XIX. Jahrhundert, die Schafzucht und Schafhaltung zu verbessern, sind die durch mehr oder weniger Merinoblut veredelten sog. Merinobastard- und die modernen Frankenschafe (Fig. 6) zu registrieren. Feinbastarde resp. Feinfranken liefern gute Tertia-, Secunda-, mitunter sogar annähernd Primawolle. Die groben Bastardschafe resp. die sog. Rauhfranken, zu welchen man auch die Bamberger

Fig. 6.
Moderne Frankenschafe.

Schafe rechnen muß, sind zwar größer, stärker und fleischreicher, liefern indessen nur Tertia- und Quartawolle. Fein- wie Rauhfranken sind aber, wo sie nicht durch Verwandtschaftszucht gelitten haben, gut gebaute, nicht zu knochenreiche, relativ genügsame, auch zum Pferchen gut geeignete, fruchtbare Schafe, die in jungen Jahren gute Fleischqualitäten liefern und recht mastfähig sind. Für kombinierte Nutzungszwecke (Fleisch und Wolle) kommt vornehmlich das mittelfeine Frankenschaf in Betracht, welches auch bei rauhem Klima und nicht üppigen Futterverhältnissen gut besteht. Früher wurden zahlreiche gemästete Frankenschafe nach Frankreich ausgeführt. Dieser Export hat jedoch infolge Erhöhung des französischen Einfuhrzolles und durch die Eröffnung der Arlbergbahn, welche den Export österreichisch-ungarischer Schafe nach Frankreich begünstigt, so gut wie aufgehört. Dessenungeachtet überwiegt die Schafausfuhr — besonders in die Schweiz und nach Sachsen — fortgesetzt die Einfuhr, weil immer noch zahlreiche Landwirte die Schafzucht aufgeben und ihre Schafe verkaufen, die dann wegen der geringen Beliebtheit des Schaffleisches im Lande zum Teil nach auswärts verschickt werden. In Anbetracht der steigenden Fleischpreise und des zunehmenden Fleischverbrauches findet dagegen die ausgesprochene Fleischschafzucht doch zunehmende Beachtung und ist zu hoffen, daß in Bayern die Zucht frühreifer, mastfähiger und fleischreicher Schafe mit bestem Fleisch weiterhin gute Fortschritte machen wird. Nur dadurch, daß im Lande wirklich gutes Schaffleisch produziert wird, kann auch das Vorurteil gegen den Hammelbraten etc. überwunden werden.

Am verbreitetsten war bis jetzt die Schafzucht etc. in Mittelfranken, Oberbayern, Unterfranken und Schwaben, wo es auch nicht an geeigneten und ausreichenden Weiden für eine vergrößerte Schafzucht fehlt, abgesehen von jenen Gemeinden, wo die vorhandenen Weideflächen an Händler oder Wanderschäfer verpachtet sind. In Maxhofen (Niederbayern) und in Gereuth (Unterfranken) bestehen englische Southdownzuchten, die in die Umgebung gesuchtes Zuchtmaterial liefern, in Erching bei Freising und in Moosach bei München Hampshire-Halbblutzuchten. Englische Hammelrücken und -keulen erfreuen sich im Lande zunehmender Beliebtheit.

Ziegen.

In einzelnen Alpengegenden und auch im Flach- und Hügelland, hier besonders in Distrikten, wo viel Handelsgewächse gebaut werden, der Kleinbesitz dominiert oder sich viel Arbeiterbevölkerung befindet, hat mitunter die Ziegenhaltung der Schafzucht viel Terrain abgewonnen. Überhaupt ist die Ziegenzucht in den letzten 90 Jahren qualitativ und quantitativ beträchtlich vorgeschritten. Während im Jahre 1810 nur 70866 Ziegen gezählt wurden, stieg die Zahl derselben nach einem vorübergehenden Stillstand und Rückschritt von 1840—1854 im Jahre 1904 auf 284654 Stück. Ob dieses Voranschreiten der Ziegenzucht durchaus erfreulich ist, darüber sind die Meinungen geteilt. Als Fleischtier kommt der Ziege nur geringe Bedeutung zu. Als Milchtier würde die Ziege nur dann eine unübertreffliche Futterverwerterin sein, wenn sie nicht zufolge ihrer Naschhaftigkeit sehr viel Futter verwüstete. Sie wird überdies in großer Zahl von kleinen Leuten gehalten, die weder über eigene noch gepachtete Futterflächen verfügen, und sie ist als Verwüsterin der Forstkulturen u. dgl.

gefürchtet. Ziegenmilch und Ziegenkäse erfreuen sich aber auch keiner allgemeinen Beliebtheit, und die Verwertung des Ziegenhaares kommt bei uns wenig oder gar nicht in Betracht. Wenn bisher nur in einzelnen Gegenden zur Hebung der Ziegenzucht etwas geschehen ist, hat sich darüber die Mehrzahl der eigentlichen landwirtschaftlichen Bevölkerung wohl kaum zu beklagen.

In Bayern bestehen zurzeit außer Ziegenzuchtvereinen 17 Zuchtgenossenschaften, 56 Bockhaltungsgenossenschaften und 75 Bockstationen, die großenteils mit Saanen- und hessischen resp. badischen u. a. Ziegen Veredlungszucht betreiben. Es ist auch je 1 Zuchtstation für die dunkelgefärbte Rhönziege in Unterfranken, für die rehfarbige Bergziege in Oberbayern und für die Frankenwaldziege in Oberfranken errichtet worden, da die empfindlichen und anspruchsvollen Saanenziegen nicht überall hinpassen.

Die zu beobachtende entschiedene Verbesserung und bedeutende Mehrung der Ziegenzucht und -haltung ist außer der eigenen Initiative der Interessenten vornehmlich der mit Hilfe des Staatsministeriums des Innern und der landwirtschaftlichen Kreisausschüsse bewirkten Einführung der erwähnten fremden Ziegen sowie der Belehrung der in Betracht kommenden Bevölkerung bezüglich Haltung, Fütterung und Zucht, besonders auch betreffs Vermeidung der früher allgemein üblichen Verwandtschaftszucht zu danken. Außerdem ist die Einbeziehung der Ziegen in die staatliche Versicherung den vielen kleinen Leuten, welche Ziegen halten, in dankenswertester Weise zustatten gekommen.

Schweine.

Der Stand der Schweinezucht Bayerns zu Beginn des vorigen Jahrhunderts hat sehr verschiedene Beurteilung gefunden. Wiederholt ist behauptet worden, die Schweinezucht und -haltung sei schon damals auf hoher Stufe gestanden, indem die vorhanden gewesenen bunten bayerischen resp. schwäbischen, wie auch die meistens weißen fränkischen Schweine durch Größe und Schwere und besonders durch Beweglichkeit und feste Gesundheit ausgezeichnet gewesen seien. In den bezeichneten Eigenschaften waren die früheren bayerischen Schweine den „modernen Zuchten“ ohne Frage überlegen. Andere Berichte lauten dagegen über die vor einem Jahrhundert gezüchteten und gehaltenen Schweine in manchen Punkten recht ungünstig. Sicherlich liefern unsere modernen Schweinezuchten frühreifere Tiere, bessere Futterverwerter, und sie sind vor allem zweckmäßiger gebaut als die alten bayerischen Landschweine (Fig. 7). Jene sind nämlich in den Hauptfleischpartien des Rumpfes (Rücken, Kreuz, Oberschenkel) viel massiger entwickelt, haben weniger schwere Köpfe und kürzere Beine — schlachten besser aus, liefern feineres Bratfleisch und zartere Schinken.

Nachdem auch die Schweinehaltung zufolge des vorerwähnten Weidegesetzes vom Jahre 1852 erhebliche Rückschritte gemacht hatte, nahmen die Schweinezucht und -haltung in der zweiten Hälfte des vorigen Jahrhunderts ganz bedeutend zu und erlitten nur durch die Futternot des Jahres 1903 eine vorübergehende Verringerung.

Fig. 7.
Typus des alten bayerischen Landschweines.

Die Schweinebestände haben sich in der ganzen Berichtsperiode mehr als verdreifacht. Am stärksten war die Vermehrung in den letzten Jahren des vorigen Jahrhunderts zufolge der Absperrung der Grenzen gegen die Einfuhr. Im übrigen hat zur Vermehrung wesentlich die von den Organen des Landwirtschaftlichen Vereines veranlaßte Einführung englischer Schweine des Sus indicus-Typus beigetragen. Die landwirtschaftlichen Kreis- und Bezirksvereine bezogen englische und halbenglische, auch „Meißner“ Zuchteber, die dann zu ermäßigten Preisen an Züchter abgegeben wurden. Die Mehrzahl der bayerischen Züchter stand zwar anfangs und zum Teil bis in die letzte Zeit den modernen englischen Schweinen mißtrauisch gegenüber. Die Erfahrung hat auch gelehrt, daß moderne englische Vollblutschweine in unsere wirtschaftlichen Verhältnisse großenteils ebensowenig wie in unsere Klima- oder für gewisse Bodenverhältnisse passen. Ebensowenig wie in den meisten anderen nord-, west- und mitteleuropäischen, landwirtschaftlich hochentwickelten Staaten kommt man indessen in Bayern ohne Schweine mit einem größeren oder geringeren Anteil von englischem Blute aus. Vorübergehend haben wohl auch Kreuzungen unserer alten Landschweine mit ungarischen kraushaarigen Schweinen (Mangalicza- und Bakonyer-Schweinen) und mit polnischen, böhmischen, auch mit Poland-Chinaschweinen stattgefunden. Man ist davon stets wieder bald zurückgekommen.

Das mit englischem Blut veredelte Landschwein der Sus europaeus-Abstammung wird nun in Bayern in sehr guter Qualität gezüchtet und ist uns durch seine

Fig. 8.
Veredelter Landschwein-Eber.

Frühreife, Wüchsigkeit und Fleischqualität für intensivere Wirtschaftsbetriebe um so unentbehrlicher geworden, als auch die Fruchtbarkeit dieser Kreuzungszuchten nichts zu wünschen übrigläßt. Von veredelten Landschweinzuchten (Fig. 8) sind besonders zu nennen die des Landrates Sellmayer in Erching, ferner die Zuchtstationen der Spitalverwaltung in Landsberg a. L., der Kreisackerbauschule Schönbrunn bei Landshut, des Gutsbesitzers Frank in Langmeil (Pfalz), bei Gutsbesitzer Sutter in Vollmersweiler (Pfalz) und Gutsbesitzer Fertig in Eichenfürst bei Marktheidenfeld. Zur Verbreitung des englischen Blutes haben wesentlich beigetragen: die ehemalige Hahnsche Yorkshirezucht in Ebersberg, die Yorkshirezucht von Engelen in Maxhofen (derselbe züchtet in neuester Zeit Cornwallschweine), die Yorkshire- und Tamworthzuchten des Herrn von Heemskerk zu Lerchenfeld, die Zuchtstationen auf dem Staatsgut Weihenstephan, bei Gutspächter Berger in Weißenkirchen bei Adelschlag, Gutspächter Streng in Aspachhof bei Uffenheim und Ökonomierat Bayer in Günzburg. Den alten bayerischen Landschlägen, besonders dem halbroten Landschwein treu geblieben sind noch vor allem die Oberpfalz und einzelne Bezirke Ober- und Niederbayerns, Ober- und Mittelfrankens. Für das halbrote bayerische Landschwein besteht in Almesbach bei Weiden eine Zuchtstation.

Zum Aufblühen der Schweinezucht haben ferner noch besonders beigetragen die zunächst durch die landwirtschaftlichen Bezirksvereine und mit Unterstützung des Kgl. Staatsministeriums gegründeten (6) Zuchtgenossenschaften und (260) Eberstationen und die in neuerer Zeit errichteten (455) Eberhaltungsgenossenschaften. Sehr fördernd wirkten auch die von den landwirtschaftlichen Kreis- und Bezirksvereinen bewilligten Prämien für gute Zuchtleistungen bzw. für die Anschaffung und rationelle Haltung und Benutzung guter Zuchteber und für mustergültige Ställe sowie der von den Bezirksvereinen vermittelte gemeinsame Bezug von guten Zuchtebern. Auch die Abhaltung von Schweine- bzw. von Ferkelmärkten, von Lokalausstellungen in Verbindung mit den Bezirks- und Kreistierschauen und von größeren Schweineausstellungen anläßlich des Zentrallandwirtschaftsfestes, ebenso die Ausstellungen der Deutschen Landwirtschaftsgesellschaft in München haben unsere Schweinezucht vorwärts gebracht. Außerdem wurde sowohl durch Vorträge bei Versammlungen als auf publizistischem Wege anregend und belehrend auf die Interessenten eingewirkt. Im Vergleich zu früher wurden ferner aus Zentralfonds, Kreis- und Bezirksmitteln wesentlich erhöhte Summen für die Hebung der Schweinezucht zur Verfügung gestellt. Als wichtiges Förderungsmittel darf noch die Einführung der Schutzimpfungen gegen Rotlauf bezeichnet werden. Um dieselben zu verbreiten, hat die Staatskasse die Kosten für die Beschaffung des Impfstoffes übernommen, und es wurden allein hierfür in den Jahren 1902 21000 M., 1903 34000 M., 1904 27000 M. verausgabt. Fördernd wirkte im übrigen noch die Errichtung größerer Molkerei- und Käsereibetriebe, deren Abfälle in geeigneten Futtermischungen unübertreffliche Futtermittel für Schweine darbieten. Sodann kommt der Schweinezucht ganz besonders zustatten die Rückkehr zur früher allgemein betriebenen, dann mehr und mehr verlassenen Weidewirtschaft mit Schweinen. Man hat auch bei uns erkannt, daß der Weidebetrieb zur Gesunderhaltung der Schweine unerläßlich ist. Die Schweine werden durch regelmäßige Beweidung gut geeigneter Futterflächen abgehärteter, kommen dann mit weniger massiv gebauten, billigeren

Stallungen aus und sind, wenn sie auch im ganzen etwas mehr Futter verbrauchen, doch billiger zu füttern.

Den bezeichneten Umständen ist es zu verdanken, daß die bayerische Schweinezucht und -haltung nicht bloß quantitativ, sondern auch qualitativ hervorragende Fortschritte gemacht hat, ist es endlich zuzuschreiben, daß wir nun in wesentlich vermindertem Maße auf die Einfuhr von Schweinen, Schweinefleisch u. dgl. aus anderen deutschen Staaten etc. angewiesen sind und eine solche Einfuhr in Bälde werden gänzlich entbehren können.

Geflügel.

Über die bayerische Geflügelproduktion zu Beginn des vorigen Jahrhunderts liegen keine statistischen Erhebungen vor. Seit alter Zeit mit den landwirtschaftlichen Haushaltungen eng verbunden, galt die Geflügelzucht etc. früher nicht als ein sehr lohnender Nebenbetriebszweig der Landwirtschaft. Mit dem Wachsen der Städte und dem steigenden Bedarf an Eiern und Mastgeflügel hat sich indessen die rationelle Geflügelzucht und -haltung bei billiger Futterbeschaffung auch in Bayern zu einem lukrativen landwirtschaftlichen Tierproduktionszweig entwickelt. Nach der Zählung vom 1. Dezember 1900 sollen in Bayern 9111884 Stück Federvieh vorhanden gewesen sein.

Am blühendsten war wohl in früherer Zeit, solange es uneingeschränkte Weideflächen gab, die Gänsezucht, die übrigens heute noch in bedeutendem Umfange in der teichreichen Oberpfalz, in den fränkischen Regierungsbezirken, in einzelnen Teilen Schwabens, im nördlichen Oberbayern und in Niederbayern erfolgreich betrieben wird. In ganz Bayern wurden am 1. Dezember 1900 878246 Gänse gezählt.

Die Hühnerzucht und -haltung (im Jahre 1900 8047232 Stück) hat sich außer in der Nähe größerer Orte vornehmlich in den Getreidegegenden Niederbayerns, Mittel- und Unterfrankens, in der Oberpfalz und im nördlichen Oberbayern ausgebreitet, wo zum Teil auch die Entenzucht eine beträchtliche ist, während die letztere sonst nur in Schwaben in größerem Umfange ausgeübt wird.

Versuche mit künstlicher Ausbrütung der Eier wurden schon in den 20er Jahren v. Jhrh. gemacht; bis jetzt hat sich indessen dieses Verfahren wenig eingebürgert. Die Hühnerzucht mit edlen Rassen (Zuchten) wurde zuerst in der Gegend von Nürnberg versucht. Die erste größere Edelzucht betrieben die Grafen

Pappenheim in Mittelmarter bei Pappenheim. Erst im letzten Viertel des vorigen Jahrhunderts hat man allgemein begonnen, die körperlich gering entwickelten, fleißig, jedoch meistens nur kleine Eier legenden Landhühner mit höher gezogenen fremden Hühnern (Italiener, Spanier, Franzosen u. a.) durchzukreuzen. Man ist dadurch zu wesentlich leistungsfähigeren Hühnern gelangt.

Zur Hebung der Geflügelzucht wesentlich beigetragen haben die zahlreichen Kreis- und Bezirks-Geflügelzuchtvereine, welche sich im Jahre 1885 zu einem Verbande mit dem Sitz in München vereinigt haben. Der Verband, welcher sich früher auch mit dem Vogelschutz beschäftigte, veranstaltet große Ausstellungen, verleiht Medaillen an tüchtige Züchter. Alle Vereine errichteten und unterhalten Stammzuchtstationen, um gutes Zuchtmaterial an die Züchter abgeben zu können, veranstalten kleinere Ausstellungen mit Verlosung hochgezogenen Geflügels und von Bruteiern, um jenes rascher zu verbreiten. Sind hierbei auch manche Mißgriffe vorgekommen, in dem der Sport oft solche Zuchten bevorzugte, die nicht in die betreffenden Verhältnisse passen, so hat unsere Geflügelzucht doch große Fortschritte gemacht.

Angestrebt wird in neuerer Zeit auch auf dem Gebiete der Geflügelzucht die Bildung großer Zuchtbezirke mit bestimmten, gut geeigneten Schlägen oder Zuchten, und es wurde zu diesem Behufe im Jahre 1893 das Stammzuchtwesen mit Zuchtstationen resp. mit Stammzuchtgenossenschaften organisiert. An zahlreiche Züchter wurden ausgewählte Zuchtstämme unentgeltlich abgegeben. Die Zuchtstationen werden kontrolliert. Ferner werden Kurse und Vorträge über Geflügelzucht an verschiedenen Orten abgehalten, Pläne für Musterstallungen gratis verteilt, Buchhaltungsschemas ausgegeben, Prämien für gute Geflügelhaltung und Buchführung darüber gewährt. In Erding (Oberbayern) wurde eine Lehr- und Mustergeflügelzucht errichtet. Angestrebt wird die Errichtung von Organisationen zum gemeinsamen Eier- und Geflügelabsatz nach Gewicht. In einzelnen Fällen wurde und wird bereits der genossenschaftliche Eierverkauf mit Erfolg durchgeführt.

In Oberbayern hat man sich die Verbreitung des sog. oberbayerischen Landhuhnes zur Aufgabe gestellt, in Schwaben bevorzugt man jetzt das sog. Augsburger Huhn, in den fränkischen Bezirken und in der Pfalz die Italiener, in Niederbayern und in der Oberpfalz Italienerkreuzungen. Bevorzugt werden außerdem jetzt im allgemeinen die italienischen und die Peckingenten, die italienischen Riesen-, die Emdener und Toulouser Gänse. Das Staatsministerium des Innern gewährt nun seit dem Jahre 1893 zur Beförderung des Stammzuchtwesens bedeutende

Zuschüsse und hat auch für die Veranstaltung von Ausstellungen, belehrende Publikationen etc. beträchtliche Mittel zur Verfügung gestellt. In letzterer Beziehung ist außerdem aus Kreis- und Distriktsmitteln und durch den Landwirtschaftlichen Verein in ergiebigster Weise nachgeholfen worden.

So hat sich jetzt die Geflügelzucht in solchen Gegenden, wo ein größerer Betrieb derselben berechtigt ist, zu einem lohnenden landwirtschaftlichen Nebengewerbe entwickelt. An verschiedenen Orten sind sogar größere Zucht- und Mastanstalten errichtet worden. Man darf die Hoffnung nähren, daß sich Bayern allmählich von dem bisher bedeutenden Import von Schlachtgeflügel und Eiern bis zu einer gewissen Grenze wird emanzipieren können. Das würde als ein bedeutender volkswirtschaftlicher Gewinn zu betrachten sein. —

Für das militärische Brieftaubenwesen bestand früher beim Landesverband eine besondere Abteilung, die sich besonderer Unterstützung durch das Kriegsministerium erfreute und gute Erfolge aufzuweisen hatte. Die Brieftaubenliebhabervereine haben im Jahre 1900 einen selbständigen Verband gebildet und veranstalten nun eigene Ausstellungen u. dgl. Seit dem 28. Mai 1894 besteht für das Brieftaubenwesen ein besonderes Reichsgesetz.

Fische.

Von jeher erfreute sich auch die Fischerei der weitgehendsten Förderung seitens der Landesherren, nicht weniger durch die früher zahlreichen Stifte und Klöster. Bayern genießt deshalb eine alte Berühmtheit wegen seiner Fischwässer (Seen und Flüsse), die reichhaltig an den edelsten Fischen waren und sind. Die ersten methodischen Bestrebungen zur Förderung der Fischzucht sind dem Landwirtschaftlichen Verein zu verdanken, welcher im Jahre 1848 die erste künstliche Fischzuchtanstalt in der Zentraltierarzneischule und andere Brutanstalten errichtete, Fischer in der künstlichen Fischzucht unterrichten ließ, Fischerklubs organisierte, Preise verteilte und publizistisch wirkte. An allen späterhin erreichten Fortschritten in hervorragendster Weise beteiligt ist der unter dem hohen Protektorat Seiner Kgl. Hoheit des Prinzen Ludwig von Bayern stehende, vom Staate und durch Kreis- und Distriktsmittel unterstützte Bayerische Landesfischereiverein in München. Der letztere ist aus dem schon in den 1850er Jahren gegründeten Münchener Fischerklub, dem ältesten deutschen Fischereiverein, hervorgegangen und mit ähnlichen Vereinen in allen Kreisen sowie mit zahlreichen Bezirks- und Ortsvereinen organisatorisch verbunden.

Nachdem viele Fischgewässer aus Kloster- und Staatsbesitz in Privateigentum übergegangen waren, wurden sie zum Teil durch Ausplünderung verwüstet. Dank der publizistischen und demonstrativen Tätigkeit der Fischereivereine wird dagegen heute überwiegend nach guten Grundsätzen gewirtschaftet. Zu verdanken ist dieser Aufschwung freilich auch hier vornehmlich der tätigen Mitwirkung der Regierung, welche schon im September 1854 an sämtliche Kreisregierungen bezügliche Direktiven erließ und im Laufe des Jahres 1855 für alle Kreise revidierte, den neuzeitlichen Verhältnissen angepaßte Fischerei- und Fischmarktordnungen aufstellte. Es folgten die bayerische Landesfischereiordnung vom 4. Oktober 1884 und die betreffenden Kreisfischereiordnungen. Auch der Perlenfischerei in Niederbayern, Oberfranken und in der Oberpfalz wird möglichste Begünstigung seitens des Staates und des Landesfischereivereines gewidmet. Jüngster Zeit wurde ein neues, ganz zeitgemäßes Fischereigesetz fertiggestellt, welches nun der Einführung durch die gesetzgebenden Faktoren harrt.

Zur Beförderung einer steigend intensiven Fischereiwirtschaft, zumal im Hinblick auf die Beeinträchtigung der natürlichen Laichstellen durch die unten erwähnten Kalamitäten, und behufs massenhafter Gewinnung von Tafelfischen bestehen jetzt im Lande zahlreiche (über 200) künstliche Fischzuchtanstalten. Die mit Aufwand bedeutender Mittel errichtete und unterhaltene Fischzuchtanstalt des Bayerischen Landesfischereivereines in Starnberg hat durch die Vermittlung der Einrichtung zahlreicher anderer Zuchtanstalten, durch die Abgabe von Eiern und Brut, Brutapparaten, durch Erteilung praktischer Anweisungen an Lehrkursteilnehmer besonders erfolgreich gewirkt; sie hat sich auch in neuerer Zeit große Verdienste durch die Ausführung zahlreicher wissenschaftlicher Versuche erworben. Auch andere größere Zuchtanstalten geben von Jahr zu Jahr Millionen von Fischeiern und Fischbrut ab und haben sich um die Einführung und Verbreitung von allerlei, auch fremden Edelfischen im Lande verdient gemacht. Von segensreicher Wirkung waren ferner die Aufstellung von Wanderlehrern (Fischmeistern), die Abhaltung von Fischereilehrkursen, von Spezialvorlesungen an den Hochschulen, die Veranstaltung größerer und kleinerer Ausstellungen und eine entsprechende Organisation des Fischschutzes. In allen Kreisen werden jetzt Prämien für die Vertilgung von Fischottern und Fischraubvögeln bezahlt, werden Otter- und Reiherfallen von Vereinen verteilt oder an Mitglieder leihweise überlassen. In einzelnen Kreisen werden auch von den Fischereivereinen Prämien für Strafanzeigen, die zur Ahndung von Verstößen gegen fischereipolizeiliche Vorschriften führen, bezahlt.

In fortgesetzt aufsteigender Linie bewegen sich die Fischerei und Fischzucht in den herrlichen oberbayerischen Seen, in welche zahlreiche Jährlinge und Fischbrut (Seeforellen, Saiblinge, Blaufelchen, Sandfelchen, Maränen, Forellenbarsche, Karpfen, Zander, Carpioni, Regenbogenforellen etc.) behufs Blutauffrischung oder Einführung neuer geeigneter Fischarten durch den Landesfischereiverein eingesetzt wurden. Für die Bodenseefischerei von großer Bedeutung war die am 1. Juli 1893 von allen Uferstaaten abgeschlossene „Übereinkunft über die Anwendung gleichartiger Bestimmungen für die Fischerei im Bodensee". Durch oberpolizeiliche Vorschrift vom 15. März 1894, Zeit und Art des Fischfanges im Bodensee betreffend, wurde diese Übereinkunft in Kraft gesetzt und zur Überwachung ein eigener Fischereiaufseher vom Kgl. Staatsministerium des Innern bestellt. Die Fischerei im Bodensee wurde außerdem noch durch die Entschließungen des Staatsministeriums des Innern vom 23. Juli 1901 und 10. August 1901 in verschiedenen Richtungen geregelt und gefördert.

Von bayerischen Flußgebieten kommt vor allem die Donau mit ihren Zuflüssen (Inn, Isar, Loisach, Ammer, Amper, Mangfall, Traun, Rott, Iller, Lech, Ilz, Regen, Wörnitz, Altmühl, Naab etc.) in Betracht, die reichhaltig an Huchen, Schill, Äschen, Forellen, Hechten, Flußkarpfen, Barben, Schied etc. sind. Naab und Vils sind auch jetzt noch reich an Krebsen, für deren Wiederverbreitung nach der verheerenden Krebspest übrigens in Seen und Flüssen viel geschehen ist. Die Donau selbst hat durch ihre Zuflüsse eine sehr gemischte Fauna, ist aber besonders ausgezeichnet durch ihre Huchen, Hechte, Waller, Schille und Karpfen. — Der Rhein, soweit er Bayern berührt, liefert aus seinen Altwässern große Hechte, in seinen Nebenflüssen auch Edelfische, Barben, in neuerer Zeit gut entwickelten eingesetzten Zander (Schill). — Das Maingebiet birgt im oberen Teil viele Forellen und Äschen, weiter unten Barben und Zander, auch Hechte und Cyprinoiden. In der Aisch, Rednitz, Regnitz und Saale werden viele Aale gefangen. — Aus dem Elbegebiet im Nordosten erhalten wir viele Forellen, Barben, Karpfen und Hechte.

Großen Schaden verursacht der Flußfischerei fortgesetzt die Industrie durch verunreinigende Abwässer sowie durch ihre Wehr-, Stau- und Turbinenanlagen. In manchen größeren Gewässern ist dadurch die Fischerei entschieden zurückgegangen. Auch durch Flußkorrektionen und durch die Dampfschiffahrt auf den Seen ist infolge Zerstörung von Laichplätzen großer Schaden angerichtet worden. Die Staatsregierung hat deshalb mit Entschließungen vom 29. Oktober 1880, 8. Juni 1883 und 14. Februar 1900 für sämtliche öffentlichen Gewässer angeordnet, durch entsprechende Vorkehrungen Rücksicht auf die laichenden Fische, die junge Brut und die der Winterruhe bedürftigen Flosser zu nehmen und die Fischereipolizei mit angemessener Strenge zu handhaben. Auf diese Verordnungen hin und nach geeigneter Aneiferung bildeten sich auch mehrere wirtschaftliche Vereinigungen der Berufsfischer.

Da in fließenden Gewässern eine Degeneration der Fische kaum zu befürchten ist, erstreckten sich hier die Maßnahmen zur Hebung der Fischerei vornehmlich auf die Vermehrung der vorhandenen und Einführung neuer Fischarten, nämlich des Zanders, Lachses, Huchens, Aales, der Äschen, Schleihen, Karpfen, Forellen, Regenbogenforellen, Bachsaiblinge, des Forellenbarsches, Schwarzbarsches und des Krebses. Zur Schonung der neu eingesetzten Krebsbestände wurde in den betreffenden Gewässern durch oberpolizeiliche Vorschrift der Krebsfang und Krebsverkauf bis 1907 verboten.

Die Teichwirtschaft, welche zu Anfang des vorigen Jahrhunderts in völligen Verfall geraten war, hat sich dank der staatlichen Fürsorge in der Oberpfalz, Oberfranken, Unterfranken, Mittelfranken und in einzelnen Teilen der Pfalz gut entwickelt, ist auch in mehreren oberbayerischen und niederbayerischen Bezirken wieder neu aufgeblüht. In unseren Teichen werden meistens Karpfen, als Nebenbesatz Schleihen und Hechte, mitunter Gold- und Schwarzorfen, in neuerer Zeit auch Zander, Forellenbarsche, Regenbogenforellen gezogen. Als Hauptbesatz verwendet man nun in tieferen, kälteren Teichen mit gutem Wasserzufluß aber auch Bachsaiblinge, für wärmere Weiher Regenbogenforellen. Was die überaus wichtige Karpfenzucht anbelangt, ist die frühere wilde oder sog. Femelwirtschaft jetzt meistens in systematische Betriebe mit Streich-, Setz- und Abwachsteichen umgewandelt worden. Der Auswahl der besten Karpfen„zucht" wendet man in neuerer Zeit die größte Sorgfalt zu.

Zu verzeichnen ist noch, daß der im Jahre 1870 in Berlin gegründete Deutsche Fischereiverein auch zur Hebung der bayerischen Fischzucht in dankenswerter Weise beigetragen hat. Sein Werk war die in München im Jahre 1897 im Anschluß an das zoologische Institut der Universität gegründete, auch vom Reich subventionierte Biologische Station zur Erforschung von Fischkrankheiten. Wir haben diesem Verein ferner die erfolgreiche Einführung des Aales im Donaugebiete, der Regenbogenforelle, des Bachsaiblings und die Förderung der Zucht diverser Edelfische mit zu verdanken. Der Deutsche Verein wird freilich auch vom bayerischen Staat subventioniert. Die biologische Station wurde übrigens im Jahre 1900 als Kgl. Bayerische Biologische Versuchsstation für Fischerei vom bayerischen Staat übernommen und mit der zoologischen Abteilung der Kgl. Tierärztlichen Hochschule vereinigt. Die erfolgreiche konsultative und forschende Tätigkeit der biologischen Station verdient auch an dieser Stelle verzeichnet zu werden.

Mit dem 1. Februar 1899 wurde endlich ein staatlicher Konsulent für Fischerei aufgestellt, und auch zur Förderung des Fischhandels ist in neuerer Zeit manches geschehen. Es wurden Verkaufsgenossenschaften und Verkaufsvermittlungsstellen gegründet. Lebende Fische werden auf unseren Eisenbahnen als Expreßgut versendet. So ist es denn leicht zu verstehen, daß auf dem Gebiete des Fischereiwesens, und zwar vornehmlich zufolge der reichlich zur Verfügung gestellten staatlichen Mittel, so bedeutende Fortschritte erzielt worden sind, daß Bayerns Fischerei in bezug auf die bestehenden fürsorglichen Einrichtungen und ihre Leistungen mit an erster Stelle im Deutschen Reich steht.

Bienen.

Den ersten Anstoß zur Verbesserung der Bienenzucht hat der Landwirtschaftliche Verein in Bayern gegeben. Schon im Jahre 1813 erfolgte jedoch die Gründung einer bayerischen Bienengesellschaft, welche in der damaligen Veterinärschule zu München Musterbienenstöcke aufstellte und im Jahre 1814 öffentlichen Unterricht in der Bienenzucht zu erteilen begann. Die mehr oder weniger wilde Bienenzucht der älteren Zeit wurde dadurch wie durch die fortgesetzten Bemühungen anderer Vereine, einzelner patriotischer Männer und unterstützt durch die Ergebnisse wissenschaftlicher Spezialforschungen nach und nach durch bessere Verfahren (Mobilbau) ersetzt und die Bienenzucht auf eine sehr ansehnliche Höhe gebracht. Im Jahre 1887 vereinigten sich die entstandenen zahlreichen Bienenzuchtvereine zu einem Landesverein, der eine staatliche und andere Subventionen erhält, zurzeit aus gegen 250 Bezirksverbänden mit 26710 Mitgliedern besteht und eine eigene Fachzeitung, andere belehrende Druckschriften herausgibt, Vorträge, Versammlungen, Ausstellungen, Unterrichtskurse, Verlosungen von Bienenvölkern, Geräten etc. veranstaltet, auch sog. Bienenmeister angestellt hat, die im Lande reisen, um Wanderunterricht mit praktischen Unterweisungen zu erteilen.

Wie sehr sich die Bienenzucht ausbreitete und vermehrte, ersehen wir aus den zunehmenden Zahlen der Bienenstöcke, die nach den Aufzeichnungen des Kgl. statistischen Bureaus betrugen:

im Jahre 1833	. . . .	135 241 Stück
„ „ 1840	. . . .	213 045 „
„ „ 1863	. . . .	233 139 „
„ „ 1873	. . . .	333 774 „
„ „ 1883	. . . .	231 374 „
„ „ 1900	. . . .	392 398 „
„ „ 1904	. . . .	(nicht gezählt)

Die Zählung vom Jahre 1883 wies zwar infolge eines schlechten Winters und zweier ungünstiger Sommer einen bedeutenden Rückgang auf. Mit Beginn des XX. Jahrhunderts ist indessen die zunehmende Ausbreitung und Verbesserung der Bienenzucht unverkennbar. Nicht bloß die Zahl der Völker vermehrt sich fortgesetzt, nicht allein die Einrichtung der Stöcke verbessert sich mehr und mehr; auch die Leistungsfähigkeit hat beträchtlich zugenommen und der Fortschritt zeigt sich außerdem in der besseren Qualität des gewonnenen Honigs. Die größten Leistungen in quantitativer Beziehung, zum Teil auch die besten, weisen jetzt Oberbayern, Schwaben Niederbayern und die Oberpfalz auf. Einen hervorragenden Platz behaupten auch Unterfranken und Oberfranken.

Als schätzenswerte Errungenschaften sind noch zu verzeichnen: Die von den Vereinen errichteten Honigverkaufsstellen und Honigmärkte, die mit Unterstützung der Staatsregierung bewirkte Beteiligung an großen landwirtschaftlichen Ausstellungen, die Erteilung von Unterweisungen am zoologischen Institut der Universität Erlangen über die Anatomie der Bienen, die Abhaltung von Unterricht über Bienenzucht an sämtlichen Kgl. Schulseminarien und an den meisten landwirtschaftlichen Schulen.

Den schwer nachweisbaren Honigfälschungen gegenüber, wie überhaupt zur Kontrolle des Honigverkehrs, erließen die Kgl. Staatsministerien des Innern und der Justiz unterm 1. Oktober resp. 28. Oktober 1900 dankenswerterweise besondere Anweisungen.

Also auch auf dem Gebiete der Bienenzucht ist durch die Mitwirkung des Staates und die Tätigkeit der Vereine in verhältnismäßig kurzer Zeit viel erreicht worden. Man darf hoffen, daß Bayern in Bälde seinen Honig- und Wachsbedarf durch eigene Produktion zu decken imstande sein werde.

Veterinärwesen.

Schließlich ist noch des Veterinärwesens zu gedenken, welches mit dem Aufblühen der gesamten landwirtschaftlichen Tierzucht in Bayern auf das innigste verknüpft ist. Durch die Errichtung einer Veterinärschule mittels Edikt vom 1. Februar 1810, wodurch auch die Ausübung der Tierheilkunde geregelt wurde, war die Möglichkeit gegeben, dem Lande fachmännisch gebildete Tierärzte zu verschaffen. Durch die Ausgestaltung dieser ersten Lehranstalt im Jahre 1852 zur Zentraltierarzneischule und durch die mit Allerhöchster Verordnung vom 1. September 1858 erfolgte umfassende Reorganisation des gesamten Veterinärwesens wurden aber erst annähernd jene Bedingungen erfüllt, welche für die Beschaffung eines wirklich entsprechenden tierärztlichen Personals unumgänglich sind. Es erfolgte durch Allerhöchste Verordnungen vom 20. Juli 1872, 18. Dez. 1875 und 17. März 1881, das Zivilveterinärwesen betreffend, eine noch gründlichere Reorganisation des Veterinärwesens, wodurch die Berechtigung zur Ausübung der tierärztlichen Praxis definitiv geregelt und außer einem „Landestierarzt“ für alle Verwaltungsorganisationen amtliche Tierärzte (Kreis-, Bezirkstierärzte etc.) aufgestellt wurden. Die unerläßlichsten Reformen wurden aber auf dem Gebiete des tierärztlichen Unterrichtes erst realisiert, als durch Allerhöchste Entschließung vom 27. Juli 1890 die Zentraltierarzneischule in eine Hochschule umgewandelt und derselben nun auch alsbald die erforderlichen Mittel zugebilligt wurden, um die neue Hochschule mit den erforderlichen wissenschaftlichen Instituten und sonstigen zeitgemäßen Einrichtungen für Unterricht und Forschung auszustatten.

Von großer Bedeutung für die Weiterentwicklung des Veterinärwesens und damit auch für die landwirtschaftliche Tierzucht waren ferner die früher erwähnten Verordnungen betreffs Maßregeln gegen ansteckende Viehkrankheiten. Bis zur Mitte der 60er Jahre des vorigen Jahrhunderts bestanden eigentlich nur allgemeine Verordnungen und polizeiliche Vorschriften, oder solche mußten von Fall zu Fall neu erlassen werden. Um so besser bewährte sich das Reichsgesetz über die Abwehr und Unterdrückung der Viehseuchen vom 23. Juni 1880, und zwar ganz besonders hinsichtlich der Rotzkrankheit der Pferde und der Lungenseuche. Behufs Bekämpfung der Maul- und Klauenseuche wurde indessen eine Revision der einschlägigen Bestimmungen erforderlich, die durch Reichsgesetz vom 1. Mai 1894 erfolgte, und seit dem Jahre 1900 werden auch Staatsmittel zur Gewährung von Beihilfen für Viehverluste infolge von Maul- und Klauenseuche an unbemittelte Viehbesitzer gewährt.

Für wandernde Schafherden wurden unterm 3. Nov. 1896 ortspolizeiliche Vorschriften, und besondere Anordnungen für wandernde Schweine erlassen. Zu registrieren sind ferner die in den Jahren 1896 und 1898 erfolgten Vorschriften in einzelnen Regierungsbezirken betreffs Anzeige und Tilgung der Schweineseuchen, Geflügelcholera und Hühnerpest, auf welche das vorerwähnte Reichsgesetz erst am 8. Sept. 1898 resp. seit 1. Juni 1903 ausgedehnt worden ist. Zur Förderung der Schutzimpfung gegen Schweinerotlauf hat die Staatskasse, wie schon erwähnt, mit 28. Juli 1899 die Kosten für die Beschaffung des Impfstoffes übernommen. Ebenso wird die Schutzimpfung gegen Rauschbrand der Rinder und werden noch andere Schutzimpfungen versuchsweise auf Staatskosten durchgeführt. Umfassende Vorkehrungen sind ferner, wie schon gelegentlich berichtet, behufs Bekämpfung der Tuberkulose beim Rind sowie der Schweineseuche und Schweinepest getroffen worden, und die Ein- und Durchfuhr von Vieh und tierischen Produkten wird behufs Vermeidung von Seuchengefahren durch besondere Gesetze und Verordnungen geregelt.

Die vom Staate gewährten Entschädigungen für Verluste durch Tierseuchen (Rotzkrankheit, Milzbrand, Lungenseuche u. dgl.) bezifferten sich seit dem Jahre 1892 resp. 1897 mit Ende 1904 auf über 1 300 000 Mark. Die Lungenseuche scheint übrigens in Bayern nunmehr erloschen zu sein.

www.ingramcontent.com/pod-product-compliance
Lightning Source LLC
LaVergne TN
LVHW081346011026
849161LV00013BB/3018
* 9 7 8 3 4 8 6 7 3 5 0 9 3 *